AF649520

THOMAS
DE PADOVA

QUANTENLICHT

DAS JAHRZEHNT DER PHYSIK 1919–1929

Hanser

2. Auflage 2025

ISBN 978-3-446-28134-9
Copyright © 2024 Thomas de Padova
© 2024 Carl Hanser Verlag GmbH & Co. KG, München
Kolbergerstraße 22 | 81679 München | info@hanser.de
Wir behalten uns auch eine Nutzung des Werks für Zwecke
des Text und Data Mining nach § 44b UrhG ausdrücklich vor.
Umschlag: Anzinger & Rasp, München
Motiv: Jupp Wiertz »Deutschland – Berlin bei Nacht«,
Museum für Kunst und Gewerbe Hamburg
Satz: Nadine Clemens, München
Druck und Bindung: GGP Media GmbH, Pößneck
Printed in Germany

FSC www.fsc.org
MIX
Papier | Fördert
gute Waldnutzung
FSC® C014496

INHALT

LICHT AN: DER FOTOEFFEKT

Berlin Kurfürstendamm: In den Zwanzigerjahren hat die Flaniermeile einen ganz anderen Charakter als die Prachtstraße Unter den Linden. Kein Stadtschloss, keine Universität, keine Staatsbibliothek, keine in Stein gehauene Tradition und Gemächlichkeit, sondern kreative Unruhe, gehobenes Amüsement und ein pulsierendes Nachtleben, Läden, die eröffnet, ausgebaut werden und irgendwann wieder verschwinden, Mode- und Fachgeschäfte, Cafés und Tanzlokale, Theater und Galerien.

Am Ku'damm 232 sind es zum Beispiel die Ausstellungsräume jener Künstler, die sich in der »Berliner Secession« zusammengeschlossen haben und die Kaiser Wilhelm II. seinerzeit – »Kunst aus der Gosse!« – aus seinem Gesichtskreis verbannte.[1] Nebenan ein Atelier für fotografische Porträts. Ein Schaukasten auf dem Bürgersteig lenkt die Aufmerksamkeit der Passanten auf das Studio:[2] Kinder- und Prominentenfotos, Tanz- und Theateraufnahmen, dazu die Anzeige »Ausbildung von Amateuren und Berufsphotographen«.[3]

Wer ein Atelier am Ku'damm 230 führt, der möchte »modern sein wie der Boulevard selbst«.[4] Die Fotografin Suse Byk hat namhafte Kundschaft. Der Maler Max Liebermann, der Dichter Alfred Döblin oder die Sozialreformerin Alice Salomon lassen sich von ihr porträtieren. In ihrem Studio lernen die spätere Modefotografin Yva oder die Architekturfotografin Lore Feininger. Suse Byk führt viele junge Frauen in ihr Metier ein und ermutigt sie zum Schritt in die Selbstständigkeit.

Ihre spärlich überlieferten Äußerungen zur Fotografie klingen zurückhaltend. Als Fotografin müsse sie sich in Menschen hineinversetzen, nicht nur ihre schöne Seite sehen, »sondern ihr Wesen schon bei kurzem Kennenlernen erfassen«. Nur so sei es möglich, sie in einem für sie charakteristischen Augenblick wiederzugeben.[5]

Von Porträts erwartet sie vor allem Lebendigkeit. Den Auslöser im richtigen Moment zu betätigen setzt ihrer Ansicht nach eine wache, einfühlsame Beobachtung voraus. Passend dazu die Erinnerungen der von Lampenfieber geplagten Schauspielerin und Tänzerin Valeska Gert, der Suse Byk die Scheu vor den Aufnahmen nimmt: »Sie filmte so leicht und so elegant, dass ich jede Angst verlor und eine Riesenfreude an dieser Arbeit bekam.«[6]

Der erste Kontakt der Fotografin zu Albert Einstein könnte über ihren Cousin zustande gekommen sein. Alfred Byk ist ein ehemaliger Assistent Max Plancks und Professor für physikalische Chemie. Regelmäßig besucht er die Veranstaltungen der Physikalischen Gesellschaft am Reichstagufer und nimmt teil an den Diskussionen über die Relativitäts- und Quantentheorie.

Als ältester Sohn des jüdischen Chemiefabrikanten Heinrich Byk ist er mit den angewandten Wissenschaften groß geworden. Die väterliche Firma produziert Schlafmittel, die auch bei der Narkose eingesetzt werden, und profitiert davon, dass sich die Fotografie immer breiteren Bevölkerungsschichten öffnet.[7] In einem ihrer Werke werden lichtempfindliche Emulsionen und Fotopapiere angefertigt und in einer eigens dafür eingerichteten Forschungsabteilung der rasanten technischen Entwicklung angepasst.

Kurzzeitig hat auch Heinrich Byks jüngerer Bruder Siegmund in dem Unternehmen mitgewirkt. Er ist ebenfalls Chemiker und der Vater von Suse Byk, die das familiäre Erbe auf ihre Weise fortführt. Ihre Lebensgeschichte liegt im Verborgenen. Nach eigener Aussage hat sie ihr Handwerk nicht als Autodidaktin gelernt.[8] Vermutlich hat sie die »Photographische Lehranstalt« des Berliner Lette-Vereins besucht, wo neben Fotografinnen auch Technische Assistentinnen und Metallografinnen ausgebildet werden. Sie erhalten dort Unterricht in Anatomie und Optik, Chemie und Elektrizitätslehre, kommen mit neuester Technik in Berührung, mikroskopieren und experimentieren mit den jüngst entdeckten Röntgenstrahlen.[9]

In Suse Byks Ausbildungszeit vor dem Krieg waren die Belichtungszeiten länger, wie auch die Haare der Frauen und ihre Röcke. Und wie steif ihr die Haltung der Personen in den alten Familienalben nun erscheint! »Es war ein langer und nicht leichter Weg von dem ›Bitte recht freundlich‹ zu der heutigen lebendigen Charakteristik«, so die Fotografin rückblickend.[10]

Ihr Interesse gilt der Expressivität und Wandlungsfähigkeit des menschlichen Gesichts. Proben Ausdruckstänzerinnen wie Valeska Gert oder Vera Skoronel vor ihrer Kamera, dann arbeitet Suse Byk die Plastizität ihrer Gesichter durch starke Kontraste heraus oder verwandelt sie durch Überbelichtung in zweidimensionale Masken. Abseits der Bühne, wenn Kunden wie Einstein ihr Atelier am Kurfürstendamm aufsuchen, um sich mit professionellen Lichtbildern und Fotokarten auszustatten, handhabt sie die Lichtführung behutsamer.

EINE NEUE GRÖSSE DER WELTGESCHICHTE

Im November 1919 sitzt Einstein vor ihrer Kamera. Er ist 40 Jahre alt, trägt Anzug und Krawatte, passend zu seiner herausgehobenen Stellung in Berliner Wissenschaftskreisen. Sein Haar, von dem bereits gesagt wird, es ähnele dem eines Künstlers, ist dicht, aber längst nicht so lang und wirr wie in späteren Jahren, als es zum Markenzeichen seiner Unangepasstheit wird.

Einstein am Wendepunkt seiner Karriere: Kein anderes von Suse Byks Fotos wird jemals so viel Beachtung finden wie dieses. Gut möglich, dass sie im Wettlauf mit Pressefotografen die Nase vorn hat, weil ihr Cousin ihr den entscheidenden Hinweis gegeben hat. Genauso plausibel erscheint es aber, dass die Fotografin direkt von der *Vossischen Zeitung* beauftragt worden ist, der das plötzlich aufflammende internationale Interesse an Einsteins Person nicht entgangen sein kann. Oder hat Berlins traditionsreichste Zeitung zunächst bei Einstein angefragt und dieser Suse Byk daraufhin selbst ins Spiel gebracht? Zwei Jahrzehnte später, als das Magazin *Life* in den USA eine Fotoserie mit ihm anstrebt, wird Einstein darauf pochen, dass die Bilder nur von »Miss Jacobi« gemacht werden dürfen, womit Lotte Jacobi gemeint ist. Auch sie ist eine von ihm geschätzte Fotografin mit jüdischen Wurzeln, die er aus seiner Zeit in Berlin kennt.

Am 30. November 1919 präsentiert die *Vossische Zeitung* das Einstein-Porträt an prominenter Stelle in ihrer Sonntagsbeilage – allerdings kleinformatig und mit einer allzu bescheidenen Bildunterschrift: »Prof. Albert Einstein, der Mitschöpfer der Relativitätstheorie, deren Voraussagen jetzt eine glänzende Bestätigung durch Verarbeitung der Beobachtung der letzten Sonnenfinsternis erhalten haben. Phot. Suse Byk«.

Im Hause Ullstein merkt man bald, der Bedeutung des Ereignisses und Einsteins Anteil daran nicht gerecht geworden zu sein. Auch aus der Fotografie ist mehr zu machen. Nur zwei Wochen später wird sie noch einmal gedruckt, diesmal auf der Titelseite des auflagenstärksten Blatts, der *Berliner Illustrirten Zeitung*, die bereits 1914 die Schwelle von einer Million verkauften Exemplaren überschritten hat.

Hunderttausende, Millionen Deutsche sehen den Wissenschaftler, von dem einige bereits gehört haben, nun zum ersten Mal: gedankenversunken, den Blick gesenkt. Unter dem Foto die markige Zeile: »Eine neue Größe der Weltgeschichte: Albert Einstein …«. Und weiter in etwas kleinerer Schrift: »…, dessen Forschungen eine völlige Umwälzung unseres Naturverständnisses bedeuten und den Erkenntnissen eines Kopernikus, Kepler und Newton gleichwertig sind. Phot. Suse Byk«.

Einsteins Kopf füllt die gesamte Titelseite der Illustrierten. Die Redaktion hat die Porträtaufnahme an den Rändern beschnitten und auf Zeitungsformat vergrößert. In der Haltung des »Denkers« sitzt Einstein da, das Haupt auf seine rechte Hand gestützt. Eine Pose, so alt wie Walther von der Vogelweide, auf Pergament gemalt in der bekanntesten mittelalterlichen Liederhandschrift, dem Codex Manesse. Mit ihm, dem mittelalterlichen Dichter, teilt Einstein den feingeistigen, melancholischen Gesichtsausdruck.

Auch die seitliche Beleuchtung verweist auf die bildenden Künste: Einsteins Kopf ist eingetaucht in ein typisches Rembrandt-Licht, die eine

Albert Einstein auf der Titelseite der »Berliner Illustrirten Zeitung«.

Gesichtshälfte hell, die andere dunkel. Seine Augenlider wölben sich unter starken Kontrasten, die rabenschwarzen Pupillen betonen die unverwandte Konzentration.

Das Porträt scheint wie geschaffen dafür, Einstein einen Platz im Pantheon der Wissenschaft zu sichern. So jedenfalls müssen es die Bildredakteure der *Berliner Illustrirten Zeitung* gesehen haben, die, statt einen zweiten Fotografen auf Einstein anzusetzen, Suse Byks Foto noch einmal verwendet haben. Und diesmal soll das Publikum dem Forscher so nah wie möglich kommen: durch ein »Close-up«, eine Großaufnahme, die Leserinnen und Leser teilhaben lässt an einem wissenschaftlichen Großereignis, das den meisten von ihnen unverständlich bleiben muss.

Das Titelfoto gibt einen Vorgeschmack auf den Presserummel, der den Physiker von nun an überallhin begleiten wird: Einstein in London, Einstein in New York, Einstein in Paris, Einstein in Tokio, Einstein in Jerusalem, Einstein in Buenos Aires – jede seiner Reisen in den Zwanzigerjahren ist durch Fotos dokumentiert. Überall jubelt man ihm zu, ob auf dem vom Krieg zerrissenen und desillusionierten europäischen Kontinent oder jenseits der Weltmeere. Die internationale Öffentlichkeit feiert ihn als Genius, der eine neue Wahrheit verkündet.

Plötzlich wird Physik chic. Mit Einstein bekommt sie ihr unverwechselbares Gesicht. Auf eine Theorie, die von versetzten Zeitmaßstäben und gekrümmten Räumen handelt, können viele Zeitungen kaum anders reagieren als mit Bildern. Einstein-Fotos und personalisierte Geschichten bieten eine anschauliche Alternative zu abstrakten Abhandlungen über die Relativitätstheorie. Suse Byks Foto und die Aufnahmen ihrer Berufskollegen erreichen ein breiteres Publikum als die schreibende Zunft mit ihren Artikeln. »Die Erde ist noch rund, aber die Geschichten sind viereckig geworden«, kommentiert der Schriftsteller Ödön von Horváth die neue Bilderwelt der Illustrierten und des Kinos.[11]

LICHT AUF KRUMMEN BAHNEN

Hinter Einsteins plötzlicher Berühmtheit verbergen sich weitere Bilder: spektakuläre Astrofotografien. Zwei britische Forscherteams haben sie während einer Sonnenfinsternis im Mai 1919 in Brasilien und im Golf von Guinea gemacht. Er selbst hatte solchen Aufnahmen entgegengefiebert.

Wie breitet sich Licht im Weltall aus? Bereits als Schüler war Einstein gedanklich auf einem Lichtstrahl durch das Universum geritten. Während die elterliche Fabrik »Einstein und Cie« die Gemeinde Schwabing vor den Toren Münchens mit einer modernen Beleuchtungsanlage aus acht Bogen- und 170 Glühlampen illuminiert hatte, war ihm bewusst geworden, dass man mit Licht nicht nur Geld verdienen kann. Wer die Welt bei Lichtgeschwindigkeit betrachtet, dem öffnen sich neue Horizonte.

Schon seine spezielle Relativitätstheorie baut auf der Erkenntnis auf, dass die Geschwindigkeit des Lichts für alle Beobachter unveränderlich ist, eine immerwährende Konstante der Natur. Raum und Zeit können daher keine voneinander unabhängigen Größen sein, auch wenn sich dies erst bei hohen Geschwindigkeiten bemerkbar macht. In den folgenden zehn Jahren hatte Einstein seine Einsichten in die Ausbreitung des Lichts durch immer neue Gedankenexperimente auf die Probe gestellt. Seine allgemeine Relativitätstheorie verknüpft Raum und Zeit aufs Engste mit der Materie. Große Massenansammlungen wie unsere Sonne verkrümmen den Raum. Infolgedessen kreisen Planeten um die Sonne und breitet sich Licht in Sonnennähe nicht geradlinig aus, sondern weicht von diesem Kurs ab.

Belege dafür haben britische Forscher nun bei einer Sonnenfinsternis gefunden. Während der Finsternis verdeckte der Mond die Sonnenscheibe. Daher zeigen die Fotografien in der Mitte eine tiefschwarze, kreisrunde Fläche, umgeben von einem Strahlenkranz.

Die schwarze Sonne am 29. Mai 1919.

Das Wesentliche aber ist das unauffällige Drumherum. Ein ungeübtes Auge kann die fahlen Lichtpunkte in Sonnennähe kaum erkennen. Die besondere Leistung der britischen Forscher bestand darin, das matte Licht der umliegenden Sterne während der Finsternis einzufangen und die Sternörter präzise zu vermessen. Durch einen Vergleich mit Fotografien derselben Sternregion bei Nacht haben sie nachweisen können, dass die Positionen der sonnennächsten Sterne während der Finsternis leicht verschoben waren. Anders gesagt: Die Sonne lenkt das von diesen Sternen zur Erde gelangende Licht geringfügig ab. In ihrem Gravitationsfeld läuft Licht auf krummen Bahnen.

Zwischen der Sitzung der Royal Society, bei der die Ergebnisse der Sonnenfinsternis-Expedition der Öffentlichkeit vorgestellt wurden, und Einsteins Porträtsitzung bei Suse Byk lagen höchstens drei Wochen. Schwer vorstellbar, dass Einstein ihr nicht von den astronomischen Bildern erzählte, die Auslöser für das in aller Welt aufflammende Interesse an seiner Person waren. Seine Spontaneität und Heiterkeit schaffen in solchen Situationen oft eine lockere Atmosphäre, »in der alles Gekünstelte, Konventionelle von selbst erlischt«.[12] Ehe die Fotografin unter einem schwarzen Tuch verschwand, könnte er ein paar humorvolle Bemerkungen zur Beleuchtung gemacht haben, die Suse Byk im Unterschied zu den Astrofotografen frei wählen konnte. Vielleicht lenkte er das Gespräch auch darauf, was beim Fotografieren selbst passiert:

Wenn sich die Blende öffnet, fällt Licht auf die Fotoplatte. Es schwärzt die Platte, weil sich das darin vorhandene Bromsilber umwandelt, sobald das Licht seine Energie abgibt. Einsteins physikalischem Verständnis nach geschieht dies Lichtquant für Lichtquant.

WAS IST LICHT?

Auch zur Natur des Lichts hat Einstein ganz eigene Vorstellungen entwickelt. Seit seiner Jugend lässt ihm die Physik der Strahlung keine Ruhe. Was ist dieses Etwas, das sich in der Luft oder im Weltraum mit der ungeheuren Geschwindigkeit von 300 000 Kilometern in der Sekunde ausbreitet? Was ist Licht?

Wir werden dieser Frage in diesem Buch immer wieder begegnen und uns ihr aus unterschiedlichen Perspektiven nähern. Max Planck wirft sie im Herbst 1919 bei der Hauptversammlung der Kaiser-Wilhelm-Gesellschaft in Berlin auf und hebt sie auf eine neue Ebene.[13]

Die scheinbar simple Frage »Was ist Licht?« berührt den Kern einer Theorie, die in den Zwanzigerjahren sukzessiv Form annehmen und die Physik auf den Kopf stellen wird – die Quantentheorie. Mit Planck gesprochen birgt sie »das erste und schwerste Dilemma, vor das die ganze Quantentheorie gestellt ist«.[14] Es lässt sich mit einem einzigen Wort umreißen: Lichtquanten.

Alles, was mit diesem vagen Begriff zusammenhängt, ist Planck nicht geheuer. Anderen Forscherinnen und Forschern geht es ähnlich. Was soll man sich darunter vorstellen? Teilchen ohne Masse? Eine mehr als verrückte physikalische Idee!

Zeit zum Nachdenken hatten sie reichlich, denn der Gedanke an sich ist keinesfalls neu. Im selben Jahr 1905, in dem Einstein die Fachwelt erstmals mit seinen Ansichten zur Ausbreitung des Lichts, zu Raum und Zeit verblüffte, spekulierte er in einem zweiten Aufsatz darüber, was Licht ist. Seine wegweisende Publikation in den *Annalen der Physik* hatte er Freunden gegenüber als »sehr revolutionär« angekündigt. Der Aufsatz selbst war frei von Übermut. Der 26-jährige Einstein eröffnete ihn ganz vorsichtig mit einem »Es scheint mir …« und sprach lediglich von einem »heuristischen Gesichtspunkt«.[15]

Auf sein Alter lässt sich diese Zurückhaltung nicht zurückführen. Vielmehr zögerte der Sachbearbeiter im Berner Patentamt, der nach dem Studium keine Anstellung an einer Universität hatte finden können, im Angesicht einer großen Entdeckung. Ausdrücklich lobte er die bestehende Lichttheorie, ehe er mit dem Wesentlichen herausrückte: »Nach der hier ins Auge zu fassenden Annahme ist bei Ausbreitung eines von einem Punkte ausgehenden Lichtstrahles die Energie nicht kontinuierlich auf größer und größer werdende Räume verteilt, sondern es besteht dieselbe aus einer endlichen Zahl von in Raumpunkten lokalisierten Energiequanten, welche sich bewegen, ohne sich zu teilen, und nur als Ganze absorbiert oder erzeugt werden können.«[16]

Mit diesen Worten waren die »Energiequanten«, »Lichtenergiequanten« oder »Lichtquanten«, wie Einstein sie wechselweise nannte, in der Welt.

QUANTUM FÜR QUANTUM

Das Herzstück seines physikalischen Aufsatzes bildeten theoretische Überlegungen. Einstein konnte die hypothetische Existenz dieser Lichtquanten jedoch nicht nur mathematisch begründen, sondern auf mehrere Experimente verweisen, die seiner Ansicht nach allein auf dieser Basis verständlich erschienen, darunter der »Fotoeffekt«.

Beim Fotoeffekt wird eine Metallplatte nicht einfach durch das Öffnen einer Blende belichtet, sondern gezielt mit ultraviolettem Licht bestrahlt. Ultraviolettes Licht ist energiereicher als sichtbares Licht und, wie Planck im Herbst 1919 in seinem Vortrag betont, eine von vielen Spielarten wellenförmiger Strahlung. Das menschliche Auge sei zwar »ein sehr empfindliches, aber doch recht beschränktes Reagenzmittel«. Denn es registriere Strahlen nur innerhalb eines kleinen Spektralbereichs von kaum Oktavenbreite. »Für das übrige Spektrum treten an die Stelle des Auges andere Empfangs- und Messapparate.«[17]

So auch für die UV-Strahlen, die sich von sichtbarem Licht durch ihre größere Frequenz unterscheiden, sprich: Die Zahl der Schwingungen pro Sekunde ist höher, ähnlich wie beim Auf und Ab des Meeres, das in langen, ausgedehnten Wellenzügen oder im schnellen Wechsel von Wellenkämmen und-tälern erfolgen kann.

Beim Fotoeffekt löst das UV-Licht Elektronen, winzige geladene Partikel, aus dem Metall heraus. Dies geschieht allerdings nicht immer, sondern nur dann, wenn die Frequenz des Lichts eine bestimmte Schwelle überschreitet. Ein rätselhafter Befund. Warum genügt es nicht, die Platte mit mehr Licht zu bestrahlen? Auch in diesem Fall kommt mehr Energie an Ort und Stelle an. Doch während eine höhere Lichtintensität folgenlos bleibt, bewirkt bereits ein wenig hochfrequentes UV-Licht einen messbaren Strom von Elektronen.

Einstein erklärte sich die Sache so, dass »lokalisierte Energiequanten« auf das Metall einprasseln. Die Energie einzelner Lichtquanten werde auf einzelne Elektronen übertragen. Sollen nun Elektronen aus dem Metall herausgeschlagen werden und entkommen, dann muss die Bindungsenergie der Elektronen im Metall überwunden werden, die Energie einzelner Lichtquanten also oberhalb dieser Schwellenenergie liegen.

Einstein zufolge besteht das eingestrahlte UV-Licht der Frequenz ν aus unabhängigen Quanten der Energie

$$E = h\nu$$

Diese Gleichung ist für die Geschichte der Quantenphysik bedeutender als jede andere. In ihrer Form und ihrem Gehalt nach ist sie am ehesten zu vergleichen mit dem ebenfalls von Einstein entdeckten Naturgesetz

$$E = mc^2$$

Zwei Energiegleichungen, die für die Seltsamkeit der modernen Physik stehen. Hier wie dort taucht eine Naturkonstante als Proportionalitätsfaktor auf: in der ersten Gleichung ein ungemein winziges Quantum h, in der zweiten Formel die aberwitzig große Lichtgeschwindigkeit c. Beide Naturkonstanten führen in Dimensionen jenseits des menschlichen Vorstellungsvermögens. Sie sind verbunden mit überraschenden Phänomenen im Mikro- und Makrokosmos.

Als Einstein im Herbst 1919 für seine allgemeine Relativitätstheorie und die von ihm vorhergesagte Lichtablenkung an der Sonne weltweit gefeiert wird, glauben allerdings weder Planck noch die meisten anderen Physikerinnen und Physiker an die Existenz irgendwie gearteter Lichtquanten. Denn wie will man damit die vielen optischen Erscheinungen beschreiben, die im Zuge der klassischen Wellentheorie des Lichts schlüssig interpretiert werden können?

Nur hier und da knüpft die Fachwelt an seine Theorie an, etwa bei der Erforschung fotografischer Prozesse. Als Wissenschaftler beim ersten Deutschen Physikertag nach dem Krieg etwas großspurig verkünden, jedes fotochemisch erzeugte Silberteilchen in den von ihnen untersuchten Trockenplatten der Firma Agfa entspreche »einem und nur einem absorbierten Quant«, darf sich Einstein bestätigt fühlen.[18]

QUANTENLICHT

Dieses Buch schaut zurück auf die Zwanzigerjahre des zurückliegenden Jahrhunderts, in denen eine Welle neuer Erkenntnisse das bis dahin so sicher geglaubte Wissen wegspült. Auf ein großes Jahrzehnt der Physik, in dem Einsteins »sehr revolutionäre« These heftige Auseinandersetzungen über die Frage nach der Wechselwirkung von Licht und Materie auslöst. Eine Dekade, in der die Wissenschaft zur Quantenmechanik vorstößt und die Grenzen des Sagbaren erreicht.

Die Rätselhaftigkeit der Quantenwelt manifestiert sich am stärksten in der Natur des Lichts. Noch im 21. Jahrhundert finden die grundlegenden Experimente zur Quantenphysik – bizarre Versuche zur Quantenverschränkung, Quantenkryptografie oder Nichtlokalität – in optischen Laboratorien statt. Hier bespiegeln Forscherinnen und Forscher noch heute den Zufall und das Versagen von geläufigen Kategorien wie Raum, Zeit und Kausalität. Nicht von ungefähr sollte Einstein bis zu seinem Tod mit seiner eigenen Lichtquantenhypothese ringen.

Anfang der 1920er-Jahre ist sie noch ein Randphänomen. Stattdessen entzündet sich die Fantasie der meisten Theoretiker und Experimentatoren zunächst an jenem Licht, das aus dem Inneren der Atome nach außen dringt. Es zeigt sich in Form von scharfen Linien im Lichtspektrum von Gasflammen oder der Sonne.

Wie der Däne Niels Bohr erkannt hat, bietet die Analyse dieses Lichts eine einzigartige Möglichkeit, den Aufbau der Atome und der chemischen Elemente zu entschlüsseln. Bohr wird zur Leitfigur einer ganzen Forschergeneration. Sein Atommodell begeistert alte Hasen wie Planck, Gleichaltrige wie Einstein und zahlreiche junge Physikerinnen und Physiker, die zu seinen Auftritten nach Berlin und Göttingen, vor allem aber nach Kopenhagen pilgern, unter ihnen Werner Heisenberg, dem 1925 ein entscheidender Durchbruch zu einer völlig neuen Quantentheorie gelingt.

Die Entstehung dieser Quantenmechanik kann freilich weder an einem einzelnen Datum noch an einem Namen festgemacht werden. Zahllose Experimente und mathematische Arbeiten tragen zum Verständnis und der Berechenbarkeit des Atoms bei. Während die Vollendung der allgemeinen Relativitätstheorie im Wesentlichen als Triumph eines einzelnen Wissenschaftlers erscheint, entspringt die Quantenmechanik der Denkanstrengung vieler Köpfe.

Vier Theoretiker stehen im Mittelpunkt dieses Buches. Sie und ihre Geschichten sollen Ruhepunkte in diesem Wimmelbild sein. Und zwar deshalb, weil ihre Beiträge den Erkenntnisprozess und den in den Zwanzigerjahren aufbrechenden Generationenkonflikt in besonderer Weise erlebbar machen. Als zunächst unscheinbares Quantenlicht wandert die Fackel der Erkenntnis von einer Hand zur anderen: von Max Planck zu dem eine Generation jüngeren Albert Einstein, dann weiter zu Niels Bohr und dem noch einmal deutlich jüngeren Werner Heisenberg.

Je weiter ihre Forschungen ausgreifen, umso deutlicher zeigen sich die Grenzen der klassischen Physik, umso unverständlicher erscheinen ihnen die Natur des Lichts und die subatomare Welt – bis Mitte der Zwanzigerjahre, als kaum noch jemand ahnt, wie dieser Knoten gelöst werden könnte, die Entschlüsselung des Atoms beinahe gleichzeitig von zwei weit entfernten Enden her erfolgt: Unmittelbar nachdem, ausgehend von Heisenbergs Ideen, eine Matrizenmechanik ins Leben gerufen worden ist, nimmt die Quantentheorie noch ein zweites Mal Form an, diesmal als Wellenmechanik, leichter zu handhaben und daher von Theoretikern favorisiert. Trotz der völlig unterschiedlichen Herleitung erweisen sich beide Formen als einander äquivalent.

Ein für alle Mal geklärt ist damit nichts. Im Gegenteil: Die Debatten über die Interpretation des Erreichten, über Lichtquanten, den Welle-Teilchen-Dualismus und die nach Heisenberg benannte »Unbestimmtheitsrelation« gehen nun erst richtig los. An der Deutung des mühevoll Erreichten scheiden sich die Geister. Ein babylonisches Stimmengewirr kennzeichnet jene Konferenz im Jahr 1927 in Brüssel, bei der alle vier Forscher zu einem legendären Gipfeltreffen zusammenkommen.

VON DER GLÜHBIRNE ZUR SOLARZELLE

Allen wirtschaftlichen und politischen Turbulenzen zum Trotz wird die Spanne nach dem Großen Krieg als »goldene Zwanziger« bezeichnet. Als Zeit des Neuanfangs, einer großen Freizügigkeit, außergewöhnlichen künstlerischen und intellektuellen Kreativität hat das Jahrzehnt seinen Zauber bis heute nicht eingebüßt. Als hätten die vorausgegangen Schrecken des Krieges und der bange Blick in die Zukunft in Teilen der Bevölkerung einen unstillbaren Lebenshunger und eine unersättliche Neugier entfesselt.

Die Großstädte erstrahlen in neuem Licht. Noch zu Beginn des 20. Jahrhunderts dienten vor allem Gaslampen zu ihrer Beleuchtung. Nachdem sich im Jahr 1919 die entsprechenden Sparten der Firmen Siemens und AEG zu dem neuen Unternehmen Osram zusammengeschlossen haben, drängen Bogenlampen und langlebige elektrische Glühlampen die Gasbeleuchtung in ganz Europa zurück. In Städten wie Berlin macht das elektrische Licht die Nacht zum Tage. Nach Einbruch der Dämmerung glänzt Elektropolis im Schein der Straßenlaternen und der Leuchtreklamen von Geschäften und Warenhäusern. Glühbirnen illuminieren Fotoateliers, Tanzsäle und Theaterbühnen.

Im November 1919 etwa öffnet in der deutschen Hauptstadt das Große Schauspielhaus seine Pforten, von den Berlinern »Tropfsteinhöhle« genannt, weil zahllose stalaktitenförmige Zacken dessen Kuppel bilden. Die Innenbeleuchtung ist spektakulär. »Denn an der Spitze jedes Stalaktiten leuchtete schwach eine Glühbirne, und von einem Schaltpult aus ließen sich, wie in einem Planetarium, die Konstellationen der Sternbilder simulieren.«[19]

Heute, 100 Jahre später, hat die Glühbirne von einst ausgedient. Die auf der Quantenphysik aufbauenden optischen Technologien haben unsere Alltagswelt völlig verändert. Smartes Licht ist in Mode, LEDs zum Beispiel, bei denen die Umkehrung des Fotoeffekts zum Tragen kommt.

Quantenlicht leuchtet heute überall. Laserdioden übertragen Daten durch Glasfasernetze in alle Welt. Sie verbergen sich hinter Lichtschranken, in Barcode-Lesegeräten an der Supermarktkasse und in DVD-Playern. Der Laser hat sich mehr und mehr zum technologischen Herzstück des 21. Jahrhunderts entwickelt. Ärzte beheben Fehlsichtigkeiten mit Laserlicht und machen Brillen überflüssig. Mit dem Laser kann man schneiden, bohren und schweißen. In der Industrie werden Laser angesteuert, um beliebig komplex geformte Bauteile aus aufgeschmolzenem Metall oder aus Kunststoff Schicht für Schicht aufzubauen.

Optische Technologien lösen mechanische und elektronische Vorrichtungen auf breiter Front ab. Der Kabelanschluss fürs Fernsehen wird über kurz oder lang verschwinden, weil Glasfasern bessere Dienste tun. Dreh- und Angelpunkt der Technologie des 21. Jahrhunderts ist der Laser. Derweil bemüht sich die Grundlagenforschung nach wie vor um ein besseres Verständnis und die Manipulation von Lichtquanten. Ausdruck dessen sind die vielen Nobelpreise auf dem Gebiet der Quantenoptik seit der Jahrtausendwende.

Anreize für diese Art der physikalischen Forschung gibt es in Hülle und Fülle. Ohne eine intelligente Optik ist eine klimafreundlichere Zukunft schwer vorstellbar. Moderne Solarzellen beruhen auf detaillierten Kenntnissen des Fotoeffekts im Innern von Halbleitermaterialien. Sie erlauben es, mehr und mehr elektrischen Strom aus Sonnenlicht zu gewinnen, während umgekehrt mit immer weniger Strom Licht erzeugt werden kann: gebündeltes rotes oder blaues Laserlicht, bei Bedarf auch diffuses weißes Licht für Beleuchtungszwecke.

Allerdings ist diese Quantentechnologie janusköpfig wie jegliche wissenschaftliche Erkenntnis. Schon jetzt ist sie zur »Axt in der Hand des Verbrechers« geworden, wie sich Einstein einst ausdrückte. Das Auge einer Kampfdrohne etwa ist eine Ausgeburt der Quantenphysik, Laser eignen sich ebenso für die Waffen- wie für die Medizintechnik.

VON GIPFELTREFFEN ZU GIPFELTREFFEN

Dieses Buch blickt aus einer besonderen Perspektive zurück auf die Zeit zwischen zwei großen Kriegen, auf eine Dekade, die von großen gesellschaftlichen Umbrüchen, wirtschaftlichen und politischen Turbulenzen geprägt ist. Es erzählt von den Ursprüngen des Quantenlichts. Die einzelnen Kapitel tauchen ein in die Gedankenwelt Plancks und Einsteins, Bohrs und Heisenbergs, die sich nicht in Elfenbeintürmen verstecken. Um offene Fragen zu klären, reisen sie durch Deutschland und um die Welt, laden sich wechselseitig zu Vorträgen und längeren Gastaufenthalten ein.

In den Zwanzigerjahren werden junge Kreative von der Metropole Berlin angezogen wie die Motten vom Licht. Die Erforschung des Atoms aber verlagert sich in eben dieser Spanne mehr und mehr an andere Orte. Denn in München, Göttingen und an Bohrs neu gegründetem Forschungsinstitut in Kopenhagen werden junge Physikerinnen und Physiker deutlich schneller an die aktuelle Wissenschaft herangeführt. Einstein schaut bewundernd auf die große Zahl junger Talente, die beispielsweise in München »wie aus dem Boden gestampft« und deren Geister »veredelt« würden.[20]

Heisenberg ist einer dieser Neulinge. Sein kometenhafter Aufstieg, sein gedanklicher Aufschwung zur Quantenmechanik und zur Unbestimmtheitsrelation verdanken sich dem Hin und Her zwischen den genannten Städten. Anfangs schöpft er in München aus dem Wissen seines Professors über Spektrallinien, dann vertieft er sich in Göttingen in grundlegende mathematische Konzepte, in Kopenhagen bringt ihn Bohr, der Philosoph unter den Physikern, auf neue gedankliche Pfade.

Auch Einstein und Planck tingeln nach Kopenhagen. Die vier Protagonisten dieses Buchs treffen sich paarweise, zu dritt oder zu viert, manchmal überraschend: Einstein zum Beispiel führt ein exklusiver Road Trip mit dem amerikanischen Banker Henry Goldman zur ersten Begegnung mit Heisenberg. Diese und andere Zusammenkünfte sind denkwürdig genug, dass die Geschichte der Zwanzigerjahre und des

Quantenlichts in diesem Buch entlang solcher Treffen erzählt werden soll. Im Sport würde man von »Spitzenbegegnungen« sprechen.

Derartige Gipfeltreffen haben ihren Nimbus. Selbst wenn man nichts von ihnen wüsste als die nackte Tatsache, dass sie stattgefunden haben, bliebe der Fantasie »jeder Spielraum zu erdenken, was hätte gesagt werden müssen, gleichgültig, was faktisch gesagt worden ist«, so der Philosoph Hans Blumenberg. »Eine grandiose Unbestimmtheit.«[21]

So gesehen, genügt dieses Buch seiner eigenen Unbestimmtheitsrelation. Die hier vorgestellten Gipfeltreffen öffnen der Fantasie gelegentlich Tür und Tor. Sie machen deutlich, dass das historische Material niemals ausreicht, eine vergangene »Wirklichkeit« zu rekonstruieren. Man kann Briefe, persönliche Erinnerungen der Beteiligten und Berichte Dritter heranziehen, doch der Forderung des Historikers Leopold von Ranke, zu zeigen, »wie es eigentlich gewesen«, wird man nie genügen.

Zum Beispiel deshalb nicht, weil Individuen sehr unterschiedliche Erlebnisse und Erinnerungen haben. Weil sie ihre Briefe nicht frei von Interessen schreiben. Weil man aus ihren autobiografischen Schriften und Memoiren womöglich eher erfährt, wie es hätte gewesen sein sollen, als »wie es eigentlich gewesen«.

HUNDERT UND EIN BILDNIS

Bei all der Unbestimmtheit klammert man sich gerne an Bilder. »Das Licht ist der objektivste Zeuge«, schreibt Einstein einem Berliner Fotograf zu Beginn der Zwanzigerjahre ins Fotoalbum.[22] Als wenige Jahre später die ersten Kleinbildkameras aufkommen, fangen auch passionierte Amateure Momente im Alltag ein: Einstein und Bohr in Sesseln lümmelnd, Heisenberg beim Sonntagsspaziergang mit Bohr und dessen Familie, Planck und Bohr in Kopenhagen vor einer mit mathematischen Formeln beschriebenen Tafel.

Zum Ende des Jahrzehnts fotografiert Suse Byk den Physiker Max Planck für einen Porträtband:[23] Planck sitzt am Schreibtisch, einen Stift in der rechten und ein Schriftstück in der linken Hand. Weil sich die Fotografin seitlich von ihm postiert hat, muss er den Kopf für die Aufnahme nach links drehen. Diese Bewegung setzt sich in den von ovalen Brillengläsern umrahmten Augen fort.

Anders als der gedankenversunkene Einstein auf dem Porträtfoto vom November 1919 schaut Planck mit ernster Miene direkt in die Kamera. Sein Gesicht ist völlig ebenmäßig ausgeleuchtet, der Blickkontakt aber wirkt so, als fühlte er sich bei seiner Arbeit gestört.[24] Warum jetzt dieses Foto?

Das Porträtfoto findet Eingang in ein Buch mit dem Titel *Menschen der Zeit. Hundert und ein Bildnis aus deutscher Gegenwart*, in einen jener Sammelbände, die an den Nationalstolz appellieren und die nun in immer größerer Zahl auf den Markt kommen.[25] Ende der Zwanzigerjahre suchen Fotografen landauf, landab danach, was die »Deutschen« ausmacht. So publiziert Erich Retzlaff den Porträtband *Die von der Scholle. Sechsundfünfzig photographische Bildnisse bodenständiger Menschen*, seine Kollegin Erna Lendvai-Dircksen *Das deutsche Volksgesicht*.

Max Planck im Jahr 1929.

Suse Byk steuert zu *Menschen der Zeit* drei unterschiedliche Porträts bei, darunter eines von der Frauenrechtlerin Alice Salomon. Sie ist weit davon entfernt, sich mit ihren Fotografien auf bestimmte Typen festzulegen. Aber es entbehrt nicht einer bitteren Ironie, dass man auch sie für ein deutschtümelndes Fotobuch in Anspruch nimmt, wenige Jahre bevor sie ihr Atelier am Kurfürstendamm räumen muss.

Unweit ihres Studios grölen Nazis nun laut »Die Wacht am Rhein«. Sie stürmen Berliner Theaterbühnen und Hörsäle, um das »Deutsche Theater jüdischer Nation« und die »Jüdische Physik« zu bekämpfen. Ende der Dreißigerjahre wird die Fotografin Deutschland verlassen. Ihr Cousin Alfred Byk und ihre Meisterschülerin Yva, die wohl zu spät versucht hat, noch nach New York zu entkommen, werden beide am 13. Juni 1942 nach Sobibor deportiert und in den Gastod geschickt.[26]

Suse Byks Spuren verlieren sich in den USA. Ihr Name ist heute nur noch wenigen bekannt. Ihre fotografischen Arbeiten sind verstreut und nie Teil einer geschlossenen Sammlung geworden.[27]

Einstein, schon zu Beginn der Zwanzigerjahre antisemitischen Anfeindungen gegen seine Relativitätstheorie ausgesetzt, hat die finstersten Fratzen des »deutschen Volksgesichts« gesehen. Am Tag vor dem Hitlerputsch in München im November 1923 ist er schon einmal Hals über Kopf ins holländische Leiden geflüchtet. Zehn Jahre später, kurz vor der tatsächlichen Machtergreifung der Nationalsozialisten, setzt er sich wieder beizeiten ins Ausland ab und zieht in die Vereinigten Staaten. Diesmal für immer. Von dort wird er Alfred Byks Töchtern, den »daughters of my esteemed colleague«, im November 1938 noch ein Empfehlungsschreiben zu ihrer Ausreise nach Australien ausstellen.[28]

Zu einem letzten spektakulären Zusammentreffen mit Heisenberg und Bohr kommt es im Jahr 1930 wiederum in Brüssel. Bei diesem Gipfeltreffen versucht Einstein – abermals vergeblich –, die Unbestimmtheit der Quantenwelt mit einem raffinierten Gedankenexperiment aus den Angeln zu heben. Dazu ersinnt er einen schwarzen Kasten, aus dem beim Öffnen eines speziellen Verschlusses nur ein einziges Lichtquant entweicht.

Wie kann es sein, dass nach einem Jahrzehnt unentwegter Diskussionen noch immer miteinander unvereinbare Standpunkte aufeinanderprallen?

Als eigenbrötlerischer Patentamtsangestellter »III. Klasse« hatte Einstein mit der Erforschung des Quantenlichts begonnen. Er hatte dem Kind einen Namen gegeben, ohne je zu wissen, was es sei. Von 1933 an wird er, isoliert von Planck, Bohr und Heisenberg, in Amerika leben. »Die ganzen 50 Jahre bewusster Grübelei haben mich der Antwort der Frage ›Was sind Lichtquanten‹ nicht näher gebracht«, so Einstein wenige Jahre vor seinem Tod. »Heute glaubt zwar jeder Lump, er wisse es, aber er täuscht sich.«[29]

TEIL I

LICHT UND MATERIE (1919 – 1922)

SCHWARZE STRAHLER

Berlin 1919: Planck und Einstein haben eine gemeinsame Reise nach Rostock geplant, als der eine den Nobelpreis erhält, der andere Weltruhm erlangt und das Licht plötzlich seine Leichtigkeit verliert

Das Große Schauspielhaus am Bahnhof Friedrichstraße, von den Berlinern »Tropfsteinhöhle« genannt, öffnete im Jahr 1919. Die Stalaktiten bargen Halterungen für Glühbirnen.

Wieder einmal streiken die Berliner Verkehrsbetriebe. Nur über einen improvisierten Ersatzverkehr bleibt die Peripherie mit dem Zentrum verbunden.[1] Dicht aneinandergedrängt sitzen und stehen die Fahrgäste auf Pferdedroschken, offenen Lkw-Ladeflächen und Militärwagen. Trittbrettfahrer, wo immer eine Stufe unter der Tür eines Fahrzeugs erobert werden kann.

Im Ufa-Palast am Zoo, im Herbst 1919 eröffnet, feierten Filme von Regisseuren wie Ernst Lubitsch oder Fritz Lang Premiere. Mitte der Zwanzigerjahre bot das Kino mehr als 2000 Zuschauern Platz.

Eine Metropole in Hast. Ihr Tempo verträgt keine Solidaritätsbekundungen mit den Streikenden. Abgesehen von den Arbeitervierteln im Berliner Norden, wo »wilde Fuhrwerke« angegriffen, ihre Kutscher beschimpft und dazu gezwungen werden, den Betrieb einzustellen, zeigt die Bevölkerung wenig Verständnis für die Lahmlegung des öffentlichen Verkehrs.[2]

Max Planck versucht wohl erst gar nicht, irgendwo aufzusteigen. Wie sich einer seiner engsten Kollegen erinnern wird, scheut er sich während der Lahmlegung der Berliner Verkehrsmittel nicht, »den fast zweistündigen Weg von seinem Hause in der Villenkolonie Grunewald zu dem neben dem Denkmal Friedrichs des Großen im Zentrum der Stadt liegenden Akademiegebäude Tag für Tag zu Fuß zurückzulegen«.[3]

Planck geht viel zu Fuß. Zwischen regelmäßigen Wanderungen in den Alpen hält sich der 61-jährige Physiker in der Stadt mit täglichen, mitunter systematischen Spaziergängen fit. Einmal, so seine vormalige Assistentin Lise Meitner, habe er »im Lauf mehrerer Monate nach einem festgelegten Plan die ganze Umgebung von Berlin abgegangen«.[4]

An diesem milden, trockenen Sommertag muss Planck vor allem seine Gedanken ordnen. Er möchte sich noch einmal die Rede durch den Kopf gehen lassen, die er später, beim Festakt, halten wird. In Weimar stimmen die Abgeordneten der Nationalversammlung an diesem 3. Juli über die neuen Reichsfarben ab: Rot? Schwarz-Weiß-Rot? Oder Schwarz-Rot-Gold? Zeitgleich werden in Berlin mehr als 8000 Arbeiter und Angestellte zu den beiden großen Streikversammlungen zusammenkommen. Planck selbst soll eine andere Versammlung eröffnen:[5] die jährliche Festsitzung der Preußischen Akademie der Wissenschaften, deren Mitglied er seit 25 Jahren ist und die sich von nun an nicht mehr »Königliche« Akademie nennen wird. Sehr zu seinem Verdruss.

Die alte wilhelminische Ordnung ist zerstört, eine neue hat der Parlamentarismus aus Plancks Sicht bisher nicht herzustellen vermocht. Stattdessen: politisch motivierte Attentate, radikale Gruppen, die die öffentliche Sicherheit gefährden, Chaos, Hungerunruhen in Hamburg, Eisenbahnerstreiks in Frankfurt, Verkehrsstreiks in Berlin.

»UNPOPULÄRE« WISSENSCHAFT

»Der furchtbarste Krieg, den die Welt je gesehen hat, ist beendigt«, hebt Planck an, nachdem er ans Rednerpult getreten ist. »Aber was tiefer brennt als alle seine Schrecknisse und Leiden, das ist die Schmach des uns von den Feinden aufgezwungenen Friedensschlusses.« Wehrlos liege Deutschland darnieder, blutend aus 1000 Wunden, und was schlimmer sei, durchzuckt von inneren Fieberschauern, deren Hartnäckigkeit die Aussicht auf Gesundung beinahe auszuschließen scheine.[6]

Im klassischen Dreiteiler steht der Professor vor seinen Akademiekollegen, hinter den ovalen Brillengläsern kleine, stechende Augen. Je größer die Not, fährt er fort, umso mehr sei nun der Einzelne aufgefordert, alles zu tun, was in seinen Kräften stehe, um das Hereinbrechen des gänzlichen Untergangs abzuwenden. Die Wissenschaft gehöre mit zu dem letzten Rest von Aktivposten, die der Krieg den Deutschen gelassen habe.

Und wenn man auf die Wiederaufrichtung des Vaterlandes hoffen wolle, seien diese idealen Güter die allernötigsten.[7]

Damit ist der Rahmen gesetzt. Bei aller Skepsis, die er der Republik entgegenbringt und die noch gewachsen ist, seit die Bedingungen des in Versailles unterzeichneten Friedensvertrags offenliegen – mit Rebellion oder Resignation ist niemandem geholfen. Planck möchte den Glauben der Akademie an den Wert ihres eigenen Tuns wiederherstellen. Für ihn ist die Forschung jetzt relevanter denn je.

Planck betrachtet sie als elitäres Unternehmen. Sie könne niemals mit einem unmittelbaren Interesse der breiten Öffentlichkeit rechnen. »Ja, man darf sagen, dass die reine Wissenschaft ihrem Wesen nach unpopulär ist. Denn das geistige Schaffen, bei dem der arbeitende Forscher in heißem Ringen mit dem spröden Stoff zu gewissen Zeiten einen einzelnen winzigen Punkt für seine ganze Welt nimmt, ist, wie jeder Zeugungsakt, eigenstes persönliches Erlebnis und erfordert eine Konzentration und Spezialisierung, die einem Außenstehenden ganz unverständlich bleiben muss.« Gerade dieser stillen Arbeit habe man es jedoch zu verdanken, dass die deutsche Wissenschaft auf manchen Gebieten immer noch eine führende Rolle im internationalen Wettbewerb spiele. Und solange sie in der bisherigen Weise voranschreite, so lange sei es undenkbar, dass Deutschland aus der Reihe der Kulturnationen gestrichen werde.[8]

Zähne zusammenbeißen und weiterarbeiten – das ist Plancks eindringlicher Appell an die versammelten Vertreter der Wissenschaft. Den Dingen nun erst recht auf den Grund gehen, um nicht ganz zugrunde zu gehen. Nicht kapitulieren, sondern sich in dem von ihm so empfundenen Daseinskampf der europäischen Kulturen durch herausragende Forschungsleistungen behaupten.

GEMEINSAM NACH ROSTOCK

Vier Monate später macht die »unpopuläre« Wissenschaft Schlagzeilen. Planck selber rückt im November 1919 als Wegbereiter der Quantenphysik ins Rampenlicht. Und zwar just im selben historischen Augenblick, in dem die allgemeine Relativitätstheorie die Weltöffentlichkeit erreicht. Mit einem Mal schauen alle Nationen nach Deutschland, genauer: nach Berlin.

Wie es der Zufall will, haben sich Planck und Einstein zu ebendiesem Zeitpunkt zu einer gemeinsamen Reise verabredet. Sie möchten zusammen an die Ostsee fahren, selbstverständlich der Wissenschaft wegen. Die Universität Rostock hat sie zu ihrer 500-Jahr-Feier eingeladen, um sowohl dem Doyen der theoretischen Physik als auch dem eine Generation jüngeren Einstein die Ehrendoktorwürde zu verleihen.

Niemand freut sich so sehr auf diese Feier wie Moritz Schlick. 15 Jahre zuvor hat er bei Planck promoviert und sich während seiner anschließenden philosophischen Laufbahn eingehend mit den erkenntnistheoretischen Voraussetzungen der Einstein'schen Theorie über Raum, Zeit und Gravitation befasst. Nun möchte er die beiden Physiker bei sich zu Hause in Rostock einquartieren, von ganzem Herzen hoffend, »dass Sie von diesem Anerbieten Gebrauch machen«.[9] Sowohl Planck als auch Einstein haben die Einladung postwendend angenommen.

Da der Herbst beginnt und die Kälte einzieht, sahen sich die Organisatoren der 500-Jahr-Feier mit dem Problem konfrontiert, im Vorfeld genügend Kohlen zusammenzuklauben, um die Gebäude während der mehrtägigen Festivitäten zu heizen. Für die Anreise der Gäste aus Berlin schien dagegen gesorgt. Ein Sonderwagen der Bahn sollte sie nach Rostock bringen.

Den Fahrplan kann die Reichsbahn allerdings nicht einhalten. Wegen anhaltender Kohlennot muss sie den Personenverkehr wieder einmal kurzfristig einstellen. Den Veranstaltern bleibt nichts anderes übrig, als die Feier zu verschieben.[10]

Schlick ist bitter enttäuscht. Planck und Einstein hingegen reagieren gelassen: Aufgeschoben heiße nicht aufgehoben. Dann würden sie eben am 25. November zusammen zu ihm nach Rostock kommen.[11] Was ist schon eine Verzögerung von 14 Tagen angesichts einer 500-jährigen Universitätsgeschichte!

Statt gemeinsame Tage an der Ostsee zu verbringen, sind also beide noch in Berlin, als dort die ersten Glückwunschschreiben und -telegramme eingehen, bei Einstein ein paar Tage früher als bei Planck, obschon die an ihn adressierte Post von weiter her kommt: aus Paris und Breslau, London und Leiden, bald darauf auch aus den USA. Bezeichnenderweise sorgt die Relativitätstheorie zunächst in der internationalen Presse für Schlagzeilen. Die deutschen Zeitungen feiern zuerst Planck. Inmitten trostloser Berichte über Kriegsheimkehrer und Gefangene, über Kriegsschuld und Reparationen, über Kohlenmangel, Notbeleuchtung und Einschränkungen bei der Brotzuteilung tauchen mit einem Mal winzige Energierationen auf: Quanten.

ATOME? »HAMS OANS GSEHN?«

Der Begriff »Quanten« leitet sich ab vom lateinischen Wort »quantum« für »wie viel«. Damit knüpft die Physik an die alte Frage an, ob die Welt aus kleinsten Elementen besteht oder ob sie als Kontinuum verstanden werden kann. Einstein wird den Kerngedanken der Quantenphysik später einmal mit folgendem Satz skizzieren: »Es muss damit gerechnet werden, dass sich manche physikalische Größen, die bislang für kontinuierlich gehalten wurden, in Wirklichkeit aus Elementarquanten zusammensetzen.«[12]

Die Vorstellung von Atomen zum Beispiel reicht weit zurück. Ihre Anfänge liegen in der Antike. Gegen Ende des 19. Jahrhunderts fassten allen voran die Chemiker Vertrauen in eine Theorie der Atome, die Ordnung in das Periodensystem der Elemente brachte. Viele Physiker blieben skeptisch. »Hams oans gsehn?«, entgegnete etwa Ernst Mach seinem Kollegen Ludwig Boltzmann, der physikalische Erscheinungen mithilfe statistischer Überlegungen auf die unsichtbaren Bewegungen ebensolcher Atome und Moleküle zurückführte.[13]

In den ersten Jahren des 20. Jahrhunderts machten Experimentatoren die Bewegungen der Atome und Moleküle »sichtbar«, schließlich sogar den Atomkern. Hinsichtlich der Masse spiele das Atom die Rolle eines Elementarquantums, so Einstein rückblickend. Allerdings arbeiteten selbst die empfindlichsten Waagen »bei weitem nicht so genau, dass man die Diskontinuität der Massenveränderung damit feststellen konnte«. Die Masse eines Wasserstoffatoms sei ungeheuer klein und betrage nur 0,000 000 000 000 000 000 000 0017 Gramm.[14]

Der elektrische Strom war ebenfalls eine physikalische Größe, die die Fachwelt lange als kontinuierlich betrachtet hatte. Im Jahr 1897 dann die Entdeckung des Elektrons. Es war noch kleiner als das Atom und – darüber wurde von Beginn an spekuliert – womöglich Bestandteil desselben. Da sich jede negative elektrische Ladung aus Elektronen zusammensetzt, bezeichnete Planck das Elektron um die Jahrhundertwende als »Elementarquantum der Elektrizität«.[15]

Nach und nach zeichnete sich eine Körnigkeit der Natur ab, die die Fachwelt zum Umdenken zwang. Planck, mit der klassischen Physik groß geworden, zweifelte lange an der Existenz der Atome. Am meisten Kopfzerbrechen aber sollte ihm der Konflikt zwischen der Körnigkeit der Materie einerseits und der Kontinuität der elektromagnetischen Strahlung andererseits bereiten. Sein unablässiges Ringen mit diesem Spannungsverhältnis ist symptomatisch für den Umbruch im frühen 20. Jahrhundert.

MIT DER »VORURTEILSLOSIGKEIT DES GENIES«

Planck gilt deshalb als Vordenker der Quantentheorie, weil er als erster Forscher ein Quantenkonzept in die Beschreibung der Wechselwirkung zwischen Strahlung und Materie einführte: eine Stückelung der Energie in winzige Pakete. Seiner Strahlungstheorie zufolge können diese Energieportionen nicht beliebig klein werden.

Am 15. November hebt ihn die deutsche Presse auf den Schild. »Der kontinuierliche Ablauf aller Vorgänge in der Natur, die Stetigkeit aller Naturerscheinungen, war ein Glaubenssatz, an dessen Wahrheit zu zweifeln niemand in den Sinn kam«, berichtet die *Vossische Zeitung*. Mit dieser geheiligten Vorstellung habe Max Planck gebrochen.[16]

Ausgangspunkt dafür seien seine Überlegungen zu Licht- und Wärmestrahlen gewesen. Mit der »Vorurteilslosigkeit des Genies« habe sich der Physiker von dem Gedanken frei gemacht, dass Strahlung in einem stetigen Fluss vor sich gehen müsse. Stattdessen werde immer nur eine bestimmte Menge von Energie ausgestrahlt, nicht aber jeder beliebig kleine und kleinste Bruchteil. Die Strahlung erfolge »quantenweise«.[17]

Am selben Tag eine Hymne im *Berliner Tageblatt*: Planck sei »eine der Zierden der Berliner Universität«. Seine Beschäftigung mit der Theorie der Strahlung habe ihn zunächst zur Entdeckung der nach ihm benannten Strahlungsformel geführt, deren anschließende Deutung die Entwicklung der Quantentheorie eingeleitet.[18]

Die Zeitungen können sich auf das Urteil aus Stockholm berufen. Soeben hat die Schwedische Akademie der Wissenschaften die Nobelpreisträger für die beiden zurückliegenden Jahre bekannt gegeben. Planck ist einer von ihnen.

Seine Briefe lassen erahnen, wie sehr ihn die Ehrung überrascht, die mit einem beachtlichen Preisgeld verbunden ist, ausbezahlt in Schwedischen Kronen, einer stabilen Währung. Planck denkt dabei sicherlich zuerst an seine Kinder: seinen Sohn Erwin, der im Krieg eine Verletzung erlitt und nun ins Reichswehrministerium wechselt, um »Staatsmann zu werden«, seine Tochter Emma, frisch verheiratet und in Erwartung ihres ersten Kindes, und an den Jüngsten, Hermann, den einzigen Sohn aus zweiter Ehe, der an Kinderlähmung leidet und über dessen Schicksal kaum etwas bekannt ist.[19]

Für ihn selbst hat die Anerkennung vonseiten der Kollegen mehr Gewicht als das Preisgeld. Sein Erfolg sei zum großen Teil das Verdienst der zahlreichen Forscher, die es verstanden hätten, aus seinen Ideen »etwas Reales zu machen und sie aus luftiger Höhe in eine sichere, wenn auch noch nicht nach allen Richtungen geklärte und gefestigte Position zu bringen«, schreibt er dem niederländischen Physiker Hendrik Antoon Lorentz, einem der wenigen Forscher im Ausland, mit denen er auch in den Kriegsjahren im Austausch stand.[20] Planck gibt sich bescheiden. Allenfalls nimmt er für sich in Anspruch, das Fundament für ein gemeinschaftliches Werk gelegt zu haben. Und auch das erst nach einer langen Odyssee.

DIE ELEKTRISCHE SONNE

Als sich Planck der Physik leuchtender Körper zuwandte, lagen Berlins nächtliche Straßen im warmen, behaglichen Schimmer der Gaslaternen. Nur an ausgewählten Orten wie dem Potsdamer Platz warfen elektrische Kohlebogenlampen ihr grelles Licht auf das Pflaster, auf Hauswände und bemalte Reklametafeln von Cafés, Bars und Restaurants. Solche Lampen waren als Erste dazu imstande, die Nacht zum Tage zu machen.

Ihre Leuchtkraft entsprang zwei Kohlestiften. Um zwischen diesen beiden Elektroden einen Lichtbogen zu zünden, wurden sie kurz zusammengeführt und dann wenige Millimeter voneinander getrennt. Von da an sorgte ein nur zu diesem Zweck erfundener Regler für einen gleichmäßigen Abstand der elektrisch aufgeheizten Kohlestifte, die bei Temperaturen von etwa 3000 Grad Celsius langsam abbrannten, dabei ein gleißendes Licht abstrahlten und irgendwann ausgewechselt werden mussten.

Im Licht der Bogenlampen verdampfte auch der letzte Rest der Dunkelheit. Sie beleuchteten weitläufige öffentliche Plätze oder Hafenanlagen, Fabrikhallen und große Werkstätten. Für gewöhnliche Innenräume waren die »elektrischen Sonnen« zu hell.

Als Alternative bot sich wiederum Kohle an: ein stromdurchflossener Kohlefaden in einer Glühbirne. Seit Emil Rathenau die Nutzungsrechte für das Patent der Edison-Glühlampe für Deutschland erworben hatte, fabrizierte die von ihm begründete »Allgemeine Elektricitäts-Gesellschaft« die einschraubbaren elektrischen Leuchtkerzen in Berlin. Das Lampengeschäft der AEG expandierte rasch. Ebenso rasch stellte sich heraus, dass Kohle nicht das beste Material für einen Glühfaden ist. Da ein Kohlefaden leicht durchbrennt, eignet er sich nur für niedrige Temperaturen. Während die Kohlebogenlampe eine zu hohe Leuchtkraft entfaltet, ist die der Kohlefadenlampe tendenziell zu gering.

Metalle haben eine höhere Schmelztemperatur und senden eine intensivere, weniger rötliche Strahlung aus. Schon in den 1890er-Jahren experimentierte man mit Metalldrähten aus Osmium, später aus Tantal und Wolfram, das erst bei 3400 Grad Celsius zu zerfließen beginnt. Doch auch solche Glühwendel verwandeln maximal vier oder fünf Prozent der Energie in sichtbares Licht. Der Rest geht als unsichtbare Strahlung verloren und erwärmt die Umgebung.

Das ist typisch für alle Quellen, die aufgrund ihrer Temperatur Licht aussenden. Die Sonne etwa emittiert nicht nur das Licht mit all den Farbanteilen, die im Regenbogen zutage treten. Darüber hinaus strahlt sie zum Beispiel kurzwelliges ultraviolettes Licht ab, vor dem wir unsere Haut besonders schützen müssen. Auf der anderen Seite ihres Strahlungsspektrums findet sich das langwellige Infrarotlicht, das wir ebenfalls nicht mit dem Auge wahrnehmen können. Es macht auch die behagliche Wärmestrahlung eines Kachelofens aus.

»SCHWARZE KÖRPER«

Für eine Glühbirne, die allein zum Zweck der Beleuchtung eingeschaltet wird, sind UV- und Infrarotlicht schlichtweg Energieverluste. Um die Abstrahlung bei unterschiedlichen Temperaturen und Wellenlängen besser zu verstehen, um verschiedene Lichtquellen bewerten und miteinander vergleichen zu können, erfand man eine neue Art von Strahlungsquelle: den »schwarzen Körper«. Er lässt sich am besten durch einen Hohlraum mit einem kleinen Loch realisieren. Salopp gesprochen, ist der »schwarze Körper« ein idealisiertes Vogelhäuschen mit sehr kleiner Öffnung. Ein solches Vogelhaus wird in der Sonne nicht heißer und heißer. Bei gleichbleibender Erwärmung von außen stellt sich irgendwann ein thermisches Gleichgewicht ein.

Wie verhält es sich nun mit der Strahlung im Innern? Wie viel und welche Art von Wärmestrahlung ein Hohlraum durch die kleine Öffnung aussendet, hängt erstaunlicherweise allein von der Temperatur der Wände ab, nicht aber von deren materieller Beschaffenheit. Je höher die Temperatur, desto mehr Wärmestrahlung, die sich über die unterschiedlichsten Wellenlängen verteilt.

Planck wollte diese Temperaturabhängigkeit der Strahlung verstehen und in eine einzige universelle Formel fassen, woran sich vor ihm schon andere Forscher versucht hatten. So viele, dass Einstein später meinte: »Es wäre erhebend, wenn wir die Gehirnsubstanz auf eine Waage legen könnten, die von den theoretischen Physikern auf dem Altar dieser universellen Funktion f hingeopfert wurde.« Auch die klassische Physik sei ihr schließlich zum Opfer gefallen. Allerdings erst, nachdem Planck als Einziger bei seinen Bemühungen Erfolg gehabt habe. »Jener ganze Komplex von Resultaten, theoretischen Vorstellungen und Problemstellungen, welcher heute dem Physiker auftaucht, wenn er das Wort ›Quanten‹ hört, welcher ihm das Dasein belebt und zugleich so schwer macht, ist aus jenen Arbeiten herausgewachsen.«[21]

Planck wusste die Nähe zur Physikalisch-Technischen Reichsanstalt für sich zu nutzen. Sie lag auf halbem Weg zwischen seiner Villa im Grunewald und der Berliner Universität. In der Reichsanstalt näherten sich Experimentatoren in den späten 1890er-Jahren dem Idealbild des »schwarzen Körpers« an. Ihre Modellapparaturen, halb Vogelhäuschen, halb Thermoskanne, bestanden aus den besten verfügbaren Materialien.

Die Entwürfe mussten dem jeweils untersuchten Temperaturbereich angepasst werden. Für Strahlungsversuche bei niedrigen Temperaturen eignete sich ein doppelwandiges Gefäß, dessen Innenwände mit Lampenruß oder Platinchlorid geschwärzt waren. Um einen solchen Hohlraum gleichmäßig von außen zu kühlen oder zu erwärmen, ließen die Forscher in den Raum zwischen den beiden Wänden flüssige Luft oder feste Kohlensäure, Eis oder Dampf ein.

Für Experimente bei höheren Temperaturen hatten sie zuerst einen Schamottofen vorgesehen, entschieden sich dann jedoch für eine elektrische Erwärmung und einen Heizmantel aus Platin. Im Innern dieser Ummantelung befand sich ein Rohr aus Porzellan, das man bei der Königlichen Porzellanmanufaktur in Charlottenburg geordert hatte. Es war geschwärzt mit einer Mischung aus Chrom-, Nickel- und Kobaltoxyd und erlaubte Messungen der abgegebenen Wärmestrahlen bis zu 1500 Grad Celsius.[22]

DAS UNIVERSUM AUF EINER POSTKARTE

Während Planck die Experimente an der Reichsanstalt aufmerksam verfolgte, überschlugen sich plötzlich die Ereignisse. Am ersten Sonntag im Oktober 1900 bekamen die Plancks Besuch von dem Physiker Heinrich Rubens und dessen Frau.[23] Der kräftig gebaute Rubens, ein ausgezeichneter Experimentator, arbeitete mit den Forschern der Reichsanstalt zusammen. Er selbst hatte Methoden ausgetüftelt, aus langwelliger Strahlung schmale Wellenlängenbereiche auszusondern.

An diesem Sonntag erfuhr Planck, dass die experimentellen Ergebnisse bei großen Wellenlängen und hohen Temperaturen die bisherigen Modellrechnungen nicht bestätigten. Die neuen Messwerte wichen deutlich davon ab. Rubens wies ihn auch auf einen neuen gesetzmäßigen Zusammenhang bei langwelliger Strahlung hin.[24] Ein britischer Physiker, der Baron Rayleigh, hatte im Juni desselben Jahres eine Arbeit dazu im *Philosophical Magazine* veröffentlicht.[25]

Wie passte all dies zusammen? Kaum war das Ehepaar Rubens gegangen, setzte sich Planck an den Schreibtisch. Nach seiner langjährigen Auseinandersetzung mit der Strahlungstheorie ging plötzlich alles ganz schnell. Quasi im Handstreich verband er altes und neues Wissen miteinander und schickte Rubens noch am selben Abend auf einer Postkarte die von ihm berechnete Strahlungsformel für sämtliche Wellenlängen und Temperaturen zu.[26] Keine drei Tage später teilte ihm Rubens mit, Plancks Formel passe vorzüglich zu den Messwerten, was in den Wochen darauf auch andere Experimentatoren bestätigten.

Wir verdanken diese Schilderung einem von Rubens' Doktoranden, der die »geradezu dramatische Schnelligkeit und Folgerichtigkeit« der Entwicklung bestaunte.[27] Mit wachsendem zeitlichen Abstand wird dieses Staunen größer und größer. Denn die über Nacht abgeleitete Formel lässt Schlüsse zu, die weit jenseits des damaligen Wissenshorizonts liegen – zum Beispiel über die Restwärme des Urknalls:

Etwa 380 000 Jahre nach dem Urknall war das Universum deutlich abgekühlt. Auf einmal klarte es auf und verwandelte sich von einem undurchsichtigen Plasma, ähnlich dem Zustand einer Kerzenflamme, in ein durchsichtiges Gas. Die dabei frei gewordene Strahlung lässt sich bis heute als kosmische Hintergrundstrahlung erkennen und mit Satelliten präzise messen.

Der Clou: Nach einem Milliarden Jahre währenden allmählichen Abkühlungsprozess stimmt ihre Verteilung bestens mit Plancks Strahlungsformel überein. Die Restwärme des Urknalls entspricht mit einer geradezu unfassbaren Genauigkeit der von Planck berechneten Strahlung eines »schwarzen Körpers«, dessen Temperatur in diesem Fall allerdings nur 2,73 Grad über dem absoluten Temperaturnullpunkt von minus 273,15 Grad Celsius liegt. Eine schauerliche Kälte!

DIE ENTDECKUNG DES WIRKUNGSQUANTUMS

Die Postkarte vom 7. Oktober 1900 barg in sich ein ganzes Universum von Erscheinungen. Plancks Entdeckung waren Jahre der Denkanstrengung vorausgegangen. Und dieser schöpferische Prozess war mit der experimentellen Überprüfung der Strahlungsformel keineswegs zu Ende. »Selbst wenn man ihre absolute genaue Gültigkeit voraussetzte, würde die Strahlungsformel lediglich in der Bedeutung eines glücklich erratenen Gesetzes« Geltung erlangen, so Planck in der Rückschau. »Darum war ich von dem Tage ihrer Aufstellung an mit der Aufgabe beschäftigt, ihr einen wirklichen physikalischen Sinn zu verleihen.«[28]

Auf den ersten Oktobersonntag folgten »Wochen der angespanntesten Arbeit« seines Lebens.[29] Die Strahlungsformel hing in der Luft. Schon bald würden sich andere an ihrer Erklärung versuchen.

Planck wusste nichts über den inneren Aufbau der Atome, sondern arbeitete mit einem abstrakten, seinerzeit beliebten Modell: dem Oszillator, einem schwingfähigen System nach Art einer Antenne. Er stellte sich die Wände des vogelhausähnlichen »schwarzen Körpers« zusammengesetzt aus solchen Oszillatoren vor und widmete sich dann deren Wechselwirkung mit dem Strahlungsfeld.

Im Gleichgewichtsfall sollten die Oszillatoren genauso viel Energie aufnehmen wie abgeben.[30] Als er dann mit den Methoden der Statistik versuchte, die Energiemenge auf die Oszillatoren zu verteilen, griff er zu einem Trick: Planck zerstückelte die Energie in kleine Pakete. Es sei nötig, schrieb er, die Gesamtenergie »nicht als eine stetige, unbeschränkt teilbare, sondern als eine diskrete, aus einer ganzen Zahl von endlichen gleichen Teilen zusammengesetzte Größe aufzufassen«.[31] Nur so war es ihm möglich, die bereits bekannte Strahlungsformel zu reproduzieren.

»Ich dachte mir eigentlich nicht viel dabei«, so Planck, »sondern nur eben das, dass ich unter allen Umständen, koste es, was es wolle, ein positives Resultat herbeiführen müsste.« Kurz zusammengefasst könne er die ganze Tat nur als einen Akt der Verzweiflung bezeichnen. »Denn von Natur bin ich friedlich und bedenklichen Abenteuern abgeneigt.«[32]

Sein Kollege Einstein umreißt, welche Bedeutung Plancks Energiepaketen für die Strahlungsphysik zukommt: »Wenn man eine Glocke anschlägt, so ertönt sie stark, wenn man stark anschlägt, und schwächer, je schwächer man anschlägt; sie nimmt eine größere oder kleinere Energiemenge auf.« Bei Strahlungsvorgängen sei dies nicht im gleichen Maße der Fall, so Einstein. Denn man könne einem leuchtenden Gebilde nicht beliebig wenig Energie zuführen. »Niemals unterhalb eines Quants und immer nur ganze Vielfache dieses Quants werden von einem leuchtfähigen Gebilde aufgenommen oder wieder abgegeben.«[33]

Die mathematisch geschnürten Energiepakete zeichneten sich durch eine bestechend einfache Formel aus: Die Energie, in Plancks Schreibweise ε, ist proportional zur Schwingungsfrequenz ν der Oszillatoren

$$\varepsilon = h\nu$$

Mit dieser in Kleinbuchstaben geschriebenen, versteckten, aber wegweisenden Gleichung brachte Planck eine neue physikalische Größe ein: das später nach ihm benannte »Planck'sche Wirkungsquantum« h.[34] Es ist eine Konstante von seltener Winzigkeit und doch von null verschieden. Planck bezifferte sie nach besten ihm bekannten Messungen mit 0,000 000 000 000 000 000 000 000 006 55 erg sec.[35]

Ihm war bewusst, dass es sich bei der für seine Strahlungsformel unentbehrlichen Größe um eine Naturkonstante handeln musste. Als solche eröffnete das Wirkungsquantum die Möglichkeit, physikalische Maßeinheiten zu definieren. In ungewöhnlich kühnem Ton sprach Planck von »natürlichen« Maßeinheiten, welche ihre Bedeutung »für alle Zeiten und für alle, auch außerirdische und außermenschliche Kulturen notwendig behalten«.[36]

Anders dagegen urteilte er über die Stückelung der Energie in derart winzige Portionen. »Das war eine rein formale Annahme«, wird Planck noch Jahrzehnte später beteuern.[37] Er hoffte sogar, sie zu einem späteren Zeitpunkt durch eine tiefergehende Analyse wieder beseitigen zu können.

Am 14. Dezember 1900 trug er die Ergebnisse seiner intensiven Grübelei im Physikalischen Kolloquium am Berliner Reichstagufer vor, eine Zusammenfassung erschien bald darauf in den *Annalen der Physik*. Doch während seine Strahlungsformel die Runde machte, nahm von seiner Theorie kaum jemand Notiz. So lange nicht, bis ein 26-jähriger Patentprüfer aus Bern Plancks Grundgedanken im Jahr 1905 aufgriff.

Einstein verpasste der Theorie einen völlig neuen Anstrich. Seinen Berechnungen zufolge bestand die Strahlung selbst aus voneinander unabhängigen Lichtquanten der Energie:

$$E = h\nu$$

Auf Basis dieser Lichtquantenhypothese konnte Einstein den Fotoeffekt und andere physikalische Phänomene erklären.

In den Folgejahren versuchte er, Planck mit ins Boot zu holen. Von einem derartigen Bruch mit der etablierten Wellentheorie des Lichts wollte Planck jedoch nichts wissen. Er sah darin vielmehr einen Rückschritt: Durch einen Wechsel zu einer Korpuskeltheorie würde die Theorie des Lichts »nicht um Jahrzehnte, sondern um Jahrhunderte zurückgeworfen«.[38] Nämlich bis in die Zeiten Newtons, als die Mehrzahl der Naturforscher die geradlinige Ausbreitung des Lichts mit der Vorstellung verband, dass sich ein Lichtstrahl aus winzigen Teilchen oder Globuli zusammensetzt.

EINE KURZE GESCHICHTE DES LICHTS

Über zwei Jahrtausende hinweg galt die geradlinige Ausbreitung als hervorstechendes Merkmal des Lichts. Auf ihr beruht die gesamte geometrische Strahlenoptik. Sie ermöglichte die perspektivischen Maltechniken der Renaissance, die Entwicklung von Teleskop und Mikroskop. Ein Forscher wie Newton konnte sich die schnurgeraden Lichtstrahlen, die bei nebligem Wetter sichtbar werden, am besten unter der Annahme vorstellen, dass eine Lichtquelle winzige Lichtkorpuskeln aussendet. Treffen diese Teilchen auf ein Hindernis, werden sie abgelenkt. Es bilden sich Schatten mit scharfen Rändern.

Um Licht zu erforschen, zog sich der junge Newton in die Dunkelheit zurück. Nur durch ein Loch im Fensterladen ließ er das Sonnenlicht in seine Kammer eindringen. Vor dieses Loch hielt er ein Glasprisma, das Wunder wirkte: Ähnlich wie die Wassertröpfchen in einer Regenfront fächert ein Prisma das Sonnenlicht in seine Regenbogenfarben auf. Es bricht die Lichtstrahlen je nach Farbe unterschiedlich stark: Rot am schwächsten, Blau am stärksten. Als Newton sie wieder in einem Punkt zusammenführte, vereinten sie sich abermals zu weißem Licht.[39]

Newton experimentierte auch mit dünnen Kristallplättchen. Zwischen ihren reflektierenden Schichten machte er Farbringe aus, die später nach ihm benannten Newton'schen Ringe. Was steckt hinter solchen Phänomenen? Wie kommen die Farben des Lichts zustande? Woher rühren die zauberhaften Farbspiele in Austernschalen, Seifenblasen oder dünnen Kristallplättchen?

Newton formulierte die Ergebnisse seiner Studien vorsichtig als Fragen. Aus gutem Grund schreckte er vor schnellen Schlüssen zurück. Gerade seine Farbenlehre ließ sich nicht ohne Weiteres mit der Vorstellung zusammenbringen, dass Licht aus Teilchen besteht. Schon er sah sich mit alternativen Hypothesen konfrontiert: Die Fortpflanzung des Lichts könnte auch der von Schall- oder Wasserwellen vergleichbar sein.

Was sich auf einer Wasserfläche durch einen hineingeworfenen Stein ausbreitet, sind Wellenberge und Wellentäler. Wie dies mit der geradlinigen Lichtausbreitung zusammenpassen soll, erschließt sich nicht so leicht. Denn Wasser fließt um kleine Hindernisse herum. Treffen parallele Wasserwellen jedoch auf eine große Wand, werden sie daran reflektiert wie ein Lichtstrahl an einem Spiegel. Ähnlich hinter einer Öffnung: Dort erzeugen Wasserwellen eine kreisförmige Wellenfront. Ist die Öffnung jedoch sehr groß, dann laufen die parallelen Wellen nahezu ungestört hindurch wie ein Lichtstrahl durch ein Loch im Fensterladen. Den Ausschlag für das jeweilige Verhalten geben allein die Abmessungen.

Wir nehmen die Wellennatur des Lichts im Alltag nicht wahr, weil die Wellenlänge des sichtbaren Lichts, also der Abstand zwischen zwei Wellenbergen, so ungeheuer klein ist verglichen mit der Größe der Gegenstände um uns herum. Nur bei sehr kleinen Spaltöffnungen und an extrem dünnen Schichten wie Ölfilmen auf Wasserpfützen oder den Schuppen eines Schmetterlingsflügels offenbart das Licht seinen schon von Newton beobachteten Wellencharakter.

Wie Planck bei einem Vortrag über das Wesen des Lichts im Herbst 1919 erläutert, kommt es zu eindrucksvollen Erscheinungen, wenn zwei Lichtstrahlen gleicher Farbe zusammentreffen. Dabei addieren sich ihre Intensitäten keineswegs auf einfache Weise. Stattdessen können sich die beiden Lichtstrahlen unter gewissen Bedingungen »gegenseitig schwächen, ja sogar vollständig auslöschen«.[40] Im Wellenbild findet sich dafür eine einfache Erklärung: Wo Wellenberg und Wellental aufeinandertreffen, heben sie sich wechselseitig auf. Wie aber könnte man solche Interferenzen mit einer wie auch immer gearteten Teilchentheorie des Lichts erklären?

Im Laufe des 19. Jahrhunderts verdrängte das Wellenbild die Korpuskeltheorie nahezu vollständig. Besonders gut ist die Wellentheorie dazu geeignet, die Farben des Lichts und anderer Arten von Strahlung zu deuten. Sie beruhen auf den unterschiedlichen Wellenlängen: UV-Strahlung hat eine geringere Wellenlänge als blaues und erst recht als rotes Licht. Infrarotlicht ist noch langwelliger.

Gegen eine derart bewährte Theorie kam Einstein mit seinen Lichtquanten nicht an. Die meisten Forscherinnen und Forscher vermuteten die Ursache für den Fotoeffekt in einer besonderen Art der Wechselwirkung zwischen einer wellenförmigen Strahlung und der Materie. Als Planck dafür votierte, Einstein nach Berlin zu holen und in die Akademie aufzunehmen, bemerkte er: »Dass er in seinen Spekulationen gelegentlich auch einmal über das Ziel hinausgeschossen haben mag, wie z. B. in seiner Hypothese der Lichtquanten, wird man ihm nicht allzu schwer anrechnen dürfen.« Denn ohne einmal ein Risiko zu wagen, sei auch in der exaktesten Naturwissenschaft keine Neuerung möglich.[41]

»EIN DEUTSCHER SIEG!«

In Fragen der Quantenphysik gehen Plancks und Einsteins Ansichten seit jeher auseinander. Trotzdem war ihr Verhältnis von Beginn an von gegenseitiger Wertschätzung geprägt. Einstein selbst hat Planck für die höchste wissenschaftliche Auszeichnung vorgeschlagen und übermittelt ihm unmittelbar nach der Bekanntgabe der Nobelpreise seine Glückwünsche. Das Schreiben selbst ist nicht erhalten geblieben, wohl aber ein kurzer Dankesbrief, den Planck am 18. November 1919 an ihn zurücksendet: Er freue sich sehr auf ihr baldiges Zusammensein in Rostock.[42]

Nahezu alle deutschen Zeitungen haben die internationale Auszeichnung sofort für die nationale Sache vereinnahmt und huldigen »dem deutschen Forschergenius«.[43] Planck ist nämlich nicht der einzige deutsche Preisträger der Jahre 1918 und 1919. Mit dem Physiker Johannes Stark und dem Chemiker Fritz Haber wird der Nobelpreis zwei weiteren Deutschen zugesprochen, für Reporter Anlass genug, kräftig in die Tasten zu hauen:

»Ein deutscher Sieg«, heißt es im *Berliner Tageblatt*.[44] »Ein Sieg deutschen Geistes und hinausleuchtend in Deutschlands Zukunft«, verkündet die *Tägliche Rundschau*.[45] Selbst der sozialdemokratische *Vorwärts* spricht vom Triumph der deutschen Wissenschaft. Sie habe »trotz jahrelanger Absperrung von der übrigen Welt – sogar die wissenschaftlichen Zeitschriften der feindlichen Länder wurden ihr vorenthalten – von ihrer führenden Bedeutung nichts eingebüßt«.[46]

Einstein geht derartiges »unter germanischer Flagge segelndes Kraftmeiertum« schon lange gegen den Strich.[47] Planck selbst wird beim Festbankett in Stockholm den internationalen Charakter der Wissenschaft herausstellen. »Und wir spüren den Segen, der darin liegt, dass sie ein geistiges Band schlingt zwischen Männern, die sich im äußerlichen Leben in weiter Ferne gegenüberstehen, und dass eine wissenschaftliche Leistung bewertet wird ohne Rücksicht auf das Land, wo sie entstanden ist.«[48]

Über die Isolation der deutschen Forschung können die Nobelpreise nicht hinwegtäuschen. In den Köpfen ist der Krieg noch lange nicht beendet. Von internationalen Tagungen und Kongressen werden deutsche Physiker oder Chemiker noch jahrelang ausgeschlossen bleiben. Auch das Publikationswesen liegt darnieder, weil Deutsch als Wissenschaftssprache auf internationaler Ebene boykottiert wird.

Begründet wird dieser Boykott mit dem Verhalten der deutschen Gelehrten im Krieg. In mehreren Erklärungen stellten sie sich offen hinter den Militarismus und leugneten im »Aufruf an die Kulturwelt« alle deutschen Kriegsverbrechen. Dieser Appell von 93 führenden deutschen Intellektuellen erregt noch immer die Gemüter. Der Präsident der Columbia University spricht von der »Selbstprostitution deutscher Gelehrsamkeit und Wissenschaft vor nationaler Eroberungsgier«.[49] Und erst im Oktober 1919 hat der französische Ministerpräsident Clemenceau in seiner großen Senatsrede an das »schamlose Manifest der sogenannten Intellektuellen« erinnert.[50]

Planck zählte zu den 93 Unterzeichnern, was er selbst längst bedauert.[51] Der unselige »Aufruf an die Kulturwelt« sucht ihn immer wieder heim. Dasselbe *Berliner Tageblatt*, das ihn nun für seinen Nobelpreis feiert, hat noch vier Wochen zuvor die entsprechenden Passagen aus Clemenceaus Rede abgedruckt.

Sogar der Nobelpreis verdeutlicht, wie sehr Plancks internationaler Ruf gelitten hat. Anders als vor dem Krieg haben sich diesmal weder Franzosen noch Briten oder Niederländer für Plancks Nominierung ausgesprochen. Ausschließlich Forscher aus dem deutschsprachigen Raum haben ihn für den Nobelpreis empfohlen und mit Nachdruck für seine Wahl plädiert: Bevor man Planck nicht geehrt habe, könne man keine anderen Auszeichnungen auf dem Gebiet der Quantentheorie vergeben.

In Frankreich und England empfindet man die dreifache Nobelpreisvergabe an deutsche Wissenschaftler als offenen Affront.[52] Die Ehrung Fritz Habers erhitzt selbst in Schweden die Gemüter. Dem Chemiker war es vor dem Krieg gelungen, Ammoniak synthetisch zu erzeugen, den Ausgangsstoff für Stickstoffdünger. Das Nobel-Komitee spricht von einem Triumph »im Dienste der ganzen Menschheit«, erwähnt aber mit keinem Wort, dass sich Haber im Krieg in erster Linie für die Herstellung von Sprengstoff aus Ammoniak starkmachte.[53] Auch nicht, dass er der führende Kopf des deutschen Giftgaskriegs gewesen ist.

Einsteins langjähriger Briefpartner Heinrich Zangger versteht die Welt nicht mehr, als der Preis an den »Giftfanatiker Haber« geht.[54] Haber selbst rechnete damit, wegen seiner Einsätze an vorderster Front vor ein Kriegsgericht gezogen zu werden. Aus diesem Grund hatte er im Juli 1919 zuerst seine Familie in die Schweiz geschickt, sich bald darauf selbst dorthin abgesetzt und sich einen Bart wachsen lassen. Erst vor drei Wochen ist er nach Berlin zurückgekehrt.

Gestern an der Front, heute im Büro – die Jahre des Kriegs hätten gezeigt, dass der Mensch eine »überraschend viel bildsamere Masse« sei als gemeinhin gedacht, lautet die Diagnose des Schriftstellers Robert Musil.[55] In einem ungeheuren Massenexperiment habe sich bestätigt, dass sich der Mensch leicht zu den äußersten Extremen und wieder zurück bewegen könne, ohne sich im Wesen zu ändern. Allein die Welt sei inzwischen eine andere geworden. Immer mehr Menschen und Meinungen beteiligten sich an der allgemeinen Ideenbildung.[56] Die Nachkriegszeit beherberge nebeneinander zahllose Gegensätze. »Aus tausend Fenstern schreien tausend verschiedene Stimmen, Gedanken, Musiken gleichzeitig auf den Wanderer ein.«[57]

IST LICHT SCHWER?

In dieser verwirrenden Vielstimmigkeit setzt Einsteins allgemeine Relativitätstheorie allem die Krone auf. Zumal die Kunde davon die Öffentlichkeit aus London erreicht. Ausgerechnet englische Forscher bestätigen eine während des Krieges in der preußischen Reichshauptstadt Berlin ausgeheckte Theorie und feiern sie als neues Weltbild!

Nach eingehender Prüfung ihrer Sonnenfinsternis-Beobachtungen gibt die Royal Society die Ergebnisse am 6. November 1919 in London offiziell bekannt. Sie sieht darin eine entscheidende Stütze der allgemeinen

Relativitätstheorie. Die von Einstein vorhergesagte und nun gemessene Ablenkung des Lichts im Schwerefeld der Sonne sei nicht isoliert zu betrachten, sondern Teil eines ganzen Kontinents wissenschaftlicher Gedanken, so der Präsident der Royal Society, Sir Joseph John Thomson. »Wenn diese Theorie richtig ist, dann eröffnet sie uns einen völlig neuen Blick auf die Gravitation.« Dann sei sie das Ergebnis der größten Errungenschaften menschlichen Denkens.[58]

»Revolution in der Wissenschaft«, titelt die Londoner *Times* tags darauf.[59] Drei Tage später zieht die *New York Times* nach: »Lichter am Himmel alle verschoben.«[60] Seither überschlagen sich die Nachrichten in der britischen und amerikanischen Presse.

Ist Licht schwer? Hat Licht eine Masse? Journalisten, Physiker und Philosophen melden sich mit Beiträgen über die Lichtgeschwindigkeit und Einsteins Formel $E = mc^2$, über die Lichtkrümmung und seine revolutionären Vorstellungen von Raum, Zeit und Materie zu Wort. Es ist die Erfahrung, etwas Unfassbarem zu begegnen.

Mit einer solchen Begeisterung für eine physikalische Theorie, die »einem Außenstehenden ganz unverständlich bleiben muss«, hat niemand gerechnet.[61] Auch ihr Schöpfer nicht. Fortan gilt Einstein als Visionär, der das Weltbild Newtons aus den Angeln gehoben hat. Dass er seine Relativitätstheorie quasi im Alleingang begründete, dass er sich überdies in den dunkelsten Stunden der Menschheitsgeschichte, anders als die meisten Fachkollegen, für Pazifismus und internationale Völkerverständigung einsetzte, verleiht ihm die Aura eines Weltweisen.

In England spreche man fast nur von Einstein, schreibt der Physiker Robert W. Lawson im November nach Berlin. »Wenn er jetzt herüberkommen würde, glaube ich, dass er wie ein siegreicher General gefeiert werden würde.« Die Tatsache, dass die Theorie eines Deutschen durch die Beobachtungen eines Engländers bestätigt worden sei, habe neue Möglichkeiten für eine wissenschaftliche Zusammenarbeit zwischen diesen Völkern geschaffen. »Damit hat Einstein, ganz abgesehen vom hohen wissenschaftlichen Wert seiner genialen Theorie, der Menschheit einen unschätzbaren Dienst erwiesen.«[62]

Auf eine Anfrage der Londoner *Times*, dem Leserpublikum seine Theorie zu erläutern, reagiert Einstein umgehend. Schon aus Dankbarkeit den englischen Forschern gegenüber setzt er den Text noch vor der Abreise nach Rostock auf. Zum Schluss erlaubt er sich eine Anwendung des Relativitätsprinzips, bei der Humor und bitterer Ernst eng beieinanderliegen:

»Heute werde ich in Deutschland als ›deutscher Gelehrter‹, in England als ›Schweizer Jude‹ bezeichnet. Sollte ich aber einst in die Lage kommen, als ›bête noir‹ präsentiert zu werden, dann wäre ich umgekehrt für die Deutschen ein ›Schweizer Jude‹ und für die Engländer ein ›deutscher Gelehrter‹.«[63]

MIT ODER OHNE PLANCK?

Allein die deutsche Öffentlichkeit bleibt vorerst unberührt von dem wissenschaftlichen Großereignis. Statt von Einstein, gekrümmten Lichtstrahlen und der Suche nach der vierten Dimension sprechen die Zeitungen zunächst nur von Plancks Quantentheorie, Habers Ammoniaksynthese und dem Stark-Effekt. Die Türen zu den Denk- und Laborräumen der drei Nobelpreisträger öffnen sich freilich nur kurz. Dann wird es wieder still um ihre Forschung.

Unterdessen läuft Einsteins Briefkasten schneller über, als ihm lieb sein kann. Schon Anfang Dezember beklagt sich seine Frau Elsa: »Es regnet Bittbriefe um Autogramme, die Reporter und Interviewer laufen ihm die Bude ab, die Verlage aus allen möglichen Ländern wollen sein populäres Büchlein übersetzen lassen und verlegen.« Dazwischen pilgerten Fotografen in seine Wohnung.[64]

Irgendwann vor der Reise nach Rostock sitzt er auch vor der Kamera der Fotografin Suse Byk, deren Aufnahme ihn in Kürze einem Millionenpublikum bekannt machen wird. Plötzlich aber ist unklar, ob ihn Planck nach Rostock begleiten wird. Am 21. November informiert Einstein ihren Gastgeber Moritz Schlick darüber, dass Planck »wegen schwerer Erkrankung seiner Tochter« telegrafisch gerufen worden sei. Er hoffe sehnlich, dass sich die Dinge noch zum Guten wenden.[65]

In den zurückliegenden Jahren hat Einstein ab und an mit Planck und dessen Töchtern musiziert. Er weiß, wie sehr sein Kollege an Emma hängt. Überhaupt ist Planck im Unterschied zu ihm ein ausgesprochener Familienmensch.

Über dem Schreibtisch in Plancks Arbeitszimmer hängt ein Bild seiner längst verstorbenen ersten Frau Marie, die Einstein nie kennenlernte. Zusammen mit ihr war Planck nach Berlin gekommen, gemeinsam hatten sie die großzügige Villa im »Professorenviertel« im Grunewald bauen lassen. In nächster Nachbarschaft der Historiker Hans Delbrück, der Neurologe Karl Bonhoeffer oder der Theologe Adolf von Harnack. Man traf sich zu Teegesellschaften und Hauskonzerten, bei denen Planck, ein ausgezeichneter Pianist, am Flügel saß und Stücke von Brahms oder Schubert anstimmte. Selbstverständlich lernten alle seine vier Kinder ein Instrument, die Söhne Karl und Erwin sowie die Zwillingstöchter Grete und Emma.

Wenn Planck den zurückliegenden Krieg als den furchtbarsten bezeichnet, den die Welt je gesehen hat, dann steht ihm der Stellungskrieg vor Augen, in den seine beiden Söhne hineingerieten. Über Jahre hinweg kein Vor und kein Zurück. Nie zuvor hatte es eine derartige industrielle Vernichtung von Soldaten entlang ein und derselben Kampflinie gegeben. Schützengräben und Stacheldraht, Maschinengewehr- und Trommelfeuer. Und mittendrin Plancks jüngster Sohn Erwin. Dass er so früh eine Verletzung am Oberschenkel erlitten hatte und in französische Gefangenschaft geriet, muss man im Nachhinein als Glücksfall bezeichnen. Erwin kam wieder frei. Er lebt noch. Sein Bruder dagegen, Plancks ältester Sohn Karl, fiel in der Hölle von Verdun.

Von den Nachbarn im Grunewald haben viele ihre Söhne verloren. Tiefer und tiefer brannte sich das Grauen des Krieges ins kollektive Gedächtnis ein, brachte den Frieden aber nicht näher. Stattdessen Erschöpfung, Hunger, Mangelerkrankungen, die Spanische Grippe.

1917 wurde Planck zum ersten Mal Großvater. Über der Geburt des Enkelkinds aber lag ein dunkler Schatten: Seine Tochter Grete starb im Wochenbett. Nach ihrem Tod kümmerte sich ihre Zwillingsschwester Emma um das Kind und um den verwitweten Ehemann – eine von zahlreichen Notgemeinschaften im Krieg, als es zusammenzuhalten galt, was zusammenzuhalten war: dezimierte Familien, halb verwaiste Forschungsinstitute. Schließlich heiratete sie Gretes Witwer und wurde selbst schwanger. Nun hieß es, Emma sei »schwer erkrankt«. Kurz vor der Entbindung.

PHYSIKALISCH-PHILOSOPHISCHES INTERMEZZO

Am frühen Morgen des 25. November steigt Einstein ohne seinen Kollegen in den Sonderwagen, den die Bahn für die 500-Jahr-Feier der Universität bereitgestellt und an den D-Zug in Richtung Warnemünde angehängt hat.[66] Er fährt alleine nach Rostock, um den Ehrendoktorhut, wie versprochen, persönlich in Empfang zu nehmen. Es ist seine erste Ehrendoktorwürde von einer deutschen Universität und wird, anders als im Falle Plancks, zeitlebens seine einzige bleiben.

Besonders freut sich Einstein auf die Begegnung mit Moritz Schlick. Seit einigen Jahren stehen sie miteinander brieflich in Kontakt. Plancks ehemaliger Doktorand hat sich mehr und mehr der Philosophie zugewandt. Von Schlicks Abhandlung über »Raum und Zeit in der gegenwärtigen Physik« ist Einstein ausgesprochen angetan.

Ihre Gespräche in Rostock schlagen sich in jenen erkenntnistheoretischen Betrachtungen nieder, die Einstein vier Wochen später für die Weihnachtsbeilage des *Berliner Tageblatts* zu Papier bringen wird. Darin nimmt er vorweg, was man heute in der Regel dem Philosophen Karl Popper zuschreibt: dass wissenschaftliche Theorien nur falsifiziert, aber niemals verifiziert werden können. Just in dem Moment, in dem ihn die Weltöffentlichkeit überschwänglich für die von ihm vorhergesagte Ablenkung von Lichtstrahlen im Gravitationsfeld der Sonne feiert, weist Einstein auf den vorläufigen Charakter jedweder Theorie hin.

»Eine Theorie kann also wohl als unrichtig erkannt werden, wenn in ihren Deduktionen ein logischer Fehler ist, oder als unzutreffend, wenn eine Tatsache mit einer ihrer Folgerungen nicht im Einklang ist. Niemals aber kann die Wahrheit einer Theorie erwiesen werden«, hebt Einstein hervor. »Denn niemals weiß man, dass auch in Zukunft keine Erfahrung bekannt werden wird, die ihren Folgerungen widerspricht; und stets sind noch andere Gedankensysteme denkbar, welche imstande sind, dieselben gegebenen Tatsachen zu verknüpfen.«[67]

Während sich Einstein und Schlick in Rostock über allgemeine Grundlagen der Theoriebildung verständigen, sickern die Nachrichten von Einsteins plötzlichem Ruhm im Ausland über diverse Informationskanäle nach Berlin durch. Sogleich geht die Sorge um, Einstein könne Angebote anderer Forschungsinstitute annehmen und Deutschland verlassen, weshalb sich die Preußische Landesversammlung am 26. November zum Handeln veranlasst sieht: Es sei eine Großtat gewesen, »diesen Mann, als er noch in der grundlegenden Ausarbeitung seiner grundlegenden Ideen stand, für unsere deutsche Wissenschaft und damit für die Universität Berlin zu gewinnen«.[68] Nun sollen besondere finanzielle Mittel für Einsteins weitere Forschungen bereitgestellt werden.[69]

Angesichts des hohen Betrags von 150 000 Mark äußert Einstein Bedenken. »Wird nicht in dieser Zeit größter Not ein derartiger Beschluss mit Recht bittere Gefühle in der Öffentlichkeit auslösen?«, antwortet er dem Kultusminister Konrad Haenisch. »Ich glaube, dass wir auch ohne Aufwendung besonderer Staatsmittel die Forschung auf dem Gebiet der allgemeinen Relativitätstheorie wirksam fördern können, wenn nur die Sternwarten und Astronomen des Landes einen Teil ihrer Apparate und ihrer Arbeitskraft in den Dienst der Sache stellen wollen.«[70]

Im selben Brief bringt Einstein eine dringende Bitte vor: Ihm sei durch Vermittlung des Wohnungsamtes ein Zimmer in seinem Haus in der Haberlandstraße 5 in Schöneberg zugesprochen worden, um dort seine todkranke Mutter und eine Pflegerin unterzubringen. Der Hausbesitzer sträube sich dagegen. Nun stehe er vor der Notlage, sein Studierzimmer für die krebskranke Mutter räumen zu müssen, deren Überführung nach Berlin unmittelbar bevorstehe. Ein Wink des Kultusministeriums an das

Mietseinigungsamt Schöneberg könne die für ihn so dringliche Angelegenheit vielleicht zur Entscheidung bringen.[71] Seine Hoffnung erfüllt sich nicht. Das Geld aus der Staatskasse fließt reichlich, sein Arbeitszimmer aber muss Einstein aufgeben und zum Krankenlager umfunktionieren.

UNTER TRÄNEN

Trotz familiärer Sorgen hat Einstein nach der Rückreise nichts Eiligeres zu tun, als Planck zu Hause aufzusuchen. Der Himmel über Berlin ist an diesem 30. November wolkenverhangen. Zuletzt hat es viel geschneit, die Temperaturen liegen um den Gefrierpunkt.

Die *Vossische Zeitung* hat an diesem Sonntag einen langen Beitrag zur britischen Sonnenfinsternis-Expedition gedruckt. In Deutschland habe das wissenschaftliche Ereignis bisher nicht den Widerhall gefunden, den es verdiene, heißt es darin. Nun stellt das Blatt Einsteins Entdeckungen auf eine Stufe mit denen von Kopernikus und Newton.[72] Außer der Eloge bringt dieselbe Zeitung in ihrer Wochenendbeilage noch das Porträtfoto Einsteins: der Physiker in Denkerpose, aufgenommen von Suse Byk.

Ob Planck es schon gesehen hat? Womöglich hat er seit Tagen keine Zeitung mehr aufgeschlagen. Einstein weiß nicht, in welcher Verfassung er den Kollegen antreffen wird, vermutlich nicht einmal, was er ihm sagen will.

Soll er ihm von Rostock erzählen? Dort hat man ihm die Ehrendoktorwürde in einem Theatersaal verliehen, einer aus seiner Sicht komödienhaften Kulisse. Was für ein Zusammentreffen von Vertretern der alten und neuen Regierung! »Natürlich wurde die neue von den akademischen Größen mit Nadelstichen aller erdenklichen Art traktiert, dem Ex-Großherzog eine nicht enden wollende Ovation dargebracht«, lässt Einstein den Physiker Max Born wissen. »Gegen die angestammte Knechts-Seele hilft keine Revolution!«[73]

Am erfreulichsten für ihn waren die Gespräche mit Schlick, dem er gerne zu einer Professur verhelfen würde. Ein feiner Kopf, der es bitter nötig habe.[74] Einstein dankt ihm für die Tage »mit warmen Zimmern und üppiger Schlemmerei«. Ihm sei bewusst, welche Kraftleistung, ja entsagungsvolle Tat dies für Schlick und seine Familie bedeute. »Denn jetzt sitzen Sie wieder um den einzigen Wärme spendenden Ofen und die Hausfrau späht sorgenvoll aus nach dem Brot für die nächsten Tage und das Mehl ist bitter, ohne dass die Maus satt ist.«[75]

Schlicks prekäre Situation wird er dessen ehemaligem Doktorvater Planck nicht vorenthalten. Aber auf dem Weg zum Grunewald rücken die Gedanken an Rostock in die Ferne. Je näher Einstein der Villa in der Wangenheimstraße kommt, umso mehr antizipiert er Plancks Kummer und die Stille in dem ehemals so belebten Haus. »Gerade mit der Nachricht vom Nobelpreis hat er die Nachricht von der tödlichen Erkrankung seiner zweiten Tochter erhalten. Nun hat er von vier Kindern aus erster Ehe nur mehr eines.«[76]

Als er vor der Tür steht und läutet, hat ihn eine tiefe Trauer ergriffen. Planck sei ihm tapfer und aufrecht gegenübergetreten, wird Einstein tags darauf notieren. Er selbst habe bei seinem Anblick die Tränen nicht zurückhalten können.[77]

DAS BONZENFREIE KOLLOQUIUM

Berlin, April 1920: Wie Niels Bohr mit den Atomen jongliert, fasziniert Lise Meitner und ihre Physikerkollegen. In der deutschen Hauptstadt begegnet der charismatische Däne erstmals den Vordenkern der Quantenphysik und schwingt sich zum Mentor einer ganzen Forschergeneration auf

Auf Einsteins Schreibtisch stapelt sich die Post: In Potsdam soll ein Turmteleskop zur Überprüfung seiner allgemeinen Relativitätstheorie gebaut werden, in Kiel wünscht man sich einen populärwissenschaftlichen Vortrag von ihm, Verleger in England und den Vereinigten Staaten verhandeln mit ihm über die Übersetzungsrechte für sein Relativitätsbüchlein. Gedruckt werden soll auch der noch zu haltende Vortrag über »Äther und Relativitätstheorie«, zu dem er im Mai 1920 nach Holland zu reisen gedenkt – auf die Einreisebewilligung wartet er immer noch.[1]

Unentwegt rücken ihm Veranstalter, Verleger und Zeitungen auf den Pelz. Seit Bekanntwerden der Lichtkrümmung habe man mit ihm einen Kultus getrieben, dass er sich vorkomme wie ein Götzenbild.[2] Aber von Lohnschreibern lasse er sich nicht den Kopf benebeln. Die Reporter würden schon morgen in einer ganz anderen Tonart schreien, wenn es die Mode verlange.[3]

Nach dem Tod seiner Mutter Pauline ist Einstein in sein Arbeitszimmer zurückgekehrt und hat das Theoretisieren zögerlich wieder aufgenommen, mit dem Ziel, seine hauptsächlichen Interessen miteinander in Einklang zu bringen. »Ich brüte in meiner freien Zeit immer über das Quantenproblem vom Standpunkt der Relativität.« Nach den entsprechenden Differenzialgleichungen habe er bislang allerdings vergeblich gesucht.[4]

Am 27. April schiebt er seine Berechnungen und die Briefpost zur

Seite und macht sich auf zum Physikalischen Institut am Reichstagufer. Endlich bietet sich die Gelegenheit, den Begründer des quantenphysikalischen Atommodells, Niels Bohr, sprechen zu hören! Einstein möchte ihn »gewaltig gern kennenlernen, diesen Menschen von herrlicher intuitiver Begabung«.[5]

Auch Planck setzt die größten Hoffnungen in Bohrs Verständnis von atomaren Prozessen. Wenn nicht Krieg gewesen wäre, hätte er einen Forscher wie ihn längst nach Berlin eingeladen. In der Reichshauptstadt suchen nicht nur Theater, Varietés und Museen unentwegt nach neuen Darstellern und Stoffen, sondern auch Akademien und Fachgesellschaften.

In den zurückliegenden Jahren hat Bohr seine Kräfte in die Gründung eines internationalen Forschungszentrums für theoretische Physik gesteckt. In Skandinavien gilt es als Vorzeigeprojekt.[6] Planck hat die Entwicklung aufmerksam verfolgt, denn auch im eigenen Land will er die vorhandenen Mittel vorrangig auf dem Gebiet eingesetzt wissen, wo er gegenwärtig Pioniere aller Nationen miteinander wetteifern sieht: der Quanten- und Atomtheorie. Wenn deutsche Forscher dazu beitragen könnten, hier entscheidende Schritte vorwärtszutun, dann wäre dies »ein trostverheißendes Zeichen dafür, dass in unserem Vaterland an manchen Stellen die geistigen Kräfte doch noch von der alten Frische sind«.[7]

Bohrs Institut ist noch nicht eröffnet, da hat das Antichambrieren bereits begonnen. Als Kenner eingeschliffener akademischer Verhaltensregeln hat Planck frühzeitig am Vorzimmer des künftigen Direktors angeklopft. Er möchte die Möglichkeiten für eine künftige Zusammenarbeit ausloten und dem internationalen Boykott der deutschen Forschung damit den Stachel nehmen.

Bohr ist es nicht leichtgefallen, von Kopenhagen loszukommen. Die Institutsgründung nimmt ihn in Beschlag. Wegen der gestiegenen Kosten verzögern sich die Bauarbeiten Monat um Monat. Zudem ist seine Frau Margrethe im achten Monat schwanger. Die Bohrs erwarten ihr drittes Kind und den Umzug in die längst nicht bezugsfertige Wohnung im ersten Stock des Physikinstituts.

Wenn er trotz der vielen Belastungen den Entschluss gefasst hat, für ein paar Tage nach Berlin zu reisen, so in jenem Hochgefühl, in das ihn die Offerte aus Berlin versetzte.[8] Absender der Einladung war niemand anderes als der Begründer der Quantentheorie. Planck hatte ihm sogar eine Unterbringung bei sich zu Hause angeboten. Zum ersten Mal in seiner Forscherkarriere soll Bohr nun mit ihm zusammentreffen. Und mit Einstein.

DEUTSCH ODER DÄNISCH?

Wäre Bohr wenige Wochen zuvor nach Berlin gereist, hätte er die Weimarer Republik am Abgrund gesehen. Am 13. März 1920 besetzten mehrere Tausend Soldaten das Regierungsviertel. Ihr Kampflied: »Hakenkreuz am Stahlhelm, schwarz-weiß-rotes Band, die Brigade Ehrhardt werden wir genannt.« Ihr Credo: Die Demokratie ist mit dem deutschen Wesen unvereinbar.

Die Marinebrigade Ehrhardt war eine jener schlagkräftigen Truppen, die den Traum von nationaler Größe auch nach der Niederlage fortspann. Sie widersetzte sich dem im Versailler Friedensvertrag vorgeschriebenen Abbau der Wehrmacht auf 100 000 Mann, wollte weder die Reduzierung der Streitkräfte anerkennen noch die horrenden Reparationszahlungen der Deutschen an die Alliierten und schon gar nicht die Regierung, die solche Klauseln unterzeichnet hatte. Deutsch oder republikanisch?

In einem von langer Hand geplanten Komplott sollte der ostpreußische Generallandschaftsdirektor Wolfgang Kapp zum neuen Reichskanzler gemacht werden. Den Berliner Regierungsbezirk brachten die Putschisten schnell unter ihre Kontrolle. Reichskanzler und Reichspräsident verließen die Hauptstadt fluchtartig in Richtung Dresden. Sie waren schutzlos, weil die Berliner Sicherheitspolizei zu den Verschwörern überlief und Truppe erklärtermaßen nicht auf Truppe schoss.

Zur selben Zeit stürzte Dänemark in eine politische Krise. Im Krieg

Am Stahlhelm das Hakenkreuz: der Kapp-Putsch im März 1920 in Berlin.

hatte Bohrs Heimatland wie die skandinavischen Nachbarn Neutralität gewahrt. Seit den Friedensverhandlungen jedoch pochten Politiker auf das Selbstbestimmungsrecht der Völker, genauer: der Bewohner Schleswigs. Deutsch oder dänisch?

Nachdem die Bevölkerung Nordschleswigs ihr Votum bereits für Dänemark abgegeben hatte, stimmten am 14. März 1920 die Bewohner Flensburgs und Glücksburgs, Sylts und Föhrs ab und entschieden sich für den Verbleib im Deutschen Reich. Der dänische König akzeptierte das klare Ergebnis dieser Volksabstimmung nicht. Im Streit um Flensburg stellte er sich auf die Seite der Nationalisten. Christian X. teilte die hohen Erwartungen derer, die die Gunst der Stunde nutzen und das dänische Territorium erweitern wollten. Zuerst forderte er die Regierung zum Rücktritt auf, dann setzte er sie ab.

Vorbei aber waren die Zeiten, in denen Könige und Kaiser die Politik maßgeblich bestimmten. Kopenhagen drohte ein Generalstreik und – schlimmer noch für Christian X. – das Ausrufen einer Republik.[9] Plötzlich blickte der dänische König bange auf das Schicksal anderer europäischer Herrscherhäuser und auf die chaotischen Verhältnisse in Deutschland.

Dort scheiterte der Kapp-Putsch binnen weniger Tage. Kaum hatte das Militär die Kontrolle über das Berliner Reichstagsviertel übernommen, rief der Allgemeine Deutsche Gewerkschaftsbund zum Generalstreik auf. Der Gashahn wurde zugedreht und der Strom abgestellt, sämtliche Lichter gingen aus, Bahnen und Straßenbahnen fuhren nicht mehr, Banken und Geschäfte schlossen, die Arbeit ruhte, über zehn Tage hinweg erschien keine einzige Zeitung mehr. In dieser völligen Lahmlegung des öffentlichen Lebens nicht nur in Berlin, sondern im ganzen Reich verpuffte der Umsturzversuch. Die Brigadisten sahen sich zum Abzug gezwungen und richteten zuletzt ein Blutbad in der Hauptstadt an.

In anderen Teilen Deutschlands schlug der Putschversuch von rechts in Aufstände einer bewaffneten Arbeiterschaft um, die ihre Zukunft im Bolschewismus sah. Eine kommunistische Revolution und Herrschaft des Proletariats wie in Sowjetrussland war selbst für Sozialdemokraten eine Horrorvision. Sobald die Regierung die Zügel wieder in den Händen hielt, schlug sie die Aufstände mit aller Härte nieder.

Der dänische König hatte bereits zuvor eingelenkt. Am Tag vor Bohrs Abreise nach Berlin hat Dänemark ein neues Parlament gewählt. Mit dem Votum der Wähler werden die Grenzstreitigkeiten ad acta gelegt.

IM MEKKA DER PHYSIK

Das deutsch-dänische Verhältnis ist Thema in allen Zeitungen, als Bohr in Berlin eintrifft. Des Politisierens ist er vermutlich ebenso müde wie sein Gastgeber Planck, der ihm Berlin als Schwungrad der modernen Physik vorstellen möchte. Geplant ist zunächst eine klassische Vortragsveranstaltung, weshalb wir uns Bohr am Nachmittag des 27. April beim Betreten eines dreigeschossigen Gebäudes vorstellen müssen, dessen prächtige Fassade sich auf einer Länge von beinahe 100 Metern am Ufer der Spree erstreckt.

Das Physikalische Institut ist Teil eines spätklassizistischen universitären Ensembles zwischen Berliner Reichstag und Museumsinsel. Imposant ist nicht nur das dreibogige Portal auf der Spreeseite. In der Stadt, in der Planck vor zwei Jahrzehnten das Wirkungsquantum in die Physik einführte und in der man seither in die Welt des Allerkleinsten blickt, strebt alles nach Geltung und Größe.

Mag die junge Republik nun hoch verschuldet sein, im Kaiserreich musste die Berliner Wissenschaft an nichts sparen. Dem Direktor, Heinrich Rubens, steht ein luxuriöses Wohnhaus zur Verfügung, das an den Westflügel des eigentlichen Institutsbaus anschließt. Früher verkehrte hier die kaiserliche Hofgesellschaft. Seinen drei Assistenten kann Rubens »je eine geräumige Zweizimmerwohnung« anbieten, was der Arbeit angeblich sehr zugutekommt.[10]

Der große Hörsaal reicht bis ins zweite Stockwerk.[11] Ein lichtdurchfluteter, teils holzvertäfelter Raum, hoch genug, um bei Mechanik-Vorlesungen Experimente mit einem zwölf Meter langen Pendel vorzuführen.[12] Von den steil ansteigenden Sitzbänken und der ebenfalls mit Sitzplätzen ausgestatteten Galerie schaut man hinunter auf einen riesigen Experimentiertisch. Als Student sei er sich hier verloren vorgekommen, wird sich einer von Rubens' Studenten erinnern.[13] Wie es wohl dem Gast aus Dänemark ergeht, der gerade der Fertigstellung eines baulich bescheidenen Instituts entgegensieht?

Freuen darf sich Bohr jedenfalls über etliche ihm vertraute Gesichter. Aus München ist der Vorsitzende der Deutschen Physikalischen Gesellschaft, Arnold Sommerfeld, angereist, Schnauzbart, markanter Schmiss auf der Stirn und wie kein anderer mit Bohrs Arbeiten vertraut. Erst vor Kurzem trafen sie sich im schwedischen Lund bei einer Tagung, die einer von Sommerfelds ehemaligen Studenten organisiert hatte. Anschließend fuhr der 51-jährige Professor mit nach Kopenhagen, lernte Bohrs Frau und dessen Mutter kennen, beide in Sorge, weil dieser sich permanent überarbeite.[14]

Sommerfeld imponierte Bohrs tiefes Interesse an den Gedanken anderer. »Bohr ist ganz wie Einstein«, schrieb er seiner Tochter, »nur viel besser gewaschen und viel feiner. Er war die ganzen 3 Tage in Kopenhagen mit mir zusammen u. die Aufmerksamkeit selbst.«[15]

Nach einem Zwischenstopp in Halle, wo er vor der Deutschen Bunsengesellschaft über Bohrs und sein eigenes Spezialgebiet referierte, den Aufbau der Atome und Moleküle, hat es Sommerfeld gerade rechtzeitig nach Berlin geschafft.[16] Sicherlich stärkt seine Anwesenheit Bohrs Vertrauen in die eigene Rolle. Händeschütteln, das ein oder andere Wort zu den gemeinsam verbrachten Tagen in Kopenhagen, eine kurze Vorstellungsrunde, dann sitzt Sommerfeld neben Planck, Einstein & Co. im Auditorium.

SPROSS EINER GELEHRTENFAMILIE

Bohr ist kein Debütant auf internationalem Parkett. Doch ob der 34-Jährige, der zu den Sitzreihen hinaufschaut, je so vielen Koryphäen des Fachs Rede und Antwort hat stehen müssen? Nach Jahren intensiver Reflexion ein weiterer Prüfstein für seine wissenschaftlichen Ambitionen.

»Der Gegenstand, über den ich heute nach der freundlichen Einladung des Vorstandes der Deutschen Physikalischen Gesellschaft die Ehre haben werde vorzutragen, ist sehr ausgedehnt …«[17] Im schwedischen Lund sprachen sämtliche Konferenzteilnehmer Deutsch, nur Bohr, der einige Zeit in England geforscht hatte, hielt seinen Vortrag auf Englisch.[18] In Berlin gibt er sich als Physiker zu erkennen, der auch mit der deutschen Kultur aufgewachsen ist.

Bohrs Ahnentafel weist englische wie deutsche Vorfahren aus. Seine Mutter Ellen war Tochter einer gebürtigen Engländerin und eines dänischen Bankiers und Politikers, der viele Jahre in Hamburg und in London gelebt hatte. Während ihres Studiums heiratete sie den bereits promovierten Mediziner Christian Bohr. Zusammen mit ihm zog sie nach der Eheschließung kurzzeitig nach Leipzig, denn ihr Mann wollte nicht Arzt werden, sondern verstehen, wie Stoffwechsel, Atmung und Blutkreislauf ineinandergreifen.

In Leipzig, wo er schon vor der Heirat geforscht hatte, legte Christian Bohr den Grundstein für seine Studien zum Gasaustausch zwischen Lunge und Blut, die ihm nach der Jahrhundertwende mehrere Nominierungen für den Medizin-Nobelpreis einbringen sollten.[19] Die guten Verbindungen zu deutschen Wissenschaftlern blieben auch nach der Rückkehr nach Kopenhagen bestehen. Als er und seine Frau längst Eltern dreier Kinder waren, veröffentlichte Christian Bohr immer noch Fachartikel in deutscher Sprache.

Im Hause Bohr – man wohnte an der ehemals Königlichen Chirurgischen Akademie, fußläufig das Schloss Amalienborg, das Opernhaus und der Hafen – herrschte ein internationaler Geist. Alle Kinder verbrachten einige Zeit im Ausland: Jenny, die Älteste, studierte Geschichte und belegte Englischkurse in Oxford, Harald, der Jüngste, wechselte nach der Doktorarbeit nach Göttingen, der ersten Adresse für Mathematiker. Niels zog es vergleichsweise spät nach Cambridge, weshalb ihm das englische Fachvokabular geläufiger ist als das deutsche.

Auf das Kolloquium in Berlin im April 1920 hat er sich speziell vorbereiten müssen. Der Mann mit dem schmalen, langen Gesicht und dem streng nach hinten gekämmten Haar trägt in einer Sprache vor, die nicht seine Muttersprache ist. Dennoch steigt er ohne Umschweife in die schwierige Thematik ein und fordert von Anfang an die volle Aufmerksamkeit der Zuhörer ein.

ZUM KERN DER SACHE

Eine Leitidee schickt Bohr vorweg: Ein Atom bestehe aus einem positiv geladenen Kern, der von einer Anzahl von Elektronen umkreist werde. »Während dabei die Größe des Kernes als außerordentlich klein im Verhältnis zur Größe des ganzen Atoms angenommen wird, enthält er beinahe die ganze Masse des Atoms.«[20]

Dieses Bild des Atoms stand am Anfang seiner Karriere. Bohr hatte das Glück, zuerst dem Entdecker des Elektrons, Joseph John Thomson, eine Zeit lang über die Schulter schauen zu dürfen und dann dem Entdecker des Atomkerns, Ernest Rutherford. Erst die kritische Auseinandersetzung mit den Forschungen beider Nobelpreisträger brachte ihn zu seinem Atommodell.

Im Jahr 1911, wenige Wochen vor seinem 26. Geburtstag, verließ Bohr Kopenhagen, verliebt in Margrethe Nørlund, die Schwester eines Kommilitonen. Im darauffolgenden Sommer würden sie heiraten, ihre Beziehung bis dahin jedoch brieflich fortsetzen müssen. Denn an seine bestandene Doktorprüfung schloss sich ein Auslandsstipendium in Cambridge an.

In seiner Dissertation über Elektronen in Metallen hatte Bohr die Stärken und Schwächen der zeitgenössischen Elektronentheorien herausgearbeitet. In Cambridge, wo J. J. Thomson ein Forschungslabor mit Dutzenden Mitarbeitern führt, wollte er tiefer in die Materie eindringen. Doch wenn es dem Neuankömmling einmal gelang, den Direktor anzusprechen, tauchte Thomson nach wenigen Augenblicken wieder in seine eigene Gedankenwelt ab. Mitten im Satz ging Thomson plötzlich weg. »Man sagt, er würde sogar den König stehenlassen, und das bedeutet in England mehr als in Dänemark«, ließ Bohr seinen Bruder wissen.[21]

Noch im Herbst 1911 lernte er über einen Freund seines kürzlich verstorbenen Vaters den Physiker Ernest Rutherford kennen.[22] Der groß gewachsene Wissenschaftler, Sohn eines nach Neuseeland ausgewanderten schottischen Bauern, war 16 Jahre zuvor selbst mit einem Stipendium in der Tasche nach Cambridge gekommen und in Thomsons Labor nicht glücklich gewesen. Nun sprach er mit Begeisterung über die Entdeckung des Atomkerns und die Perspektiven für junge Physiker in seinem Forschungsgebiet.[23]

In seinem Labor in Manchester hatten Rutherford und seine Mitarbeiter eine extrem dünne Goldfolie der radioaktiven Bestrahlung mit Alphateilchen ausgesetzt. Diese elektrisch positiv geladenen Partikel hatten die Goldfolie zumeist ungehindert durchquert. Offenbar stellten Goldatome keinerlei Hemmnis für sie dar.

Ab und an jedoch war ein Alphateilchen ein wenig abgelenkt worden und hatte einen Lichtblitz in einem zu diesem Zweck seitlich platzierten Mikroskop erzeugt. Und »etwa 1 von 20 000« Teilchen war zum Erstaunen der Experimentatoren an der Folie zurückgeprallt wie eine Billardkugel an der Bande.[24] Wie konnte eine hauchfein ausgewalzte Folie derart energiereiche Partikel zur Strahlenquelle zurückwerfen? Hatte man je eine Gewehrkugel von einem Papiertaschentuch abprallen sehen?

Aus den wiederholten Laborversuchen zog Rutherford folgende Schlüsse: Eine Goldfolie besteht im Wesentlichen aus leerem Raum. Die Materie ist in ihrem Innersten ähnlich leer wie das Weltall. Nur in den winzigen Zentren der Atome sitzen positiv geladene Kerne, die fast die gesamte Masse beinhalten.[25] Diese kompakten Atomkerne hatten im Experiment jene Alphateilchen, die ihnen zu nahe gekommen waren, aufgrund ihrer elektrischen Ladung abgelenkt und im Extremfall sogar zurückgestoßen.

Bohr faszinierten solche Ideen. Zudem schien Rutherford zugänglicher zu sein als Thomson. Wenige Wochen nach ihrem ersten Treffen kam er mit ihm überein, den zweiten Abschnitt seines Stipendiums von März 1912 an in Manchester zu verbringen und dort zunächst einen Schnellkurs in Sachen Radioaktivität zu absolvieren.[26]

KRIEGSFOLGEN

In Berlin spricht Bohr weder über seinen missglückten Anlauf in Cambridge noch über den Wechsel nach Manchester. Er möchte seine persönlichen Erfahrungen nicht an den Anfang eines Vortrags über die neue Atomtheorie stellen. Aus gutem Grund spart er auch seine spätere Zeit in England aus, als der Ausbruch des Großen Kriegs »zu einer fast völligen Auflösung der Manchester-Gruppe« führte.[27] Plötzlich verließen die »feindlichen Ausländer« ihre Forschungsstätte. Rutherford, der den winzigen Atomkern mit einer Mücke verglichen hatte, die im Zentrum einer leeren Konzerthalle herumschwirrt, dachte von da an über die Ortung deutscher Unterseeboote in den riesigen Weltmeeren nach.

Zu Bohrs Vortrag in Berlin sind einige ehemalige Mitarbeiter Rutherfords erschienen: Hans Geiger etwa, bei dem Bohr im Jahr 1912 in Manchester den Einführungskurs zu radioaktiven Strahlen belegte und der später den nach ihm benannten Geigerzähler erfinden sollte. Der begnadete Experimentalphysiker schloss sich im Krieg der Gaskampftruppe Fritz Habers an, ebenso der Kernphysiker Otto Hahn. Auch er hatte sein Handwerk bei Rutherford gelernt, der seiner Ansicht nach am meisten von Radioaktivität verstand.[28]

Mit besonderer Spannung hat der Physiker Peter Pringsheim Bohrs Gastspiel in Berlin entgegengesehen. Pringsheim, ein ehemaliger Schüler Thomsons, bekam die Härten des Krieges auf völlig andere Weise zu spüren:

Im Sommer 1914 nahm Pringsheim im australischen Melbourne an einer Fachkonferenz teil. Als plötzlich in Europa der Krieg begann, wurde er als »feindlicher Ausländer« interniert. Während der gebürtige Neuseeländer Rutherford von Melbourne aus wie geplant über die Vereinigten Staaten und Kanada nach Europa weiterreisen konnte, saß Pringsheim im australischen Lager Trial Bay fest, ein paar Hundert Kilometer nördlich von Sydney an der Pazifikküste. Fünf Jahre lang.

Gelegentlich tauschte er Briefe aus mit seiner Schwester Katia und seinem Schwager, dem Schriftsteller Thomas Mann.[29] Ab und an gelang es ihm, sich Fachliteratur aus Sydney zu beschaffen, der Zensur wegen jedoch nie mehr als zwei Titel auf einmal.[30] Erst im Juli vergangenen Jahres hat er nach Deutschland zurückkehren können, im Gepäck ein Buchmanuskript zum zauberhaften Leuchten fluoreszierender und phosphoreszierender Stoffe.

In der Zwischenzeit aber sind das Bohr'sche Atommodell und Quantensprünge zur Grundlage all dessen geworden, was mit der Wechselwirkung von Licht und Materie zusammenhängt. Wegen dieser rasanten Entwicklung sehe er sich gezwungen, »den ganzen Stoff gründlich umzuarbeiten«.[31] Pringsheim ist glücklich über Bohrs Berlinbesuch. Ein Jahr später wird er sein Buch unter dem Titel »Fluoreszenz und Phosphoreszenz im Lichte der neueren Atomtheorie« veröffentlichen.

ATOMARE UND KOSMISCHE ORDNUNG

Das Auditorium im Berliner Physikalischen Institut vermittelt einen lebendigen Eindruck vom internationalen Austausch der Vorkriegszeit. Mit einem der Anwesenden, dem ungarischen Chemiker George de Hevesy, diskutierte Bohr seinerzeit in Manchester darüber, wie man sich die Verteilung der Elektronen um den Atomkern herum vorzustellen hat. Kreisen Elektronen um dieses Zentrum wie Mars oder Jupiter um die Sonne? Sind Atome Planetensysteme im Kleinen? Spiegeln sich im Mikrokosmos die physikalischen Gesetze des Makrokosmos?

Bereits Rutherford hatte kreisförmige Elektronenbahnen in Betracht gezogen. Ein solches Atommodell aber stürzt in sich zusammen, sobald man sich klarmacht, dass Elektronen im Unterschied zu Himmelskörpern Träger elektrischer Ladungen sind. Wie aus der klassischen Physik bekannt ist, strahlen kreisende elektrische Ladungen Energie ab. Aufgrund dieser Strahlung müsste ein um den Atomkern rotierendes Elektron seine Energie in null Komma nichts verlieren und in den Kern fallen.

Der Schluss schien zwingend, weshalb Rutherford den Gedanken nicht weiterverfolgte. Den jungen Dänen hielt das nicht von der Idee kreisender Elektronen ab. Bohr fasste auf seltsame Weise Vertrauen in das Planetenmodell:

Entscheidend für den Lauf der Planeten ist die Masse der Sonne. Sie übertrifft die Massen der sie umgebenden Himmelskörper bei Weitem, weshalb die Planeten in erster Linie dem Gravitationsfeld der Sonne folgen und in Ellipsenbahnen um den Zentralstern ziehen. Demgegenüber fällt die wechselseitige Anziehung der Planeten kaum ins Gewicht.

Rutherfords Versuche ließen keine Zweifel daran, dass auch im Atom nahezu die gesamte Masse im Zentrum des Systems zusammengeballt ist: im Atomkern. Allerdings dominiert im Atom die elektrische Kraft. Sie ist erheblich stärker als die Schwerkraft, sodass Elektronen vornehmlich aufgrund ihrer negativen Ladung zum positiv geladenen Kern hingezogen werden.

Der Vergleich mit der Himmelsmechanik verlor dadurch nichts von seinem Zauber. Zumindest nicht aus dem Blickwinkel des Theoretikers, der darauf schaute, wie ähnlich die elektrische Anziehung der Schwerkraft in mancher Hinsicht ist. Beide Kräfte werden mit zunehmendem Abstand der Körper voneinander schwächer und nehmen mit dem Quadrat des Abstands ab. Daher lag die Vermutung nahe, dass Elektronen auf planetenähnlichen Bahnen um den Atomkern kreisen, insbesondere im Wasserstoffatom. Denn dieses sollte nur über ein einziges Elektron verfügen. In diesem Fall brauchte Bohr also gar nicht zu berücksichtigen, dass sich Elektronen im Unterschied zu den Planeten wegen ihrer gleichnamigen negativen Ladungen wechselseitig abstoßen.

Was aber sollte das Elektron daran hindern, in den Mittelpunkt des Atoms zu fallen? Bohr wusste keine Antwort darauf. Aber man konnte die Frage nach der Stabilität der Atome allgemeiner fassen: Wie beständig sind sie verglichen mit Planetensystemen?

Nach menschlichem Ermessen ist unser Planetensystem alt. Sehr alt sogar. Aber ist es auch stabil?

Bohr wusste, dass die Ordnung der Himmelskörper weder von Beginn an vorgezeichnet war noch von Dauer sein wird. »Die Bewegungen der Körper in einem Planetensystem werden, obwohl sie das allgemeine Schweregesetz befolgen, durch dieses Gesetz allein nicht vollkommen bestimmt sein, sondern werden wesentlich von der Vorgeschichte des Systems abhängen.«[32] Insbesondere sei unser Sonnensystem gegen äußere Einwirkungen nicht gefeit. Würde sich eines Tages ein fremder Himmelskörper durch unser Sonnensystem bewegen und beispielsweise unserer Erde nahe kommen, dann könnte unser Heimatplanet aus der Bahn geworfen werden. Von einem Tag auf den anderen würde sich die Länge eines Jahres drastisch ändern und mit ihr die klimatischen Verhältnisse auf der Erdc.

»Ganz anders« verhält es sich mit den Atomen, so Bohr.[33] Ihre innere Ordnung scheint fest vorgegeben. »Das schlagendste Zeugnis hiervon haben wir wohl in den Spektren, das heißt in der Beschaffenheit der Strahlung, die unter Umständen von den Stoffen ausgesandt werden kann.«[34]

Ob erhitzte Wasserstoff-, Helium- oder Stickstoffatome – jede Atomsorte sendet ein charakteristisches Licht aus, das sie von den Atomen anderer chemischer Elemente unterscheidet. Das Licht hat scharf bemessene Frequenzen. Diese Spektrallinien sind der experimentelle Schlüssel zum Quantenatom, sichtbar nur beim Blick durch geeignete optische Apparaturen. Atome geben sich durch diesen Strichcode eindeutig zu erkennen – ungeachtet ihrer Vorgeschichte.

Beispielsweise überstehen Gasatome unzählige Zusammenstöße ohne irgendein Zeichen innerer Umgestaltung. Nach kürzester Zeit kehren sie in ihren ursprünglichen Zustand zurück. Ihre Spektrallinien bleiben gleich, ihr Strichcode ist unverwechselbar. Warum?

Mit der Suche nach einer Antwort auf diese Frage nahm Bohrs Karriere eine Wende. Im selben Maß, in dem in ihm die Überzeugung reifte, dass es für diese eigentümliche Stabilität der Atome innerhalb der Grenzen der anerkannten Theorien keine Erklärung gibt, wuchs sein Interesse an Quanten. In England begann die Quantentheorie eben erst Fuß zu fassen. Es war Rutherford, der die jungen Physiker damit bekannt machte. Er hatte den ersten Quanten-Kongress in Brüssel besucht und dort die Folgerungen aus Plancks Entdeckung des Wirkungsquantums und Einsteins Lichtquantenhypothese näher kennengelernt.

Als Bohr Manchester im Juli 1912 verließ, nahm er diese neuen Ideen mit. Angespornt durch Rutherford, der sich viel Zeit für Gespräche mit ihm genommen hatte, befand er sich in einem Schaffensrausch. Seinem Bruder hatte er bereits mitgeteilt, dass er eine »kleine Theorie« in petto und im Hinblick auf den Bau der Atome etwas Wesentliches herausgefunden habe:[35] »Erzähl bitte mit niemandem davon!«[36]

Zurück in Kopenhagen, heiraten er und Margrethe Nørlund im August 1912. Die Hochzeitreise führte das junge Paar zunächst zurück nach Manchester, wo Bohr mit Rutherfords Zuspruch noch eine Woche lang fieberhaft weiterarbeitete. Erst dann begannen die gemeinsamen Flitterwochen. Der Gedankenstrom aber, der ihn tiefer und tiefer in die Welt des Allerkleinsten hineingeführt hatte, riss nicht mehr ab. Noch im selben Jahr sei ihm klar geworden, dass der Bau der Atome durch Quanten reguliert werde.[37] Nachdem er alle Möglichkeiten der klassischen Physik ausgereizt zu haben glaubte, erblickte er im Wirkungsquantum die Boje, an der er seine neue Atomtheorie festmachen konnte.

QUANTENSPRÜNGE

»Es wird nicht notwendig sein, besonders nicht hier in Berlin, näher darauf einzugehen, wie Plancks grundlegende Arbeiten über die Wärmestrahlung den Anstoß zur Entwicklung dieser Theorie gegeben haben«, sagt er am Geburtsort der Quantenphysik. Jeder im Hörsaal kennt Plancks eklatanten Bruch mit der klassischen Physik. Daher spricht Bohr nicht lange von dem »wesentlichen Element von Diskontinuität«, das mit dem Planck'schen Wirkungsquantum h in das Verständnis der Natur getreten ist.[38]

Planck hatte sich genötigt gesehen, zur Herleitung der Strahlungsformel eine Aufteilung der Energie E in kleine Portionen vorzunehmen.

$$E = h\nu$$

In ebendiesen Energiepäckchen hat Bohr eine Möglichkeit erkannt, ins Innere des Atoms zu schauen. Allerdings gibt das von Atomen ausgestrahlte Licht keine unmittelbare Auskunft über die Bewegungen der Elektronen im Atominneren, sondern nur über den Energieumsatz beim Strahlungsprozess. Ausgesandtes Licht einer bestimmten Frequenz ν trägt Energie davon. Sie lässt sich quantifizieren als Differenz der Energie E des Atoms vor und nach der Ausstrahlung, und zwar gemäß der von ihm aufgestellten Gleichung:

$$E\,(\text{vorher}) - E\,(\text{nachher}) = h\nu$$

Nach Bohrs Auffassung gibt es in jedem Atom gewisse ausgezeichnete Energiezustände. »Diese Zustände werden wir im Folgenden als die stationären Zustände des Atoms bezeichnen, weil wir annehmen, dass das Atom eine endliche Zeit in jedem dieser Zustände verbleiben kann und ihn nur verlassen kann, um in einen anderen Zustand überzugehen«, erläutert er der Zuhörerschaft.[39] Jeder solche Wechsel von einem stationären Zustand in einen anderen wird als Quantensprung bezeichnet.

Aus dem Blickwinkel der klassischen Physik lassen Bohrs stationäre Zustände wesentliche Fragen unbeantwortet: Warum können Elektronen in diesen Zuständen verbleiben? Warum sind ihre Bahnen stabil?

In Bohrs Theorie sind sie per Definition stabil. Er hat eine Ad-hoc-Annahme an den Anfang seines Atommodells gestellt. Und zwar deshalb, weil die unveränderlichen Lichtspektren, also das, was aus der Atomhülle nach außen dringt, diesen Schluss nahelegen.

Mysteriös ist auch der Quantensprung selbst. Im Bohr'schen Atommodell wechseln Elektronen ihre Zustände wie von unsichtbarer Hand gelenkt. Rutherford fragte den dänischen Forscher bereits im Frühjahr 1913: »Ich sehe eine große Schwierigkeit in Ihrer Hypothese, derer Sie sich zweifellos völlig bewusst sein werden, nämlich: Wie entscheidet ein Elektron, mit welcher Frequenz es schwingen wird, wenn es von einem stationären Zustand in einen anderen wechselt? Es scheint mir, als müssten Sie annehmen, dass das Elektron schon im Vorhinein weiß, wo es Halt machen wird.«[40]

Der Quantensprung hat etwas von Zauberei. Wie er vonstattengeht, ist der Fachwelt ein Rätsel. In Bohrs Theorie werde das Licht keineswegs »so ununterbrochen und gleichmäßig von dem Atom in den umgebenden Raum hinausgesandt wie etwa die Schallwellen von den Zinken einer schwingenden Stimmgabel, sondern die Emission des Lichts erfolgt immer nur abrupt, stoßweise«, hat Planck kürzlich bei einem Vortrag erläutert und von einem plötzlichen Zusammenbruch gesprochen, von einer »Art innerer Katastrophe, welche die Elektronen aus ihren ursprünglichen Bahnen in andere, stabilere, mit geringerer Energie ausgestattete Bahnen wirft«.[41]

Planck, dem ein beamtenhaftes Naturell nachgesagt wird, kann vor großem Publikum ausgesprochen fabulierfreudig sein. Sein jüngerer dänischer Physikerkollege flicht selten Metaphern ein. Bei der weiteren Erläuterung der Lichtspektren der chemischen Elemente ist er um größtmögliche Klarheit bemüht.

»Um die leitenden Gesichtspunkte so deutlich wie möglich hervortreten zu lassen, werde ich, bevor wir zur Betrachtung mehr komplizierter Typen von Serienspektren übergehen, zuerst das einfachste Spektrum betrachten, nämlich das Serienspektrum des Wasserstoffs.«[42] Bekanntlich, so Bohr, bestehe dieses Spektrum aus einer Vielzahl von Linien. Die Frequenzen dieser Linien könnten mit großer Genauigkeit durch die Balmer'sche Formel ausgedrückt werden:

$$\nu = \frac{K}{n^2} - \frac{K}{m^2}$$

Dabei sei K eine Konstante, n und m seien ganze Zahlen. Setze man nun zum Beispiel n = 2 und lasse m die Werte 3, 4, … durchlaufen, so führe dies auf die wohlbekannte Serie von Wasserstofflinien im sichtbaren Spektrum.

Wohlbekannt? Auch Bohr wusste nichts von dieser seltsamen »Balmer-Formel«, bis er im Jahr 1913 von seinem dänischen Studienfreund Hans Marius Hansen den entscheidenden Hinweis bekam. Hansen hatte sich in Göttingen mit der verwirrenden Vielfalt und Abfolge der Spektrallinien der chemischen Elemente beschäftigt. Zumindest einige Linien des leichtesten Elements, des Wasserstoffatoms, ließen sich durch eine Formel reproduzieren, die der Schweizer Mathematiklehrer Johann Jakob Balmer entdeckt hatte. Freilich nicht auf Basis einer physikalischen Theorie. Stattdessen hatte Balmer in der Abfolge der Wasserstofflinien ein reines Zahlenrätsel gesehen, ähnlich der geheimnisvollen Stufenfolge ägyptischer Pyramiden. Allein mit den Mitteln der Numerologie war es ihm gelungen, dieses Rätsel zu lösen und eine Serie des Wasserstoffs in einer Formel zusammenzufassen.

Als Hansen ihn mit dieser Formel bekannt machte, kam Bohr aus dem Staunen nicht mehr heraus. »Sobald ich die Formel sah, war mir die ganze Sache sofort klar.«[43] In der Gleichung für die Serie des Wasserstoffs fehlte nämlich nur eine einzige Zutat: Plancks Wirkungsquantum h. Multiplizierte Bohr beide Seiten der »Balmer-Formel« mit h

$$h\nu = h\left(\frac{K}{n^2} - \frac{K}{m^2}\right)$$

dann wurden Quantensprünge sichtbar. Und diese ließen sich als Energieübergänge

$$h\nu = E\,(\text{vorher}) - E\,(\text{nachher})$$

zwischen zwei Elektronenbahnen m und n verstehen. Für den jungen Atomtheoretiker ein Geschenk des Himmels!

DAS »BONZENFREIE KOLLOQUIUM«

Bohr springt im weiteren Vortrag von Atom zu Atom und von Gleichung zu Gleichung. Zuerst untersucht er den Einfluss elektrischer Felder auf die Spektrallinien, danach wechselt er von den Atomen des Wasserstoffgases zu denen des heißen Natriumdampfs, was noch verwickeltere Kalkulationen nach sich zieht.

Planck und Einstein in den vorderen Sitzreihen hängen genauso an seinen Lippen wie die jüngeren Kolleginnen und Kollegen im Bauch des Hörsaals.

Der spätere Nobelpreisträger James Franck, wahrlich kein Laie auf diesem Gebiet, verliert immer wieder den Faden. Er wird von der Mühsal erzählen, Bohrs Vorträgen zu folgen. Nicht allein Bohrs Neigung, leise zu sprechen, mache es den Zuhörern schwer. »Eine tiefer gehende Schwierigkeit ist, wie es scheint, die Folge von Bohrs starker Konzentrationsfähigkeit und seines Hanges zur Erforschung der Grundlagen.«[44]

Francks Laborversuche zählen zu den eindrucksvollsten der Quantenphysik. Zusammen mit seinem Kollegen Gustav Hertz konnte er bereits kurz vor dem Krieg nachweisen, dass die Entstehung von Spektrallinien ein quantenhafter Prozess ist. Während ihrer Experimente dachten sie überhaupt nicht an Bohrs Atommodell. Quasi nebenbei fanden sie überzeugende Belege dafür, dass die von Bohr vorhergesagten stationären Energiezustände tatsächlich existieren.

Nach Kriegsende haben Franck und Hertz ihre Experimente mit Quecksilberdampf wieder aufgenommen und erfolgreich auf andere chemische Elemente ausgedehnt. Nun möchten sie tiefer in die Atomlehre einsteigen. Bei dem, was Bohr ihnen an diesem Nachmittag vorsetzt, geraten die Experimentatoren an die Grenzen ihres Vorstellungsvermögens.

Kaum anders ergeht es der Physikerin Lise Meitner, einer der wenigen Frauen im Saal. »Zum ersten Mal begegnete ich Bohr 1920, als er einen Vortrag vor der Physikalischen Gesellschaft in Berlin hielt«, erzählt sie rückblickend. »Ich muss gestehen, dass James Franck, Gustav Hertz und ich nach dem Vortrag ziemlich geknickt waren, denn wir hatten das Gefühl, sehr wenig verstanden zu haben.«[45]

In ihrer halb deprimierten, halb verwegenen Verfassung hätten sie beschlossen, Bohr einzuladen, einen Tag mit ihnen in ihrem Institut in Dahlem zu verbringen, aber in diese Gesellschaft keine Professoren aufzunehmen, um möglichst dumme Fragen stellen zu können. »Das bedeutete, dass ich zu Planck gehen und ihm erklären musste, wir wollten Bohr einladen, der bei Planck wohnte, nicht aber Planck selbst.« Auf dieselbe Weise sollte sich Franck an Fritz Haber wenden, den Direktor des Kaiser-Wilhelm-Instituts für physikalische Chemie und Elektrochemie in Dahlem.

In der Zeit nach der deutschen Niederlage ist es ausgesprochen schwierig, in Dahlem etwas zu essen zu bekommen. Wenn man Bohr aber den ganzen Tag für sich haben will, muss man ihm etwas anbieten. Franck habe Haber also gefragt, ob sie das Klubhaus für ein »bonzenfreies Kolloquium« nutzen könnten. Der Institutschef habe keineswegs verärgert reagiert, so Meitner. Im Gegenteil, Haber habe sie allesamt in seine Villa eingeladen. Nur um eines habe er gebeten: »um unser Einverständnis, auch Einstein zum Mittagessen einladen zu dürfen«.[46]

Die wenigen Fotos, die Bohrs Berlin-Besuch im April 1920 protokollieren, zeigen die Teilnehmer des »bonzenfreien Kolloquiums«: in der vordersten Reihe Lise Meitner im langen, dunklen, hochtaillierten Kleid, umringt von 14 Männern, darunter eine Handvoll künftiger Nobelpreisträger, alle in schwarzen Anzügen, dem professionellen Kostüm der akademischen Welt. Lächelnd neben der Physikerin, als Primus inter pares: Niels Bohr.

Niels Bohr beim »bonzenfreien Kolloquium« in Berlin, an seiner Seite Lise Meitner und James Franck.

Bei dem improvisierten Kolloquium wird er stundenlang mit Fragen traktiert. Bohr antwortet geduldig und »in reichlich guter Stimmung«.[47] Über die nähere Bedeutung des Wortes »Bonze«, mit dem die Teilnehmer des Kolloquiums all diejenigen etikettieren, die bereits Professoren sind, klärt man ihn erst beim Mittagessen auf, zu dem auch Haber und Einstein erscheinen.

Einstein ist das Kaiser-Wilhelm-Institut in Dahlem seltsam vertraut. Als der gefeierte Wissenschaftler vor gut sechs Jahren nach Berlin kam, half ihm Haber bei der Wohnungssuche und bot ihm ein Arbeitszimmer in seinem Institut an. Ein paar Monate lang ging Einstein hier ein und aus.

Nach Ausbruch des Kriegs trennten sich ihre Wege. Haber wandelte das idyllisch gelegene Institut in eine Großforschungseinrichtung für die Giftgasentwicklung um.[48] Es zählte schließlich 1500 Mitarbeiter. Der Direktor selbst führte den Gaskrieg an vorderster Front an. Jetzt versucht er, Brücken über jene Gräben zu bauen, die die zurückliegenden Jahre zwischen ihm und dem engagierten Pazifisten Einstein aufgerissen haben. Seine bescheidene Bitte, Einstein zum Mittagessen hinzuholen zu dürfen, mag nur eine kleine Gefälligkeit sein. Und doch verrät sie einiges über Einsteins Ausnahmestellung in der Forschung und Habers Verhältnis zu ihm.

Für Einstein wird die Zusammenkunft mit Bohr ein unvergessliches Ereignis. Beim Abendessen am Vortag hatten sie kaum Gelegenheit, sich kennenzulernen. Bohr saß zwischen dem Direktor des Physikalischen Instituts, Heinrich Rubens, und dem Atomtheoretiker Arnold Sommerfeld. Während des Essens habe Rubens von der seltsamen Erfahrung gesprochen, einem Vortrag beizuwohnen, bei dem man nie habe wissen können, ob der Redner als Nächstes »der«, »die« oder »das« sagen würde, wird Bohr rückblickend erzählen. Sommerfelds prompte Entgegnung: Das stimme überhaupt nicht. »Es gab eine klare Präferenz für ›das‹.«[49]

Bohr mag solche Späße. Sie haben etwas Befreiendes. In Kolloquien durchbricht er die ernste Stille selbst gelegentlich mit augenzwinkernden Kommentaren und jenem Widersinn, der alle Anwesenden wachrüttelt. Es bereitet ihm ein diebisches Vergnügen, Rückfragen wie etwa zu der Bedeutung des Wortes »Bonzen« zu stellen.

Auf den Bildern des zeitgenössischen Malers George Grosz präsentieren sich die »Bonzen« besonders prägnant: Grosz zeichnet sie mit wenigen scharfen Strichen, als Glatzköpfe, fette Zigarren im Mund. Die Aufgabe, Bohr zu erklären, was ein »Bonze« denn nun sei, fällt während des

Mittagessens pikanterweise dem glatzköpfigen Institutsdirektor zu, der häufig eine dicke Zigarre zwischen den Zähnen hat, der die Vorteile seiner Stellung genießt und für sich zu nutzen weiß.[50] Wie sich Haber ihrer entledigt, erfahren wir nicht. Vermutlich mit dem ihm eigenen schwarzen Humor.

DAS VIERAUGENGESPRÄCH

Bohr hat gut lachen. Einstein ist allein seinetwegen nach Dahlem gekommen. Im Bewusstsein der einzigartigen Gelegenheit warten beide das Ende des Kolloquiums ab. Dann nehmen sie Hut und Mantel, verabschieden sich und brechen gemeinsam zu einem Spaziergang auf.

Es ist das erste längere Gespräch der beiden Forscher, die als Protagonisten zweier sich ausschließender Denkwelten in die Geschichte der Physik eingehen werden. Einstein und Bohr – ihre Debatten über den Welle-Teilchen-Dualismus, die Unschärferelation oder die Frage, ob es eine Wirklichkeit gibt, die unabhängig von uns existiert, werden Geschichte schreiben. In aller Öffentlichkeit werden sie erst in den späten Zwanzigerjahren geführt. Ihre freundschaftliche Beziehung aber datiert von diesem wolkenreichen Nachmittag im April 1920 an.

Einstein ist 41 Jahre alt. Nicht ohne Humor beschreibt er sich zu jener Zeit selbst mit den Worten: »Bleiches Gesicht, lange Haare und eine Art bescheidenes Bäuchlein. Dazu ein eckiger Gang. Aber keine Warzen und keine Haare an den Händen, also ganz hübsch«.[51]

Bohr ist sechseinhalb Jahre jünger, schlanker und sportlicher als Einstein. Früher spielte er Fußball, inzwischen zieht er Wanderungen vor. Auch auf Ski fühlt er sich wohl.

Ihr gemeinsamer Fußweg ist etwa sieben Kilometer lang und führt vom Gutsbezirk Dahlem durch die kreisfreien Städte Wilmersdorf und Schöneberg. Unterwegs streifen sie vielleicht noch einen Zipfel der Landgemeinde Friedenau. All dies wird man fortan »Berlin« nennen, denn am Tag zuvor hat sich eine knappe Mehrheit der Abgeordneten der Preußischen Landesversammlung für den Zusammenschluss von acht bisher unabhängigen Städten, 59 Landgemeinden und zahlreichen Gutsbezirken ausgesprochen. Mit nunmehr 3,8 Millionen Einwohnern verwandele sich die Einheitsgemeinde in eine jener »Riesenstädte«, die ohne Vorbild in der Geschichte der Kulturmenschheit seien, schreibt das *Berliner Tageblatt*.[52]

Bohrs Weltstadtvergnügen ist das Vieraugengespräch mit Einstein. Sie haben es nicht eilig. Beide sind berüchtigt dafür, von physikalischen Gedanken ganz in Beschlag genommen zu werden, auch für ihr beharrliches Nachhaken, in dessen Folge sie ihre Schritte verlangsamen und immer wieder innehalten. Ihr In-Gedanken-Sein blendet das In-Berlin-Sein über weite Strecken aus.

In einem Brief, den Einstein kurz nach dem Treffen schreibt, spricht er voller Wohlwollen von den Absencen des Wissenschaftlers an seiner Seite: »Bohr war hier, und ich bin ebenso verliebt in ihn wie Du«, teilt er dem Theoretiker Paul Ehrenfest mit. »Er ist wie ein höchst feinfühliges Kind und geht in einer Art Hypnose in dieser Welt herum.«[53]

Einstein informiert Ehrenfest nicht über den Inhalt ihres Gesprächs. Wichtiger erscheint es ihm, seine große Sympathie für den dänischen Physiker dadurch zu bekunden, dass er ihn als echten Denkenden charakterisiert: als jemanden, der wie in Trance alles um sich herum vergessen kann.

Einstein erkennt in ihm zuallererst einen Gefährten der Wahrheitssuche. Beiden geht es nicht um Besserwisserei, sondern darum, den Sinn physikalischer Begriffe, die Aussagekraft von Experimenten, den Gehalt von Theorien zu erhellen. Sie werden sich künftig weitgehend frei von Eitelkeiten und Konkurrenzgebaren begegnen.

Für Bohr ist ihr Gespräch »ein großes Erlebnis«. Er habe in Berlin einen tiefen Eindruck von Einsteins »vorurteilsfreier Haltung« gewonnen, wird er rückblickend erzählen. Einsteins Vorliebe für malerische Ausdrücke wie »Gespensterfelder«, welche die Lichtquanten leiten, habe einen »tiefwurzelnden Humor hinter seinen scharfsinnigen Bemerkungen« erkennen lassen.[54]

EINSTEIN UND DIE QUANTENSPRÜNGE

Ob sie tatsächlich schon bei ihrem ersten Spaziergang über Lichtquanten sprechen, wie sich Bohr aus großem zeitlichem Abstand zu erinnern meint? Tags zuvor hat sich der dänische Physiker nicht zur Strahlungstheorie geäußert. Als Vortragender hat er einen Bogen um Einsteins Lichtquantenhypothese gemacht, wissend, dass sie ins Herz seines Atommodells zielt.

In Bohrs Kopf wimmelt es von Spektrallinien. Jedes chemische Element ist eine Welt für sich. Ständig sieht er sich mit neuen experimentellen Befunden konfrontiert.

Sich damit herumzuplagen, ist Einsteins Sache nicht. Ihn faszinieren die Grundlagen der Quantentheorie, also die Übergänge selbst, bei denen Atome Lichtenergie in wohldosierten Mengen abgeben oder aufnehmen. Was geschieht bei einem Quantensprung? Wie kommt es dazu?

Im Rahmen des Bohr'schen Modells kann sich jedes Atom oder Molekül in verschiedenen mehr oder weniger stabilen Energiezuständen befinden. Bohr spricht von »stationären Zuständen«. Als Einstein nach Vollendung der allgemeinen Relativitätstheorie endlich die nötige Ruhe fand, sich in Bohrs Atomtheorie zu vertiefen, griff er sich beliebige solche Zustände 1 und 2 heraus, zu denen die Energiewerte gehören. Welche Übergänge zwischen 1 und 2 sind möglich?

Einsteins Durchleuchtung des Quantensprungs förderte Aspekte zutage, die Bohr übersehen hatte. Der dänische Physiker hatte nur zwei Fälle in Erwägung gezogen: Ein Atom nimmt Licht auf und wechselt vom Zustand 1 niedrigerer Energie zum Zustand 2 höherer Energie, oder es strahlt Licht ab, sodass der Quantensprung in umgekehrter Richtung erfolgt. Zur Überraschung der Fachwelt unterschied Einstein nicht nur zwischen zwei, sondern drei grundsätzlich verschiedenen Quantensprüngen.

Zunächst die Lichtaufnahme: Ein Atom fängt ein Lichtquant der Energie $E_2 - E_1 = h\nu$ ein und springt vom Zustand 1 in den Zustand 2. Dabei wird ein kleiner Impuls auf das Atom übertragen.[55]

Weil der Zustand 2 höherer Energie weniger stabil ist, fällt das Atom nach kurzer Zeit zurück in Zustand 1. Nun strahlt es die Energie $E_2 - E_1 = h\nu$ wieder ab. Bei dieser spontanen Lichtemission sendet das Atom ein Lichtquant aus, und zwar in zufälliger Richtung. Wie beim Schuss mit einem Gewehr erfährt das Atom bei der Lichtabstrahlung einen kleinen Rückstoß.

Neben dieser »spontanen Lichtabstrahlung« gibt es Einstein zufolge allerdings noch eine »stimulierte Lichtabstrahlung«: Das Atom befindet sich in dem höherenergetischen Zustand 2, als von außen ein Lichtquant der besagten Energie $E_2 - E_1 = h\nu$ eintrifft. Auf diesen äußeren Stimulus reagiert das Atom ebenfalls damit, dass es auf das niedrigere Energieniveau 1 zurückfällt. Dabei sendet es zusätzlich zu dem einfallenden Lichtquant ein weiteres Lichtquant mit derselben Energie und in derselben Richtung aus.

Weder Bohr noch Sommerfeld war der Gedanke an eine solche stimulierte Lichtabstrahlung gekommen. Unter gewöhnlichen Bedingungen sollte sie sich viel seltener ereignen als die spontane Lichtaussendung. Der Physiker Rudolf Ladenburg, einer jener Forscher, die am »bonzenfreien Kolloquium« teilgenommen haben, wird den von Einstein vorhergesagten Prozess erst im Jahr 1928 indirekt nachweisen können.[56]

Einstweilen ahnt niemand, dass man die Vorhersage einer stimulierten Lichtaussendung einmal als Geburtsstunde einer modernen Quantentechnologie feiern wird. Einsteins Gleichung – ein Lichtquant kommt rein, zwei gleichgeartete Lichtquanten gehen raus – ist die theoretische Voraussetzung für die Lichtverstärkung durch einen Laser. Diese völlig neuartige Lichtquelle wird ihr einfarbiges, gebündeltes Quantenlicht erst Jahrzehnte später abstrahlen.

Einsteins kreative Reaktion auf Bohrs Atommodell erschöpfte sich nicht in dieser Betrachtung möglicher Formen von Quantensprüngen. Er spannte seine Überlegungen in einen größeren Rahmen ein und gab Wahrscheinlichkeiten für die jeweiligen Quantensprünge im Atom an. Im Unterschied zu der stimulierten Lichtabstrahlung erfolgt der Quantensprung bei der spontanen Lichtabstrahlung ohne jede äußere Einwirkung. Unter statistischen Gesichtspunkten stellt der Prozess der spontanen Lichtaussendung damit einen Sonderfall dar. »Man kann sich ihn kaum anders denken als nach Art der radioaktiven Reaktionen«, bemerkte Einstein.[57]

Um die Wahrscheinlichkeit eines solchen Übergangs zu beziffern, griff er auf Rutherfords Gesetz des radioaktiven Zerfalls zurück.[58] Radioaktive Zerfälle sind Zufallsprozesse. Es ist unmöglich, vorherzusagen, wann ein bestimmter Atomkern zerfallen wird. Nur für eine große Zahl von radioaktiven Kernen lassen sich Gesetzmäßigkeiten finden, die ihren Zerfall beschreiben.

Eine radioaktive Substanz wie Jod-131 zum Beispiel hat eine kalkulierbare Halbwertszeit von acht Tagen, sprich: die Hälfte der Jod-131-Kerne ist nach dieser Spanne zerfallen. Nach weiteren acht Tagen sind es bereits drei Viertel der Kerne. Und der einzelne Atomkern? Über ihn lässt sich nur sagen, dass er nach 16 Tagen mit einer Wahrscheinlichkeit von 75 Prozent zerfallen und mit 25-prozentiger Wahrscheinlichkeit noch intakt ist.

In einer solchen Weise wollte Einstein auch die spontane Lichtabstrahlung verstanden wissen. Wann der Quantensprung erfolgt, bei dem ein Lichtquant ausgesandt wird, ist nicht vorhersagbar. Der Zeitpunkt eines einzelnen Quantensprungs bleibt unbestimmt.

Aus dem Innersten eines Atoms lugt der Zufall hervor. Einstein selbst hat ihn heraufbeschworen. Er wird ihn nie mehr aus der Quantenphysik vertreiben können und kommt aus dem Grübeln nicht mehr heraus. Was Einstein aber in seinen Überlegungen bestärkte: Wenn er die Wahrscheinlichkeiten für alle drei Quantensprünge zusammennahm, gelangte er zur Strahlungsformel, mit der Planck die Entwicklung der ganzen Quantenphysik angestoßen hatte.

Seit Einsteins wegweisender Arbeit über Quantensprünge steht Plancks Strahlungsgleichung in direkter Verbindung zum Bohr'schen Atommodell. »Eine verblüffend einfache Ableitung der Planck'schen Formel, ich möchte sagen, *die* Ableitung«, frohlockte Einstein nach seinem Höhenflug. »Alles ganz quantisch.«[59]

Bohr hat schon lange gehörigen Respekt vor Einsteins Analyse. Doch die Zumutung, sich Licht als teilchenartig vorstellen zu müssen, ist ihm zu groß. Wie Planck bezweifelt er die Existenz von Lichtquanten, die so vielem zuwiderläuft, was Physikerinnen und Physiker in den zurückliegenden 100 Jahren über Strahlungserscheinungen herausgefunden haben.

In seiner ohnehin fragilen Atomtheorie sieht Bohr keinen Platz dafür. Diskutieren er und Einstein bereits während ihres ersten Spaziergangs darüber? Versucht Einstein, seinem Begleiter die Lichtquanten durch Umschreibungen wie »Gespensterfelder« irgendwie schmackhaft zu machen? Ist damit der kritische Punkt ihrer Unterhaltung erreicht?

Niemand lauscht ihnen. Es gibt keine Zeugen. In ihren nachfolgenden Briefen finden sich keinerlei Hinweise auf eine solche Kontroverse über die Strahlungstheorie.

Anzunehmen aber ist, dass es bei ihrem ersten Treffen nicht bei der Physik bleibt. Einstein trägt sein Herz auf der Zunge. Als Lise Meitner zu Beginn der Zwanzigerjahre erstmals länger mit ihm spazieren geht, weil der Zufall sie an einem fremden Ort zusammengeführt hat, notiert sie in ihr Reisetagebuch, wie offen er über alles Mögliche geredet habe. »Einstein erzählte viel aus seinem Leben, von seiner Einstellung zum Judentum, von seiner ersten Ehe, wie schwierig sie zuletzt war, sodass er lieber hätte das ärmste Leben als diese Ehe weiterführen können.«[60]

Einstein entstammt wie Lise Meitner, James Franck, Fritz Haber und viele andere Wissenschaftlerinnen und Wissenschaftler einer jüdischen Familie. Bohr hat ebenfalls eine jüdische Mutter, auch er wird dereinst vor den Nazis aus dem besetzten Dänemark fliehen. Gut möglich, dass Einstein ihn schon im Frühjahr 1920 darüber aufklärt, wie sehr antisemitische Anfeindungen in Deutschland zugenommen haben.

Nach allem, was wir wissen, ist ihre erste längere Unterhaltung ernst und heiter zugleich, getragen von wechselseitiger Sympathie. Nicht oft im Leben habe ihm ein Mensch durch seine bloße Gegenwart solche Freude gemacht, schreibt Einstein wenige Tage später an Bohr. »Ich studiere jetzt

Ihre großen Arbeiten und habe dabei – wenn ich gerade irgendwo stecken bleibe – das Vergnügen, Ihr freundliches Jungen-Gesicht vor mir zu sehen, lächelnd und erklärend.« Er habe viel von ihm gelernt, hauptsächlich auch, wie er den wissenschaftlichen Dingen gegenüberstehe.[61]

»Nimmer will ich unsere Gespräche auf den Weg von Dalem zu Ihrem Haus vergessen«, antwortet Bohr in gebrochenem Deutsch. Einstein zu treffen sei für ihn eines der größten Erlebnisse gewesen, die er je gehabt habe. »Sie wissen nicht wie gross eine Anregung es für mich war die lang erwünschte Gelegenheit zu haben persöhnlich von Ihren Ansichten über die Fragen womit ich mich beschäftigt habe zu sprechen.«[62]

Noch vor dem Brief erhält Einstein ein Care-Paket aus Dänemark, ein, wie er selbst sagt, »herrliches Geschenk aus dem Neutralien, in dem auch heute noch Milch und Honig tröpfelt«.[63] Bohr muss es, eingedenk der Lebensmittelknappheit in Deutschland, unmittelbar nach seiner Rückkehr abgeschickt haben. Der Vermerk auf der Rückseite von Einsteins Dankesschreiben lässt darauf schließen, dass Bohr nach dem Spaziergang zumindest noch auf einen Tee oder Kaffee in der Haberlandstraße 5 eingekehrt ist, denn auch Elsa Einstein bedankt sich für die Butter, die köstlich sei und die beste Medizin für ihren Mann. Im ärmlichen Berlin werde ihm dieser Genuss so spärlich zuteil.[64]

EIN PHYSIKER MIT CHARISMA

Am Ende des Spaziergangs hat Bohr offenbar auch Berlins kleinstes Forschungsinstitut kennengelernt. Obschon Einstein als »Akademiemensch« ohne jegliche Verpflichtungen nach Deutschland gekommen war, firmiert er seit geraumer Zeit als Direktor eines Kaiser-Wilhelm-Instituts für physikalische Forschung. Sein Institut verfügt über einen eigenen Etat und finanziert Forschungsprojekte, besteht aber lediglich aus Einsteins privatem Arbeitszimmer.

Wenn man überhaupt von einem solchen sprechen kann. Denn in der geräumigen Siebenzimmerwohnung mit Speisesaal, Salon und Bibliothek, wo er zusammen mit seiner Frau Elsa und deren beiden Töchtern Margot und Ilse lebt, fühlt er sich immer wieder gestört. In Kürze wird er – ohne behördliche Genehmigung – das Dachgeschoss ausbauen lassen und dort oben ein spartanisch eingerichtetes Refugium für sich schaffen: ein Schreibtisch, zwei Stühle, Bücherregal und Sessel.

Einstein will Herr seiner Zeit bleiben, hat weder Mitarbeiter im engeren Sinne noch irgendwelche Schüler. In der Akademie und im Physikalischen Institut trifft er sich mit anderen Forschern, tauscht Ideen mit ihnen aus. Doch wann immer ihm danach ist, entzieht er sich der Mitwelt.

Dagegen wird Bohrs Institut in Kopenhagen schon bald zum Hauptanziehungspunkt für eine ganze Schar begabter Physikerinnen und Physiker. In Berlin fliegen dem charismatischen Dänen viele Sympathien zu. Lise Meitner wird noch Jahrzehnte später vom »Zauber« der ersten Begegnung mit Bohr sprechen. »Was für ein Glück es ist, dass es solche Menschen gibt und dass es einigen vergönnt ist, ihre nähere Bekanntschaft zu machen.«[65]

Kaum ist Bohr zurück in Kopenhagen, eröffnet der Physiker Rudolf Ladenburg einen Briefwechsel mit ihm über die Verteilung der Elektronen in Edelgasen und Halogenen. Die »entgegenkommende Offenheit«, mit der Bohr alle Fragen der Kolloquiumsteilnehmer in Berlin beantwortet habe, ermutige ihn dazu. James Franck wird schon bald in den Genuss eines jener mehrmonatigen Forschungsstipendien kommen, die Bohr als Direktor eines neuen Physikinstituts zu vergeben hat.

Von dem Augenblick an, in dem Bohr Berlin besucht, kommen deutsche Forscher zu ihm. Binnen weniger Jahre wird er sich zum Mentor einer ganzen Physikergeneration aufschwingen. Auch Lise Meitner wird eingebunden in jenes außergewöhnliche Beziehungsgeflecht, das sich von nun an zwischen Kopenhagen und Berlin, München und Göttingen entspannt. Ihr behagt die weltoffene und zugleich familiäre Atmosphäre in Bohrs Umfeld. Als sie im Mai 1921 erstmals einen Vortrag in Kopenhagen hält, sind ihr Quantenphysiker wie Alfred Landé, dem Bohr ebenfalls in Berlin begegnet ist, bereits vorausgeeilt.

Mit der Einladung des dänischen Atomtheoretikers ist Max Planck ein Coup gelungen. Bohr ist sein persönlicher Gast, mit ihm verbringt er die längste Zeit. Doch abgesehen von einem kurzen Schreiben aus Plancks Feder hat der Aufenthalt in seiner Villa keine Spuren hinterlassen. Keine weiteren Briefe, kein Gästebucheintrag, keine Fotos, keine Randnotizen in Fachartikeln, die Planck und Bohr bei dieser Gelegenheit vermutlich ausgetauscht haben. Über ihre erste Begegnung ist nichts bekannt.

Einer der späten Schicksalsschläge in Plancks Leben wird die Zerstörung seines Wohnhauses in der Wangenheimstraße sein. Als der hochbetagte Physiker und seine Frau im Zweiten Weltkrieg bereits die Flucht ergriffen und Berlin verlassen haben, wird ihre Villa bei einem Luftangriff von einer Bombe getroffen. Ihre Familienalben und die reiche Bibliothek, der größte Teil ihrer privaten Aufzeichnungen und seiner wissenschaftlichen Korrespondenz werden in Schutt und Asche versinken.

SCHLAGABTAUSCH IN BADEHAUS 8

Bad Nauheim, September 1920: Einstein = dada. Diese Gleichung hat es in sich. Kurz nach Beginn der Anti-Einstein-Kampagne in der Berliner Philharmonie trifft sich die Fachwelt an einem Kurort. Dort warten außer Planck eine ganze Reihe Reporter auf das Duell zweier Kontrahenten

Hutschachteln, Pappkartons, verrostete Nägel. Wie in einem putzigen Kramladen fühlt sich der Journalist und Schriftsteller Kurt Tucholsky, als er im Sommer 1920 die »Erste Internationale Dada-Messe« in Berlin besucht.[1] Von der Decke hängt der »Preußische Erzengel«: eine Puppe in Militäruniform mit Schweinsmaske anstelle eines Gesichts. Ein Wandgemälde zeigt eine Militärparade: mit Invaliden anstelle schneidiger Soldaten.

Tucholsky kann dem krampfhaften Bemühen, »in anderer Leute Heiligtümer zu spucken«, nicht viel abgewinnen. Aber die Karikaturen von George Grosz gefallen ihm, diese infernalischen Fratzen von Majoren und Sergeanten. »Wenn Zeichnungen töten könnten: das preußische Militär wäre sicherlich tot.«[2]

Es ist still in der Ausstellung. Niemand verirrt sich in die Galerie am Lützowufer. Tucholsky steht allein vor den Werken der Dadaisten, viele davon Reaktionen auf den zu Ende gegangenen Krieg.

In einer Ecke hängt eine großformatige Collage. Hannah Höch hat Schnipsel aus Zeitungen und Magazinen ausgeschnitten und das Chaos zwischen Kaiserreich und Kapp-Putsch mit den Mitteln der Presse-Fotografie eingefangen. Ihr Epochenporträt hat ein weibliches Zentrum und zwei männliche Protagonisten: den Obersten Kriegsherrn Wilhelm II. und Albert Einstein, die »neue Größe der Weltgeschichte«. Über dem

Haupt des stolzen Kaisers, weiß hinterlegt, der Schriftzug »Die anti dada Bewegung«, über dem gesenkten Kopf des Denkers, dem Einstein-Porträt von Suse Byk, in dunklen Buchstaben »dada«.

Hannah Höchs Fotocollage »Schnitt mit dem Küchenmesser Dada durch die letzte Weimarer Bierbauch-Kulturepoche Deutschlands«: rechts oben in der Anti-Dada-Ecke der abgedankte Kaiser Wilhelm II., links in der Dada-Ecke Albert Einstein.

DER RELATIVISTISCHE SCHWINDEL

Die Gleichung

Einstein = dada

wird am vorletzten Ausstellungstag auch in der Berliner Philharmonie aufgemacht. Dort strömen am 24. August mehr Menschen zusammen, als die Dada-Messe seit ihrer Eröffnung an zahlendem Publikum begrüßt hat. Einstein selbst kommt in Begleitung seiner Stieftochter zum Auftakt der groß angekündigten Kampagne gegen die Relativitätstheorie und ihren Urheber. In einer Loge nehmen sie Platz und warten, bis ein gewisser Paul Weyland das Wort ergreift.

Weyland hat die Vortragsreihe im Vorfeld in Zeitungen und auf Litfaßsäulen beworben. Im Namen der »Arbeitsgemeinschaft deutscher Naturforscher zur Erhaltung reiner Wissenschaft« begrüßt er die Gäste. Sein erklärtes Ziel: Einsteins Relativitätstheorie als Schwindel zu entlarven.

In der Literatur und in öffentlichen Vorträgen, sagt er, werde die Massensuggestion im Einstein'schen Sinne emsig betrieben, ohne dass die interessierte Öffentlichkeit den wahren Stand der exakten Naturforschung zu hören bekomme. »Meine Damen und Herren! Es liegt mir heute ob, zu ergründen und nachzuweisen, wie es kam, dass diese sogenannte Hypothese, die sich bei näherer Prüfung als glatte Fiktion herausstellte, die Welt dauernd in Atem halten konnte.«[3]

Einsteins Relativitätstheorie habe ihre Ursache in der geistigen Verflachung der gegenwärtigen Zeit. Weil ihm aber in wissenschaftlichen Kreisen dauernd Gegner erwüchsen, werfe er sich in die Massen wie die Dadaisten.[4] »Auch hier liegt bewusste Ablehnung erfahrungsmäßiger Kenntnisse und Erkenntnis vor«, ereifert sich Weyland. »Wir stehen bei der Betrachtung der Einsteinschen Ideen genau vor demselben Gedankenchaos der Dadaisten, die wohl etwas wollen und wünschen, es aber nicht begreiflich machen und beweisen können.«[5]

Nachdem das Wort »Dadaismus« zum wiederholten Mal gefallen ist, werden Rufe im Saal laut: »Zur Sache!«[6] Das Publikum muss sich gedulden. Ehe der Physiker Ernst Gehrcke ans Rednerpult tritt, in Fachkreisen als Gegner der Relativitätstheorie bekannt, legt Weyland eine viertelstündige Pause ein, um einschlägige Schriften zu verkaufen.[7]

In seinem anschließenden Vortrag habe Gehrcke den alten Kohl wieder aufgewärmt, schreibt der Nobelpreisträger Max von Laue am Folgetag an den Vorsitzenden der Deutschen Physikalischen Gesellschaft, Arnold Sommerfeld. Dennoch sei Gehrckes ruhige, sachliche Art eine Erholung nach Weyland gewesen, der sich mit dem gewissenlosesten Demagogen messen könne. »Einstein als Plagiator, wer Anhänger der Relativitätstheorie ist, als Reklamemacher, die Theorie selbst als Dadaismus.«[8]

Insgesamt 20 Protestversammlungen gegen die Relativitätstheorie hat Weyland angekündigt. Die Presse überrascht das nicht. »Auf die bibeltreuen Naturforscher, die einst so wild gegen Darwin vom Leder zogen, sind die gesinnungstüchtigen Naturforscher gefolgt, die jetzt dem wahrscheinlich höchst prinzipienlosen Relativitätsprinzip zuleibe wollen.«[9]

Max von Laue indes kann kaum glauben, dass sich Forscher wie Gehrcke oder der Nobelpreisträger Philipp Lenard zu Vorträgen in solcher Gesellschaft hergeben. Die »Verquickung mit antisemitischer Politik« stößt ihm übel auf.[10] Im Foyer werden am Abend des 24. August nämlich nicht nur Gehrckes und Lenards Schriften verkauft,[11] sondern auch Hetzblätter und Hakenkreuze.[12]

HETZE IM HOFBRÄUHAUS

Als Kampfsymbol zierten Hakenkreuze die Stahlhelme der Brigade Ehrhardt, deren Anführer nach dem gescheiterten Kapp-Putsch in Bayern untergetaucht sind. München ist längst zum Sammelbecken rechtsradikaler Umtriebe geworden. Dort steigen Agitatoren der Nationalsozialistischen Deutschen Arbeiterpartei in verrauchten Bierhallen und Zirkuszelten auf die Tische. Der Geschäftigste unter ihnen: Adolf Hitler.[13]

Im Hofbräuhaus hat er zuletzt am 13. August gut 2000 Zuhörer mit einer Rede »Warum sind wir Antisemiten?« aufgestachelt. Der Jude, so Hitler, sei ein »Parasit am Körper anderer Völker«, ein »Nomade, der die gleichen Raubzüge unternimmt, wie er sie einstens unternommen hat«.[14] Er sei »Verleger und vor allem Herausgeber von 95 Prozent aller Zeitungen« und peitsche mit seinen Wortdrehungen und Wendungen das Volk in einen Schwindel hinein, »von dem einer nicht mehr weiß, ob diese Zustände närrisch sind oder ob er selber närrisch ist«.[15] Wütende Worte, begleitet von stürmischem Beifall.

Hitler wird bald ein neues Forum finden, denn die NSDAP wird Ende 1920 den *Völkischen Beobachter* kaufen. Das obskure Blättchen verbreitet bereits in ganz Deutschland Berichte über die angebliche »jüdische Weltverschwörung«. Nur ein Jude habe die Relativitätstheorie aufstellen können, heißt es in der Ausgabe vom 11. Februar 1920. Das jüdische Denken sei unfähig, das Wesen der Dinge zu erfassen, Einsteins Lehre »rabbulistischer Bluff«.[16]

Einstein hat seine Freunde im Ausland mehrfach über den wiedererstarkten Nationalismus und Angriffe auf Juden informiert. Wenn er selbst betroffen war, spielte er die Sache meist herunter. Als ihn zum Beispiel die *Deutsche Zeitung* im April 1920 anging, weil er sich für seine jüdischen »Stammesbrüder« einsetzte, reagierte er gelassen: Das Tagesgespräch bedeute ihm nichts.[17]

Antisemitische Großveranstaltungen sind in Berlin bisher nicht an der Tagesordnung. Weyland schlägt einen viel moderateren Ton an als Hitler, in der Absicht indes, unter demselben Kampfsymbol ähnliche Ziele zu erreichen: das moderne Denken als Betrug und jüdische Schöpfung darzustellen und sich selbst einen Namen zu machen.

Seine Worte verfehlen ihre Wirkung nicht. Was Einstein in der Philharmonie erlebt, trifft ihn bis ins Mark. Wie die *Vossische Zeitung* berichtet, lassen sich nach den Vorträgen Studenten in seiner Nähe zu den unflätigsten Bemerkungen hinreißen: »Diesem Saujuden müsste man eigentlich an die Gurgel springen!«[18]

Bisher sei man ihm in Berlin in der denkbar liebenswürdigsten Weise begegnet, sagt er gegenüber einem Mitarbeiter der Zeitung. Doch seit Bekanntwerden der Ergebnisse der englischen Sonnenfinsternis-Expedition werde er von gewisser Seite auf ganz unsachliche Art verfolgt. »Ich komme mir vor wie jemand, der in einem guten Bett liegt, aber von Wanzen geplagt wird.«[19]

Das »gute Bett« hat Planck hergerichtet. Er hätte nun alle Hebel in Bewegung setzen können, um den Kollegen in Schutz zu nehmen. Doch ausgerechnet jetzt ist Planck nicht in Berlin.

Von Laue vermisst seinen ehemaligen Doktorvater schmerzlich. Zusammen mit zwei Kollegen verfasst er eine kurze Presseerklärung, stellt Einsteins Verdienste heraus und verurteilt die gehässige Art, mit der er in der Philharmonie angegriffen worden sei.[20] An Sommerfeld richtet er sich mit der dringenden Bitte, die Physikalische Gesellschaft oder – besser noch – die Gesellschaft Deutscher Naturforscher und Ärzte möge eine Gegenresolution zustande und »ihr Bedauern über diese Ausartung wissenschaftlichen Kampfes zum Ausdruck bringen«.[21]

Zudem macht er die Urlaubsadresse Plancks auf dem Gründner Hof bei Gmund am Tegernsee ausfindig. Dem Vernehmen nach soll Planck in Kürze dorthin zurückkehren, im Anschluss an eine Reise nach Südtirol, zu der er zusammen mit seinem Sohn Erwin aufgebrochen ist. Wer, wenn nicht er, wäre dazu berufen, für Einstein Partei zu ergreifen.

»MEINE ANTWORT«

Stattdessen kommt es, wie von Laue und andere befürchtet haben: Der Angegriffene steigt selbst in den Ring. Ihm ist schlagartig bewusst geworden, wie vergiftet die Atmosphäre mittlerweile ist und in welchem Maße er selbst zu einer Hassfigur der radikalen Rechten geworden ist. Unter der Überschrift »Meine Antwort« druckt das *Berliner Tageblatt* am 27. August auf der Titelseite einen Artikel, in dem Einstein persönlich Stellung zu den Vorfällen bezieht:

Zunächst nimmt er die von ihm so bezeichnete »antirelativistische GmbH« ins Visier. Darin erschöpft sich sein Humor aber auch schon.

»Ich bin mir sehr wohl des Umstandes bewusst, dass die beiden Sprecher einer Antwort aus meiner Feder unwürdig sind«, schreibt er nach wenigen einleitenden Sätzen. »Denn ich habe guten Grund zu glauben, dass andere Motive als das Streben nach Wahrheit diesem Unternehmen zugrunde liegen. (Wäre ich Deutschnationaler mit oder ohne Hakenkreuz statt Jude von freiheitlicher, internationaler Gesinnung, so …)«[22]

Nachdem Einstein auf diese Weise einmal mehr öffentlich gemacht hat, was viele, aber längst nicht alle wussten, zählt er jene Wissenschaftler auf, die fest auf dem Boden der Relativitätstheorie stünden: Max Planck, Max von Laue und Arnold Sommerfeld hätten wertvolle Beiträge hierzu geleistet, selbstverständlich auch englische, französische und italienische Forscher. Als ausgesprochenen Gegner der Relativitätstheorie wisse er unter den Physikern von internationaler Bedeutung nur Philipp Lenard zu nennen.

»Ich bewundere Lenard als Meister der Experimentalphysik«, so Einstein weiter. »In der theoretischen Physik aber hat er noch nichts geleistet, und seine Einwände gegen die allgemeine Relativitätstheorie sind von solcher Oberflächlichkeit, dass ich es bis jetzt nicht für nötig erachtet habe, ausführlich auf dieselben zu antworten. Ich gedenke es nachzuholen.«[23]

Diese öffentliche Herabsetzung Lenards wird Einstein bald bereuen. Zwar stand Lenard als einer der nächsten Redner auf der Vortragsliste. Weyland war eigens nach Heidelberg gefahren, um mit ihm zu sprechen.[24] Bisher hatte der Nobelpreisträger jedoch in keiner Weise dazu Stellung genommen.

Selbst Einsteins engste Freunde und Kollegen missbilligen den Ton, in dem er sich in der Presse zu verteidigen sucht. Sie erkennen ihn darin nicht wieder. Von einigen Wendungen habe er »absolut nicht glauben können, dass Du sie eigenhändig niedergeschrieben hast«, mahnt Paul Ehrenfest aus Leiden an.[25] Er bedauere es, dass Einstein selbst geantwortet habe. Für den Fall, dass man ihm in Berlin die Arbeit vergällen sollte, bietet Ehrenfest ihm einen Posten in den Niederlanden an, sich des Umstands bewusst, »wie bestimmt Du es vor einem Jahr abgelehnt hast, das besiegte Deutschland zu verlassen, schon um Planck nicht zu kränken«.[26]

Tatsächlich treibt Einstein der Gedanke um, von Berlin fortzugehen. Auch davon weiß die Presse schon am 27. August zu berichten: Einstein, »angewidert von den alldeutschen Anrempelungen« seiner Gegner, wolle der Reichshauptstadt den Rücken kehren. »Ein deutscher Gelehrter von Weltruf, den die Holländer als Ehrenprofessor nach Leiden berufen, dem die amerikanische Columbia-Universität die Große goldene Medaille verleiht, den schwedische und norwegische Gesellschaften zu ihrem Ehrenmitglied ernennen, dessen Werk über die Relativitätstheorie als eines der ersten deutschen Bücher nach dem Krieg in englischer Sprache erscheint: ein solcher Mann wird aus der Stadt, die sich für das Zentrum deutscher Geistesbildung hält, herausgeekelt.«[27]

Nachdem von Laues Ehefrau die Einsteins am Vorabend zu Hause besucht hat, bestätigt der Physiker die Pressemeldung in Briefen an Planck und Sommerfeld: Wegen der öffentlichen Anfeindungen und »unaufhörlichen persönlichen Kränkungen in Form täglicher Drohbriefe« seien Einstein und seine Frau wohl fest entschlossen, Berlin und Deutschland überhaupt bei nächster Gelegenheit zu verlassen.[28] Die Nachricht verbreitet sich in Windeseile. Medien im In- und Ausland greifen sie sofort auf.

In England heißt es wenige Tage später, Einstein werde nach Amerika übersiedeln. Der deutsche Botschafter in London, Friedrich Sthamer, berichtet ans Auswärtige Amt, die Hetze gegen den Gelehrten mache auf der Insel einen sehr schlechten Eindruck. Gerade im gegenwärtigen Augenblick sei Einstein für Deutschland ein Kulturfaktor ersten Ranges. »Wir sollten einen solchen Mann, mit dem wir wirkliche Kulturpropaganda treiben können, nicht aus Deutschland vertreiben.«[29] Seinen Bericht leitet das Auswärtige Amt ans Kultusministerium weiter, das sich umgehend mit der Akademie in Verbindung setzt, welche ihrerseits Planck kontaktiert.[30]

Planck und Einstein treffen sich vier Wochen später in Bad Nauheim. Das Heilbad nördlich von Frankfurt liegt zwischen dem Rheinischen Schiefergebirge und dem größten zusammenhängenden Vulkangebiet Mitteleuropas. In dieser Senke haben Tiefbohrungen im 19. Jahrhundert salz- und kohlensäurehaltiges Wasser an die Oberfläche gebracht. Aus drei großen Sprudeln ergießt sich die Sole in die Badeanlagen im Zentrum der mondänen Kurstadt. Andere, salzärmere Quellen laden zu Trinkkuren ein.

Auf detaillierte geologische Informationen über die Sprudel- und Thermalsprudelbäder legt man in Bad Nauheim in diesen Tagen besonderen Wert. Planck und Einstein sind nämlich nicht zur Kur angereist, sondern zum größten Wissenschaftskongress auf deutschem Boden.[31] Vom 19. bis zum 25. September 1920 tagt hier die Gesellschaft Deutscher Naturforscher und Ärzte. Mit auf dem Programm: eine Generaldebatte zur Relativitätstheorie.

Es ist der erste Kongress der Naturforschergesellschaft seit 1913, der erste nach dem Untergang des Kaiserreichs, der erste im Zeichen der krisengeschüttelten Republik. Fast 3000 Teilnehmer haben sich angemeldet. Zu ihrer Unterbringung und Verpflegung hat sich Bad Nauheim kurzfristig bereit erklärt. Die gesamte Bevölkerung ist auf den Beinen, um den Kongress mit allabendlichem Konzert- und Theaterprogramm achtbar über die Bühne zu bringen.

Geheimrat Planck und seine Frau Marga sind frühzeitig aus Bayern eingetroffen und logieren im Carlton-Palast-Hotel. Seine Ferien wären unbeschwerter verlaufen, wenn ihm die bevorstehende Tagung nicht so viel Kopfzerbrechen bereitet hätte. In Bad Nauheim stehen die Reform der schulischen Lehrpläne und die Neuorganisation der Forschungsförderung zur Diskussion. Das politische Meinungsspektrum hat sich derart radikalisiert, dass Fachverbände wie die Deutsche Physikalische Gesellschaft auseinanderzubrechen drohen. Und nun auch noch eine Anti-Einstein-Kampagne!

»Aus Südtirol, wo mich keine Nachrichten erreichten, nach Deutschland zurückgekehrt, finde ich die Mitteilungen von der kaum glaublichen Schweinerei, die inzwischen in der Berliner Philharmonie passiert ist«, hat Planck am 5. September an Einstein geschrieben. Es quäle ihn der Gedanke an die Möglichkeit, Einstein könnte am Ende doch einmal die Geduld verlieren und sich zu einem Schritt entschließen, der die deutsche Wissenschaft und seine Freunde für das schwer bestrafen würde, was eine erbärmliche Gesinnung an ihm gesündigt habe. »An einer ausreichenden Genugtuung seitens der berufenen Vertreter der Wissenschaft darf und soll es Ihnen nicht fehlen.«[32]

Während das Kultusministerium der Akademie nahegelegt hat, sich schützend vor ihr Mitglied zu stellen, hält Planck einen solchen Schritt allerdings schon bald nicht mehr für angebracht. Er möchte jede weitere Verschärfung der Auseinandersetzung vermeiden. Man würde den auf Einsteins Ruhm »eifersüchtigen Dunkelmännern zu viel Ehre antun, wenn wir das schwere Geschütz der Akademie gegen sie auffahren lassen«.[33] Außerdem denke Einstein inzwischen nicht mehr daran, Berlin zu verlassen. »Sollte die Sache eine wirklich gefährliche Wendung annehmen, so bleibt der Akademie noch vollkommen Zeit, dazu Stellung zu nehmen.«[34]

Tatsächlich haben die vielen Solidaritätsbekundungen Einstein zum Umdenken bewegt. Zu Beginn der Kampagne habe er geglaubt, »ein großer Teil unserer Physiker« sei daran beteiligt, so Einstein. Inzwischen aber sei er zu der Erkenntnis gekommen, dass es falsch wäre, den Kreis seiner bewährten Freunde zu verlassen.[35]

Den Zeitungsartikel hätte er besser nicht geschrieben, gesteht er seinem Freund Max Born. Man solle aber nicht zu streng mit ihm sein. »Jeder muss am Altar der Dummheit von Zeit zu Zeit sein Opfer darbringen.«[36]

In Bad Nauheim hat Born für sich und Einstein ein Zimmer in der Villa Carola reserviert, um am Tagungsort einen Abend unter Kollegen zu verbringen. Ansonsten wohnt Einstein bei ihm in Frankfurt. Von dort aus fahren sie mit der Straßenbahn zu Vorträgen und Sitzungen.

Besagte »Dunkelmänner« sind ebenfalls beizeiten angereist. Lenard ist noch geschwächt von einem Krankenhausaufenthalt. Zuvor aber hatte der Physiker den ganzen Sommer über Briefe geschrieben, um diejenigen zusammenzutrommeln, die »genug deutsch« seien, um die elende internationale Physikalische Gesellschaft zu einer deutschen Physikalischen Gesellschaft zu machen.[37]

Vor Tagungsbeginn berät er sich dazu mit einem Dutzend Sympathisanten. Er selbst lehne eine Wahl in den Vorstand zum gegebenen Zeitpunkt ab, ebenso Johannes Stark, ein weiterer Nobelpreisträger im Bunde. »Wir können doch nicht mit dem ausgesprochenen Vaterlandsfeind – internat. Juden – Einstein zusammensitzen!«, notiert er im Tagebuch.[38]

Als es um Einsteins Presseartikel geht, vertritt er seine Sache mit Verve. Den privaten Aufzeichnungen zufolge erklärt Lenard seinen Kollegen, er werde unverzüglich wieder abreisen, wenn Einstein nicht zum Widerruf zu bringen sei. »Findet Herr Einstein seine Äußerungen für bereuenswert, also wohl für falsch, so hat er sie *öffentlich*, als sie getan worden sind, wieder zurückzuziehen; anders könnte er das an mir getane Unrecht nicht wieder gut machen – soweit das überhaupt möglich ist.«[39]

Tags darauf die Eröffnung des Kongresses, bei der Mitglieder und Ehrengäste begrüßt werden, die Auslandsdeutschen und »nicht minder herzlich« die übrigen Ausländer.[40] Als schließlich der Vorsitzende der Naturforschergesellschaft das Wort ergreift, die Relativitätstheorie und ihren Schöpfer preist und die gegen Einstein gerichtete »tumultuarische Versammlung« in Berlin verurteilt, ist für Lenard das Maß voll:[41] noch eine dieser »Dreck-Reden elender Kriecher-Art«.[42]

Lenard verlässt den Raum. Draußen ein Glanz von Sonnen- und herbstlichem Blättergold. »Die Becken dampfen, und leichte Schwaden treibt der Wind gegen die Arkaden der Badehäuser«, freut sich ein Berichterstatter.[43] Ein anderer Journalist hebt die gute Verpflegung am Tagungsort hervor: »wundervolle Weißbrötchen aus Inlandmehl« und »Sauerkirschkuchen mit geschwungener Sahne«. Das alles jedoch vor dem Hintergrund der besorgniserregenden Ernährungssituation in Deutschland, die schon am ersten Tag Thema des Naturforscherkongresses ist.[44]

Wie konnte das einst so reiche Land in eine solche Notlage geraten? In Ungarn geboren, hatte Lenard im Deutschen Reich ein neues Vaterland gefunden. In den Kriegsjahren ließ er pressewirksam die goldene Rumford-Medaille einschmelzen, die ihm die Royal Society verliehen hatte, um Hinterbliebene gefallener deutscher Soldaten zu unterstützen.

Das unerwartete Ende des Kriegs hat ihn in eine nationalistische Verbitterung hineingetrieben. Plötzlich eine andere Fahne, die Führung des Staates in Parteien zerfallen, das Volk auf der Straße – Uneinigkeit, Zerrissenheit, Chaos. Deutschland, so Lenard, sei an der eigenen Dummheit zugrunde gegangen, sodass er nun »völlig fremd dastehe«.[45]

Wie radikal der 58-Jährige inzwischen denkt, zeigt sich 1920 nach dem Mordanschlag auf den Politiker Matthias Erzberger, einer jener Delegierten, die den Waffenstillstand in Compiègne im November 1918 unterzeichnet hatten. Lenard solidarisiert sich mit dem ehemaligen Fähnrich, der die Schüsse auf Erzberger abgegeben, ihn aber nur an der Schulter verletzt hat und nun mit einer geringen Haftstrafe davonkommt. Den Eltern des Attentäters übermittelt der renommierte Physiker postalisch seine Glückwünsche.[46] Ein Jahr später wird Erzberger im Urlaub im Schwarzwald von rechten Extremisten erschossen.

Die Eröffnungsreden in Bad Nauheim sind Lenard zu lau, die Wortverrenkungen der Honoratioren zuwider. Überall wittert er vaterlandslose Gesellen, die Wissenschaftlern aus anderen Ländern Platz in deutschen Fachzeitschriften einräumen, die das Rednerpult Ausländern und Juden überlassen. »Taktlose Vorträge über Atommodelle vom Holländer (!) Debye, Juden Hertz«, heißt es in seinem Tagebuch.[47]

Planck und Sommerfeld haben dem Kongress ihren Stempel aufgedrückt. Das Bohr'sche Atommodell wird in allen Facetten vorgestellt: von den experimentellen Befunden, die es untermauern, bis hin zu den Konsequenzen für die Chemie. Während bei entsprechenden Tagungen in Großbritannien oder den USA noch immer die klassische Physik im Vordergrund steht, bilden in Bad Nauheim Quantenphysik und Relativitätstheorie die thematischen Schwerpunkte.[48]

Planck hat auch den Vorschlag Einsteins aufgegriffen, die Ergebnisse der britischen Sonnenfinsternis-Expedition und weitere Experimente zur allgemeinen Relativitätstheorie zur Diskussion zu stellen.[49] Ihre Gegner sollen bei dieser Sitzung zu Wort kommen. Die Generaldebatte zu Einsteins Theorie ist für den 23. September angekündigt.

Der morgendliche Andrang ist riesig: Kongressteilnehmer, Schaulustige, Pressevertreter. Die Mitglieder der Physikalischen und Mathematischen Gesellschaften haben Vortritt, dann erst wird der Eingang für weitere Besucher geöffnet.[50] Statt Parallelvorträgen zur Röntgentherapie und anderen Themen zu folgen, stehen auch Ärzte und Biologen Schlange. Wenn er in Sachen Relativität auf Reisen ist, füllt Einstein ganze Theatersäle. Nun, da in den Reihen der Wissenschaft zum Angriff gegen seine Theorie geblasen wird, ist das Interesse noch größer. Wird er nach seinem beispiellosen Aufstieg einen ebenso rasanten Fall erleben?

Etliche warten vergeblich auf Einlass. Wie vorauszusehen gewesen sei, habe sich das an und für sich große Badehaus 8 als zu klein erwiesen, moniert die *Deutsche Allgemeine Zeitung*.[51] Rasch füllt sich der Saal bis in die hintersten Ecken. Die Galerie quillt über vor Menschen.

Das Symposium beginnt um Punkt 9 Uhr mit einer Reihe von Fachvorträgen. Planck erteilt nacheinander vier Physikern das Wort, die ihre Kompetenz auf diesem Gebiet unter Beweis gestellt haben. Lenard sitzt wie Einstein unter den Zuhörern.

»Es hagelt Differentiale, Koordinateninvarianz, elementare Wirkungsquanten«, hält ein Reporter des *Berliner Tageblatts* fest. »Gespannt lauschen die Fachleute. Einstein seelenruhig … Dem Laien aber graut es. Einzelne verlassen den Saal, die meisten aber harren in der Schwüle tapfer der Dinge, die da kommen sollen. Und sie werden nicht betrogen.«[52]

Beim letzten Vortrag vor der allseits mit Spannung erwarteten Debatte kann das Auditorium ein wenig durchatmen. Raus aus der Formelwelt, hin zur kontrollierten Beobachtung. Hin zu Experimenten, die eindrucksvoll zeigen, wie Quanten- und Relativitätstheorie über das Licht miteinander verbunden sind.

WAS DAS LICHT DER SONNE VERRÄT

Einstein selbst rief Experimentatoren schon vor Jahren dazu auf, die dunklen Linien im Lichtspektrum der Sonne näher ins Visier zu nehmen, die Forscher vor gut 100 Jahren entdeckt hatten, unter ihnen Joseph Fraunhofer. Der Sohn eines Glasmachers aus dem bayerischen Straubing lernte früh das Schleifen und Polieren von Spiegeln und Glaslinsen, baute Fernrohre für die Landvermessung und andere optische Instrumente.

Fraunhofer unternahm zahlreiche Versuche, die Qualität der Gläser zu verbessern. Mit seinen Präzisionsapparaturen fächerte er in tiefster nächtlicher Dunkelheit das Licht von Kerzenlampen auf. Inmitten des Spektrums zeigten sich helle Linien. Ein Doppel-Streif im gelben Farbbereich war so markant, dass Fraunhofers Aufmerksamkeit sofort geweckt wurde, als er ihn im Sonnenlicht wiederentdeckte.

Auf die Sonne gerichtet, lieferte sein Prismenspektrometer allerdings ein anderes Bild. Im Regenbogenspektrum des Sonnenlichts sah Fraunhofer eine ganze Fülle feiner Linien, nicht hell, sondern dunkel. Manche von ihnen saßen eng beieinander, darunter eine auffällige schwarze Doppellinie im gelben Teil des Farbspektrums. Wie sich bei nachfolgenden Beobachtungen herausstellte, lagen die rätselhaften Linien immer an denselben Stellen. Es handelte sich nicht etwa um Artefakte, sondern um feste Messmarken im Sonnenlicht. Mehr als 350 von ihnen zeichnete Fraunhofer auf.

Erst Jahrzehnte später stellte sich heraus: Die hellen Linien im Schein einer Kerzenflamme und die dunklen Linien des Sonnenlichts entsprechen den Frequenzen, bei denen die Atome eines bestimmten chemischen Elements Licht aussenden oder aufnehmen. Jedes Element hat eine unverwechselbare Signatur. Durch einen entsprechenden Vergleich mit den Lichtspektren von Kerzen oder den Flammen eines Bunsenbrenners konnte man also herausfinden, welche chemischen Elemente die Sonnenatmosphäre enthält. Denn wenn Licht aus dem Sonneninnern nach außen gelangt, absorbieren die in der Sonnenatmosphäre vorhandenen Elemente die entsprechenden Lichtanteile. Daher die schwarzen Linien im Spektrum.

Unsere Sonne ist diesbezüglich kein Einzelfall. Mit derselben Methode kann man grundsätzlich auch die chemische Zusammensetzung des interstellaren Raums oder Lichtjahre entfernter Sterne und Planeten erforschen. Sollten Forscherinnen und Forscher eines Tages einen belebten extrasolaren Planeten ausfindig machen, werden sie vermutlich zuallererst anhand der chemischen Zusammensetzung der Planetenatmosphäre und der zugehörigen Fraunhofer-Linien darauf schließen können.

Außerdem verbinden die mikroskopisch feinen Linien Quanten- und Relativitätstheorie miteinander. Völlig unverrückbar sind die Spektrallinien nämlich nicht. Die Frequenzen des Lichts können sich unter Umständen verschieben, und zwar in ähnlicher Weise wie die Schallfrequenzen eines vorbeifahrenden Feuerwehrautos mit eingeschaltetem Martinshorn: Während sich das Feuerwehrauto nähert und sich wieder entfernt, ändert sich die Tonhöhe. Dass sich auch die Frequenz einer Lichtquelle im Weltall, die auf den Beobachter zukommt oder sich von ihm entfernt, geringfügig ändern kann, folgerte Einstein bereits aus seiner speziellen Relativitätstheorie.

Seine allgemeine Relativitätstheorie ließ eine zusätzliche Verschiebung der Spektrallinien vermuten: Um einem massiven Himmelskörper wie der Sonne zu entkommen, muss das Licht gewissermaßen Arbeit verrichten. Dieser Energieverlust im Gravitationsfeld der Sonne sollte sich dadurch bemerkbar machen, dass sich die Fraunhofer-Linien zum roten Farbbereich des Spektrums hin verschieben.

Bei der Konferenz in Bad Nauheim sprechen die Physiker daher von einer »Rotverschiebung«. Einstein rechnet sie zu den »sichersten Ergebnissen der Theorie«.[53] Nun stellt Leonhard Grebe von der Universität Bonn, der nach dem prognostizierten Effekt gesucht hat, seine Ergebnisse vor.

Grebe schwankt zwischen Zurückhaltung und Euphorie. Der Vergleich ausgewählter Linien des Sonnenspektrums mit Messungen im Labor sei sehr schwierig gewesen, »also einer Bestätigung auf anderem Wege bedürftig«. Eine treffende Beschreibung. Zumal er und andere Physiker von den physikalischen Vorgängen in der Sonnenatmosphäre nur sehr vage Vorstellungen haben. Dennoch zieht Grebe aus seinen Untersuchungen den Schluss, »dass der durch die Einsteinsche Theorie geforderte Gravitationseffekt der Linienverschiebung wirklich vorhanden ist«.[54]

Mit einem Raunen im Auditorium geht die Vortragsreihe zu Ende. »Ein neuer Beweis für die Einstein-Theorie«, wird das *Berliner Tageblatt* tags darauf verkünden.[55] Die fette Schlagzeile spielt Einstein in die Hände. Doch sie kommt viel zu früh. Tatsächlich wird es noch 40 Jahre dauern, ehe amerikanische Physiker auf völlig anderem Weg einen verlässlichen Nachweis der gravitativen Rotverschiebung erbringen werden.

Philipp Lenards kritische Haltung ist also, was die fachliche Seite betrifft, durchaus verständlich. Einsteins Theorie ist bisher kaum geprüft, schlimmer noch: Sie ist beim zeitgenössischen Stand der Technik kaum überprüfbar.

Gegen Mittag eröffnet Planck die allgemeine Debatte über die Relativitätstheorie. »Es kommt Leben in die Menge«, schreibt ein Reporter. »Die zerstreuten Blicke konzentrieren sich jetzt auf die beiden Gegner.«[56] Auf den Schlagabtausch zwischen Lenard und Einstein. Hier Einstein, als der neue »Kopernikus« gefeiert, dort der 17 Jahre ältere Nobelpreisträger, dessen wissenschaftliche Glanzzeit schon eine Weile zurückliegt.

Lenard ist immer noch tief gekränkt. Seit Tagen fordert er über Mittelsmänner eine öffentliche Entschuldigung Einsteins. Der hat zwar vergeblich versucht, mit Lenard zu sprechen, sieht aber keinen Grund dazu, um eines trügerischen Friedens willen vor aller Welt Abbitte zu leisten.

Im Hintergrund versucht Planck, die Wogen zu glätten. Tagtäglich berät er sich mit dem Freiburger Physiker Franz Himstedt, Lenards Fürsprecher in dieser Angelegenheit. Textentwürfe für eine Pressemitteilung gehen hin und her. »Darin wird sehr betont, dass Einstein jetzt meine Zusicherung habe, dass ich mit Weyland in keiner Verbindung sei – was ich als ganz unwahr schroff abweise«, heißt es in Lenards Tagebuch. »Ich sage dazu: Wer mit dieser Rasse sich einlässt und Entgegenkommen zeigt, der ist schon verloren; so ist es immer und zeigt sich auch hier.«[57]

Im völlig überfüllten Badehaus 8 steht er Einstein nun von Angesicht zu Angesicht gegenüber. Die Kulisse behagt ihm nicht. Von Planck als Sitzungsleiter kann er kaum Unterstützung erwarten, unter den Physikern hat er wenig Rückhalt, die Presse, zahlreich zugegen, wird jedes Wort und jede Regung von ihm aufmerksam registrieren.

Einstein ist bei Auftritten auf großer Bühne und im Gespräch mit Journalisten selten um ein Bonmot verlegen. In Bad Nauheim aber fühlt auch er sich unwohl in seiner Rolle, wie er später eingesteht. »Es ist mir ganz unbegreiflich, dass ich mich durch schlechte Gesellschaft so tief in Humorlosigkeit verloren habe.«[58]

Den Medienberichten nach kommen die Kontrahenten schnell zur Sache.

Lenard: »Ich bewege mich nicht in Formeln, sondern in den tatsächlichen Vorgängen im Raume. Das ist die Kluft zwischen Einstein und mir. Gegen seine spezielle Relativitätstheorie habe ich gar nichts. Aber seine Gravitationslehre? Wenn ein fahrender Zug bremst, so tritt doch die Wirkung tatsächlich nur im Zug auf, nicht draußen, wo alle Kirchtürme stehen bleiben.«

Einstein: »Die Erscheinungen im Zuge sind die Wirkungen eines Gravitationsfeldes, das induziert ist durch die Gesamtheit der näheren und ferneren Massen.«

Lenard: »Ein solches Gravitationsfeld müsste doch auch anderweitig noch Vorgänge hervorrufen, wenn ich mir sein Vorhandensein anschaulich machen will.«

Einstein: »Was der Mensch als anschaulich betrachtet, ist großen Veränderungen unterworfen, ist eine Funktion der Zeit. Ein Zeitgenosse Galileis hätte dessen Mechanik auch für sehr unanschaulich erklärt. Diese anschaulichen Vorstellungen haben ihre Lücken, genau wie der viel zitierte ›gesunde Menschenverstand‹.«[59]

Lenard gelingt es, seine Wut im Zaum zu halten. Er bringt gute Argumente vor und bleibt sachlich. Wie ein Journalist des *Berliner Tageblatts* berichtet, dem wir an dieser Stelle folgen, geht es zu wie bei einem Turnier: »Lenard lässt nicht locker, aber Einstein pariert vorzüglich.«[60]

Schließlich entdeckt derselbe Reporter im Saal einen Überraschungsgast: »Hinter mir steht Weyland, der Berliner Einstein-Töter. Auf dem Boden dieser wissenschaftlichen Versammlung hält er sich im Hintergrunde der Ereignisse und gibt sein Interesse nur durch nervöses Schütteln der Mähne und leise Beifallsrufe bei Lenards Worten zu erkennen.«[61]

PLANCK ALS SCHLICHTER

Zwischendurch melden sich Dritte zu Wort, etwa der ungarische Physiker und Erkenntnistheoretiker Melchior Palagyi: »Herr Einstein sagt, dass es kein ausgezeichnetes Koordinatensystem gibt. Es gibt eins. Lassen Sie mich biologisch denken. Dann trägt jeder Mensch sein Koordinatensystem in sich.« In der Verfolgung dieses Gedankens sei eine Widerlegung der Relativitätstheorie enthalten.[62]

Planck mag ihm nicht folgen. Er ist darum bemüht, die Debatte auf dem Niveau einer Fachdiskussion zu halten. Allzu viele Einwürfe von außen lässt er nicht zu.

Trotzdem kommt das Publikum auf seine Kosten. Ein Berichterstatter der *Vossischen Zeitung* fühlt sich erinnert an die »Wettkämpfe mittelalterlicher Gelehrter«. Lenard habe zum Schluss festgestellt, dass keiner den anderen habe überzeugen können. Es handele sich wohl um den unüberbrückbaren Gegensatz zwischen experimentellen und mathematischen Physikern. »Von anderen Physikern wurde das Vorhandensein eines solches Gegensatzes lebhaft bestritten«, heißt es weiter in dem Zeitungsbericht. »Der mathematische Physiker fasse vielmehr die Erscheinungen, die der Experimentalphysiker erforsche, unter einheitlichen Gesichtspunkten zusammen.«[63]

Planck beendet das Streitgespräch schließlich mit einem Seufzer der Erleichterung: »Da die Relativitätstheorie es leider noch nicht zustande gebracht hat, die für die Sitzung zur Verfügung stehende Zeit von 9 bis 1 Uhr zu verlängern, muss die Sitzung vertagt werden.«[64] Er ist froh, die Debatte ohne Zwischenfälle hinter sich gebracht zu haben.

Kein öffentliches Aufsehen erregen, nicht noch mehr Öl ins Feuer gießen, die Gemüter besänftigen – in diesem Sinne schließt Planck auch die Diskussion hinter den Kulissen ab. Zusammen mit Himstedt tüftelt er einen Kompromiss aus und gibt ein kurzes Statement an die Presse, die seit Wochen über die Anti-Einstein-Kampagne berichtet:

»Bei Gelegenheit der jüngsten Tagung der Naturforscherversammlung in Bad Nauheim konnten wir feststellen, dass Herr Lenard ohne sein

Zutun auf die Rednerliste gekommen ist. Aufgrund dieser Tatsache hat uns Herr Einstein ermächtigt, sein lebhaftes Bedauern auszusprechen, dass er die in seinem Artikel enthaltenen Vorwürfe auch gegen den von ihm hochgeschätzten Kollegen Herrn Lenard gerichtet hat.«[65]

Einer meldet sich umgehend wieder zu Wort: der »Einstein-Töter«. Kaum ist die Tagung zu Ende, schimpft Weyland in der Presse über die »Erdrosselung der Einstein-Gegner«. Man habe sie in Bad Nauheim mundtot gemacht. »Es wird wohl höchste Zeit …, dass in dieses Rattennest wissenschaftlicher Korruption einmal frische Luft kommt.«[66]

Weyland spuckt große Töne, Lenard wartet ab. Von dem Augenblick an, da die politischen Verhältnisse es erlauben, wird auch er Einstein öffentlich angreifen und Juden radikal ausgrenzen. Diese Zeit ist noch nicht gekommen. Von Wilhelm Wien, der in Bad Nauheim zum neuen Vorsitzenden der Deutschen Physikalischen Gesellschaft gewählt wird, bekam er schon vor der Tagung zu hören: »Ich halte auch dafür, dass der semitische Einfluss eingedämmt wird, aber ohne den Spektakelantisemitismus, bei dem nichts Positives herauskommt.«[67]

Wien hielt Weyland von Anfang an für einen gefährlichen »Heißsporn«.[68] Dagegen hatte Lenard dem unbekannten Agitator die nötigen Kontakte in Physikerkreisen verschafft. Nun rückt er wie andere von Weyland ab, und die »Arbeitsgemeinschaft deutscher Naturforscher zur Erhaltung reiner Wissenschaft« endet, wie sie begonnen hat: als Ein-Mann-Unternehmen. Nach nur zwei Veranstaltungen verläuft die groß beworbene Vortragsreihe in der Berliner Philharmonie im Sande.

Weyland aber wird Einstein noch bis nach Amerika verfolgen. Im Jahr 1953, während der Kommunistenverfolgung in der McCarthy-Ära, wird er ihn beim FBI denunzieren: Einstein habe das deutsche Volk nach dem Krieg in die Anarchie führen wollen und schon 1920 öffentlich erklärt, Kommunist zu sein.[69]

»WAS, SO JUNG UND SCHON UNBEKANNT?«

Jena, September 1921: Nachtzug, Jugendherberge und dann im Anzug zu den Vorträgen: Bei seiner ersten großen Fachkonferenz sieht man den 19-jährigen Studenten Werner Heisenberg selten allein. Sein Begleiter: der anderthalb Jahre ältere Wolfgang Pauli, der in Physikerkreisen bereits von sich reden macht

1921 führt die große Sommerwanderung der »Gruppe Heisenberg« von Würzburg über Eisenach bis hinauf zum Kyffhäuser am Rand des Harzgebirges und dann über Jena zurück nach Bamberg: Wochen, in denen Werner Heisenberg zu Gewaltmärschen und Klettertouren aufbricht, in Höhlen hinabsteigt und in Seen badet, jodelt, singt und aquarelliert, unter freiem Himmel schläft oder in einer Scheune, wenn ihnen ein Bauer gegen ein wenig Arbeit auf dem Hof Unterschlupf und vielleicht sogar ein Frühstück gewährt.[1]

Den regelmäßigen Wanderungen mit seinen Kameraden verdankt Heisenberg »die schönsten Tage«.[2] Ob in den Ferien oder an freien Wochenenden – wann immer es ihm möglich ist, lässt er die Großstadt München hinter sich und zieht mit ihnen in die nahe gelegenen Alpen oder zu längeren Touren in die Ferne. Diesmal sind sie gut einen Monat mit Karten und Kompass, Zelten und Kochgeschirr auf Achse. Erst Mitte August trennen sich die Wege der »Jung Bayern« wieder, und ihr Anführer zieht sich zurück in eine Welt, die er eben erst zu erkunden begonnen hat: einen Mikrokosmos voller Elektronen, deren Quantensprünge wie Sternschnuppen in seinem Denken aufblitzen.

Einen Monat später ist Heisenberg abermals unterwegs nach Jena, diesmal nicht als Pfadfinder, sondern als Physikstudent, nicht zu Fuß, sondern mit dem Zug. Die Nacht verbringt er nicht im Freien, sondern im Wartesaal eines Bahnhofs: fünfeinhalb Stunden Aufenthalt in Saalfeld! Verzweifelt versucht er, ein wenig zu schlafen. Weiterfahrt um 4 Uhr 35.[3]

Früh am Morgen dann die Ankunft in der thüringischen Universitätsstadt. Heisenberg quartiert sich in der Jugendherberge ein, einem Haus der besseren Kategorie mit richtigen Betten anstelle von Strohsäcken, wirft sich in einen anständigen Anzug und begibt sich schnurstracks zum Volkshaus. Pünktlich um 9 Uhr sitzt er unter Hunderten Zuhörern.[4]

Es ist seine erste Teilnahme an einer großen Fachkonferenz. Und wie die zahlreichen Briefe verraten, die der 19-Jährige in diesen Tagen von Jena aus an seine Eltern verschickt, spürt er seine geistigen Kräfte vom ersten Vortrag an. Denn der Deutsche Physikertag beginnt mit der allgemeinen Relativitätstheorie, die ihm neben der Quantentheorie besonders am Herzen liegt.[5]

IMMER GLÄNZEN

Heisenberg ist in einem akademischen Elternhaus aufgewachsen. Als Schüler eines humanistischen Gymnasiums lernte er eifrig Latein und Griechisch, las die Klassiker und studierte Geschichte. Warum hat ihn ausgerechnet ein Faible für die theoretische Physik erfasst?

Zarte Anfänge mögen in seiner frühen Liebe zu den Zahlen liegen. Sein Mathematiklehrer am Maximiliansgymnasium in München legte dem pfiffigen Schüler immer wieder besondere Rechenaufgaben vor, sodass ihm die Welt der Zahlen wie etwas Wunderbares erschien.

»Es machte mir Freude, ihre Eigenschaften zu kennen, z. B. zu wissen, ob sie Primzahlen seien oder nicht, und zu probieren, ob sie vielleicht als Summen von Quadratzahlen dargestellt werden können, oder schließlich zu beweisen, dass es unendlich viele Primzahlen geben muss«, wird sich Heisenberg dereinst erinnern. Der Eindruck von etwas sehr Schönem sei ganz direkt gewesen und habe keiner weiteren Begründung bedurft.[6]

Rektor des Maximiliansgymnasiums war Nikolaus Wecklein, der

Großvater mütterlicherseits, weshalb Werner Heisenberg und sein anderthalb Jahre älterer Bruder Erwin unter besonderer Aufsicht standen. Ihre Mutter Annie wachte über ihr Betragen und die Hausaufgaben. Entschiedener griff der autoritäre Vater in ihre schulische und universitäre Ausbildung ein.

Als Sohn eines Schlossers hatte sich August Heisenberg über den Schuldienst und eine Fülle von wissenschaftlichen Publikationen zum Universitätsprofessor hochgearbeitet. In München bekleidete er den Lehrstuhl für Byzantinistik.

Professor Heisenberg legte großen Wert auf die Bildung seiner Kinder, die er durch Lernspiele förderte. Zum Beispiel tischte er Werner gerne die Mathematikaufgaben des älteren Bruders auf, um dann zu sehen, wer von beiden die Lösung schneller finden würde.[7] Beinahe täglich musizierte er mit seinen Söhnen. Der ältere begleitete seinen Gesang auf dem Cello, der jüngere auf dem Klavier.

Werner wollte als Schüler »immer glänzen« und der Beste sein, wie ihm die Lehrer in seinen Zeugnissen bescheinigten.[8] Als Kinder trugen er und sein Bruder teils erbitterte Kämpfe aus.[9] Die Rivalität zwischen den Brüdern hatte zur Folge, dass Erwin und Werner früh getrennte Wege gingen. Im gemeinsamen Musizieren fanden sie jedoch immer wieder zusammen.

Und im Schachspiel. Im letzten Kriegsjahr war Werner 16 Jahre alt und für das Militär noch zu jung. Da das Schulgebäude zur militärischen Einrichtung umfunktioniert worden war, fiel der Unterricht häufig aus. Zwischendurch arbeitete er monatelang auf einem Bauernhof in Oberbayern: Holz hacken, Erde schaufeln, Heu ernten. In der Freizeit spielte er Klavier und Fernschach, tauschte mit seinem Bruder Erwin, der nun bei der Armee war, Schachzug um Schachzug über die Feldpost aus.[10]

Als später in München der Bürgerkrieg tobte, waren er und andere Gymnasiasten vom »Wehrkraftverein« zur Stelle, um sich als Freiwillige im Kavallerie-Schützen-Kommando 11 »am Kampf gegen die Räte-Republik« zu beteiligen.[11] Die beiden Jahre 1918 und 1919 hätten für seine menschliche Entwicklung ungeheuer viel bedeutet, heißt es in seiner

Der Schüler Werner Heisenberg mit seinem älteren Bruder Erwin und seinen Eltern gegen Ende des Ersten Weltkriegs.

ersten Selbstbiografie, die Werner Heisenberg als 31-Jähriger schreiben wird. Mit Begeisterung sei er danach in die Jugendbewegung eingetreten und habe als Pfadfinder an der Entwicklung des bündischen Lebens teilgenommen.[12]

Bei alldem verkümmerte seine Neugier nicht. Nachdem er seinen mathematischen Verstand an Fragen der Zahlentheorie geschärft hatte, eignete er sich auch in der Physik, die im schulischen Lehrplan weit hinten rangierte, Kenntnisse an, die über den Unterrichtsstoff hinausgingen. So kam er zu Einsteins Büchlein *Über die spezielle und allgemeine Relativitätstheorie. Gemeinverständlich*, das nach Kriegsende plötzlich in aller Munde war.[13] Allein in seinem letzten Schuljahr ließ der Vieweg Verlag fast monatlich eine neue Auflage drucken und brachte einzig aufgrund des Papiermangels »nur« 45 500 Exemplare auf den Markt.[14]

Einstein hatte die Mathematik in diesem Werk außen vor gelassen. Dem mathematikbegeisterten Schüler des Maxgymnasiums gefiel das gar nicht. Sich ohne diesen Leitfaden in die physikalischen Zusammenhänge hineinzudenken, zu begreifen, warum der Begriff der Gleichzeitigkeit mit einem Mal problematisch geworden war, sei ihm »außerordentlich schwer« gefallen.[15]

UNTER EINSTEINKENNERN

Doch zurück nach Jena: Dort führt der Nobelpreisträger Max von Laue in seinem Eröffnungsvortrag aus, dass Einsteins Theorie auf wenigen Prinzipien fußt, die von Anfang an dazu gedacht waren, bereits bestehende physikalische Konzepte zu verallgemeinern. Heisenberg ist fasziniert von den Verflechtungen von Raum, Zeit und Materie. Während Niels Bohr mit seinem Atommodell bislang lediglich eine Richtung vorgegeben hat, in die zu denken sich lohnt, erscheint ihm die allgemeine Relativitätstheorie frei von inneren Widersprüchen, mathematisch elegant und in sich geschlossen.[16] Alles wie aus einem Guss.

In seinen beiden ersten Semestern an der Münchener Universität hat sich Heisenberg vorrangig mit dem Bau der Atome beschäftigt. Er sieht sich umringt von einer Fülle von Experimenten, die, mikroskopischen Fenstern gleich, Einblicke ins Innerste der Elemente versprechen. Doch was sich den Forscherinnen und Forschern da zeigt, ist schwer zu deuten. Eine große übergeordnete Theorie zeichnet sich bisher nicht ab. Einstein dagegen hatte kaum Beobachtungsdaten aus Laboratorien oder Sternwarten benötigt, um eine solche Synthese zu schaffen.

Über die Wunder der relativistischen Physik spricht Heisenberg am liebsten mit Wolfgang Pauli. In ihm hat er einen Begleiter gefunden, der sich in Einsteins Gedankenwelt erstaunlich frei bewegt. Der anderthalb Jahre ältere Kommilitone wuchs in Wien auf. Seine Mutter, eine engagierte Journalistin und Frauenrechtlerin, gab ihre Wortgewandtheit und Schlagfertigkeit an den Sohn weiter.[17] Sein Vater ist Professor an der Universität Wien und ausgewiesener Experte für die Chemie der Proteine. Durch ihn und durch seinen Patenonkel, den Physiker und Philosophen

Ernst Mach, kam Wolfgang Pauli früh mit der zeitgenössischen Forschung in Berührung.

Noch ehe er sich an der Universität München immatrikulierte, hatte er bereits eine Arbeit zu Einsteins Gravitationsphysik veröffentlicht. Beeindruckt von dieser Leistung, trat Paulis viel beschäftigter Münchener Professor Arnold Sommerfeld die ehrenvolle Aufgabe an ihn ab, einen Beitrag zur Relativitätstheorie für die *Enzyklopädie der mathematischen Wissenschaften* zu schreiben. Aus dem Überblicksartikel ist ein Buch von außergewöhnlicher Gründlichkeit und Tiefe hervorgegangen. Kein Geringerer als Einstein selbst greift schließlich zur Feder, um eine Rezension zu Paulis 230 Seiten dickem Elaborat zu schreiben:

»Wer dieses reife und groß angelegte Werk studiert, möchte nicht glauben, dass der Verfasser ein Mann von einundzwanzig Jahren ist.« Er wisse nicht, was er am meisten bewundern solle, das psychologische Verständnis für die Ideenentwicklung, die Sicherheit der mathematischen Deduktion, den tiefen physikalischen Blick, das Vermögen übersichtlicher systematischer Darstellung, die sachliche Vollständigkeit oder die Sicherheit der Kritik.[18] Viel des Lobes für den mehr als selbstbewussten Studenten.

Im Unterschied zu Pauli wollte Heisenberg zunächst Mathematik studieren. Nachdem er seine Abiturprüfung im Sommer 1920 mit Bravour bestanden hatte, stellte er sich an der Universität München bei Ferdinand Lindemann vor. Der betagte Mathematikprofessor, der einst den kniffligen Beweis erbracht hatte, dass Pi eine transzendente Zahl ist, und der sich seit Kurzem Ritter von Lindemann nannte, fragte ihn, welche Bücher er zuletzt gelesen habe. Als Heisenberg Hermann Weyls anspruchsvolles Buch über die Relativitätstheorie *Raum-Zeit-Materie* nannte, bekam er zu hören, dann sei er für die Mathematik sowieso schon verdorben.[19]

Wohlwollender empfing ihn kurze Zeit später der eine Generation jüngere Physikprofessor. Arnold Sommerfeld war mit August Heisenberg gut bekannt, der auch dieses Treffen für seinen Sohn arrangiert hatte. Sommerfeld wusste es zu schätzen, dass sich junge Leute für alles interessierten, was mit Einstein und dessen Werk zusammenhing.

Da er gelegentlich Briefe von dem weltberühmten Physiker bekam, las er im Seminar daraus vor. Und obschon das Seminar eigentlich fortgeschrittenen Physikstudenten vorbehalten war, durfte der ambitionierte Heisenberg von Beginn an daran teilnehmen. Auf diese Weise wurde er im Eiltempo an Sommerfelds Spezialgebiet herangeführt: die Atom- und Quantentheorie.

GENIE UND DUMMKOPF

Eine Physikertagung stellt andere Anforderungen an einen Studienanfänger als ein Seminar. Die Plenarvorträge der Redner, die am ersten Konferenztag in Jena nach Max von Laue das Wort ergreifen, umspannen viele Gebiete der Physik. Nicht leicht, ihnen zu folgen. Denn ob sie über das Mehrfachtelegrafieren auf Leitungen mit hochfrequenten Strömen oder über andere Themen sprechen, stets setzen sie die Grundlagen ihres Fachgebiets als allgemein bekannt voraus.[20] Ein Auftrumpfen physikalischer Begriffe.

Heisenberg muss einsehen, dass das volle Tagungspensum von niemandem zu bewältigen ist. Jeder pickt sich ein paar Rosinen aus dem Programm heraus. Wie seiner Korrespondenz zu entnehmen ist, steigen er und Pauli am Nachmittag »nach dem 9. Vortrag« aus, um sich mit anderen Physikern zu unterhalten.[21]

Die beiden Professorensöhne bilden ein seltsames Paar: Pauli dunkelhaarig, mit blassem Teint, ein wenig behäbig, sein Gegenüber blond, sonnengebräunt und drahtig. Der naturverbundene Heisenberg findet sich morgens beizeiten im Hörsaal ein, Pauli bevorzugt die Nachtarbeit und das Nachtleben und bleibt entsprechend lange im Bett. Was er dann, mitunter noch etwas zerzaust, zum Besten gibt, zeugt freilich von großer Kennerschaft.

Wenn Sommerfeld eine aktuelle Studie aus einer Fachzeitschrift mit ins Seminar bringt, legt er sie am liebsten ihm vor und fragt ihn zuerst, was er davon hält. Dann dauert es in der Regel nicht lange, bis Pauli ein paar Berechnungen an die Tafel wirft. Die anderen Studenten unterbrechen ihn mit Fragen, rasch kommt eine Diskussion in Gang. »Auf diese Weise versuchten wir, uns gemeinsam eine Meinung zu den neusten Entwicklungen zu bilden«, wird sich Heisenberg später erinnern.[22]

Pauli hat etwas Genialisches. An seinen mitunter spöttischen Ton hat sich Heisenberg schnell gewöhnt. Man kann sich ungefähr ausmalen, wie der 21-jährige Pauli, der schon auf eine Reihe von Publikationen verweisen kann, einen Frischling wie Heisenberg gelegentlich aufzieht: »Was, so jung und schon unbekannt?«[23]

Heisenberg mangelt es nicht an Anerkennung. Mag ihn der scharfzüngige, aber stets hilfsbereite Kommilitone auch noch so oft als »völligen Dummkopf« bezeichnen – Heisenberg geht ein ums andere Mal mit Fragen auf ihn zu.[24] Denn so viel ist sicher: Von Gesprächen mit Pauli kann er nur profitieren. Auf eine solche Herausforderung scheint er geradezu gewartet zu haben.

ATOME IM MAGNETFELD

In Jena versteckt sich Heisenberg keinesfalls. Schließlich hat auch er nach lediglich zwei Semestern Physik eigene Forschungsergebnisse vorzuweisen. Kaum hatte ihn Sommerfeld ins Seminar aufgenommen, konfrontierte ihn der Professor mit einer Frage, die im Rahmen der bisherigen Theorie unbeantwortet geblieben war: Wie beeinflusst ein äußeres Magnetfeld die Ordnung der Elektronen im Atom? Welche Quantensprünge sind unter solchen Bedingungen möglich? Welches Licht senden die Atome nun aus?

Der niederländische Physiker Pieter Zeeman hatte vor der Jahrhundertwende damit begonnen, Gasatome dem Feld eines starken Elektromagneten auszusetzen und das von ihnen emittierte Licht zu beobachten. Zunächst hatte Zeeman die auffälligen gelben Spektrallinien des Natriumdampfs ins Visier genommen und sie im Magnetfeld seltsam verbreitert gesehen. Bei noch präziseren Messungen hatte er dann festgestellt, wie sich die feinen blaugrünen Cadmium-Linien in mehrere Striche aufspalteten. Tastende Vorstöße in ein neues Experimentierfeld. Wenig später war bereits von Zerlegungen der Spektrallinien in zwei oder drei Komponenten die Rede.

Auf den ersten Blick scheint es sich bei solchen Aufspaltungen, dem »Zeeman-Effekt«, um eine jener Spitzfindigkeiten zu handeln, die nur für Fachleute von Interesse sind. Doch Heisenbergs Forschergeist entzündete sich an einem physikalischen Phänomen von ungeahnter Bedeutung. Im weiteren Verlauf des 20. und 21. Jahrhunderts sollten nicht nur Physiker, sondern auch Ärzte ständig von Magnetfeldern und ihrer Wirkung auf Atome und Moleküle Gebrauch machen. Diagnostische Verfahren wie die Elektronenspinresonanz, die Kernspinresonanz oder die Magnetresonanztomografie beruhen darauf.

Heisenbergs Professor versprach sich viel von einer mathematischen Analyse der Beobachtungsdaten. »Die komplizierten Zeemanzerlegungen sind so mannigfach und dabei so gesetzmäßig, dass man von ihnen die tiefsten Aufschlüsse über den Atombau erwarten darf«, heißt es in Sommerfelds 1921 neu aufgelegtem Standardwerk *Atombau und Spektrallinien.*[25] Ohne allen Zweifel sei darin das verborgene Wirken neuer Quantengesetze zu erkennen.

Heisenberg hat sich dazu seine Gedanken gemacht. Und mit Paulis Unterstützung macht er unter den Konferenzteilnehmern in Jena diejenigen ausfindig, die sich besonders dafür interessieren. Ihre ersten Unterredungen führen sie mit Alfred Landé aus Frankfurt, einem ehemaligen Doktoranden Sommerfelds.

Landé ist inzwischen Dozent in Frankfurt. Um seine quantenphysikalischen Kenntnisse zu vertiefen, verbrachte er im Herbst 1920 einige Zeit bei Niels Bohr in Kopenhagen. Von dort kehrte er beflügelt zurück, ließ sich von Experimentalphysikern in Tübingen über die neuesten Messwerte zum »Zeeman-Effekt« informieren und wechselte in den Folgemonaten zahlreiche Briefe mit Bohr, Sommerfeld und anderen über seine Fortschritte bei der Deutung dieser Befunde.[26] »Bravo, Sie können hexen!«, applaudierte ihm Sommerfeld im Februar 1921.[27]

Im Zuge dieses Gedankenaustauschs legte Sommerfeld auch seinem neuen Studenten einige Beobachtungsdaten zur Auswertung vor. Heisenberg durfte sich ebenfalls an einer Erklärung des »Zeeman-Effekts« versuchen. Und noch vor Ende seines ersten Semesters lieferte er eine erste Kostprobe seines Könnens ab.

Sein feines mathematisches Sensorium und sein Vermögen, vieles zusammenzudenken, hatten ihn auf eine verheißungsvolle Spur gebracht. Auch ihm war es geglückt, die Aufspaltungen der Spektrallinien im äußeren Magnetfeld in Formeln zu fassen. Nachdem Sommerfeld im Laufe des Monats März weitere Resultate von Landé erhalten hatte, kam er erstmals auf Heisenbergs Arbeit zu sprechen:[28] »Ihre neue Darstellung deckt sich mit dem, was ein Schüler von mir (1. Sem.) gefunden hat, was aber nicht veröffentlicht worden ist.«[29]

In Jena ergreift Heisenberg sofort die Gelegenheit zu einer Aussprache mit Landé. Alles sei glänzend, sehr interessant, schreibt er im ersten Brief an die Eltern. »Und eben habe ich in der Diskussion mit Landé und Pauli einen vollen Sieg auf der ganzen Linie gewonnen. Schöner hätte ich mir's gar nicht wünschen können.«[30]

Als besessener Schachspieler denkt der junge Heisenberg auch in der Forschung in den Kategorien von Sieg und Niederlage. Er betrachtet die Wissenschaft als intellektuellen Wettstreit. Der Disput mit Landé und Pauli habe schon eine ganze Stunde gedauert, als Sommerfeld hinzugetreten sei, in der Hand einen Brief mit neuen experimentellen Daten aus Tübingen. »Und der brachte die volle Entscheidung zu meinen Gunsten.«[31]

Außer Einstein seien in Jena sämtliche Größen versammelt, teilt Heisenberg den Eltern mit: »Planck, Lenard, Debye, Born, Wien, Sommerfeld, Bohr (d.h. der Bruder des bekannten B.) …«.[32] Die Liste ist lang.

Dass Heisenberg Planck zuerst nennt, überrascht nicht. Denn in der Reihe ehemaliger Absolventen des Maximiliansgymnasiums in München rangiert Planck ebenfalls ganz oben. Der Wegbereiter der Quantentheorie hat dieselbe Schule besucht wie er – allerdings von 1867 bis 1874! Planck ist älter als das Fahrrad, das Telefon oder die elektrische Glühbirne, mit denen Heisenberg groß geworden ist.

Wie der junge Heisenberg kommt Planck aus einem konservativen, akademischen Elternhaus. Beide haben eine humanistische Bildung genossen, sind mit der Musik aufgewachsen, die sie über alles lieben, und spielen ausgezeichnet Klavier. Ihre Lebenswege hätten sich nicht nur im physikalischen Hörsaal, sondern auch im Konzertsaal oder bei alpinen Bergtouren kreuzen können.

Ungeachtet seiner Münchener Schul- und Studienjahre ist Planck tief in preußischen Traditionen verankert. Seine protestantische Staatsfrömmigkeit hat ähnliche familiäre Wurzeln wie Heisenbergs jugendlicher Konservatismus. Auch Plancks Eltern waren als »Nordlichter« nach Bayern gekommen und hatten die Überzeugung mitgebracht, dass eine nationale Einheit unter preußischer Führung das Beste für Deutschland sei.

Gegen Ende seiner Schulzeit liebäugelte Planck ebenfalls eine Weile damit, sich der reinen Mathematik zuzuwenden. Zumal ihm ein hochrangiger Physikprofessor vom Studium der Physik abriet: In diesem Fach sei doch inzwischen alles erforscht, es gebe allenfalls noch ein paar kleine Lücken zu füllen.[33]

Planck fand ein paar kleine Lücken. Mit seinen winzigen Wirkungsquanten brachte er das scheinbar für die Ewigkeit gebaute Haus der klassischen Physik derart ins Wanken, dass sich fast das halbe Tagungsprogramm in Jena auf Plancks Arbeiten zurückführen lässt. Bei der Physikertagung wird selbst die experimentelle Prüfung der Planck'schen

Strahlungsformel noch einmal ausführlich erörtert. Heisenberg kann sich ein Bild davon machen, welchen Aufwand man noch 20 Jahre nach der Entdeckung der Strahlungsformel betreibt, um ihre Gültigkeit bei allen irgend erreichbaren Temperaturen zu testen: von glühenden 1400 Grad Celsius bis hinunter zu minus 200 Grad, bei denen sich Luft verflüssigt.[34]

Was Planck zur Jahrhundertwende herausfand, gehört für Heisenberg bereits zum festen Bestand der Wissenschaft. Der Funke ist nicht von Plancks Durchbrüchen auf den Studenten übergesprungen. Am Anfang seiner Physikbegeisterung stand vielmehr das Staunen über die epochemachenden Erkenntnisse Einsteins.

Planck hat sich dieses Staunen-Können bis ins Alter hinein bewahrt. Auf Außenstehende wirkt der 63-jährige Geheimrat wie ein Denkbeamter, der das Wissen einer ganzen Disziplin verwaltet. Und doch hat die Leidenschaft, mit der er sich unbeantworteten Fragen der Physik zuwendet, kaum nachgelassen.

Jüngere Physikerinnen und Physiker, die ihren eigenen Namen gerne einmal in einer renommierten Fachzeitschrift lesen würden, kennen ihn als Mitherausgeber der *Annalen der Physik*. Seit nunmehr 15 Jahren beugt sich Planck als Gutachter über die Werke anderer. Zusammen mit dem Experimentator Wilhelm Wien entscheidet er darüber, was wann in welchem Heft veröffentlicht wird.

Planck hat sich als neugieriger Skeptiker für diese Tätigkeit qualifiziert. Er ist, mit Einstein gesprochen, stets willens und fähig, ihm »fern liegende Überzeugungen aufzunehmen und zu würdigen«.[35] Sein Credo: Ohne neue Ideen kommt die Forschung nicht voran. Bei der Beurteilung eingereichter Arbeiten drückt Planck lieber hier und da ein Auge zu, als diesen Strom versiegen zu lassen. »Ich scheue im Allgemeinen auch viel mehr den Vorwurf der Unterdrückung fremder Meinungen als den zu großer Milde in deren Bewertung.«[36]

SPHÄRENMUSIK DES ATOMS

Heisenbergs Professor zieht am selben Strang. Obschon ihm ein preußischer Ordnungssinn nachgesagt wird, lässt Sommerfeld seinen Studenten viele Freiheiten. Pauli nennt ihn den »Husarenoberst«, weiß es aber sehr zu schätzen, dass der Professor sein morgendliches Zuspätkommen irgendwann tolerierte. In Paulis Lebensrhythmus eingreifen zu wollen, hatte sich als gleichermaßen hoffnungsloses wie sinnloses Unterfangen erwiesen.

Heisenberg wird seinen Professor rückblickend als »Geheimrat im alten Stil mit sehr entschiedenen Ansichten zu Moral, Politik und allgemeinem Benehmen« bezeichnen.[37] So hat Sommerfeld das Schachspiel im Institut verboten, weil er es als Zeitverschwendung betrachtet. Wenn seine Studenten Erholung bräuchten, dann sollten sie nicht Schach spielen, sondern zum Skifahren in die Berge gehen. Ihre geistigen Kräfte sollten sie auf die Physik ausrichten.[38] Was bei Sommerfeld nichts anderes bedeutet als Atomphysik.

Der gebürtige Ostpreuße mit dem markanten Schmiss auf der Stirn, den er sich in jungen Jahren als Mitglied der Königsberger Burschenschaft »Germania« zugezogen hatte, musste im August 1914 nicht an die Front. Im Unterschied zu vielen anderen Physikern konnte Sommerfeld seine Forschungen nahezu ungehindert fortsetzen. Dabei konzentrierte er sich auf Bohrs Idee, die unübersichtliche Vielfalt der Spektrallinien auf wohlbestimmte Quantensprünge zurückzuführen, und nahm sich darüber hinaus die Geschichte der Astronomie zu Herzen:

An der Schwelle zum 17. Jahrhundert hatte Johannes Kepler die alten Himmelskreise durch ellipsenförmige Planetenbahnen um die Sonne ersetzt und die kopernikanische Wende auf diese Weise vollendet. Sommerfeld tat es ihm im Mikrokosmos gleich. Die schlichten Kreisbahnen um den Atomkern, die Bohr den Elektronen eingeräumt hatte, verwandelte Sommerfeld in Ellipsenbahnen. Und so wie Kepler 300 Jahre zuvor von einer »Weltharmonie« geschwärmt hatte, begann Sommerfeld, von der »Sphärenmusik des Atoms« zu sprechen.[39]

Kreisförmige Elektronenbahnen lassen sich durch die Abstände der Elektronen vom Zentrum auseinanderhalten und mithin durch eine einzige Zahl charakterisieren. Dagegen haben ellipsenförmige Bahnen eine größere und eine kleinere Halbachse. Es sind zwei Parameter vonnöten, um verschiedene Ellipsenformen voneinander zu unterscheiden. Sommerfeld berücksichtigte noch eine dritte Kenngröße. Denn die ellipsenförmigen Elektronenbahnen liegen nicht zwangsläufig in ein und derselben Ebene. Ihre Bahnebenen können gegeneinander geneigt sein. Die dritte Zahl beziffert daher die Orientierung der Bahnebenen im Raum.

So weit, so gut. Aber Bohrs Atom war ein gequanteltes Planetensystem im Kleinen, sprich: Die Elektronen konnten nur ganz bestimmte Bahnen einnehmen, die Bohr als »stationäre Zustände« bezeichnet hatte. Diese Bahnen galt es auch für Sommerfeld herauszufiltern. Und zwar mithilfe von Zahlen, die ihrerseits nur ganz bestimmte, ganzzahlige Werte haben und die daher auch als Quantenzahlen bezeichnet werden. In Bohrs Atom gab es nur eine solche Quantenzahl, bei Sommerfelds sind es drei. Denn neben der Energie ist auch der Drehimpuls gequantelt, außerdem die bereits erwähnte Orientierung der Bahnebenen.

»Zweifellos gehört diese räumliche Quantelung der Keplerbahnen zu den überraschendsten Ergebnissen der Quantentheorie.« Sie mute fast »wie Zauberei« an, bekennt Sommerfeld.[40] Doch ebendieses »Zahlenmysterium« erlaubt ihm eine differenzierte Beschreibung der beobachteten Spektrallinien, welche auch die Relativitätstheorie berücksichtigt. Sommerfeld kann feine energetische Unterschiede im Spektrum der Atome erklären: ihre Feinstruktur.

Planck war begeistert, als er erstmals davon erfuhr. Im Mai 1916, mitten im Krieg, stellte er Sommerfelds Modell im Physikalischen Kolloquium in Berlin vor. Einstein freundete sich im selben Jahr damit an. »Ihre Spektral-Untersuchungen gehören zu meinen schönsten physikalischen Erlebnissen«, schrieb er nach München. »Durch sie wird Bohrs Idee erst vollends überzeugend. Wenn ich nur wüsste, welche Schräubchen der Herrgott dabei anwendet!«[41]

DER »HUSARENOBERST«

Sommerfeld suchte bereits seit einer ganzen Weile nach »dem Walten verborgener Quantenzahlen und Quantenbeziehungen«, als Heisenberg im Wintersemester 1920 in sein physikalisches Seminar eintrat.[42] Seither spuken Quantenzahlen auch im Kopf des Studenten herum. Allerdings gehen Heisenbergs eigene Rechnungen nur auf, wenn er neben ganzen auch halbe Quantenzahlen zulässt.

Sommerfeld ist ziemlich unwohl bei dem Gedanken an halbe Quantenzahlen. Schließlich sind Quanten die kleinsten, unteilbaren physikalischen Einheiten. Halbe, viertel oder achtel Quanten sollte es schon deshalb nicht geben. Sie stören seinen Sinn für formale Symmetrie und Einfachheit.

Trotzdem, und das zeichnet ihn aus, hält er Heisenberg nicht davon ab, mit ihnen zu rechnen. Sein Student hat sich nicht von Zahlenspielen verführen lassen, sondern tief in die Materie hineingeschaut. Worauf beruht das seltsame Verhalten von Atomen in Magnetfeldern? Worauf wirkt das Feld eines Elektromagneten ein? Wie hat man sich den Aufbau des Atoms vorzustellen?

Statt schlicht zwischen dem Atomkern und den umgebenden Elektronen zu unterscheiden, hat Heisenberg eine andere Trennlinie gezogen: zwischen einem »Rumpfatom«, das aus dem Kern und den inneren Elektronen besteht, und den restlichen äußeren Elektronen. Nach dieser gedanklichen Trennung kann er das insgesamt positiv geladene »Rumpfatom« wie einen kleinen Magneten behandeln. Und dieser Magnet nimmt nur ganz bestimmte Orientierungen im Raum ein.

Es versetzt ihn in Hochstimmung, in Jena ausgiebig mit Landé über sein »Rumpfmodell« sprechen zu können, mal im Beisein des kritischen Pauli, mal beim Spaziergang allein mit dem Dozenten aus Frankfurt, später dann auch beim Gartenfest zusammen mit anderen Physikern. Heisenberg fühlt sich in der Fachwelt angekommen. Nach der Tagung wird er eine ausgedehnte Korrespondenz mit Landé beginnen.[43]

Die besondere Art und Weise, wie ihn Sommerfeld in die Atomtheorie eingeführt hat, erleichtert ihm auch den Zugang zu den Fachvorträgen. Sie spiegeln die gegenwärtige Aufbruchsstimmung in der Quantenphysik wider. Forscher aus Berlin, Wien und Breslau sprechen über die Feinstruktur des Wasserstoffatoms, über Röntgenspektren oder die Einwirkung elektrischer Felder auf die Spektrallinien des Natrium-Dampfs.[44] Von vielem hat Heisenberg schon einmal gehört. Und was er nicht kennt, dazu hat sein Kommilitone vermutlich etwas zu sagen.

Pauli hat sein Studium so rasch wie nur irgend möglich abgeschlossen und mit 21 Jahren bereits den Doktortitel in der Tasche. Die Bestnote Eins in allen Fächern verdankt sich seinen Nachtschichten und einer breiten physikalischen Bildung, von der Heisenberg einstweilen nur träumen kann. Nun sitzt Pauli auf gepackten Koffern. Die Aussicht, in Kürze zu dem Theoretiker Max Born nach Göttingen zu wechseln und die weitere Gestaltung seiner Karriere dank seines Abschlusses mit Summa cum laude selbst in die Hand nehmen zu können, beflügelt ihn.

Heisenberg wird ihn schmerzlich vermissen, die Verbindung zu ihm von nun an brieflich aufrechterhalten und zu Fachkonferenzen in der freudigen Erwartung reisen, Pauli wiederzusehen. In München ist er dabei, in dessen große Fußstapfen zu treten. Sommerfeld schätzt ihn sehr. Heisenberg hat Feuer gefangen, brütet wochenlang über ein und derselben Frage und bringt originelle Ideen in die Atomphysik ein, die er mathematisch auszugestalten vermag.

In Berlin gilt Sommerfelds Institut mittlerweile als »Pflanzstätte« in puncto Quantenphysik. »Was ich an Ihnen besonders bewundere, das ist, dass Sie eine so große Zahl junger Talente wie aus dem Boden gestampft haben«, schreibt Einstein seinem Münchener Kollegen. »Sie müssen eine Gabe haben, die Geister Ihrer Hörer zu veredeln und zu aktivieren.«[45]

Planck spricht nicht weniger anerkennend von der »Sommerfeldschule« und kümmert sich um deren adäquate Unterstützung. Dass die Quantenphysik in den Nachkriegsjahren trotz der finanziellen Notlage aufblüht, dass Heisenberg und andere Münchener Absolventen entsprechend gefördert werden, ist zu einem wesentlichen Teil Plancks Verdienst. Sommerfelds Forschungsanträge werden mitunter auch dann genehmigt, wenn sie den Stiftungszielen nicht ganz entsprechen. »Zwar sind die Mittel ›vorzugsweise für experimentelle Forschungen‹ bestimmt, aber man wird die Sache so darstellen können, dass es sich hier um die Ausarbeitung von experimentellen Forschungen handelt«, schreibt ihm Planck zu Beginn der 1920er-Jahre. »Die Hauptsache tut natürlich Ihr Name.«[46]

Dabei handelt er durchaus nicht uneigennützig. Nach seinem letzten runden Geburtstag hat Planck unmissverständlich zum Ausdruck gebracht, worauf es ihm am Ende seiner wissenschaftlichen Laufbahn ankommt: »Ich möchte nur noch erleben, nach welcher Seite sich die Quantentheorie schließlich auswachsen wird.«[47]

WENN DER BLITZ DES GEDANKENS NIEDERFÄHRT

Heisenberg nimmt den Begründer der Quantenphysik in Jena wohl nur aus der Ferne wahr. Sicherlich hätte er seinen Eltern davon berichtet, wenn er dem Nobelpreisträger, der der Physik in Deutschland seit 25 Jahren seinen Stempel aufdrückt, persönlich vorgestellt worden wäre. Welchen Weg er selbst einmal in der Wissenschaft einschlagen möchte, darüber ist sich Heisenberg nach zwei Semestern Physik noch nicht im Klaren. Er interessiert sich nicht nur für Quanten. Beim ersten Deutschen Physikertag hört er einen ganzen Vormittag lang Vorträge zur Relativitätstheorie.

Offenbar eine ernüchternde Vorstellung. »Es war ganz unglaublich, wie viel Unsinn da produziert worden ist«, echauffiert er sich in einem weiteren Brief an die Eltern. Das Unglück der ganzen Relativitätstheorie bestehe darin, dass sich so viele Leute darum kümmerten, die von den damit verbundenen mathematischen Schwierigkeiten keine Ahnung hätten.[48]

Nach dem »Unsinn« der Vormittagssitzung zur Relativität sind er und Pauli froh, als der von ihnen geschätzte Hermann Weyl am Nachmittag das Wort ergreift. »Das war wundervoll«, schwärmt Heisenberg. »Die Schönheit und Folgerichtigkeit dieser Raummathematik ist unerhört.«[49]

In Weyls Buch hat er gelesen, was einen theoretischen Physiker auszeichnet: Zuallererst müsse man sich ein breites mathematisches Repertoire aneignen und die Formeln wie einen »Holzstoß« aufschichten. »Wenn der Blitz des Gedankens niederfährt, wird er ihn entzünden zu einem Feuer, das ringsum das Land erleuchtet.«[50]

Heisenberg hat gerade erst zu stapeln angefangen. In Jena erlebt er Forscher, die weniger Holz vorrätig haben als er und dennoch Vorträge halten. Wenn sich der Schöpfer der Theorie all das anhören müsste!

»Schade ist, dass Einstein abgesagt hat«, hat er seinen Eltern bereits am ersten Konferenztag geschrieben und sein Bedauern über die Abwesenheit jenes Physikers, dessen Werk er in höchstem Maße bewundert, zwei Tage später wiederholt. »Er kommt aber am 4. November nach München.«[51]

Einstein hat auf die Teilnahme am ersten Deutschen Physikertag verzichtet, weil ihm die Anfeindungen im Vorfeld der letzten großen Naturforscherversammlung und die für ihn so unersprießliche Debatte mit Lenard & Co. noch in den Knochen stecken.[52] Statt durch Deutschland zu touren, hält er sich immer häufiger im Ausland auf. In den USA ist er schon gewesen, hat Vorträge in Princeton gehalten und Spenden für die geplante Hebräische Universität in Jerusalem gesammelt, einen möglichen Zufluchtsort für jüdische Studenten und Wissenschaftler.

Heisenberg hofft darauf, ihn bald in München zu sehen. Doch auch das zerschlägt sich. Unmittelbar nach Ende der Konferenz in Jena erhält Sommerfeld wieder einmal eine Absage von Einstein: Er schreibe mit schwerem Herzen, werde aber den angekündigten Vortrag in München nicht halten.

»Längst schwante mir nichts Gutes, weil ich über die Münchener Studenten-Atmosphäre schon gar vieles gehört habe, was mir nicht gefallen konnte«, schreibt er an Sommerfeld. »Längst schon warnen mich meine Freunde, mich von diesem antisemitisch-reaktionären Wespennest fernzuhalten.« Nun habe er von Gesprächen gehört, die die Leitung der Universität in der Vorahnung möglicher Schwierigkeiten mit Vertretern der Studentenschaft geführt habe. Ein offizieller Besuch in München sei daher nicht am Platze.[53]

AUF WIEDERSEHEN IM HILBERT-RAUM

Göttingen, Juni 1922: Auch Mathematiker wollen in der Quantentheorie mitmischen. Lässt sie sich axiomatisch begründen wie die Relativitätstheorie? Niels Bohr stellt sich zwei Wochen lang allen Fragen. Heisenberg beginnt, von Kopenhagen zu träumen. Doch Pauli zieht das große Los

»Die Physik ist ja für die Physiker viel zu schwer.« [1] Als der große Mathematiker David Hilbert seinen 60. Geburtstag feiert, macht sein Bonmot einmal mehr die Runde. Der Algebraiker, Geometer und Analytiker hat eine neue, verführerische Wissenschaft für sich entdeckt: die Physik.

Das ihm gewidmete Sonderheft der Zeitschrift *Die Naturwissenschaften*, das 1922 anlässlich des Jubiläums erscheint, spricht von seiner »zweiten Jugend«. Mit dem Feuereifer und der rücksichtslosen Anspannung eines jungen Studenten habe sich Hilbert auf die Physik gestürzt. »Hilberts Ziel ist die Axiomatik einer Physik, d. h. die Aufstellung eines Komplexes von Grunderscheinungen, auf den sich alle beobachtbaren physikalischen Tatsachen durch lückenlose mathematische Deduktion zurückführen lassen.« Es sei dies der einzige Weg, zu einem geschlossenen physikalischen Weltbild zu gelangen.[2]

Mitglieder der eigenen Zunft beäugen Hilberts Affäre mit der Physik misstrauisch. Sie befürchten eine Verwässerung mathematischer Methoden. Denn wie sollen sich Naturbeobachtung und -forschung mit strenger Beweisführung und Logik zusammenbringen lassen?

Seit Hilberts Experiment seinen Lauf genommen hat, nehmen dieselben Kolleginnen und Kollegen staunend zur Kenntnis, wie gründlich der Meister die Sache auch diesmal angeht. Hilbert heuert Assistenten an, deren vorrangige Aufgabe darin besteht, ihn mit den jüngsten Entwicklungen in den unterschiedlichen physikalischen Fachbereichen vertraut zu machen. Er drückt ihnen die jeweils neuesten Beiträge aus einschlägigen Fachzeitschriften in die Hand, deren Inhalt sie für ihn zusammenfassen und ihm erläutern sollen – gerne bei einem Spaziergang zum Rohns oder zum Hainberg. Hilbert ist kein Büchermensch. »Er lässt sich lieber erzählen.«[3]

Dank seiner »Physiklehrer«, wie man sie in Göttingen nennt, hat er sich der statistischen Mechanik, der Strahlungs- und Quantentheorie sowie der Relativitätstheorie genähert, Seminare und Vortragsreihen dazu veranstaltet.[4] Ausgiebig debattierte Hilbert etwa mit Einstein über die Grundlagen der allgemeinen Relativitätstheorie. Schließlich lieferte er sich einen regelrechten Wettlauf mit dem Physiker um deren mathematische Ausformulierung.

Die allgemeine Relativitätstheorie hat seine Fantasie beflügelt: das ganze Universum in einer mathematischen Formel! In einer Gleichung, die in eine halbe Zeile passt! Das ist der Stoff, aus dem Hilberts Träume sind.

Auf Vortragsreisen spricht er mit Vorliebe über das Verhältnis von Mathematik und Physik. Als er im Frühjahr 1921 im Festsaal der Kopenhagener Universität die Ehrendoktorwürde entgegennahm, beschritt er den Grat zwischen den beiden Disziplinen mit zauberischer Sicherheit.[5] Aus wenigen elementaren Annahmen leitete er im Handumdrehen die Resultate der allgemeinen Relativitätstheorie her.[6] Einstein hatte Jahre dafür gebraucht.

Was die allgemeine Relativitätstheorie betrifft, war Hilbert spät auf den Zug aufgesprungen. Das soll sich in der Quantentheorie nicht wiederholen. Es ist ihm nicht entgangen, dass die Kreativität in diesem Forschungszweig in alle Richtungen explodiert.

Der Mann mit dem Panamahut wittert Morgenluft. Nach der überaus glücklichen Neubesetzung physikalischer Lehrstühle an der Göttinger Universität mit dem Theoretiker Max Born und dem Experimentalphysiker James Franck hat er für den Sommer 1922 einen zweiwöchigen Vortragszyklus zur Quantenphysik arrangiert. Denn was wäre sein Jubiläumsjahr ohne eine wissenschaftliche Zusammenkunft, die ihn dem Traum von der Axiomatisierung der Physik wieder ein Stück näherbringen würde?

Als Gastredner hat er Niels Bohr gewinnen können, dessen Modellrechnungen einen neuen Blick ins Innere der Atome ermöglicht haben. In Göttingen zirkuliert sein Name schon lange. Man kennt ihn hier vor allem als Bruder des Zahlentheoretikers Harald Bohr.

Die Bohr-Brüder sind unzertrennlich. Harald machte an der Seite seines anderthalb Jahre älteren Bruders Niels in Kindheit und Jugend große Entwicklungssprünge. Niels ließ ihn an all seinen Unternehmungen teilhaben. Als er selbst eingeschult wurde, fiel es ihm schwer, ihn zu Hause zurückzulassen.[7]

Harald war in vielem schneller: im Rechnen, in der Rede, auf dem Sportplatz. Im Herbst 1908 war er mit von der Partie, als die dänische Fußball-Nationalmannschaft bei den Olympischen Spielen in London im Halbfinale sensationell mit 17:1 gegen Frankreich gewann. Mit der olympischen Silbermedaille kehrte der Mathematikstudent nach Kopenhagen zurück und beendete seine Doktorarbeit noch vor Niels.

Die Andersartigkeit eines Bruders kann Wege weisen, dem Unbestimmten in sich selbst Konturen zu geben. Niels und Harald profilierten sich auf diese Weise. Niels nahm sich selbst stets Zeit, die Dinge von verschiedenen Seiten zu betrachten. Beim Fußballspiel stand er im Tor.

Haralds Tempo machte ihm nie zu schaffen. Ihre Brüderlichkeit blieb weitgehend verschont von Eifersucht und Rivalität und war weniger spannungsreich als die Beziehung zwischen Werner Heisenberg und dessen anderthalb Jahre älterem Bruder Erwin. Vom gemeinsamen Musizieren abgesehen, wahren die Heisenberg-Brüder die kühle Distanz zweier Fernschachspieler. Auch als Erwin in Berlin Chemie studiert, kommt es nicht zu einem erkennbaren Austausch über ihre naturwissenschaftlichen Interessen.

Niels und Harald Bohr traten schon während ihres Studiums gemeinsam einem philosophischen Zirkel namens »Ekliptika« bei. Sie folgten dem Beispiel des Vaters, der als Mediziner regelmäßig einen Philologen, einen Philosophen und einen Physiker zum Gespräch zu sich nach Hause einlud. Die wöchentlichen Treffen im Kaffeehaus hatten auf Niels und Harald eine befreiende Wirkung: Sie waren ein Resonanzboden für all jene Fragen, die sie und ihre Kommilitonen umtrieben.

Bei den Debatten war Niels oft kaum zu stoppen, sobald er das Wort ergriffen hatte. Harald unterbrach ihn mit Fragen und Einwürfen und zwang ihn dazu, seine Vorstellungen, die sich oft erst beim Reden entwickelten, zu präzisieren. Das kam Niels insofern entgegen, als er den eigenen Worten misstraute. Er teilte die Sprachskepsis einiger zeitgenössischer Philosophen. Sein Sprechtempo war langsam, seine Stimme so leise, dass man im Kaffeehaus näher zusammenrückte.[8]

Nach längeren Auslandaufenthalten kehrten beide in den Kriegsjahren als Professoren in ihre Heimatstadt Kopenhagen zurück. Trotz Krisenstimmung unterbreitete Niels der Universität den Vorschlag, ein Institut für theoretische Physik mit internationaler Ausrichtung zu gründen. Eine erste Spendenaktion kam schnell ins Rollen. Doch das war nur der Anfang einer aufreibenden Arbeit, die wegen der Detailversessenheit des künftigen Direktors Jahre dauern sollte.

Bei der Einrichtung des Laboratoriums half ihm zuletzt der Experimentalphysiker James Franck, den er seit dem »bonzenfreien Kolloquium« kannte und der soeben nach Göttingen berufen worden war. In Kopenhagen baute Franck jene Versuchsapparatur nach, mit der er in

Berlin den spektakulären Nachweis der von Bohr vorhergesagten stationären Energiezustände des Atoms erbracht hatte. Das Experiment war die Attraktion bei der feierlichen Eröffnung des »Universitetets Institut for teoretisk Fysik« am 3. März 1921.[9] Wenige Tage bevor Hilbert nach Kopenhagen kam, um die Ehrendoktorwürde der Universität entgegenzunehmen, öffnete das Forschungsinstitut die Pforten.

»WIR PLATZEN HIER VOR NEUGIER«

Neben der Institutsgründung hatte Bohr seine Forschungen vorangetrieben. Pünktlich zur Eröffnung trat er mit einer aufsehenerregenden Arbeit an die Fachöffentlichkeit: einem Gang durch das komplette Periodensystem der chemischen Elemente.

Atome streben – wie der Staat Dänemark – nach Neutralität. Von Element zu Element kommen jeweils ein positiv geladener Kernbaustein und ein negativ geladenes Elektron in der Hülle hinzu. Ausgangspunkt Bohrs war das leichteste Element Wasserstoff mit nur einem Proton im Atomkern und einem Elektron in der Atomhülle, Endpunkt das bis dato schwerste bekannte chemische Element Uran mit 92 Protonen und ebenso vielen Elektronen.

Bohr interessierte sich vorrangig für die Atomhülle, wo sich die Elektronen aufgrund ihrer gleichnamigen Ladungen aus dem Weg gehen. Sie stoßen sich wechselseitig ab. Wenn mehr und mehr negativ geladene Teilchen hinzukommen, die sich in die Quere kommen können, müssen sie über größere Räume verstreut sein. Wie verteilen sie sich in der Atomhülle?

1916 hatte der Physiker Walther Kossel die Vermutung ausgesprochen, dass die Elektronen in Schalen angeordnet sind. Jede Schale in der Atomhülle habe nur eine bestimmte Kapazität, Elektronen aufzunehmen, so Kossel. »Ist ein Ring oder eine Schale vollendet, so muss beim nächsten Element eine neue begonnen werden.«[10]

Die erste Schale ist schon nach zwei Elektronen voll bestückt, weshalb in der obersten Zeile des Periodensystems nur die beiden Elemente Wasserstoff und Helium auftauchen. In die zweite Schale passen acht Elektronen. Dementsprechend schließt die nächste Zeile der Periodentafel die acht Elemente von Lithium bis Neon ein. Die dritte Zeile umfasst alle Elemente, die drei Schalen besitzen, von Natrium bis zum Argon, ebenfalls acht an der Zahl. Danach steigt das Fassungsvermögen noch einmal: Allein die vierte Zeile der Elemententabelle versammelt 18 unterschiedliche chemische Grundstoffe.

Der letzte davon, Krypton genannt, ist wie Helium, Neon und Argon ein Edelgas und wie diese ausgesprochen reaktionsträge – jeweils eine direkte Folge der abgeschlossenen Schalenstruktur. Dagegen nehmen all jene Atome, denen nur ein Elektron zum Abschluss der äußersten Schale fehlt, sehr gerne eine solche Extraladung auf. Aus diesem Grund zählen Elemente wie Fluor oder Chlor zu den reaktivsten Chemikalien. Umgekehrt geben Atome, deren äußerste Schale mit nur einem einzigen Elektron besetzt ist, Lithium oder Natrium zum Beispiel, diese Einzelgänger bereitwillig ab. Das macht sie zu einem geeigneten Ausgangsmaterial für Batterien.

Kossel, Bohr und andere Forscher stellten sich die Schalen zunächst als konzentrische Elektronenringe um den Kern herum vor.[11] Ihre Hoffnung, der Wirklichkeit mit einem derart einfachen geometrischen Schema gerecht zu werden, schwand rasch dahin. Experimente deuteten auf exzentrische Bahnen hin, ähnlich den Umlaufbahnen der Kometen.

Bohr näherte sich dem Atombau, indem er der Atomhülle in Gedanken ein Elektron nach dem anderen hinzufügte. Auf diese Weise hangelte er sich von Element zu Element. Nach dieser Analyse gab er an, welche Schalen welche Bahntypen enthalten und wie sich die jeweiligen Formen der Elektronenbahnen auf Quantenzahlen zurückführen lassen sollten.

Wie war er zu einem derart umfassenden Bild gekommen? Unmittelbar nach seiner Publikation beknieten ihn Theoretiker, mathematische Details zu seinem »Aufbauprinzip« der Elemente preiszugeben. Sie wandten sich an Bohrs Mitarbeiter und an Gastwissenschaftler wie James Franck.

»Lieber, guter Franck, sei ein netter Kerl und schreib uns einige Worte darüber, so gut Du's verstehst. Oder bitte Bohr oder Kramers, etwas deutlicher zu werden«, drängte der Theoretiker Max Born. »Wir platzen hier vor Neugier. Oder lass mich auf 8 Tage nach Kopenhagen kommen. Bei solch aufregenden Ereignissen möchte ich gern dabei sein.«[12]

Antworten blieben aus. Denn plötzlich forderte die chronische Arbeitsüberlastung ihren Tribut. Infolge völliger Erschöpfung musste der frischgebackene Institutsdirektor seine Forschertätigkeit bis auf Weiteres ruhen lassen. Auf ärztlichen Rat hin zog sich Bohr aufs Land zurück und sagte auch den mit Hilbert Monate zuvor verabredeten Besuch in Göttingen ab.

Arnold Sommerfeld sprach dem dänischen Kollegen von München aus Mut zu. Dass Bohr nach einer solchen Konzentration der Gedanken zusammengeklappt war und eine Pause einlegen musste, überraschte ihn nicht. Zugleich zerbrach er sich den Kopf darüber, welcher mathematische Kunstgriff ihm zu seinen Einsichten verholfen haben könnte. In die Nachforschungen spannte er Werner Heisenberg und andere Studenten ein.

Schließlich die erfreuliche Nachricht aus Göttingen: »Bohr kommt in der Woche nach Pfingsten.«[13] Ob Sommerfeld nicht dabei sein wolle. Wolfgang Pauli und viele andere Physiker hätten schon zugesagt.

Und ob er dabei sein wollte! Auch Heisenberg war Feuer und Flamme. Eine solche Gelegenheit, den Schöpfer des Atommodells kennenzulernen, würde so schnell nicht wiederkommen.

DER MATHEMATIKER UND SEINE SCHÜLER

Göttingen, der 12. Juni 1922: In Hörsaal 15 des dreiflügeligen Auditoriengebäudes füllen sich die Bänke.[14] Unter den mehr als 100 Forscherinnen und Forschern, die in ihrer Neugier zusammenrücken, sind Besucher aus München, Hamburg und Berlin, aus der Schweiz und Schweden. Trotz der horizontalen Bankreihen und steifen Anzüge ist es eine Atmosphäre flimmernder Lebendigkeit. Alle Anwesenden eint die Aussicht, zu etwas Neuem geführt zu werden, auch wenn niemand recht benennen kann, was dieses Neue sein wird.

Nicht einmal David Hilbert, der Mathematiker mit dem Masterplan, weiß das. Der Gastgeber ist ein Mann von schmaler Statur, kahlköpfig und mit einem breiten rötlichen Bart. Gehen wir davon aus, dass er vor seinen Begrüßungsworten über die Bänke hinwegschaut und seinen Augen gestattet, sich kurz in diesem Bild zu verlieren.

Im Auditorium sieht Hilbert fast nur bekannte Gesichter: Vertreter der reinen Mathematik neben solchen der angewandten Mathematik, Physikerinnen und Physiker, die der mathematischen, theoretischen und experimentellen Forschung zuzurechnen sind. Eine fein abgestufte Palette mathematisch-physikalischer Tönungen. Zudem behauptet dieses Wissenschaftstableau in irritierender Weise, sein eigenes Lebenswerk zu reproduzieren.

Als einer seiner ältesten ehemaligen Studenten sitzt Arnold Sommerfeld vor ihm. Aus dessen Münchner Schule für Atom- und Quantenphysik bezieht Hilbert seit Jahren seine Assistenten.

Auch Max Born wechselte erst nach dem Mathematikstudium bei Hilbert das Fach. Der 39-Jährige, der soeben einen Ruf nach Göttingen angenommen hat, war Hilberts Wunschkandidat für den vakanten Lehrstuhl gewesen. Born möchte sich von nun an ganz in die Quantentheorie vertiefen. Einstweilen habe er nur »einen dunklen Begriff« davon, was die bisherigen Baumeister des Atoms, Bohr und Sommerfeld, eigentlich machten.[15]

Aus dem südholländischen Leiden ist der Theoretiker Paul Ehrenfest angereist. Vor vielen Jahren durchlief er bei Hilbert in Göttingen die Schule der Mathematik, hier lernte er seine spätere Frau kennen, die russische Mathematikerin Tatjana Afanassjewa. Der 42-jährige Ehrenfest gilt als Kenner der statistischen Physik und der Quantentheorie und zählt neben Born zu Einsteins längsten Freunden.

Und die jungen Physiker? In den Zwanzigerjahren pilgern sie in Scharen nach Göttingen. Sommerfeld legt besonderen Wert darauf, dass seine

Studenten eine Zeit lang mathematische Höhenluft in Hilberts Dunstkreis atmen. So war Alfred Landé bereits Hilberts »Physiklehrer«, Wolfgang Pauli blickt im Sommer 1922 auf ein gerade zu Ende gegangenes Semester in Göttingen zurück, und Werner Heisenberg, der ebenfalls in den hinteren Reihen des Hörsaals Platz genommen hat, wird dem Beispiel seines ehemaligen Münchener Kommilitonen in Kürze folgen.

Sie alle sind auf der Suche nach allgemeinen Gesetzmäßigkeiten in der Welt der Atome. Sie alle hoffen zu Recht darauf, das dafür erforderliche mathematische Rüstzeug in Göttingen zu finden. Sie alle werden irgendwann von »Hilbert-Operatoren« und vom »Hilbert-Raum« sprechen. Noch aber sind die Zugänge zu dem dereinst bevorzugten Rechenraum der Quantentheorie versperrt.

DIE BOHR-FESTSPIELE

Nach der kurzen Begrüßung räumt Hilbert seinen Platz und macht die Bühne frei für Niels Bohr, dem es in den kommenden sieben Lektionen weniger um mathematische Zugänge als um das chemisch-physikalische Wissen geht. Wenig Formeln, kaum Rechnungen. Bohr bemüht die Mathematik nur in Maßen, was zumindest jenen beiden Göttinger Studenten lieb ist, deren Aufgabe darin besteht, Protokoll zu führen. Sie werden nach den Diskussionen und dem Abendessen bis in die Nacht hinein zusammensitzen, um ihre Mitschriften abzugleichen.[16]

Der 36-jährige Däne macht ihnen die Arbeit nicht leicht. Er spricht so leise, dass alle Hinterbänkler »mit nach vorne gebogenen Ohren« lauschen.[17] Ansonsten ist sein Vortragsstil dem Hilberts ähnlich: sachlich, schmucklos, manchmal ein wenig stockend.[18]

Bohr beginnt mit einem Rückblick und umspielt zunächst jene mathematische Gleichung, in der sich die bisherige Geschichte der Quantentheorie wie in einem Brennglas zeigt:

$$E = h\nu$$

Die auf den ersten Blick so schlichte Formel birgt jede Menge Physik in sich. Sie ist Plancks Analyse der Wärmestrahlung abgerungen, ermöglichte Einstein wenige Jahre später eine Deutung des Fotoeffekts und Bohr selbst die Erklärung der Spektrallinien der chemischen Elemente. Drei Meilensteine der Quantentheorie.

Einen davon erkennt Bohr nur bedingt als solchen an. Einstein hatte geschrieben, der fotoelektrische Effekt, also das Austreten von Elektronen aus einer mit UV-Licht bestrahlten Metallplatte, lasse sich nur unter einer Voraussetzung verstehen: dass sich Licht aus »einer endlichen Zahl von in Raumpunkten lokalisierten Energiequanten« zusammensetzt, aus Lichtquanten.[19]

»Die Schwierigkeit, die sich aus dieser Annahme ergibt, ist die, dass die emittierte Strahlung atomistische Struktur hat«, setzt Bohr nach einer kurzen Beschreibung des Fotoeffekts fort.[20] Statt in Kugelwellen werde das Licht nur in eine Richtung ausgesandt. Besteht Licht aus solchen Quanten?

Dem stehen zahllose Experimente entgegen, in denen Licht seinen Wellencharakter offenbart. Um seine Kritik an Einsteins Lichtquantenhypothese zu unterfüttern, setzt Bohr allerdings schon bei den physikalischen Grundbegriffen an: Woher kommen Bezeichnungen wie »Wellenlänge« oder »Frequenz«?

Der Weg dorthin führt seines Erachtens allein über die klassische Theorie, »indem wir das emittierte Spektrum analysieren«. Laborversuche ermöglichen es, den Abstand zwischen den Wellenbergen des Lichts zu messen und so die Wellenlänge zu ermitteln. Auch die Zahl der Schwingungen pro Sekunde, die Frequenz, lässt sich auf diese Weise bestimmen. Bei Einsteins Deutung des Fotoeffekts gehe die Frequenz ν zwar in die Formel

$$E = h\nu$$

ein. Diese Gleichung liefere aber keine Beschreibung dafür, was man unter der Frequenz zu verstehen habe.[21]

Vor zwei Jahren in Berlin blendete Bohr Einsteins Lichttheorie vollkommen aus. In Göttingen bringt er sie sofort aufs Tapet. Zu Beginn seiner Vortragsreihe möchte er der Zuhörerschaft einen Eindruck davon vermitteln, wie dünn das Eis ist, auf dem man sich in der Quantentheorie bewegt. Selbst in grundlegenden Fragen sind sich Forscherinnen und Forscher uneins. Welle oder Teilchen? »Wir stellen hier nur fest, dass kein zusammenhängendes Bild der Strahlungsvorgänge besteht.«[22]

DIE SPRACHE DER PHYSIK

Zum allgemeinen Bedauern ist Einstein nicht nach Göttingen gekommen. Wieder einmal ist sein Bedürfnis nach Einsamkeit stärker als der Wunsch, sich mit Freunden und Kollegen auszutauschen. Er sei eben ein richtiger »Einspänner«, sagt er über sich selbst.[23] Paul Ehrenfest wird ihn von Göttingen aus in Berlin besuchen.

Auf Einsteins Vorschlag hin hat die Berliner Akademie Niels Bohr vor wenigen Tagen zu ihrem korrespondierenden Mitglied gewählt. »Was an Bohr als Forscher zu wunderbar anmutet, das ist eine seltsame Vereinigung von Kühnheit und vorsichtigem Abwägen«, hatte Einstein zur Begründung geschrieben. Selten habe ein Physiker in solchem Maße wie er die Fähigkeit des intuitiven Erfassens verborgener Dinge besessen. »Bei aller Kenntnis des Einzelnen ist sein Blick unverrückbar auf das Prinzipielle gerichtet.«[24]

In dieser Mischung aus Kühnheit und vorsichtigem Abwägen tritt Bohr in Göttingen auf. Alle im Saal sind gespannt auf den Vordenker der Atomtheorie und erleben einen ausgesprochen nachdenklichen Wissenschaftler. An den ersten beiden Tagen ist sein Blick tatsächlich »unverrückbar auf das Prinzipielle gerichtet«: auf die in der Quantenphysik benutzten Begriffe.

»Wir haben bisher zur Beschreibung der Naturerscheinungen nur die Begriffe, die durch die klassische Theorie ausgebildet sind, wie die Begriffe des Elektrons und der elektrischen und magnetischen Kräfte, zur Verfügung, nehmen aber zugleich an, dass das Bild der klassischen Theorie nicht stichhaltig ist.« Es frage sich nun, ob es überhaupt möglich sei, die Begriffe der klassischen Theorie mit der Quantentheorie zu vereinigen.[25]

Schon die von ihm selbst eingeführten stationären Zustände lassen Zweifel daran aufkommen. Warum sind ausgerechnet diese Energiezustände des Atoms stabil? Noch rätselhafter sind die Übergänge zwischen diesen Zuständen, die Quantensprünge.

An dieser Stelle bringt Bohr erneut Einstein ins Spiel. Dessen Überlegungen zu Quantensprüngen durch Lichtabstrahlung und Lichtaufnahme haben aus Bohrs Sicht weitreichende Konsequenzen für jede künftige mathematische Beschreibung atomarer Vorgänge. »Damit erhebt sich die große Frage, ob wir uns bei Einzelprozessen mit Angaben über Wahrscheinlichkeiten zufriedengeben können.«[26]

Einstein, der Abwesende, ist zu Beginn des Göttinger Symposiums äußerst präsent. Nachforschend, was man sich unter einem Quantensprung vorzustellen habe, trug er seine Lichtquantenhypothese mitten in Bohrs Atommodell hinein. Einstein unterschied drei mögliche Fälle voneinander: Quantensprünge durch die Aufnahme von Licht, solche durch spontane und solche durch stimulierte Lichtabstrahlung.

Bei der spontanen Lichtabstrahlung zum Beispiel wechselt das Atom von einem Zustand höherer Energie E_2 zu einem niederenergetischen Zustand E_1 und sendet Licht gemäß der von Bohr verwendeten Formel

$$E_2 - E_1 = h\nu$$

aus. Ein solcher Prozess lässt sich Einstein zufolge am einfachsten erklären, wenn man annimmt, dass das Atom statt einer elektromagnetischen Welle ein einzelnes Lichtquant aussendet, wobei Zeitpunkt und Richtung der Lichtabstrahlung völlig zufällig erfolgen.

Von der Fachwelt ist diese Deutung nicht gerade wohlwollend aufgenommen worden. Heisenbergs Professor aber schwankt inzwischen: »Innerlich glaube ich auch nicht mehr an die Kugelwelle«, hat Sommerfeld Einstein kürzlich gestanden und ihn ausdrücklich dazu aufgefordert, der

Wellentheorie weiterhin ordentlich zuzusetzen. »Ich kann nur die Technik der Quanten fördern, Sie müssen ihre Philosophie machen.«[27]

Bohr hält die Wellentheorie des Lichts für unabdingbar, lässt sich jedoch auf Einsteins mathematische Betrachtungen zu den Quantensprüngen ein. Zu Einsteins Wahrscheinlichkeitsrechnung gebe es bislang keine überzeugende Alternative. »Beim jetzigen Stand sind wir so weit entfernt von einer wirklichen Beschreibung dieser Prozesse, dass wir annehmen dürfen, dass Einsteins Behandlungsweise vielleicht wirklich die passendste ist.«[28]

Inwiefern passend? Was will er den Zuhörerinnen und Zuhörern damit sagen?

Bohr will vor allem das Denken in Gang bringen. Seiner rätselhaften Aussprüche wegen handelt er sich den Spitznamen »das große Orakel« ein.[29] Dass er gerne im Ungefähren bleibt und sich in Andeutungen ergeht, steigert den Wert der anschließenden Diskussionen, bei denen es sicherlich Rückfragen zu den Übergangswahrscheinlichkeiten gibt, mit denen sich der Vortragende in jüngster Zeit intensiv auseinandergesetzt hat.

Die Mängel seines Atommodells sind Bohr bekannt. Er hat die Bewegung der Elektronen in den stationären Zuständen allein mechanisch beschrieben und dabei Widersprüche zur klassischen Physik in Kauf genommen. Denn in der gut erforschten Welt der elektromagnetischen Erscheinungen ist kein Platz für derart stabile Elektronenbahnen. Ähnlich wie die beschleunigten Elektronen in den Experimenten zur Erzeugung von Röntgenstrahlen sollten kreisende Elektronen kontinuierlich Energie abstrahlen, ihre Energie blitzschnell verlieren und in den Atomkern stürzen. Was hindert sie daran?

Die klassische Physik hat eine ganz enge Verbindung zwischen der Bewegung einer elektrischen Ladung und der abgestrahlten Energie hergestellt. Ein gutes Beispiel für die technische Anwendung dieser Erkenntnisse ist die Sendeantenne. Ohne ein Verständnis der Strahlungseigenschaften bewegter Ladungen gäbe es weder Funk noch Radio.

Bohr versucht schon seit einiger Zeit, die enge Verflechtung zwischen

Bewegung und ausgesandter Strahlung, die in seinem Atommodell verloren gegangen ist, wiederherzustellen. Denn die Quantenphysik darf nicht im Widerspruch zur klassischen Physik stehen. Bohrs »Korrespondenzprinzip« zufolge sollte sie vielmehr nahtlos daran anschließen.

Im Atom liegen die Energien der Elektronen in den äußeren Umlaufbahnen immer enger beieinander. Die Energiedifferenzen zwischen benachbarten Zuständen werden kleiner und kleiner. Und je kleiner die Quantensprünge, umso ähnlicher sollte die Quantentheorie der klassischen Beschreibung mit ihren kontinuierlichen Veränderungen werden.

Bohr hat dieses »Korrespondenzprinzip« vielfach ausgenutzt, um sein Atommodell zu verfeinern.[30] Auf raffinierte Weise knüpft er an Einsteins Theorie an und versucht, die relativen Wahrscheinlichkeiten für die Übergänge im Atom zu ermitteln. Das komplexe mathematische Prozedere hat Bohr bereits bei seinem Vortrag in Berlin in groben Zügen vorgestellt.[31] Es erscheint ihm unerlässlich, um die Atomtheorie künftig auf eine sichere Grundlage zu stellen, birgt aber nach wie vor viele offene Fragen.

»DER ERSTE GELEHRTE, DER AUCH DER MAMA GEFALLEN WÜRDE«

In den ersten Tagen der Göttinger Konferenz gelingt es Bohr, die Krise zu umreißen, in der die theoretische Physik steckt. Eben wegen dieser Krisensituation sind die Erwartungen an ihn so hoch. Dem Gast aus Dänemark eilt der Ruf voraus, am ehesten Ordnung in das Durcheinander aus experimentellen Befunden, physikalischen und mathematischen Konzepten bringen zu können.

Gesteigert wird diese Hoffnung durch Bohrs jüngste Veröffentlichungen zum Periodensystem der Elemente und durch seine Persönlichkeit. Bohrs Auftreten ist weder belehrend noch geschwätzig, sondern fragend, zurückhaltend, hoch konzentriert. Er präsentiert keine fertigen Gedanken, sondern arbeitet mit Auslassungen und sichert sich die Aufmerk-

Werner Heisenberg Mitte der Zwanzigerjahre.

samkeit der Zuhörerschaft durch seine Fähigkeit, ein und demselben Phänomen immer wieder neue Aspekte abzugewinnen.

Am dritten Tag meldet sich ein 20-jähriger Physikstudent in den hinteren Sitzbänken zu Wort und behelligt ihn mit einer Frage. Als Werner Heisenberg tags darauf seinen Eltern schreibt, hat er einen neuen Helden gefunden. »Er ist nicht nur Physiker, sondern weit mehr«, lässt er die Familie wissen. »Der erste Gelehrte, der auch der Mama gefallen würde, stets nur positive Kritik übend, mit Vergnügen alles andere anerkennend.«[32]

Heisenberg ist euphorisch. An diesem Vormittag hat er erstmals Gelegenheit zu einer längeren Unterredung mit Bohr gehabt. Sommerfeld hat ihm auch diese Möglichkeit eröffnet und ihn zu einem Gespräch in Bohrs Göttinger Wohnung mitgenommen: einer Privataudienz.

Für Bohr ist dieser Donnerstag der erste vortragsfreie Tag seit seiner Ankunft in der deutschen Universitätsstadt. Franck hat ihm eine geräumige Unterkunft in der Villa einer Witwe besorgt.[33] Hier findet Bohr ein bisschen Ruhe zwischen den Lektionen. Erst am Montag wird er die Reihe mit vier aufeinanderfolgenden Vorträgen fortsetzen.

Längere Verschnaufpausen sind ihm allerdings nicht vergönnt. Die

Göttinger Kollegen laden ihn in ihre Institute und zu sich nach Hause zum Essen ein. »Es war ungemein nett«, teilt der Physiker Robert Wichard Pohl seiner Schwester nach Bohrs Besuch mit. »Im Wesen von einer rührenden Freundlichkeit und Bescheidenheit, er gefällt mir ausgezeichnet.«[34]

Auch Heisenberg spricht in höchsten Tönen von seinem ersten längeren Gespräch mit Bohr. Es sei »die« große Unterredung gewesen, »auf die für mich alles ankam«, so Heisenberg zu seinen Eltern. Bohr habe ihm und Sommerfeld zwar in manchen Punkten widersprochen, aber im Großen und Ganzen seien sie sich sehr einig geworden. Höchstens ein paar allgemeine Gesichtspunkte sprächen demnach gegen seine bisherigen Ansichten zu Atomen in Magnetfeldern. »Ich bin sehr befriedigt.«[35]

In den folgenden Zeilen spiegelt sich eine geradezu schwärmerische Bewunderung für den dänischen Atomtheoretiker. Heisenberg beschreibt ihn als Wahrheitssucher mit asketischem Lebensstil. »Er kommt nie, wenn allgemeiner Betrieb in irgendeinem Café ist, u. ist in allem so, wie ich später auch werden möchte.«[36]

Ein Traum, einen solchen Lehrer zu haben! Ein Traum, den Heisenberg in diesen Tagen auch deswegen träumen darf, weil er sich von Bohr gesehen fühlt, weil er eine »Gleichgesinntheit« zu spüren glaubt, die der dänische Wissenschaftler wohl auch schon bemerkt habe. Zu ihm sei Bohr »immer ganz besonders nett«.[37] Vorübergehend wähnt sich der 20-jährige Physikstudent schon im nächsten Wintersemester in Kopenhagen.

DER KLEINE PAULI

Ein Traum, den in diesen Tagen viele träumen. Bohr geht nicht nur auf Heisenberg zu. Er hat einen Blick für unterschiedliche Talente und ihre Affinität zu seinen eigenen Forschungsthemen.

Auf Wolfgang Pauli hat der Direktor des finanziell gut ausgestatteten »Universitetets Institut for teoretisk Fysik« ein besonderes Auge gewor-

Wolfgang Pauli in jungen Jahren.

fen. Im Unterschied zu Heisenberg ist Pauli kein Student mehr. Unter Sommerfelds Obhut hat er eine herausragende Doktorarbeit geschrieben und dabei den Finger in eine Wunde der Bohr'schen Atomtheorie gelegt.

Bohrs Atommodell gewährt ungeahnte Einblicke in den Aufbau der chemischen Elemente. Aber was von alldem kann Bohr nicht nur plausibel machen, sondern tatsächlich berechnen? In aller Strenge berechnen? Wo bleibt die Mathematik? Gerade hier liegen Paulis und Heisenbergs Stärken. Sie haben bei Sommerfeld die mathematische Handhabung klar umrissener physikalischer Probleme gelernt.

Bohrs Theorie erlaubt es, das Wasserstoffatom – ein Elektron umkreist den Atomkern – mathematisch zu erfassen. Aber sie versagt schon in geringfügig komplizierteren Fällen. In seiner Doktorarbeit nahm sich Pauli das ionisierte Wasserstoffmolekül vor, bei dem ein Elektron zwei Wasserstoffkerne umkreist. Mathematisch ist dies keineswegs leicht zu fassen. Unter anderem musste Pauli die Eigenbewegungen der beiden Atomkerne berücksichtigen. Seine Kalkulationen haben die Grenzen des Bohr'schen Atommodells aufgezeigt: Für das ionisierte Wasserstoffmolekül stimmen Theorie und Experiment nicht überein.

Nach seiner Doktorprüfung in München zog Pauli weiter nach Göttingen, um bei Max Born neue Erfahrungen zu sammeln und die mathematische Seite der Quantenphysik stärker in den Blick zu nehmen. »Der kleine Pauli ist sehr anregend«, freute sich Born. »Einen so guten Assistenten werde ich nie mehr kriegen.«[38]

Was Born allerdings zu beanstanden hatte: dass Paulis Biorhythmus mit dem universitären Alltag nicht in Einklang zu bringen war. Sein Assistent verpasste mehr als einmal die Vorlesung um 11 Uhr. Irgendwann ging der Göttinger Professor dazu über, sein Hausmädchen eine halbe Stunde vorher zu ihm zu schicken, um sicherzugehen, dass sein junger Mitarbeiter aus den Federn gekommen war.[39]

Zusammen mit Born nahm sich Pauli den nächsten Testfall vor: das Heliumatom. In diesem Atom bewegen sich der Bohr'schen Theorie zufolge zwei Elektronen um den Atomkern, es handelt sich also um ein Dreikörperproblem mit all den Komplikationen, die man aus der Himmelsmechanik kennt, und einer besonderen Würze: Die beiden Elektronen stoßen sich gegenseitig ab. Da Helium als Edelgas ausgesprochen reaktionsträge ist, war Bohr von ziemlich geordneten Verhältnissen ausgegangen, also symmetrischen Elektronenbahnen. Mit Borns Unterstützung wollte Pauli dies auf mathematischem Weg ermitteln.

Ihre Zusammenarbeit hatte zu einem ungünstigen Zeitpunkt begonnen. Born war selbst noch nicht lange Professor in Göttingen und hatte noch alte Projekte abzuschließen, ehe er sich ganz in die Quantentheorie vertiefen konnte. Pauli wiederum behagte die Göttinger Atmosphäre nicht. Seine innere Uhr blieb unvereinbar mit der Gutbürgerlichkeit der etwa 40 000 Einwohner zählenden Stadt, geprägt von Universität, Verwaltung, Garnison und einem hohen Anteil von Pensionären, einer Stadt ohne nennenswertes Nachtleben. Pauli hielt es hier auf Dauer nicht aus. Zu Borns Bedauern zog er im April 1922 nach Hamburg.

Dort fühlt sich Pauli bedeutend wohler und hält den Briefkontakt mit Heisenberg aufrecht. Beide durchlaufen einen Prozess der ständigen Selbstevaluierung, beide sind gerne im Dialog mit den Großen des Fachs, beide hoffen darauf, dass die nächste Station ihrer Laufbahn ein paar Hundert Kilometer weiter nördlich liegt: in Kopenhagen.

Als Heisenberg am Donnerstag, den 15. Juni, nach der Unterredung mit Bohr besagten Brief an die Eltern aufsetzt, hat er Göttingen soeben für eine Weile den Rücken gekehrt. Er ist auf halbem Weg nach Osnabrück, wo er seine Tante Anne besuchen und ein wenig ausschlafen möchte. Hinter ihm liegen drei aufregende Tage mit Vorträgen und Diskussionen sowie das morgendliche Treffen mit Bohr. Vor 1 Uhr nachts komme er nie ins Bett.[40] Letzteres dürfte nicht zuletzt an seinen Zusammenkünften mit dem Nachtmenschen Pauli liegen.

Nach seiner Rückkehr erwartet ihn in Göttingen die angekündigte Tour de Force durch die Welt der chemischen Elemente. Das komplette Periodensystem der Elemente steht auf dem Programm: am Montag das Heliumatom mit zwei Elektronen in der Atomhülle, am Dienstag die Atome mit drei, vier, fünf bis hin zu zehn Elektronen, also die Elemente von Lithium bis Neon, von wo aus Bohr zu den noch schwereren Elementen aufsteigen will.

In dieser fünften Lektion erwähnt der Vortragende Heisenbergs erste wissenschaftliche Veröffentlichung, die Gegenstand ihrer Unterredung fünf Tage zuvor gewesen ist. Bohr spricht von einer »sehr interessanten Arbeit«.[41] Danach zählt er die wichtigsten Voraussetzungen auf, die den Berechnungen Heisenbergs zugrunde liegen, ungewöhnliche Mutmaßungen etwa über die Bahnebene der umlaufenden Elektronen und die Verletzung der bekannten Auswahlregeln für Quantensprünge. »Weiter macht er die Annahme, dass in die Quantenbedingungen nicht wie gewöhnlich nur ganze Zahlen, sondern … auch die Werte ½, ⅔ … einzusetzen sind.«[42]

Diejenigen, die den dänischen Physiker näher kennengelernt haben, wissen, was er meint, wenn er die Worte »sehr interessant« in den Mund nimmt: ziemlich abwegig. Genau deshalb hat er die wichtigsten Punkte benannt, in denen Heisenberg von jenen Vorstellungen abweicht, die Bohrs eigenen Arbeiten zugrunde liegen. Die Heisenberg'schen Annahmen seien »schwer zu verteidigen«, setzt er fort.[43]

Ein Satz, den der Physikstudent so schnell nicht vergessen wird. Nach all der Euphorie der zurückliegenden Tage hat ihm Bohr völlig unvermutet eine kleine Lektion erteilt: So kommt man in der Physik nicht weiter!

In München hat Heisenberg das sonderbare Verhalten von Atomen in Magnetfeldern analysiert. Die Spektrallinien der Atome vervielfachen sich unter dem Einfluss magnetischer Felder. Einfache Linien spalten sich in drei benachbarte Linien auf, wo zuvor eine doppelte Linie zu sehen war wie beim Natrium, erscheinen plötzlich ein Quartett und ein Sextett, um nur einige Zerlegungen zu nennen. Forscher sprechen vom »Zeeman-Effekt«.

Im Labor werden solche Aufspaltungen künstlich unter dem Einfluss starker Magnete erzeugt. Sie sind aber auch im Licht der Sonne erkennbar. So dürfen sich Astronomen mittlerweile sicher sein, dass auf der Sonne ebenfalls starke Magnetfelder vorherrschen, und zwar im Bereich der Sonnenflecken.[44]

Der »Zeeman-Effekt« ist ein Rätsel der Atomtheorie. Weder Bohr noch andere Forscher haben für die vielfältigen Aufspaltungen im Licht der Atome bislang eine befriedigende Erklärung. Dennoch hat es auf dem Weg dorthin beachtliche Fortschritte gegeben. Dem 33-jährigen Physiker Alfred Landé ist es zuerst geglückt, die Vielzahl der vorliegenden Aufspaltungsmuster in einer mathematischen Formel zu beschreiben. Was sie zu bedeuten hat, ist auch Landé schleierhaft.

Heisenberg hat ein physikalisches Modell dafür entworfen. Seine Briefe an Pauli zeugen von seinem Einfallsreichtum, mathematischen Geschick und dem hartnäckigen Bemühen, die Grundprinzipien der Bohr'schen Atomtheorie mit der Fülle an experimentellen Daten in Einklang zu bringen. Er will nicht nur originell sein – er ist dazu gezwungen, neue Wege zu wählen.

»Charakteristischerweise konnte man schon aus der mathematischen Gestalt der Landéschen Formeln erkennen, dass die klassische Mechanik … niemals diese Formeln liefern würde«, wird Heisenberg ein paar Jahre später darüber urteilen.[45] Verständlich also, dass er sich ohne allzu große Bedenken von etablierten Vorstellungen entfernt hat. Frei nach dem selbsterklärten Motto: »Der Erfolg heiligt die Mittel!«[46]

Heisenbergs »Zeemanbraten mit Quantensauce« schmeckt zunächst weder Bohr noch Pauli.[47] Seine Ideen aber sind interessant genug, dass sich Pauli dem »Zeeman-Effekt« nun selbst intensiver widmet. Auf diesem Weg wird er schon bald auf eine bis dahin unbekannte Eigenschaft des Elektrons stoßen.

In Göttingen zügelt Bohr die hochfliegenden Ambitionen des Münchener Studenten. Er hält ihm vor allen Anwesenden vor, zu viele Spekulationen in sein Modell hineingelegt und zu viel über Bord geworfen zu haben. »Schwer zu verteidigen« – nur wenige Tage zuvor hatte Heisenberg seinen Eltern von dem erfreulichen Treffen mit Sommerfeld und Bohr berichtet und der Einigkeit in den meisten Fragen.

Ehe die Stimmung kippt, beruhigt Bohr die Gemüter wieder: Heisenbergs Arbeit sei dennoch »sehr vielversprechend«, schiebt er hinterher.[48] Seine Botschaft aber kommt an. Jahre später, im November 1933, wird sich Heisenberg bei Bohr in einem Brief dafür bedanken: »Ich erinnere mich genau an unsere erste Begegnung in Göttingen im Jahre 1922, bei der Du mir eine falsche Theorie der Zeemaneffekte ausgeredet hast.«[49]

GÖTTINGEN, KOPENHAGEN, GÖTTINGEN

Heisenbergs erste kleine Selbstbiografie datiert aus demselben Jahr. Mit Blick auf Göttingen heißt es darin: »Die Begegnung mit Bohr hat auf mich den allergrößten Eindruck gemacht. Ich hatte erst damals das Gefühl zu verstehen, wie man Physik zu treiben hat.«[50]

Pauli teilt dieses Gefühl. »Eine neue Phase meines wissenschaftlichen Lebens begann, als ich 1922 Niels Bohr zum ersten Mal begegnete«, wird er rückblickend erklären.[51] Auch ihm hat Bohr mit seinem ständigen Rütteln an physikalischen Grundbegriffen einiges abgefordert.

Während Heisenberg erst noch sein Studium zu Ende bringen muss, zieht Pauli das große Los: Bohr lädt ihn zu einem Studienaufenthalt nach

Kopenhagen ein. Ein ganzes Jahr wird Pauli dort zusammen mit ihm forschen dürfen.

Auch Heisenberg steht ein Wechsel bevor. Als Max Born erfährt, dass sein Münchener Kollege Arnold Sommerfeld im September in die Vereinigten Staaten reisen und dort ein halbes Jahr lang bleiben wird, kommt er mit ihm überein, vier seiner fortgeschrittenen Studenten in dieser Zeit in Göttingen zu betreuen, unter ihnen Heisenberg.[52] Eine überaus glückliche Offerte! Heisenberg hatte zuerst Mathematik studieren wollen. In Göttingen wird er von Borns Seminaren profitieren und die Vorlesungen David Hilberts hören.

Aus Hilberts Sicht findet die Physik in der Mathematik ihren letzten Halt. Ohne die Mathematik kann die moderne Physik nicht zu einer dem Gegenstand angemessenen Sprache finden. In der Quantenphysik ist sie bisher zu kurz gekommen. Die Quantentheorie lässt bislang ebenjene Grundprinzipien vermissen, aus denen heraus sich alles Weitere ableiten lässt.

Bohr selbst hat diese Lücken benannt. Dennoch zeigt sich Hilbert hochzufrieden mit den sieben Lektionen, die als »Bohr-Festspiele« in die Geschichte der Physik eingehen werden. Der Gastgeber dankt dem dänischen Forscher herzlich für die »unerschöpflich reichen« Belehrungen über den Aufbau des Periodensystems der Elemente. »Trotz der vielen schwierigen und offenen Stellen der Theorie ist doch der allgemeine Eindruck als ein erhebender zu bezeichnen.«[53]

TEIL II

WELLEN UND TEILCHEN (1923–1924)

LICHT + LICHT = DUNKELHEIT

Kopenhagen, Juli 1923: Einstein sieht die Lichtquantenhypothese durch Experimente aus Übersee eindrucksvoll bestätigt. Bohr will nichts von einer zweigleisigen Lichttheorie wissen. In der Straßenbahn gehen ihre Argumente hin und her. Eine Gespensterdebatte

So eine Seereise nach Japan sei eine herrliche Existenz für einen Grübler. »Wie ein Kloster«, schreibt Albert Einstein seinem dänischen Kollegen Niels Bohr. Dazu die angenehme Wärme nah am Äquator. »Warmes Wasser träufelt nachlässig vom Himmel herunter und verbreitet Ruhe und pflanzenhaftes Dämmern.«[1]

Die Ruhe wird nur kurzfristig durch eine telegrafische Nachricht unterbrochen: Ihm ist der Physik-Nobelpreis zuerkannt worden, Anlass für eine kleine Pressekonferenz an Bord des Ozeandampfers »Kitano Maru«.

Die Auszeichnung hat auf sich warten lassen. Seit 1910 hatten ihn Fachkollegen immer wieder für den höchsten Wissenschaftspreis vorgeschlagen. Erst recht, nachdem britische Forscher seine Vorhersagen zur Krümmung des Lichts bei der Sonnenfinsternis im Jahr 1919 überprüft und für bestätigt erklärt hatten. Wer, wenn nicht er, sollte den nächsten Preis erhalten?

Weder 1920 noch 1921 konnte sich das Nobel-Komitee dazu entschließen, kam an den vielen Nominierungen Einsteins aber kaum mehr vorbei. Arnold Sommerfeld, um sein Votum gebeten, schrieb nach Stockholm, die Folgerichtigkeit und Kühnheit von Einsteins Denken seien ohne Beispiel in der Geschichte der Physik.[2] Und sein französischer Physikerkollege Marcel Brillouin mahnte an: »Bedenken Sie einen Augenblick, wie die Öffentlichkeit in 50 Jahren urteilen wird, wenn der Name Einstein nicht auf der Liste der Preisträger erscheint.«[3]

Nachdem der Preis für das Jahr 1921 ausgesetzt worden war, fand man schließlich eine Lösung und einigte sich darauf, Niels Bohr für seine Verdienste um die Atomtheorie mit dem Physik-Nobelpreis für das Jahr 1922 zu ehren und Einstein rückwirkend für das Jahr 1921 auszuzeichnen. Allerdings weder für seine spezielle noch für seine allgemeine Relativitätstheorie, sondern für seine Deutung des Fotoeffekts. Das schien weniger verfänglich zu sein. Jedenfalls dann, wenn man den Clou der Einstein'schen Arbeit stillschweigend überging: dass ein Schauer von Lichtquanten auf das Metall trifft, welche ihre Energie portionsweise an die Elektronen abgeben.[4]

Der amerikanische Physiker Robert Millikan hatte sich den Fotoeffekt vorgeknöpft und eine entsprechende Vakuumapparatur gebaut. Geduldiger als viele andere Experimentatoren hatte er den Laborversuchen mit UV-Licht viele Jahre seines Lebens gewidmet. Seinen Messungen zugänglich gewesen war die Energie der herausgelösten Elektronen in Abhängigkeit von der eingestrahlten Lichtfrequenz ν. Als Millikan dieses Verhältnis ermittelt hatte, war er auf die von Einstein vorhergesagte Proportionalität gestoßen: auf den Zahlenwert h, das Planck'sche Wirkungsquantum – und das entgegen seinen eigenen Erwartungen.[5]

An der quantitativen Analyse des Fotoeffekts gibt es seit Millikans Experimenten nichts mehr zu rütteln. Nun wird Einstein für die »Entdeckung des Gesetzes des fotoelektrischen Effekts« mit dem Nobelpreis bedacht. Die dahinterliegende Theorie der Lichtquanten haben die schwedischen Juroren ausgeklammert und damit gerade den Teil seiner Arbeit vernebelt, den Einstein als »sehr revolutionär« bezeichnet hatte.

Ihn selbst kümmert das wenig. Auf seiner Asienreise posiert er geduldig vor den Kameras der Fotografen, ob an Bord der »Kitano Maru« oder im Botanischen Garten der Universität Tokio. Ein Schnappschuss bei einer japanischen Teezeremonie zeigt, dass das Ablichten dank moderner Technik nur noch Bruchteile einer Sekunde in Anspruch nimmt. Kaum ist die Blende geöffnet, beginnt das Licht auch schon mit der Verwandlung der Silbersalze in ein Schwarz-Weiß-Gemälde. Schwarze Magie? Oder vielleicht doch Folge der Wirkung sehr vieler Einzelakte?

EINE WELLE DES ERFOLGS

Einstein hat seine Lichtquantenhypothese jahrelang mit sich herumgetragen wie eine Geige im schwarzen Kasten. Nur gelegentlich hat er sie hervorgeholt. So etwa, als er sich nach Vollendung der allgemeinen Relativitätstheorie erstmals näher mit Bohrs Atommodell auseinandersetzte und die Energiestufen im Atom als Folge der Aufnahme oder Abgabe einzelner Lichtquanten interpretierte.

Die Fachwelt möchte nichts davon wissen. Niels Bohr hat seine Haltung zur Strahlungstheorie bei seiner eigenen Nobelpreisrede in Stockholm im Dezember 1922 noch einmal unmissverständlich zum Ausdruck gebracht: Im Fotoeffekt habe man zwar das genaueste Mittel zur Bestimmung des Planck'schen Wirkungsquantums. »Trotz ihres Wertes als heuristisches Hilfsmittel ist aber die Lichtquantenhypothese, die den Interferenzerscheinungen völlig fremd gegenübersteht, nicht geeignet, eine Aufklärung der Frage nach der Natur der Strahlung zu bringen.«[6]

Die von Bohr erwähnten »Interferenzerscheinungen« resultieren aus Überlagerungen von Lichtstrahlen derselben Farbe. An der dünnen Haut einer Seifenblase zum Beispiel wird Licht zweifach reflektiert: sowohl an der Außenfläche als auch an der Innenseite des Films. Diese reflektierten Lichtwellen überlagern sich, nachdem sie unterschiedlich lange Wege zurückgelegt haben. Sie können sich gegenseitig verstärken, wenn die Wellenberge der einen Welle auf die Wellenberge einer anderen treffen, oder einander auslöschen, falls Wellenberge und Wellentäler zusammenfallen. Das daraus resultierende Farbspiel einer Seifenblase variiert mit der Dicke des Seifenfilms.

Physikerinnen und Physiker haben die Grenzen des sichtbaren Lichts längst gesprengt und das Strahlungsspektrum mit Experimenten nach beiden Seiten hin erweitert: zu Wellenlängen kürzer als denen des ultravioletten Lichts und größer als denen der infraroten Strahlung. Einstein war 16 Jahre alt, Bohr zehn, als der Physiker Wilhelm Conrad Röntgen eine neue Art kurzwelliger Strahlung entdeckte, die menschliches Gewebe zu durchdringen vermag. Ihrer geheimnisvollen Natur wegen bezeichnete Röntgen sie als »X-Strahlung«. Das erste Bild einer durchleuchteten Hand ging um die ganze Welt. Darauf zu sehen: die Handknochen von Röntgens Frau Anna Bertha – mit Ehering.

Die Aufnahme markierte den Beginn eines neuen bildgebenden Verfahrens: des medizinischen Tiefenporträts. Während des Weltkriegs rüstete die französische Nobelpreisträgerin Marie Curie erste Fahrzeuge mit Röntgengeräten aus, um Verwundete direkt an der Front auf Granatsplitter hin zu untersuchen. Auch Knochenbrüche oder andere Verletzungen konnten in einer Röntgenaufnahme sichtbar gemacht werden. Die Entdeckung des Röntgenlichts zeigte einmal mehr, dass wir mit unseren Sinnen nur einen winzigen Ausschnitt aus einem unvorstellbar großen Strahlungsspektrum wahrnehmen. Verglichen mit sichtbarem Licht hat Röntgenstrahlung unfassbar kleine Wellenlängen.

Noch folgenreicher war die Erforschung extrem langwelliger Strahlen auf der anderen Seite des Spektrums. Für seine Pionierversuche mit solchen Radiowellen räumte der Physiker Heinrich Hertz einen großen Hörsaal frei. Als Sender für elektrische Schwingungen benutzte Hertz eine Funkenstrecke, als Empfänger einen Drahtbügel. Im Vertrauen darauf, dass die langwelligen Strahlen an Metallplatten reflektiert würden, umschloss er Sender und Empfänger mit metallenen Parabolspiegeln.

Tatsächlich bildeten sich zwischen den gegenüberliegenden Metallwänden stehende Wellen aus, ähnlich einer zwischen zwei Enden eingeklemmten, schwingenden Violinsaite. Den Raum mit einem Detektor abschreitend, konnte Hertz die Stärke der Schwingungen Punkt für Punkt messen. Wer wollte den Wellencharakter elektromagnetischer Strahlung da noch leugnen?

Radiowellen haben eine millionen- bis milliardenfach größere Wellenlänge als sichtbares Licht. Mit ihnen können Funksignale über große Distanzen hinweg drahtlos übertragen werden. Kaum hatte der Krieg im Sommer 1914 begonnen, bauten Militärs in allen Ländern die Funktechnik aus. Im Deutschen Reich umfasste die Funktruppe schließlich mehr als 150 000 Mann, unter ihnen zahlreiche Physiker.

Nach Kriegsende war es bis zur Gründung der ersten kommerziellen

Radiostationen nicht mehr lange hin. Während Einstein Japan bereist, beginnt in London die British Broadcasting Company, kurz BBC, mit ihren regulären Rundfunkübertragungen. In Berlin wird der Unterhaltungsrundfunk einige Monate später, am 29. Oktober 1923, auf Sendung gehen und die Zahl der Hörerinnen und Hörer von anfangs 200 bis Ende 1924 auf 120 000 anwachsen.

»Als dann die Kopfhörer im Kreise herumgereicht wurden – wir hörten mit zusammengesteckten Köpfen paarweise einohrig! –, saßen wir wirklich überrascht«, so ein Berliner Hörer der ersten Wochen. »Da klangen menschliche Stimmen, da tönte Musik, die irgendwie durch den Raum heranflutete, die der blanke Draht draußen unter dem Dachgesims auffing. Sehr respektvoll sahen wir das blankfunkelnde teure Gerät an, an dem die sachkundige Hand des Besitzers schaltete, stöpselte und sogar zu drehen wusste.«[7]

Ob Funk, Film oder Röntgenfotografie, in den frühen Zwanzigerjahren reitet die Technik auf elektromagnetischen Wellen. Die verschiedenen Ausprägungen der Strahlung unterscheiden sich zwar hinsichtlich ihrer Wellenlänge. In Bezug auf physikalische Phänomene wie Reflexion, Brechung oder Interferenz verhalten sich Radiowellen jedoch ganz ähnlich wie das Licht einer Glühbirne oder die von einem Röntgenapparat emittierte Strahlung.

Planck, Bohr und die meisten anderen Forscherinnen und Forscher sehen daher keinen Spielraum für eine Teilchentheorie der Strahlung. Mit Bohrs Worten gesprochen: »Wenn Einstein mir ein Funktelegramm schickt, er habe jetzt den endgültigen Beweis für die Lichtquanten gefunden, so beweist die bloße Tatsache, dass das Telegramm ankommt, dass die Theorie der elektromagnetischen Wellen richtig ist und somit Einstein unrecht hat.«[8]

Im Sommer 1923 schickt Einstein kein Funktelegramm an Bohr, sondern schaut auf dem Weg nach Schweden persönlich bei ihm vorbei. Er gibt auch nicht vor, einen endgültigen Beweis für die Existenz von Lichtquanten gefunden zu haben. Ein anderer aber hat die Quantennatur der Strahlung soeben auf beeindruckende Weise sichtbar gemacht: der bis dato wenig bekannte amerikanische Physiker Arthur Holly Compton.

Die Experimente aus Übersee markieren einen Umschlagpunkt in der Geschichte der Lichttheorie. Plötzlich beginnt die Stimmung zu kippen. Nachdem Röntgenlicht in Comptons Experimenten so in Erscheinung getreten ist, als handele sich dabei um winzige Energieprojektile, schließen sich etliche Wissenschaftlerinnen und Wissenschaftler Einsteins Überzeugung an, dass die Wellentheorie des Lichts nicht der Weisheit letzter Schluss sein kann.

Die Fachwelt diskutiert bereits eifrig darüber, als Einstein im Juli von Kiel aus aufbricht, um seinen obligatorischen Nobelpreisvortrag zu halten. In Göteborg erwarten ihn König Gustav V. und 2000 geladene Gäste. Zuvor legt Einstein einen Zwischenstopp in Kopenhagen ein. Die Gelegenheit, Bohr wiederzusehen, möchte er sich nicht entgehen lassen.

Am Vormittag des 9. Juli 1923 trifft er in Kopenhagen ein, wo Bohr ihn erwartet. Vor drei Jahren, kurz nach ihrer ersten Begegnung in Berlin, war Einstein schon einmal hier gewesen, damals in Begleitung seiner Stieftochter Ilse. Inzwischen ist sein Haar wirrer und grauer, sein Bäuchlein runder geworden. Bohr hat sich äußerlich wenig verändert, nur sein Ruhm ist gewachsen – nicht allein durch den Nobelpreis, sondern auch durch die Entdeckung eines neuen chemischen Elements.

Vor einem Jahr stellte Bohr in Göttingen seine Erkenntnisse zum schalenförmigen Aufbau der Atome vor. Damals sagte er unter anderem voraus, wie weit die Gruppe der seltenen Erden im Periodensystem der chemischen Elemente reichen sollte, nämlich von Lanthan mit 57 Protonen im Atomkern und ebenso vielen Elektronen in der umgebenden Hülle bis Lutetium mit der Kernladungszahl 71. Das nächste Element mit der Kernladungszahl 72 war zu diesem Zeitpunkt noch unbekannt. Bohr zufolge sollte es ganz andere chemische und physikalische Eigenschaften haben als Lutetium und die seltenen Erdmetalle. Vielmehr sollte es dem Element Zirkon mit der Kernladungszahl 40 ähnlich sein.

Um die Sache aufzuklären und den darüber entbrannten Streit mit anderen Forschern beizulegen, wandte sich Bohr noch im selben Sommer an einen Naturwissenschaftler und Unternehmer, der sich wie kaum ein Zweiter mit seltenen Erden auskannte: den Erfinder des Gasglühstrumpfs und Zündsteins für Feuerzeuge, Carl Auer von Welsbach. Der gebürtige Wiener hatte sowohl das Element Lutetium als auch die seltenen Erden Praesodym und Neodym entdeckt. Durch ihn kam die Kopenhagener Forschergruppe an außergewöhnliche Seltenerd-Verbindungen und Zirkon-Mineralien heran.[9]

Wonach sie in diesen Präparaten suchen mussten, wussten Bohrs Mitarbeiter George de Hevesy und Dirk Coster genau. Im Zuge chemischer Analysen und röntgenspektroskopischer Messungen machten sie in Kopenhagen binnen weniger Monate das bislang fehlende chemische Element 72 ausfindig. Bei seinem Nobelpreis-Vortrag in Stockholm konnte Bohr daher die Entdeckung eines neuen, zirkonähnlichen chemischen Elements verkünden.[10] Zu Ehren seiner Heimatstadt erhielt es den Namen »Hafnium«, die lateinische Bezeichnung für »Kopenhagen«.

EINSTEIN UND BOHR FAHREN STRASSENBAHN

Einstein kann nur den Hut vor dem dänischen Wissenschaftler ziehen, dessen Atommodell sich einmal mehr glänzend bewährt hat. Ihn selbst haben die zurückliegenden Jahre in der Quantentheorie kaum weitergebracht. »Es war, wie wenn einem der Boden unter den Füßen weggezogen worden wäre«, so Einstein in der Rückschau. »Dass diese schwankende und widerspruchsvolle Grundlage hinreichte, um einen Mann mit dem einzigartigen Instinkt und Feingefühl Bohrs in den Stand zu setzen, die hauptsächlichsten Gesetze der Spektrallinien und der Elektronenhüllen

»Die Preiskletterei der Straßenbahn« in der Inflationszeit, gezeichnet von Hermann Abeking.

der Atome nebst deren Bedeutung für die Chemie aufzufinden, erschien mir wie ein Wunder … Das ist höchste Musikalität auf dem Gebiete des Gedankens.«[11]

Nachdem sie sich begrüßt und wechselseitig zu ihren Nobelpreisen gratuliert haben, gehen Bohr und Einstein zur nächsten Straßenbahnhaltestelle. Für den Gast aus Berlin sind Fahrten mit der »Elektrischen« in diesen Tagen ein gewisser Luxus. Am 1. Juli 1923 kostete ein Einzelfahrschein der Berliner Straßenbahn bereits 1000 Mark, nach Einsteins Rückkehr wird man 10 000 Mark dafür berappen müssen und einen Monat später, am 1. September, sogar 150 000 Mark.[12] Mit dieser galoppierenden Inflation halten die Einkünfte der Berliner Bevölkerung nicht Schritt.

»Berlin ist jetzt die Stadt der Fahrräder geworden«, kommentiert das *Berliner Tageblatt* den massenhaften Ausstieg vormaliger Fahrgäste aus dem öffentlichen Personenverkehr. »Es hat Kopenhagen, dessen Tretmotorarmeen weltberühmt waren, den Rang abgelaufen. Wenn man des Morgens und in den Nachmittagsstunden an den Zufahrtstraßen der Vororte steht, dann gleitet in unabsehbaren Reihen das radelnde Berlin vorbei.«[13]

Bohr und Einstein nehmen das radelnde Kopenhagen nicht wahr, das an jeder Haltestelle vorbeizieht. Kaum sind sie eingestiegen, versinken sie im Gespräch. Ihr Zusammentreffen ist wieder einmal dazu angetan, alles um sie herum auszublenden.

»Wir nahmen die Straßenbahn und unterhielten uns so angeregt, dass wir viel zu weit fuhren«, wird sich Bohr später erinnern. »Wir stiegen aus und fuhren zurück, aber auch dieses Mal fuhren wir zu weit. Ich weiß nicht mehr, wie viele Stationen.«[14]

Häuser schweben vorbei, Haltestellen, Fahrgäste steigen ein und aus – die beiden Quantenpioniere nehmen von der Außenwelt keine Notiz. Sie überlassen sich ganz der Physik und ihrer verborgenen Ordnung, in die in diesen Wochen neue Experimente aus Übersee eindringen.

ENDSTATION LICHTQUANT?

Bohr hat als einer der Ersten von Arthur Comptons Laborversuchen erfahren, und zwar durch seinen Münchener Kollegen Arnold Sommerfeld. Während Einstein Asien bereiste, verbrachte Sommerfeld ein halbes Jahr in den Vereinigten Staaten: Pasadena, Berkeley, Harvard, Columbia – eine Vortragsreise zur Atomphysik führte ihn quer über den Kontinent. Im

Januar 1923 teilte er Bohr mit, das Interessanteste, was er bislang in Amerika wissenschaftlich erfahren habe, sei eine Arbeit von Arthur Compton in St. Louis. »Hiernach würde die Wellentheorie für Röntgenstrahlen endgültig fallen zu lassen sein.«[15]

Damals hatte Compton seine Resultate noch nicht veröffentlicht. Erst vor zwei Monaten hat der amerikanische Forscher Details bekannt gegeben. Seine Experimente erinnern an die vorhergegangenen Laborversuche seines älteren Landsmanns Robert Millikan:

Auch Compton bestrahlte geeignete Materialien, etwa Grafit, mit Licht. Allerdings verwendete er für seine Experimente keine ultraviolette Strahlung, sondern Licht noch höherer Energie. Der Versuchsaufbau zielte in erster Linie darauf ab, zu messen, was mit diesem Röntgenlicht beim Durchgang durch Grafit geschah.

Das Licht wurde unter verschiedenen Winkeln gestreut. Zu Comptons Erstaunen änderte es sowohl seine Richtung als auch die Frequenz. Anscheinend gab die Röntgenstrahlung einen Teil ihrer Energie an die in dem Material vorhandenen Elektronen ab. Die quantitative Analyse erlaubte es ihm dann, ein Geschehen ähnlich wie bei Zusammenstößen von Kugeln auf einem Billardtisch nachzuzeichnen. Nur waren es hier allem Anschein nach einzelne Lichtquanten, die auf die Elektronen prallten, dabei Energie und Impuls auf diese übertrugen und selbst die Richtung wechselten.[16]

In seiner Veröffentlichung erwähnte der Experimentator Compton den Theoretiker Einstein mit keinem Wort. Einstein hatte den Lichtquanten bereits in seinen Arbeiten zu den verschiedenen Arten von Quantensprüngen einen Impuls zugeschrieben. Nun sieht er sich vollauf bestätigt: »Das positive Ergebnis des Comptonschen Experiments beweist, dass nicht nur bezüglich der Energieübertragung, sondern auch bezüglich der Stoßwirkungen die Strahlung sich so verhält, wie wenn sie aus diskreten Energieprojektilen bestünde.«[17]

Im Sommer 1923 ist die Lichtquantenhypothese 18 Jahre alt. Volljährig. Tatsächlich verschafft sie sich nun Gehör. Comptons Beitrag in der Zeitschrift *Physical Review* findet ein breites Echo. Wie der Wissenschaftshistoriker Klaus Hentschel hervorhebt, entpuppt sich die Veröffentlichung als der meistzitierte physikalische Aufsatz der Zwanzigerjahre.[18]

Den skeptischen Wolfgang Pauli zum Beispiel überzeugen Comptons scharfsinnige Betrachtungen auf Anhieb. Umgehend knöpft er sich die alten Arbeiten Einsteins vor und verallgemeinert einige der darin gefundenen Resultate zum Strahlungsfeld. Sommerfeld nimmt Comptons Ergebnisse sogleich in die Neuauflage seines Lehrbuchs zur Atomphysik auf. Als er im August 1923 mehrere Tage zusammen mit Einstein auf Schloss Lautrach im Unterallgäu verbringt, sprechen sie »hauptsächlich über diesen fundamentalen Gegenstand«.[19]

»Man hat also jetzt zwei Lichttheorien«, schreibt Einstein einige Zeit später im *Berliner Tageblatt*. Eine Teilchen- und eine Wellentheorie. Beide seien unentbehrlich, aber – wie man trotz langjähriger, ungeheurer Anstrengungen der theoretischen Physiker heute zugestehen müsse – »ohne jeden logischen Zusammenhang«.[20]

Zwei verschiedene Narrative, die ein hybrides Ganzes bilden – dieses Zugeständnis hat ihm viel abverlangt. Die Indizien, die Einstein dafür gefunden hatte, dass sich die Lichtenergie aus Energiequanten zusammensetzt, wogen seines Erachtens schwer. Zwischenzeitlich verlor es das anfängliche Vertrauen in die eigene Hypothese jedoch wieder. Denn den Wellencharakter des Lichts konnte und wollte auch er nicht leugnen. Er sei nicht der »orthodoxe Lichtquantler«, für den man ihn halte, entgegnete er manchen Kollegen.[21]

Seine eigenen Auseinandersetzungen mit der Welle-Teilchen-Dualität sind längst nicht beendet. Die Frage, was Licht ist, macht ihn regelrecht kirre. Vielen Fachkollegen stellt sie sich erst jetzt in aller Schärfe. Und nicht alle nehmen die Sache so locker wie der Physiker William H. Bragg:

»Montags, mittwochs und freitags benutzen wir die Wellentheorie«, umschrieb der britische Nobelpreisträger das Dilemma. »Dienstags, donnerstags und samstags denken wir an Strahlen fliegender Energiequanten oder Korpuskeln.« Beim gegenwärtigen Stand der Dinge müsse man mit zwei Theorien arbeiten. Eines Tages werde man die unterschiedlichen Sichtweisen vielleicht zusammenbringen können.[22]

DAS DOPPELSPALTEXPERIMENT

Nur wie? Die neuen Ergebnisse aus den Vereinigten Staaten haben Bohrs Argument, die Lichtquantenhypothese stehe den Interferenzerscheinungen völlig fremd gegenüber, ja keineswegs entkräftet. Entsprechend schwer tut sich auch der dänische Forscher mit ihrer Einordnung. Wie vertrackt die Sache ist, verdeutlicht ein Experiment, das wie kein anderes für Bohrs Standpunkt spricht und über das sich Einstein schon seit geraumer Zeit den Kopf zerbricht: der legendäre Doppelspaltversuch.

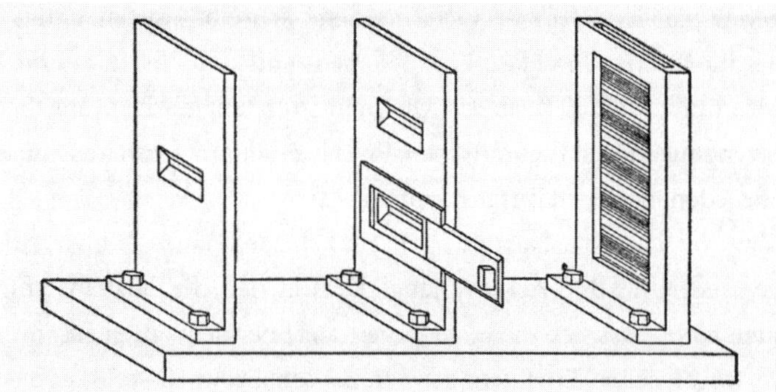

Fig. 4

Thomas Young bestrahlte einen Schlitz (links) mit einfarbigem Licht. Da das Licht hinter dem Schlitz gebeugt wird, konnte er den Doppelspalt (Mitte) auf diese Weise gleichmäßig ausleuchten. Die beiden Schlitze in dem zweiten Schirm wirken nun ihrerseits wie zwei Lichtquellen. Das von ihnen ausgehende Licht überlagert sich auf dem Schirm (rechts). Dort zeigt sich ein Interferenzmuster, das hier nach einer Zeichnung von Niels Bohr schematisch wiedergegeben ist.

Am Aufbau dieses Experiments hat sich wenig geändert, seit der britische Naturforscher Thomas Young zu Beginn des 19. Jahrhunderts auf eine pfiffige Idee kam: Auf eine Platte mit einer schmalen Öffnung fällt möglichst einfarbiges Licht. Anschließend geht es durch zwei kleine Schlitze hindurch und landet in einigem Abstand auf einem Schirm oder einer Wand.

Wenn die beiden Spalte fein genug sind, wird das durchtretende Licht in alle Richtungen gebeugt. Die Öffnungen wirken nun selbst wie zwei gleichartige Lichtquellen, die in sämtliche Richtungen strahlen. Sie werfen ein Muster auf den Schirm, das den Physiker und Augenarzt in seinen Bann zog.

Thomas Young beobachtete einen zentralen hellen Streifen, an den sich zu beiden Seiten hin abwechselnd dunkle und helle Bereiche anschlossen. Das war insofern verblüffend, als auch die dunklen Stellen von beiden Schlitzen aus beleuchtet wurden. Young musste also für diese dunklen Gegenden eine sonderbare Gleichung aufmachen: Licht + Licht = Dunkelheit.

Diese Gleichung schrieb der Bleistift der Natur, »the pencil of nature«, unter den von Young vorgegebenen Bedingungen wohlgemerkt selbst an die Wand. Was dem Versuch seine große Überzeugungskraft verlieh, war gerade die Verdopplung der Lichtquelle. Sie führte dazu, dass einige Zonen auf der Wand schwarz blieben, obschon sie zweifach im Licht lagen. Um dies zu deuten, wählte Young einen später oft zitierten Vergleich:[23]

Man lässt gleichzeitig zwei Steine nebeneinander ins Wasser fallen. Von beiden Zentren aus pflanzt sich die Störung nach dem Einschlag in kreisförmigen Wellen fort. Kurz darauf treffen die Wellenkämme und Wellentäler zusammen und interferieren. Wo sich zwei Wellenkämme begegnen, schaukeln sie sich auf, was Physiker als konstruktive Interferenz bezeichnen, wo dagegen Wellenkamm auf Wellental stößt, heben sie sich in destruktiver Interferenz auf.

Mit dem Doppelspaltversuch hatte Young ebensolche Interferenzen sichtbar gemacht. In dem Muster auf seinem Schirm spiegelte sich eindrucksvoll die Wellennatur des Lichts. Young konnte daraus sogar die winzige Wellenlänge des Lichts ermitteln. Sein Experiment trug maßgeblich dazu bei, dass die Vorstellung von Lichtkorpuskeln oder Lichtglobuli im Laufe des 19. Jahrhunderts aufgegeben wurde.

Versuchen wir kurz, das Experiment in einer Teilchentheorie des Lichts zu deuten. Die hellen Streifen des Musters sind dann offensichtlich Bereiche, in denen viele Lichtteilchen ankommen, während in den dunklen Zonen nur wenige bis gar keine eintreffen. Was folgt daraus?

Stellen Sie sich vor, Sie haben in Ihrem Haus ein Dachgeschoss mit zwei Luken, und es beginnt zu hageln. Wenn Sie versehentlich eine Luke offen gelassen haben, sammeln sich Hagelkörner auf dem Dachboden unter der einen Luke. Sollten Sie aber vergessen haben, beide Dachluken zu schließen, dann prasseln die Hagelkörner auch unter der zweiten Öffnung auf den Boden. In der Summe finden Sie zwei Haufen oder zwei nasse Flecken vor, wenn Sie das nächste Mal ins Dachgeschoss kommen – aber sicherlich keine Muster aus nassen und trockenen Zonen.

Ähnlich beim Doppelspaltexperiment: Hinter einem beleuchteten Spalt fallen Lichtteilchen auf den Schirm. Man kann zum Beispiel zuerst den unteren Spalt schließen und nur den oberen offen lassen und danach umgekehrt. In der Summe entstehen auf dem Schirm zwei helle Lichtstreifen, die sich überlappen, wenn die Schlitze dicht beieinander sind, sodass das Maximum der Gesamtverteilung in der Mitte liegt.

Wenn beide Spalte gleichzeitig offen stehen, ergibt sich jedoch ein anderes, komplexeres Bild auf dem Schirm, nämlich das von Young beobachtete Interferenzmuster. Wo Lichtteilchen beim Durchgang durch einen Spalt überhaupt landen können, hängt demnach entscheidend davon ab, ob der andere Spalt währenddessen geöffnet ist oder geschlossen. Schon das ist rätselhaft. In manchen Zonen aber kommen fast keine Lichtteilchen an. Aus unerfindlichen Gründen bleibt es dort dunkel.

EINSTEINS »GESPENSTERFELD«

Bohr hat schon bei seiner Nobelpreisrede herausgestellt, dass dem Interferenzbild mit der Teilchenvorstellung des Lichts nicht beizukommen ist. Mit Youngs Doppelspaltversuch hält der dänische Forscher einen Trumpf in der Hand. Und wir haben einigen Grund zu der Annahme, dass er ihn gerade in dem Moment ausspielt, da sein Gegenüber neue Argumente für seine Lichtquantenhypothese vorbringen kann. Wie erklärt sich Einstein das Streifenmuster?

Die Frage drängt sich nach den neuen Resultaten aus Übersee auf.

Bohr seinerseits ist damit konfrontiert, die von Compton beobachteten Effekte auf Basis der Wellentheorie verständlich zu machen. Der dänische Forscher schaut in die eine, Einstein in die andere Richtung.

Ein Straßenbahnwagen scheint kein schlechter Hort für die selbstvergessene Widmung an physikalische Fragen zu sein. Während an jeder Haltestelle Fahrgäste durch offene Türen ein- und aussteigen, sind beide Forscher gefangen genommen von ihren theoretischen Interessen. Sind Lichtquanten Teilchen im klassischen Sinn?

Einstein hat sich zumeist vorsichtig dazu geäußert. Statt von Lichtteilchen sprach er zuallererst von »in Raumpunkten lokalisierten Energiequanten«. Über diese Energiequanten oder Lichtquanten sagte er ferner, dass sie »sich bewegen, ohne sich zu teilen, und nur als Ganze absorbiert oder erzeugt werden können«.[24] Inzwischen kommt ihm das Wort »Teilchen« gelegentlich über die Lippen, obschon der Doppelspaltversuch und zahllose andere Experimente darauf schließen lassen, dass Licht nicht oder nicht allein aus teilchenartigen Gebilden besteht.

Schon seit einiger Zeit geht ihm ein Gedanke nicht mehr aus dem Kopf, den er zwar nicht zu einer Theorie auszuarbeiten vermag, der ihn aber immer wieder einholt. Einsteins Idee besteht in einem differenzierten Sowohl-als-auch: dass es nämlich eine Lichtwelle gibt, welche die Lichtquanten führt.

Er hat dazu nie etwas veröffentlicht und wird dies auch in Zukunft nicht tun. Aber in Briefen und in Kommentaren seiner Fachkollegen finden sich seit Beginn der Zwanzigerjahre etliche Hinweise auf ein solches Führungsfeld oder »Gespensterfeld« und die von ihm gelenkten Quanten. Nur wenige Monate nach Einsteins Straßenbahnfahrt durch Kopenhagen wird Bohrs erster Assistent, Hendrik Kramers, in einem Buch über die Atomtheorie darauf hinweisen, Einstein habe im Zusammenhang mit den Lichtquanten ein »Gespensterfeld« eingeführt.[25] Auch deshalb dürfen wir vermuten, dass Einstein und Bohr bei ihrer Begegnung eben darüber sprechen.

Am deutlichsten treten Einsteins Überlegungen in seiner Korrespondenz mit Hendrik Antoon Lorentz zutage. Während eines Aufenthalts in

Leiden bei seinem Freund Paul Ehrenfest im November 1921 traf Einstein mehrfach mit Lorentz zusammen. Die ganze Idee scheint damals noch recht frisch gewesen zu sein. Jedenfalls fasste der niederländische Forscher Einsteins Grundgedanken nach ihrer ersten Begegnung mit eigenen Worten zusammen und schickte ihm vor dem nächsten Treffen einen Brief mit entsprechenden Kommentaren. Was für eine Debattenkultur!

»Bei der Lichtemission wird zweierlei ausgestrahlt«, schrieb Lorentz seinerzeit. Nämlich erstens eine Interferenzstrahlung nach den bekannten Gesetzen der Optik. Diese Welle übertrage aber noch keine Energie. »Man kann sich z. B. denken, dass diese Strahlung in den gewöhnlichen elektromagnetischen Schwingungen, aber mit verschwindend kleiner Amplitude besteht. Infolgedessen kann man sie selbst nicht beobachten.«[26] Wegen dieser Unbeobachtbarkeit sprach Einstein auch von einem »Gespensterfeld«.

Lorentz' Ausführungen zufolge ist dieses »Gespensterfeld« wie ein totes Muster, das erst durch die Lichtquanten zum Leben erweckt wird. Sie sind die eigentlichen Träger der Energie. Die Führungswelle gibt vor, welchen Weg sie nehmen können.[27]

Gemäß Einsteins Theorie entstehe die volle Interferenzstrahlung bereits bei jedem Elementarakt, wenn also nur ein einzelnes Lichtquant ausgestrahlt wird. Dieses Lichtquant erreiche dann bei entsprechenden optischen Experimenten – in unserem Fall dem Doppelspaltversuch – nur eine Stelle des aufgestellten Schirms. »Es wiederholt sich aber der Elementarakt unzählig viele Male.« Dabei verteilten sich die Lichtquanten statistisch. Und zwar in der Weise, dass die mittlere Anzahl der Lichtquanten in jedem Punkt des Schirms proportional der Intensität der Führungswelle ist. Auf diese Weise komme das beobachtete Wellenmuster zustande.[28]

Frappierend an dieser Analyse ist die Auflösung des Doppelspaltexperiments in Einzelprozesse, welche statistischen Gesetzen genügen. Einstein zufolge sollte der Versuch unverändert ablaufen, wenn man die Intensität des Lichts so weit wie überhaupt denkbar herabsetzen würde. So weit, bis nur noch einzelne Lichtquanten eins nach dem anderen in Richtung Doppelspalt und weiter zum Schirm gelangen. Dort würden sie scheinbar zufällig auf den Schirm treffen. Doch nach und nach, Mosaikstein für Mosaikstein, sollte aus einzelnen Licht- oder Schwärzungspunkten das bekannte Streifenmuster hervortreten.

Die zeitgenössische Laborkunst ist weit von den technischen Möglichkeiten entfernt, ein solches Experiment umzusetzen. Es gibt allerdings Versuche in diese Richtung. Der Physiker Geoffrey Ingram Taylor zum Beispiel erzeugte in Cambridge schon im Jahr 1909 ganz schwaches Licht, das unterschiedliche Rauchglasscheiben passieren musste.[29] Sein längster Versuch mit solchem Licht erstreckte sich über drei Monate. Während sich der Experimentator zwischenzeitlich zum Segeln verabschiedete, bemalte das fade Licht seine fotografische Platte nach und nach mit einem Wellenmuster.

Statt Rauchglas arbeiten Taylors Nachfolger lieber mit Spiegeln, die nur einen Bruchteil des auftreffenden Lichts zurückwerfen. Einzelne Lichtquanten zu erzeugen wird sich allerdings als außerordentlich schwierig erweisen. Im weiteren Verlauf des 20. und 21. Jahrhunderts, in dem sich die Bezeichnung »Photon« anstelle von »Lichtquant« durchsetzt, werden sich »Ein-Photonen-Experimente« dennoch auf trickreiche Weise realisieren lassen.

Hinter dem Doppelspalt werden dann einzelne Lichtquanten an unvorhersehbaren Stellen auf dem Schirm auftreffen. In der Summe aber werden sie klaren statistischen Spielregeln folgen. Sie werden, wie von einem »Gespensterfeld« geführt, bestimmte Bereiche meiden und sich bevorzugt an anderen Stellen auf dem Schirm tummeln.[30]

Lorentz nahm diese statistische Interpretation des Interferenzmusters mit wachem Interesse auf und sprach später in Vorträgen darüber.[31] Einsteins »Gespensterfeld« wird die weitere Entwicklung der Quantentheorie noch maßgeblich beeinflussen. Im Sommer 1926 zum Beispiel wird der Göttinger Theoretiker Max Born in einer wegweisenden Arbeit darauf zurückkommen.[32]

Aber was ist dran an Einsteins Erklärungsversuch des Doppelspaltexperiments? Ist es gerechtfertigt, neben den nicht unumstrittenen Lichtquanten auch noch ein unbeobachtbares »Gespensterfeld« in die Theorie einzuführen? Welche Schwierigkeiten handelt man sich damit ein?

Schon vor der besagten Begegnung mit Lorentz hatte Einstein damit zu kämpfen, dass er seine Überlegungen nicht mit den Gesetzen von der Erhaltung der Energie und des Impulses in Einklang bringen konnte, sobald er mehrere Lichtquanten betrachtete.[33] Zudem hatte er prinzipielle Bedenken. Denn eine Theorie sollte mit möglichst wenig Hypothesen auskommen.

Andererseits sagte ihm seine Intuition, dass den Lichtquanten ein höheres Maß an Realität zukommt als dem Feld. Ein paar Wochen nach den Gesprächen mit Lorentz meinte er, die Gespenster wieder verscheuchen zu können, die er herbeigerufen hatte. Er wollte das Führungsfeld wieder loswerden und »durch eine Wechselwirkung der Elementarprozesse« ersetzen.[34] Auf einmal gebärdete er sich doch als »orthodoxer Lichtquantler« und suchte nach Experimenten, die Widersprüche im Wellenbild des Lichts offenlegen – ohne Erfolg. Zwischenzeitlich erklärte er sich gegenüber Paul Ehrenfest, mit dem er die Diskussion über das »Gespensterfeld« fortsetzte, als »nun für das Irrenhaus vollständig reif«.[35]

»EIN PAAR HERRLICHE STUNDEN«

Auch Bohr brennt das Thema auf den Nägeln, auch er hat mehr Fragen zur Natur des Lichts als Antworten. Warum er sich an Einsteins Spekulationen zum Doppelspaltversuch reibt: weil sie an den Fragen vorbeigehen, die den dänischen Forscher vorrangig interessieren. Einstein hat mit seinem »Gespensterfeld« keine Brücke zu den Atomen gebaut.

Wie soll man sich die Wechselwirkung zwischen Licht und Atomen vorstellen, wenn Lichtquanten auf einer Führungswelle reiten, die keine Energie in sich trägt? Was passiert dann bei der Absorption von Licht durch Atome? Bohr ist das schleierhaft. Nur ein halbes Jahr später wird er selbst mit einem »Gespensterfeld« ganz anderer Art an die Fachöffentlichkeit treten.

Bei allen inhaltlichen Differenzen verbindet die beiden Wissenschaftler ihr Interesse am Unerklärlichen und Geheimnisvollen. Es lässt sie alles andere um sie herum vergessen. Die Zeit bis zu Einsteins Weiterreise nach Göteborg ist auf wenige Stunden befristet. Sie kosten sie voll aus.

Statt ihr Gespräch zu unterbrechen, bleiben sie bis zur Endstation sitzen, nur um gleich wieder in die nächste Straßenbahn einzusteigen, die in die entgegengesetzte Richtung fährt. Auf diese Weise sei es viele Male hin und her gegangen, so Bohr. »Und was die Leute von uns dachten, mag dahingestellt bleiben.«[36]

Die Leute? An diesem warmen Sommertag interessiert sich niemand für die beiden Deutsch sprechenden Fahrgäste, die man später als die bedeutendsten theoretischen Physiker des 20. Jahrhunderts kennen wird. Nur die Nachwelt, die weiß, dass die Quantentheorie kurz davorsteht, völlig umgekrempelt zu werden, interessiert sich für sie. Ihr allein drängt sich die Frage auf, worum sich ihr Vieraugengespräch im Einzelnen dreht.

Bohr wird von einer »angeregten Unterhaltung« schwärmen, Einstein von »ein paar herrlichen Stunden«.[37] Während sie gemeinsam durch Kopenhagen gondeln, gelingt es Einstein freilich nicht, sein lichtquantenscheues Gegenüber zum Umdenken zu bewegen. Gleichgültig, welche Argumente er in der Straßenbahn vorbringt – Fakt ist, dass Bohr im Unterschied zu Arnold Sommerfeld oder Wolfgang Pauli allein an der Wellentheorie des Lichts festhalten wird. Er wird sie auch künftig von Montag bis Samstag benutzen.

Andersherum gelingt es Bohr nicht, Einsteins Interesse stärker auf jene Fragen zum Atombau und zur Interaktion zwischen Licht und Atomen zu lenken, an deren Klärung er selbst zusammen mit einer ständig wachsenden Zahl junger Forscherinnen und Forscher arbeitet. Bohr kitzelt immer neue Ideen aus ihnen heraus. Einstein dagegen verpasst es, seine Überlegungen in solche Diskurse einzubringen.

Bohr kehrt mit ungelösten Fragen an sein Institut zurück und wirft sie dort in die Runde. Einstein reist alleine nach Schweden weiter und durch die Quantenwelt. Ist er dabei, den Anschluss an die Denkbewegungen der nächsten Generation zu verlieren?

FLUCHT AUS BERLIN

Berlin, November 1923: Einen Tag vor dem Hitlerputsch in München hat Einstein Deutschland Hals über Kopf verlassen. Planck ist entsetzt. Wird sein Kollege Berlin nun für immer den Rücken kehren? Seine vielen Verbindungen ins Ausland kommen Einstein einmal mehr zugute. Und der Physik, die die Spur von Materiewellen aufnimmt

Nun sind die Deutschen zwar Milliardäre. Auf den Straßen der Hauptstadt indes Schwärme von Beschäftigungslosen, Warteschlangen vor den Suppenküchen, Andrang vor Bäckereien und Lebensmittelläden. Überall Menschen, die für die vielen Scheine schnell noch etwas Essbares bekommen wollen, die Hunger leiden und »aus deren Mienen die schiere Verzweiflung blickt«, wie die *Vossische Zeitung* festhält.[1] Aus Angst vor Überfällen halten immer mehr Einzelhändler ihre Geschäfte geschlossen oder öffnen nur noch unter Polizeischutz.

Am 1. November steht der Dollar bei 130 Milliarden, zwei Tage später bei 420 Milliarden Mark. Man kann das Geld gar nicht so rasch ausgeben, wie es zerrinnt. Wer noch Arbeit hat, rennt vom Auszahlungsschalter zum nächsten Geschäft.[2]

Jeder kann persönliche Geschichten dazu erzählen. Max Planck zum Beispiel, viel auf Vortragsreisen, musste feststellen, dass seine Reisekasse zwischen Morgen und Abend so wertlos geworden war, dass sie nicht mehr für eine Übernachtung ausreichte. Schließlich schlief er im Wartesaal eines Bahnhofs.[3]

Am Vormittag des 5. November, als der Brotpreis auf 140 000 000 000 Mark hochgeschnellt ist, warten Arbeitslose in Berlin vor einem Amt nahe dem Alexanderplatz vergeblich auf die Auszahlung einer Unterstützung. Einige »gewerbsmäßige Agitatoren« nutzen die Erregung der Men-

Warteschlange vor einem Berliner Lebensmittelladen im Jahr 1923.

ge für antijüdische Hetzreden und Streuung von Gerüchten.[4] Daraufhin zieht eine Meute zum nahe gelegenen Scheunenviertel, wo Juden aus Russland, Galizien, Litauen oder Rumänien in ärmlichen Verhältnissen leben, stürmt Geschäfte, raubt Wohnungen aus.

Der Weg in die Verrohung ist nur wenige Hundert Meter weit. Das *Berliner Tageblatt* berichtet von 300 Menschen, die in ein Fahrradgeschäft eindrangen, von 20 Burschen, die einen Schuhmacher brutal zusammenschlugen, der Plünderung einer Schlächterei, eines Seifen-, Butter-, Konfektionsgeschäfts.[5] Wie aus Zeitungsmeldungen hervorgeht, spielen sich schreckliche Szenen ab: »Entkleidungskommandos« ziehen die Überfallenen im Eiltempo von Kopf bis Fuß aus, um sie dann unter Johlen und Geschrei, nur mit Unterhosen bekleidet oder ganz nackt, durch die Straßen laufen zu lassen.[6] Einigen werden die Bärte abgeschnitten. Dieses Treiben sei eine Stunde lang systematisch von Haus zu Haus fortgesetzt worden.[7]

In der Villenkolonie im Grunewald ist es friedlich. Keine eingeschlagenen Fensterscheiben, keine Plünderungen, keine Gewaltexzesse. Aus den Professorenhäusern, die sich jenseits des Kurfürstendamms zwischen Wangenheim-, Humboldt- und Friedrichsruher Straße unter die blaugrünen Kiefern eingeschoben haben, dringt allenfalls hier und dort Musik nach draußen.[8]

Im Hause Planck herrscht Feierstimmung. Soeben hat Max Plancks Sohn Erwin, sein ganzer Stolz, »Rittmeister im 3. Preußischen Reiter-Regiment«, seine Verlobung mit Nelly Schoeller angezeigt, »Tochter des verstorbenen Geheimen Seehandlungsrats, Geschäftsinhabers der Diskonto-Gesellschaft, Herrn Alexander Schoeller und seiner Frau Gemahlin Maria, geb. Dirksen«.[9] Noch vor Weihnachten wollen sie heiraten.

Nachdem seine Kriegsverletzung wieder aufgebrochen war, nach Monaten voller Trübsinn, in denen er sich fühlte wie ein alter Mann, kann sich Erwin Planck wieder an den einfachsten Dingen freuen. Seine Verlobte ist erst 20 Jahre alt, zehn Jahre jünger als er. Doch sei sie »ganz selbständig«[10] und ihm »in fast allen Dingen des Herzens überlegen«.[11] Interessiert an Fotografie, Automobilen und moderner Technik, wird sie im Laufe der Zwanzigerjahre eine mehrjährige Ausbildung zur medizinisch-technischen Assistentin absolvieren.

Das Briefporto hat sich am 5. November zwar ebenfalls verzehnfacht. Dennoch verschickt das Paar großformatige Briefumschläge nach München und Göttingen, Hamburg und Greifswald. Verwandte und Freunde rufen an, um ihre Glückwünsche zu übermitteln, Nachbarn kommen vorbei. Und da in der Wangenheimstraße 21 zu allen Feierlichkeiten musiziert wird, darf man davon ausgehen, dass Max Planck in diesen Tagen des Öfteren am Klavier sitzt, begleitet das eine oder andere Mal von seinem Sohn am Cello.

»Ahnungslos«, wie er im Nachhinein schreibt, bricht Max Planck am Abend des 9. November 1923 zu einer Verabredung mit Albert Einstein auf.[12] Man könnte auch sagen: guter Dinge. Unter anderem bringt er die erfreuliche Nachricht mit, dass Einstein wieder einmal Geld verteilen darf, dass der Elektrophysik-Ausschuss der »Notgemeinschaft der Deutschen Wissenschaft«, als dessen Vorsitzender Planck firmiert, gerade die hübsche Summe von 1000 Goldmark – selbstverständlich keine Papiermark! – für das Kaiser-Wilhelm-Institut für Physik bewilligt hat.

Einsteins Institut liegt in der Haberlandstraße 5 in Schöneberg. In diesem Stadtteil Berlins wohnen viele jüdische Kaufleute und Intellektuelle. Zu seinen Nachbarn gehören der Rabbiner Leo Baeck oder die Schriftstellerin Else Lasker-Schüler, in der Haberlandstraße 7 wächst die spätere Fotografin Gisèle Freund auf, Tochter des Kunstsammlers Julius Freund.

Als Planck in der vierten Etage des modernen Eckhauses angelangt ist, erfährt er, dass der Gastgeber nicht zu Hause ist. Einstein ist Hals über Kopf abgereist, allein, ohne seine Frau, weg von Berlin, raus aus Deutschland. Nachdem er persönlich bedroht worden war, hat er die Flucht ergriffen, wie Elsa Einstein dem Besucher erzählt. Zwei Tage nach dem Pogrom im Berliner Scheunenviertel und einen Tag vor dem Hitlerputsch in München hat er sich in die Niederlande abgesetzt: nach Leiden.

Planck ist fassungslos. Haben sie es also wieder einmal geschafft! Er sei ganz außer sich vor Zorn und Wut über diese infamen Dunkelmänner, die es gewagt und fertiggebracht hätten, ihn von seinem Zuhause und seiner Wirkungsstätte zu trennen, teilt er Einstein in einem eilig verfassten Brief mit.[13] Planck spricht von »abscheulichen Vorgängen«.[14] Was genau vorgefallen war, verraten die Quellen nicht. Doch offenbar hatte Einstein, der »Oberjude«, wie er sich selbst in diesem Zusammenhang tituliert, wieder einmal das Schlimmste zu befürchten.[15]

Seiner resoluten Frau ist es zuzutrauen, dass sie ihm, um ihn sicher aus Berlin rauszubringen, zwei Bodyguards zur Seite stellte. Auch Planck gibt sich energisch: Dieser »bodenlosen Gemeinheit einer bissigen Menge« müsse man unbedingt Herr werden. Er werde alles daransetzen, in die Sache hineinzuleuchten und die Schuldigen zur schärfsten Rechenschaft zu ziehen. »Aber tiefer als meine Empörung geht mir der Schmerz darüber, dass Sie fort sind und dass Sie, wie mir Ihre Frau Gemahlin sagte, keine Lust mehr hätten zurückzukommen.«[16]

DER »FRANZOSENFREUND«

Seit Jahren quält Planck der Gedanke, Einstein, das Aushängeschild der deutschen Forschung, könne sich am Ende dazu entschließen, das Land für immer zu verlassen. Bereits im Sommer 1920, nach den üblen Angriffen in der Berliner Philharmonie, wollten Einstein und seine Frau die Koffer packen. Zwei Jahre später spitzte sich die Situation abermals zu:

Mit Walther Rathenau hatte ein jüdischer Unternehmer und Politiker das Außenministerium übernommen, der Deutschland Schritt für Schritt wieder in die internationale Völkergemeinschaft zurückführen wollte. Gerade im Hinblick auf das deutsch-französische Verhältnis war sein Kurs höchst umstritten. In Versailles hatte Deutschland einen Friedensvertrag unterzeichnen müssen, der, um Plancks Worte zu gebrauchen, einer »politischen und wirtschaftlichen Knechtung« gleichkam.[17]

Von den Rechten wurde Rathenau als »Erfüllungspolitiker« diffamiert und massiv angegriffen: »Die deutsche Ehre ist keine Schacherware für internationale Judenhände.«[18] Bald folgten offene Morddrohungen.

Einstein kannte Rathenau seit Langem. Nachdem er zunächst eine Einladung des Physikers Paul Langevin nach Paris abgesagt hatte, revidierte er seine Entscheidung im Frühjahr 1922 und ließ sich – auf Drängen des Außenministers und trotz erheblicher Bedenken – auf eine Reise nach Frankreich ein. Dass ihn einige deutsche Forscherkollegen nun zum »Franzosenfreund« und »Vaterlandsverräter« abstempeln würden, nahm er in Kauf. Doch auch in Frankreich schien ihm der Hass der Nationalisten sicher, denn dort sah man ihn als Vertreter der deutschen Wissenschaft. Die Pariser Akademie der Wissenschaften zum Beispiel lehnte eine Einladung Einsteins ab.

Seine Frankreichreise wurde dennoch ein Erfolg, in der französischen Presse gefeiert und auch von der Deutschen Botschaft in Paris als solcher erlebt.[19] Einstein hielt Vorträge am Collège de France, besuchte die schwer beschädigte Kathedrale von Reims, ehemalige Schlachtfelder und Soldatenfriedhöfe. Schließlich kehrte er mit dem Gefühl zurück, »ein Weniges zur Annäherung der Geister beigetragen zu haben«.[20]

Nur zwei Monate später musste er um Leib und Leben fürchten. Nach einer Serie von Attentaten wurde Rathenau im Juni 1922 auf offener Straße im Berliner Grunewald erschossen, in Plancks unmittelbarer Nachbarschaft. Mordwaffe war eine jener Maschinenpistolen MP 18/1, mit denen im Stellungskrieg bis zu 450 Schuss pro Minute abgefeuert worden waren. Die Täter, ehemalige Armeeangehörige, kamen wie so oft aus den Reihen der zuvor am Kapp-Putsch beteiligten Brigade Ehrhardt, die sich, unbehelligt von den Münchener Behörden, in eine rechte Terrororganisation verwandelt hatte.

Im Fadenkreuz der Rechtsextremisten stand auch Einstein. Von mehreren Seiten gewarnt, sagte er alle öffentlichen Auftritte ab, ließ seine Ämter ruhen und tauchte unter, zunächst in Kiel, später in einer Laube in der Kleingartensiedlung Bocksfelde an der Havel. Nicht weil er übermäßig ängstlich war. In Berlin sah man ihn im Sommer 1922 durchaus mal bei einer öffentlichen Demonstration. Er war aber auch nicht lebensmüde und verschwand rasch wieder in der Laube, seinem »Spandauer Schloss«, zeitweise zusammen mit seinen beiden Söhnen, die aus Zürich gekommen waren.

Nach einem Sommer in Zurückgezogenheit und einem halben Jahr auf Asientournee kehrte Einstein im Frühjahr 1923 zurück nach Berlin. Unter den gegebenen Umständen hätte es ihm Planck kaum verübeln können, wenn er nun eine Stelle im Ausland angenommen hätte. Tatsächlich dachte Einstein wieder einmal darüber nach.

»Wenn ich mir meinen Wohnsitz nach freiem Geschmack wählen könnte, ginge ich auch nach Italien für den Rest meiner Tage«, hatte er seiner Schwester Maja, die in Florenz lebte, vor seiner Asienreise gestanden.[21] Nun unterbreitete ihm die Universität La Sapienza in Rom ein entsprechendes Angebot. Doch in Italien hatten die Faschisten soeben die Macht an sich gerissen.

Benito Mussolini stammte wie Hitler aus einfachen Verhältnissen und gehörte zur Kriegsgeneration. Auch er rekrutierte viele seiner Anhänger anfangs aus den Reihen desillusionierter Kriegsheimkehrer und schloss sie in Kampfbünden zusammen, den »Fasci«.[22] Politische Unterstützung fand er zudem im Kleinbürgertum und in konservativen Kreisen, denen die linken Arbeiterbewegungen in Italien ein Dorn im Auge waren. Ihnen allen versprach er die Wiederherstellung geordneter Verhältnisse.

Maja Winteler-Einstein sah in Mussolini anscheinend keine große Gefahr. »Die römischen Faschisten würden mich wegen Dir, lieber Albert, weniger beunruhigen als ihr antisemitisches Gegenstück in Berlin«, schrieb sie im Frühjahr 1923, ein halbes Jahr nach Mussolinis »Marsch auf Rom«.[23] Ihr Bruder lehnte das Angebot ab. Italien, wo er als Jugendlicher eine Zeit lang gelebt hatte, wo aber die freie Presse inzwischen geknebelt, politische Gegner mundtot gemacht wurden, war keine Option mehr für ihn.

Stattdessen nahm er in Berlin seine alten Gewohnheiten wieder auf, pilgerte zum Physikalischen Kolloquium und reichte theoretische Abhandlungen bei der Akademie der Wissenschaften ein. Zu Plancks großer Freude ließ er sich zuletzt sogar wieder bei einer Fachtagung blicken, beim Deutschen Physikertag in Bonn, der vorzeitig abgebrochen werden musste, »weil die Bahn die Fahrpreise plötzlich verdreifachte und die meisten nicht mehr hätten nach Hause fahren können«.[24]

Was Planck weniger behagte: Einstein engagierte sich nach seiner Rückkehr aus Japan auch wieder für den Völkerbund und für die »Liga für Menschrechte«. Trotz allem, was vorgefallen war, sprach er weiterhin auf Kundgebungen, schrieb Zeitungsartikel, trat für seine »Stammesbrüder« ein und stritt öffentlich für seine pazifistischen Überzeugungen. Zusammen mit dem aus Paris angereisten Physiker Paul Langevin etwa demonstrierte er medienwirksam auf der Straße: »Nie wieder Krieg!«[25]

Einstein wird später einmal erzählen, Planck habe ihn einige Male besucht, um ihm ins Gewissen zu reden. »Er war stark traditionsgebunden in seiner Beziehung zu seinem Staate und zu seiner Kaste.« Da er jedoch stets willens gewesen sei, Einsteins Überzeugungen zu akzeptieren, sei es nie zu Verstimmungen gekommen. Über all die Jahre hinweg habe der ernste, an seine Familie und seinen weiteren Kreis eng gebundene Planck »mit einem Zigeuner, wie ich es war, einem Unverbundenen, der allem gern die komische Seite abgewann«, in schönster Eintracht gelebt.[26]

HITLER ZUM REICHSCHEF?

Bei all seinem schwäbischen Humor: Einstein litt an der Zeit. Das Lachen gefror ihm einmal mehr, als in den ersten Novembertagen 1923 in Berlin jüdische Geschäft ausgeraubt, ihre Inhaber tätlich angegriffen und in Hetzjagden durch die Straßen getrieben wurden. All dies schien nur der Anfang zu sein.

»Die Deutschnationalen und die Deutschvölkischen rüsten zum gemeinsamen Umsturz«, warnte die *Vossische Zeitung* am 5. November. Man dürfe die Augen vor dieser unmittelbaren Gefahr nicht länger verschließen. Nach Wünschen der Putschisten solle die »nationale Diktatur« am 9. November ausgerufen werden, am gleichen Tag, an dem vor fünf Jahren die Republik proklamiert worden sei.[27]

In München hatte Adolf Hitler zuletzt immer wieder ankündigt, bald losschlagen zu wollen. »Für mich ist die deutsche Frage erst dann gelöst, wenn die schwarzweißrote Hakenkreuzfahne vom Berliner Schloss weht.«[28] Um die Spaltung des rechten Lagers zu überwinden, hatte Hitler ein Bündnis mit dem Weltkriegsgeneral Erich von Ludendorff geschlossen, in der Hoffnung auf mehr Unterstützung vonseiten der Wehrmachtsoffiziere und paramilitärischen Verbände.

Dann schlug er wirklich los: »Hitler-Umsturz in München«, titelte die *Vossische Zeitung* an besagtem 9. November in ihrer Morgenausgabe. »Hitler ruft sich zum Reichschef aus.«[29]

Was das bedeutet, weiß in der deutschen Hauptstadt einstweilen niemand einzuschätzen. Im Reichswehrministerium, wo Plancks Sohn Erwin arbeitet, schrillen die Alarmglocken. Der militärische Ausnahmezustand wurde verhängt. Hat der Führer der Nationalsozialisten die bayerische Landeshauptstadt unter seine Kontrolle gebracht? Sind rechte Kampfverbände, die sich in Nordbayern gesammelt haben, bereits auf dem Weg in Richtung Berlin?

Die meisten Berliner haben an diesem Freitag weniger Angst vor einem Umsturz von rechts als davor, bald gar nichts mehr zu essen zu haben. Auch für noch so viele Milliarden Papiermark sind Fleisch, Kartoffeln oder ein Laib Brot kaum mehr zu bekommen. Je größer die Kurssprünge, umso kürzer die Öffnungszeiten der Geschäfte, umso mehr Hunger und Bandenkriminalität.

»Alles verschärft sich«, notiert die Berliner Künstlerin Käthe Kollwitz in ihr Tagebuch. »Hier Plünderungen und versuchte Pogrome, Bayern im Kriegszustand gegen Norddeutschland. Hunger! Ein Brot 140 Milliarden! Dann wieder runtergesetzt auf 80 Milliarden. Hunger, Hunger überall ... Hans und Ottilie sprachen vom Auswandern. Ottilie sagte: Man wird hier seines Lebens nicht froh.«[30]

Einstein ist bereits fort. In Leiden stehen ihm alle Türen offen. Auch andere Universitäten werben um den weltberühmten Forscher. Gerne sähe man ihn etwa in Zürich oder an der Columbia-Universität in New York.

In Berlin hatten ihm Planck und andere Forscher den roten Teppich ausgerollt. Allein ihretwegen habe er bis dato alle verlockenden Rufe nach Holland, in die Schweiz, nach Norwegen oder England abgelehnt, »nicht aus Anhänglichkeit an Deutschland«, so Einstein. »Anhänglichkeit an das politische Gebilde Deutschland wäre für mich als Pazifisten unnatürlich.«[31]

Und nun? Sollte die völkische Rechte die Macht an sich reißen, würde er nicht mehr nach Deutschland zurückkehren. Denn dann wäre er in Berlin seines Lebens nicht mehr sicher.

Planck ringt um passende Worte. Gewiss werde Einstein jetzt wieder viele Anerbietungen und Einladungen erhalten. »Das Ausland beneidet uns ja schon lange um diesen unseren kostbaren Schatz.« Er richte daher nur die eine, aber herzliche und dringendste Bitte an ihn: »Jetzt keinen Schritt zu unternehmen, der Ihre Rückkehr nach Berlin endgültig und für alle Zeit unmöglich machen würde.«[32]

WEG AUS BERLIN, ZURÜCK ZUR PHYSIK

In Leiden hat sich Einstein erst einmal zu seinem Freund und Kollegen Paul Ehrenfest begeben. Bereits im Frühling und im Herbst 1923 quartierte er sich für jeweils zwei Wochen bei ihm in der Witte Rozenstraat 57 ein. Seit ein paar Jahren hat Einstein eine Gastprofessur in der Stadt der Grachten. Ehrenfests Frau, die Mathematikerin Tatjana Afanassjewa, die Kinder und Nachbarn kennen ihn längst.

Der Theoretiker Ehrenfest hatte ihn einst in seinem Ringen um die allgemeine Relativitätstheorie unterstützt. Einstein machte ihm bei einem seiner letzten Besuche ein besonderes Geschenk: seinen alten Füllfederhalter, einen schwarzen Waterman, das Schreibgerät, mit dem er seine Relativitätstheorie zu Papier gebracht hatte.[33]

Diesmal hat er Ehrenfest nicht im Vorfeld über sein Kommen informieren können und ihn nicht zu Hause angetroffen. Die erste ihm bekannte Person, der er in Leiden begegnet, ist die Berliner Physikerin Lise Meitner, Plancks ehemalige Assistentin. Ehrenfest hat sie zu einem Vortrag eingeladen. Mit ihr spricht Einstein über die Ereignisse der letzten Tage und seine Einstellung zum Judentum, gemeinsam schauen sie sich eine Ausstellung zu japanischen Holzschnitten an.[34]

Die Nachrichten, die sie nun aus Deutschland erreichen, sind wider Erwarten positiv: kein »Marsch auf Berlin«, keine Machtergreifung Hitlers nach dem Vorbild Mussolinis. Weil die Rechten untereinander uneins waren, auf welchem Weg die Diktatur herbeigeführt werden sollte, weil Adolf Hitler und Ex-General Erich von Ludendorff ohne den nötigen Rückhalt vorgeprescht waren, kam es zu einer »verfrühten Teilexplosion eines über das ganze Land geplanten Aufruhrs«.[35] Der Putschversuch endete noch am 9. November mit einem Feuergefecht in der Münchener Innenstadt kurz vor der Feldherrnhalle. Zwei Tage später wird Hitler verhaftet. Der Untergang der parlamentarischen Demokratie ist vorerst abgewendet.

Einstein atmet auf. In seinem letzten Brief aus Berlin hatte er die 20 Jahre jüngere Betty Neumann, seine neueste Flamme, in seine vagen

Amerika-Pläne eingeweiht. Er hatte ihr gar ein Leben in New York an seiner und Elsas (!) Seite schmackhaft zu machen versucht: »Ich werde dies bei meiner Frau durchsetzen, ohne dass Du Schwierigkeiten davon hast.«[36] Nun legt er alle Auswanderungspläne auf Eis. Zunächst einmal möchte er abwarten, ob sich die Lage im Laufe der nächsten Wochen wieder beruhigt.

Die Luftveränderung tut ihm gut. Glücklich, der aufgeladenen Atmosphäre entkommen zu sein, kehrt er in Leiden nach wenigen Tagen zur Wissenschaft zurück. Wie Lise Meitners Reisetagebuch verrät, sitzt er schon am 13. November wieder im Physikalischen Institut der Universität und denkt über die eine große Theorie nach, die alles zusammenführen soll.[37] Dort holt ihn die Physikerin am Nachmittag zusammen mit Ehrenfest zum Spaziergang ab.

Wenn er allein mit Ehrenfest zusammen ist, spricht Einstein vorzugsweise über seine neuesten mathematischen Schritte hin zu einer Art Weltformel. Lise Meitner, frisch habilitiert, bringt andere Themen ein. Sie experimentiert mit radioaktiven Substanzen, die unter anderem Gammastrahlen aussenden, extrem energiereiches Licht. Einsteins Lichttheorie interessiert sie brennend. Denn was geschieht mit derart hochenergetischem Licht, wenn es auf Elektronen trifft?

Die Berliner Forscherin unterscheidet zwei Fälle voneinander: entweder die Gammastrahlung trifft auf stark gebundene Elektronen in den inneren Schalen rund um den Kern oder auf weiter außen befindliche, nur lose gebundene Elektronen. Im ersten Fall sollten die Lichtquanten ihre ganze Energie an die Elektronen abgeben, wie Einstein es für den Fotoeffekt vorhergesagt hat, im zweiten Fall dagegen an den Elektronen gestreut werden wie bei Stößen auf dem Billardtisch. Das jedenfalls hat der amerikanische Physiker Arthur Compton bei Laborversuchen mit Röntgenlicht beobachtet. Lise Meitner möchte verstehen, wie wahrscheinlich das Auftreten von Fotoeffekt und Comptoneffekt bei verschiedenen Wellenlängen des Lichts und bei unterschiedlichen chemischen Elementen ist, um radioaktive Zerfallsprozesse genauer analysieren zu können.

Einstein dürfte es freuen, zu erfahren, wie der Fotoeffekt mittlerweile zur Klärung der Zusammensetzung der radioaktiven Strahlung beiträgt. Seit Comptons Experimenten sind Lichtquanten en vogue. Auch in Paris. Dort mischt ein Doktorand seines Kollegen Paul Langevin die Quantentheorie im Herbst 1923 mit originellen Gedanken auf.

ADEL VERPFLICHTET

Louis de Broglie ist der Spross einer französischen Adelsfamilie mit weit verstreuten Besitztümern. Die Sommer seiner Kindheit verbrachte er im Landhaus in Dieppe in der Normandie, wo er im Jahr 1892 als jüngstes von vier Kindern zur Welt gekommen war, die Winter in der Stadtresidenz in Paris, dazwischen ein paar Wochen oder Monate im Schloss von Saint Amadour im unteren Tal der Loire. Die Familie de Broglie zog mitsamt ihrem »mindestens« fünfzehnköpfigen Dienstpersonal hin und her.[38]

Sein Großvater, der 4. Herzog de Broglie, hatte es bis zum Premierminister gebracht, der Vater zum Abgeordneten. Selbstverständlich war auch Louis, ein Lockenkopf mit schalkhaften Augen, für höhere Ämter vorgesehen. Von klein auf erhielt er Privatunterricht von einem Geistlichen, las viel und entwickelte eine blühende Fantasie. Bald hatte er historische Bücher und klassische Dramen im Kopf, aus denen er zur Erheiterung der Familie lange Szenen mit »höchstem Schwung« auswendig vortrug, wie sich seine vier Jahre ältere Schwester Pauline später erinnern sollte.[39]

Den siebzehn Jahre älteren Bruder Maurice, der die Marineschule besuchte, sah Louis selten. Als dieser jedoch einmal für ein halbes Jahr beurlaubt wurde und nach Paris zurückkehrte, stellte er in seinem Zimmer seltsame Apparate und Instrumente auf, die die Neugier der jüngeren Geschwister weckten. »Da gab es elektrische Batterien …, dicke Kupferkugeln, aus denen erschreckende Funke sprühten.«[40]

Jahrelang hatte Maurice de Broglie Bücher über Magnetismus, Elektrizität und Optik gelesen und über die drahtlose Kommunikation von Schiff zu Schiff nachgedacht. Nun wollte er sich ernsthaft der Physik widmen. Die endgültige Entscheidung fiel erst nach seiner Hochzeit. Im eigenen Haus hatte er freie Hand, ein modernes Laboratorium einzurichten, ehemalige Pferdeställe mit Röntgenapparaturen und Vakuumpumpen zu bestücken.

Nach dem Tod des Vaters stieg Maurice zum 6. Herzog de Broglie auf, dem ersten in dieser Folge mit einem Doktortitel der Physik. Im Herbst 1911 nahm er an einer Konferenz in Brüssel teil, zu der neben seinem Doktorvater Paul Langevin auch Marie Curie, Ernest Rutherford und andere Koryphäen anreisten. Sie alle sollten dort von Planck, Einstein & Co. mit der noch im Entstehen begriffenen Quantentheorie bekannt gemacht werden. Maurice de Broglie, einer von drei Sekretären dieser ersten Solvay-Konferenz, stellte den Tagungsband zusammen.

Diese Sammlung sämtlicher Vorträge und Diskussionsbeiträge fiel seinem jüngeren Bruder Louis in die Hände. Der 19-jährige Bücherwurm, der inzwischen mittelalterliche Geschichte studierte und alte Handschriften entzifferte, vertiefte sich in die Lektüre. Die erste Begegnung mit der Quantenphysik weckte Lust auf mehr.[41] Seine Schwester Pauline fand ihn nach einer Reise in einem kleinen Zimmer über Mathematikbücher gebeugt. »Der liebenswerte und bezaubernde kleine Prinz, den ich in meiner Kindheit kennengelernt hatte, war für immer verschwunden«, heißt es in ihren Lebenserinnerungen. »Mit Entschlossenheit und bewundernswertem Mut verwandelte er sich jeden Monat ein wenig mehr in einen asketischen Wissenschaftler, der ein mönchisches Leben führte.«[42]

Doch es folgte der Militärdienst, der nahtlos in den Großen Krieg überging. Sechs Jahre in Uniform! Als Fernmeldetechniker am Eiffelturm stationiert, baute Louis de Broglie Verstärkerröhren und reparierte Geräte, während mehr als eine Million französische Soldaten in den Schützengräben starben, während die Aristokratie zerfiel und die »Belle Époque«, wie man sie im Rückblick nennen sollte, zu Ende ging. Er selbst löste eine von der Mutter arrangierte Verlobung und fand nach Kriegsende erst einmal Halt im Labor seines Bruders. Ihm assistierte er bei seinen Experimenten.

Zusammen mit Maurice überprüfte er Einsteins Fotoeffekt, allerdings bei höheren Energien als üblich. Sie bestrahlten Metalle nicht mit ultraviolettem Licht, sondern mit Röntgenlicht und machten eine interessante Entdeckung: Im Unterschied zu früheren Arbeiten zum Fotoeffekt zeichneten sich in dem energetischen Spektrum der aus dem Metall herausgelösten Elektronen mehrere Energiestufen ab. Die beiden Brüder sahen tief in die Atome hinein und erkannten die Energiezustände der Atome.[43] Als Arthur Compton dann seine Versuche zu Lichtquanten publik machte, waren Maurice und Louis de Broglie darauf vorbereitet, auch diesen spektakulären Resultaten nachzuforschen.

Stärker an übergreifenden Theorien interessiert als an einzelnen Experimenten, erlebt der Jüngere von beiden im Herbst 1923 eine Phase schöpferischer Unruhe. Louis de Broglie glaubt an eine Symmetrie zwischen Licht und Materie. Er versucht, beides zusammenzudenken, sie in einheitlicher Form zu beschreiben.

Dieser Leitidee folgend, setzt er Lichtquanten in einem ersten gedanklichen Schritt winzigen Materieteilchen gleich. Comptons Experimente haben die Stoßwirkung dieser »Lichtatome«, wie er sie nennt, zutage gefördert. De Broglie schreibt ihnen eine Masse zu, die »sehr klein« sein müsse, kleiner als 0,000 000 000 000 000 000 000 000 000 000 000 000 000 000 000 000 01 Gramm.[44]

De Broglie verrät in seinem Artikel vom September 1923 nicht, wie er auf diese Schätzung gekommen ist. Aber er ist nicht der einzige Forscher, der Comptons Laborversuche dahin gehend interpretiert, dass Lichtquanten als Teilchen anzusehen sind, so klein ihre Masse auch immer sein mag. Handelt es sich bei »Lichtatomen« um winzige Körnchen von Energie in einem granularen Sinn? Ist Licht sozusagen pulverisiert?

De Broglies Massenabschätzung lässt sich seinerzeit weder verifizieren noch falsifizieren. Keine 100 Jahre später jedoch, als die Weltraumsonde »Voyager« die Umlaufbahn des Pluto erreicht, wird es möglich sein, die Masse der Lichtquanten sogar noch weiter einzugrenzen, diesmal auf Basis von Messungen. Massive Lichtquanten hätten nämlich einen Einfluss auf die Stärke von elektrischen und magnetischen Feldern und damit auch auf die Stärke des Sonnenwinds, der bis hinaus in die Ferne Plutos nachweisbar ist. Den »Voyager«-Messdaten nach zu urteilen, sind Lichtquanten mindestens noch ein klein wenig leichter als von de Broglie vorhergesagt.[45]

Diese Obergrenze verrät aber nichts darüber, inwieweit sich Lichtquanten hinsichtlich ihrer Masse überhaupt mit herkömmlichen Materieteilchen vergleichen lassen. Einsteins Relativitätstheorie zufolge bewegt sich Licht im Vakuum stets mit ein und derselben Geschwindigkeit. Massive Teilchen könnten diese Lichtgeschwindigkeit c nie erreichen, weil dazu unendlich viel Energie vonnöten wäre. Vom strengen Standpunkt der Einstein'schen Theorie aus betrachtet, sind Lichtquanten masselos. Insofern fügen sie sich nicht in das klassische Teilchenbild, auch wenn sie eine ihrer Frequenz ν entsprechende Energie

$$E = h\nu$$

tragen und einen Impuls auf andere Teilchen wie Elektronen übertragen können.

MATERIEWELLEN

Louis de Broglies Überlegungen zur Symmetrie von Materie und Licht führen ungeachtet solcher Unwägbarkeiten in eine neue Theorie hinein. Und zwar von dem Moment an, da er die Blickrichtung umkehrt – und von den Eigenschaften der Lichtquanten auf jene materieller Teilchen schließt. In den vielen Gesprächen mit seinem Bruder Maurice ist ihm klar geworden, dass man die jüngsten experimentellen Befunde ernst nehmen muss, dass man es also insbesondere im Fall von Röntgenlicht sowohl mit Wellen als auch mit Teilchen zu tun habe. Wenn sich Licht mal als Partikelstrom, mal als elektromagnetische Welle zu erkennen gibt, könnten Materieteilchen dann nicht ebensolche Doppelnaturen sein? Verhalten sich möglicherweise auch Moleküle, Atome und Elektronen wie Teilchen und Wellen zugleich?

Darauf muss man erst einmal kommen! Während Niels Bohr immer noch nach Wegen sucht, die Lichtquanten aus der Welt zu schaffen, setzt de Broglie noch eins obendrauf. Er verdoppelt das Dilemma. Denn was, bitte schön, sollen Elektronen, Atome oder Moleküle mit Wellen zu tun haben? Die ganze Wärmelehre zum Beispiel gründet auf der Annahme, dass die Mikrowelt aus bewegten Partikeln besteht, die den bekannten Gesetzen der Mechanik genügen.

Ähnlich dachte man allerdings lange Zeit auch über das Licht selbst. Wir erinnern uns, noch im 18. Jahrhundert teilten die meisten Naturforscher die Auffassung, dass sich Lichtstrahlen aus winzigen Korpuskeln oder Lichtglobuli zusammensetzen. Die Vorstellung, dass sich Licht wellenförmig ausbreitet, drängt sich keineswegs auf.

Wenn wir uns im Sommer an einen Baum anlehnen, wissen wir, dass wir hinter dem Stamm vor der direkten Sonneneinstrahlung geschützt sind. Der Schattenraum ist klar begrenzt. Hinter demselben Baum suchen wir jedoch vergeblich Schutz vor dem Lärm einer Straße. Der Schall dringt in unsere Schattenzone ein. Man müsste eine ganze Schallschutzwand errichten, um ihn abzuhalten. Auch ein Echo hören wir nur bei der Reflexion des Schalls an riesigen Wänden, dagegen wird Licht bereits am kleinsten Spiegel reflektiert. Woher rühren diese Unterschiede, wenn es sich in beiden Fällen um Wellenvorgänge handelt?

Sie rühren daher, dass die Wellenlänge des Lichts unvergleichlich viel kleiner ist als die des Schalls. Die Wellenlänge des grünen Lichts betrage nur etwa ein halbes Tausendstel eines Millimeters, erläutert etwa der in München lehrende Physik-Nobelpreisträger Wilhelm Wien, der uns in Kürze als Heisenbergs Prüfer begegnen wird. »Dagegen ist die Welle des mittelsten Tones des Klaviers, des sogenannten Kammertons, ungefähr dreiviertel Meter lang, also mehr als eine Million Mal größer.«[46] Aufgrund der winzigen Wellenlänge des Lichts bleibt uns dessen Wellencharakter im Alltag verborgen. Erst beim Auftreffen auf winzige Hindernisse oder beim Durchgang durch sehr kleine Öffnungen hört die geradlinige Ausbreitung auf, und das Licht wird gebeugt.

Die Forschung hatte lange gebraucht, dies festzustellen. Als der Wellencharakter des Lichts zu Beginn des 19. Jahrhunderts bei ausgeklügelten Laborversuchen immer deutlicher zum Vorschein kam, verdrängte das Wellenbild die bis dahin vorherrschende Teilchentheorie des Lichts. Einstein hauchte dem Teilchenbild mit seiner Lichtquantenhypothese neues Leben ein. Nun spekuliert Louis de Broglie umgekehrt gar über ein Wellenbild der Materie: Wenn noch nie Materiewellen beobachtet worden sind, dann vielleicht nur deshalb, weil die Wellenlänge in diesem Fall noch sehr viel kleiner ist als die des sichtbaren Lichts.

Wie klein? Nach Einsteins berühmter Formel

$$E = mc^2$$

ordnet de Broglie jedem massiven Teilchen der Masse m eine Frequenz ν zu:[47]

$$mc^2 = h\nu$$

Die Frequenz der hypothetischen Materiewelle, die Zahl der Schwingungen pro Sekunde, nimmt demzufolge mit steigender Masse zu. Umgekehrt wird die Wellenlänge, also der Abstand zwischen zwei Wellenbergen, immer kleiner.

Zieht man als Masse einen schweren Alltagsgegenstand wie eine Murmel in Betracht, dann ist die so berechnete Wellenlänge aberwitzig klein. Selbst für Moleküle oder Atome liegt sie weit außerhalb der Reichweite zeitgenössischer Experimente. Erst bei einem extrem leichten Materieteilchen wie dem Elektron kann sie messbare Werte annehmen, vergleichbar der Wellenlänge von Röntgenlicht.

De Broglies Überlegungen konzentrieren sich daher von Anfang an auf Elektronen. Bei ihnen sollte der vermeintliche Wellencharakter am deutlichsten hervortreten. »Ein Strom von Elektronen, der eine hinreichend kleine Öffnung durchquert, würde Beugungsphänomene hervorrufen«, schreibt er im Herbst 1923. In dieser Richtung müsse man nach einer experimentellen Bestätigung seiner Ideen suchen.[48]

Er selbst scheint keine konkreten Vorstellungen davon zu haben, wie ein solches Experiment aussehen könnte. Wie sehr er sich darum bemüht, jemanden im Labor seines Bruders Maurice für seine Ideen zu begeistern, wissen wir nicht. Doch auch ohne experimentelle Prüfung spinnt er seine Gedanken fort: Was würde es bedeuten, wenn sich Elektronen im Inneren eines Atoms wie Wellen verhalten?

KLÄNGE AUS DEM ATOM

Wellen können auslaufen wie die Brandung des Meeres. Sie können aber auch stabile Zustände erreichen. Das Zustandekommen solcher stehenden Wellen lässt sich an einem Instrument wie dem Kontrabass veranschaulichen:

Jede Saite des Musikinstruments ist zwischen zwei Enden eingespannt und kann daher nur mit bestimmten Frequenzen schwingen. Die Eigen-

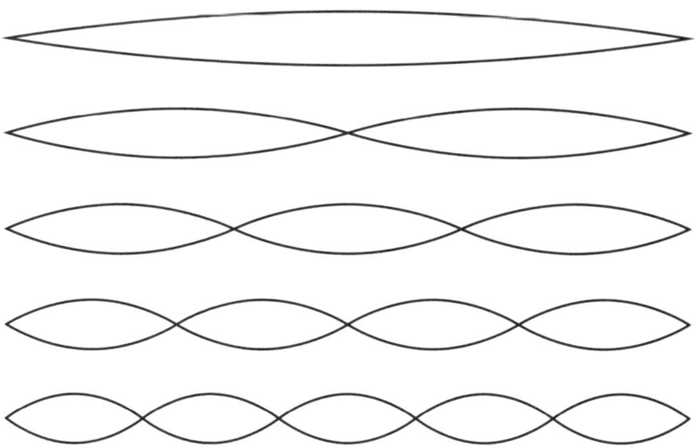

Die Schwingungen einer Saite in der Grundschwingung (oben) oder mit 2, 3, 4, 5 Schwingungsbäuchen.

schwingung mit der tiefsten Frequenz formt den Grundton, eine stehende Welle mit nur einem Bauch und zwei Wellenknoten an den beiden festen Enden. Beim ersten Oberton sind es drei Wellenknoten, beim zweiten Oberton vier Knoten, beim dritten fünf und so fort. Mit wachsender Knotenzahl werden die Wellenlängen immer kürzer, die Obertöne entsprechend höher.

Da der Abstand zwischen einem Wellenknoten und dem nächsten gerade einer halben Wellenlänge entspricht, kommen als Obertöne nur ganzzahlige Vielfache einer halben Wellenlänge infrage. Mathematisch gesehen ergibt sich für eine Blockflöte dieselbe ganzzahlige Bedingung. Diese Ganzzahligkeit ist typisch für Schwingungsvorgänge. Und sie bringt de Broglie auf die entscheidende Fährte:

In Gedanken lässt er die Instrumente kleiner und kleiner werden, vom Kontrabass über Cello und Violine bis hinunter zu den höchsten Frequenzen und den Abmessungen einzelner Atome. In diesen Dimensionen kann man seines Erachtens die Wellennatur der Elektronen nicht mehr außer Acht lassen. Niels Bohr sah für die Elektronen stabile Umlaufbahnen vor, de Broglie ordnet ihnen stehende Wellen zu.

Damit sich rund um den Atomkern stehende Wellen ausbilden können, bei denen Anfang und Ende exakt ineinandergreifen, muss ein ganz-

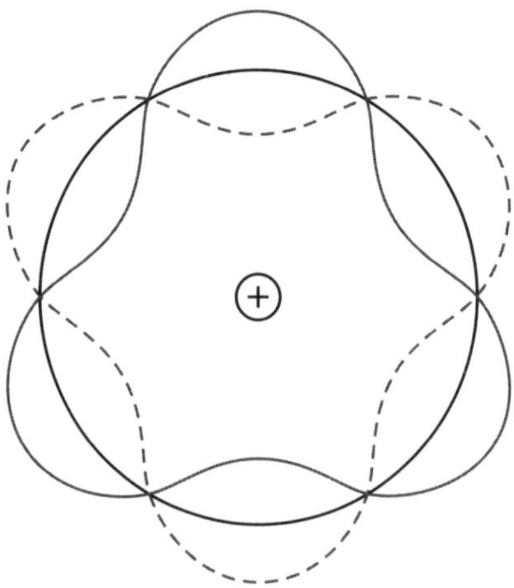

Stehende Welle rund um den Atomkern: Nun sind die Enden einer schwingenden Saite miteinander verbunden. In den Kreisumfang passt nach de Broglie ein ganzzahliges Vielfaches der Wellenlänge.

zahliges Vielfaches ihrer Wellenlänge in eine Umlaufbahn passen: genau eine Wellenlänge in den Umfang der ersten Bahn, zwei Wellenlängen in den Umkreis der zweiten und so fort.

Über die Physik stehender Wellen kommt die für die Mikrowelt charakteristische Quantelung in ganzzahlige Anteile völlig zwanglos ins Spiel. Die »erlaubten« Energiezustände der Elektronen in Bohrs Atomtheorie bekommen plötzlich Sinn und Bedeutung.

WO BLEIBT DAS ECHO?

All dies skizziert de Broglie in kurzen Beiträgen zur Schriftenreihe der Académie des sciences. Es ist ein Durchbruch zu einem Theoretisieren in neuen Grundbegriffen. Allein, das Echo bleibt aus.

Seine Schlussfolgerungen gehen den Pariser Professoren zu weit. Charles-Victor Mauguin zum Beispiel, ein Experte für Röntgenstrahlen und Kristalle, der im Jahr 1924 Mitglied jener Prüfungskommission sein wird, der Louis de Broglie seine dann fertige Dissertation vorlegt, wäre durchaus dazu berufen, nach Elektronenwellen zu suchen. Doch der französische Forscher glaubt nicht an die physikalische Realität der mit einem Materiekörnchen wie dem Elektron gekoppelten Wellen, wie er rückblickend eingesteht. »Ich sah in ihnen vielmehr reine Schöpfungen des Verstandes, die insofern sehr interessant waren, als sie es zum ersten Male möglich machten, über den rein empirischen Charakter der Quantelungsregeln hinauszukommen, für die sie eine einfache, fast vertraut anmutende Erklärung analog den Gesetzen schwingender Saiten erbrachten.«[49]

Langevin hat schon etwas mehr für die Ideen seines Doktoranden übrig. Der Weg, den de Broglie mit »bemerkenswerter Meisterschaft« eingeschlagen habe, sei jedenfalls einen Versuch wert, jene Schwierigkeiten zu überwinden, in der sich die Physik gegenwärtig befinde.[50] Es wäre nun an ihm, die Fachgemeinschaft auf de Broglies Arbeit hinzuweisen. Doch er lässt sich viel Zeit damit.

Der niederländische Theoretiker Hendrik Antoon Lorentz etwa erfährt nichts davon, als er sich im Dezember 1923 zwei Wochen lang in Paris aufhält. Lorentz trifft den wissenschaftlich und politisch umtriebigen Langevin völlig übermüdet an.[51] Einstein ist froh, zu hören, dass Langevin nun endlich Urlaub auf dem Land machen will. Paris zehre einfach zu sehr an seiner Nervenkraft. »Er lebt dort gewöhnlich unter Verhältnissen, die jede beschauliche Vertiefung ausschließen.«[52] Ihm selbst erging es ja in der deutschen Hauptstadt mitunter nicht anders.

Das stille Dasein in Leiden gefalle ihm außerordentlich, schreibt Einstein seiner Frau. Sie solle um Gottes willen nicht erzählen, wer ihn gewarnt habe, und überhaupt möglichst wenig über seine Flucht sprechen. »Vorläufig bleibe ich hier und rechne ruhig an meinen Problemen. Wenn die Sache länger dauert, nehme ich mir eine Bude.«[53]

Während seiner Zeit in Leiden halten ihn seine Frau und Max Planck auf dem Laufenden, darüber hinaus der Arzt Gustav Bradt, Mitbegründer der Akademie für die Wissenschaft des Judentums. Ihn hat Planck aufgesucht, um mehr über die Hintergründe von Einsteins Flucht in Erfahrung zu bringen. Planck wolle nicht an eine drohende Gefahr für Einstein glauben, teilt ihm Bradt nun mit. »Sein Stamm hat noch keine 2000-jährige Martyriologie hinter sich wie der unsrige. Wir sind daher vorsichtiger, scheuer als er.« Er empfiehlt Einstein, vorerst in Leiden zu bleiben und ruhigere Zeiten abzuwarten.[54]

Nach dem gescheiterten Hitlerputsch stabilisiert sich die politische Lage in Deutschland allmählich wieder. Überdies findet die Regierung mit der Währungsreform einen Ausweg aus der Inflationsspirale. Da das Vertrauen in die alte Währung zerstört war, musste eine neue her: die Rentenmark. Unter anderem wegen des Druckerstreiks waren zunächst zu wenig neue Geldscheine für einen Umtausch da. Um zu verhindern, dass die Menschen ihr Geld voreilig wieder in Dollar umtauschen und der Dollarkurs noch weiter steigt, hat man das Umtauschverhältnis zur Rentenmark Mitte November fixiert: Für eine Billion Papiermark bekommt man seither genau eine Rentenmark und für 4,2 Rentenmark einen Dollar. Mit diesem Trick gelingt es tatsächlich, die Inflation zu bremsen.

Er denke nicht mehr daran, sich anderswo eine Stelle zu suchen, teilt Einstein seinen beunruhigten Kollegen mit. Wenn nach menschlichem Ermessen das Dickste vorüber sei, werde er nach Berlin zurückkommen. »Ich brüte viel, aber vielleicht nur über Steine statt Eiern wie gewöhnlich.«[55]

Als Planck von seiner baldigen Rückkehr erfährt, fällt ihm ein Stein vom Herzen. Nach mehr als sechs Wochen in Leiden packt Einstein seinen Koffer. Kurz vor Weihnachten, wenige Tage nach der Hochzeit von Plancks Sohn Erwin, ist er wieder in Berlin.

In der Haberlandstraße wartet jede Menge Post auf ihn. Paul Langevin wird erst im neuen Jahr wieder von sich hören lassen und ihm schließlich eine denkwürdige quantentheoretische Doktorarbeit mit der Bitte zuschicken, er möge einen Blick darauf werfen. Einstein wird Louis de Broglie zu dieser Arbeit gratulieren und die These, dass auch Elektronen Teilchen- und Wellencharakter haben, in die Fachwelt hinaustragen.

DAS EIS BRICHT

Kopenhagen, März 1924: Heisenberg hat seine Doktorprüfung mit Ach und Krach bestanden und ist nach Göttingen gezogen, wo ihn der Theoretiker Max Born unter seine Fittiche nimmt. Plötzlich lebt er auf: eine Einladung nach Dänemark! Und eine Wanderung mit dem Philosophen unter den Physikern

Pünktlich um 17 Uhr erschien Werner Heisenberg zum mündlichen Examen. Die Sommerferien winkten, und bis zum nächsten Pfadfindertreffen im Fichtelgebirge war es nicht mehr lange hin. Danach würde er München eine Weile den Rücken kehren und nach Göttingen wechseln.

Wissenschaftlich wusste sich Heisenberg anderen Studenten weit voraus. In Ergänzung zu seiner erstklassigen Doktorarbeit über turbulente Strömungen hätte er locker noch eine zweite, gleichwertige zur Quantenphysik vorlegen können. Die Doktorprüfung – eine reine Formsache.

Alle Fragen zur theoretischen Physik und zur Mathematik beantwortete der 21-Jährige an diesem 23. Juli 1923 mühelos. Die experimentelle Physik jedoch, die der Nobelpreisträger Wilhelm Wien in München lehrte, hatte Heisenberg schleifen lassen. Ausgerechnet mit den Instrumenten, mit denen Forscherinnen und Forscher seit Jahrzehnten die Spektrallinien der Atome analysierten, war er nicht vertraut.

Wien schien verärgert, als er das Auflösungsvermögen des Fabry-Pérot-Interferometers nicht angeben konnte. Also fragte ihn der Professor nach dem Auflösungsvermögen des Mikroskops. »Als ich das nicht wusste, fragte er nach dem Auflösungsvermögen des Teleskops.«[1] Wieder musste er passen.

Im Verlauf des Rigorosums geriet Heisenberg in einen Abwärtsstrudel hinein, mit dem niemand gerechnet hatte, Arnold Sommerfeld nicht, seine Eltern nicht und am wenigsten er selbst. Der Prüfling, auf den Sommerfeld so große Stücke hielt, war völlig von der Rolle. Am Ende konnte Heisenberg nicht einmal mehr die Funktionsweise einer Batterie erklären.

Der anschließende Disput zwischen dem Experimentalphysiker Wien und dem Quantentheoretiker Sommerfeld fand hinter verschlossen Türen statt. Wien hätte ihn wohl am liebsten durchfallen lassen. Auf Sommerfelds Drängen hin wurde Heisenberg zwar promoviert, allerdings mit der zweitschlechtesten Note, einer Drei. Eine niederschmetternde Beurteilung für den Professorensohn, der wie sein Vater eine Universitätslaufbahn anstrebte.

August Heisenberg hatte immer schon Zweifel daran gehabt, ob die theoretische Physik das Richtige für seinen Sohn sei. Verglichen mit der Mathematik oder der Experimentalphysik gab es in diesem jungen Fachgebiet nur wenige Lehrstühle. Das Prüfungsergebnis versetzte den Philologen in Alarmstimmung. Nach einem solchen Abschluss musste sein Sohn die avisierte Hochschulkarriere vermutlich schon in den Wind schreiben.

Plötzlich stand alles auf dem Prüfstand, der ganze Lebensentwurf. Die Promotionsfeier, die Sommerfeld für seinen Studenten vorbereitet hatte, währte nicht lange. Heisenberg war »so deprimiert, dass er sich sehr früh entschuldigte«. Wie der Physiker Max Born rückblickend erzählt, packte der Absolvent noch am selben Abend seinen Koffer und fuhr mit dem Nachtzug nach Göttingen.[2]

Born staunte nicht schlecht, als er plötzlich vor ihm stand und ihm die ganze Geschichte erzählte. Vor allem wollte Heisenberg wissen, ob man ihn in Göttingen unter diesen Umständen überhaupt noch haben wolle. Born sah keinen Grund, ihn wegen der schlechten Bewertung fortzuschicken. »Zumal ich keinen Moment lang an Heisenbergs hervorragenden Fähigkeiten zweifelte.«[3]

Schon im vergangenen Wintersemester war Heisenberg vorübergehend sein Assistent gewesen. Born hielt ihn für ebenso talentiert wie Wolfgang Pauli, nur, dass der junge Münchener seine Pflichten ernster genommen habe als jener. »Besonders erfreulich ist sein nettes, bescheidenes Wesen, seine gute Laune, sein Eifer und seine Begeisterung«, hatte der Göttinger Professor seinem Kollegen Sommerfeld damals geschrieben.[4]

DOPPELT EIFRIG

Die gute Laune war erst einmal dahin – nicht aber der Eifer. Heisenberg gehörte zu jenen Menschen, die ihre Anstrengungen nach einem Misserfolg verdoppeln. Als er in jungen Jahren beim Langstreckenlauf hinter seinen Mitschülern zurückgeblieben war, hatte er seine Runden auf dem Sportplatz so lange alleine mit der Stoppuhr in der Hand gedreht, bis ihn Beharrlichkeit und Ausdauer an die Bestzeiten herangeführt hatten.[5]

Nach den Sommerferien kniete er sich sofort in die Arbeit, um die versemmelte Doktorprüfung vergessen zu machen. Heisenberg zog wieder in dasselbe Zimmer am Walkemühlenweg 29 ein, das die Witwe Ulrich schon im Vorjahr an ihn vermietet hatte, gleich um die Ecke des Physikalischen Instituts. Alles war ihm vertraut, gefällig, bequem und – langweilig. In seiner ohnehin gedrückten Stimmung kam ihm die Stadt mit ihren etwa 40 000 Einwohnern, geprägt von Universität, Verwaltung, Garnison und einem hohen Anteil von Pensionären, trostlos vor. Das war hier ein anderer Menschenschlag als im lauten, ungenierten München, wo er mit vielen Menschen so schnell beim »Du« war.

Im vergangenen Wintersemester hatten er und Born sich gemeinsam in die Himmelsmechanik vertieft, um am Beispiel des Heliumatoms in aller gebotenen mathematischen Strenge zu überprüfen, ob Elektronen, die den Atomkern umkreisen, jenen Gesetzen der Mechanik genügen, denen die Planeten auf ihren Umlaufbahnen um die Sonne folgen. Mühsame Berechnungen mit einem negativen Ergebnis. Seither war Born davon überzeugt, dass man die klassische Mechanik über Bord werfen müsse, um die Vorgänge im Atom zu verstehen. »Es wird immer wahrscheinlicher, dass nicht nur neue Annahmen im gewöhnlichen Sinne physikalischer Hypothesen erforderlich sein werden, sondern dass das ganze System der Begriffe der Physik von Grund aus umgebaut werden muss.«[6] Aber wie?

Heisenberg war hochwillkommen, diesen Umbau mitzugestalten, die Mechanik also durch eine Quantenmechanik zu ersetzen. Aus Sommerfelds Seminar brachte er einen reichen Erfahrungsschatz zur Atomtheorie mit. Born bescheinigte ihm überdies eine »unglaublich rasche und scharfe Auffassungsgabe«.[7]

Heisenberg, rastlos, unzufrieden, wollte die Energiezustände im Atom endlich besser verstehen. Anfangs klagte er gelegentlich darüber, dass sich in Göttingen selbst die Physiker vor allem für Mathematik interessierten. Dies aber kam seiner Art der Modellbildung sehr zugute.

In Göttingen führte er ein ganz auf die Wissenschaft ausgerichtetes, eintöniges Leben. »Bei Euch in München ist wenigstens noch was los ab und zu«, schrieb er seinen Kameraden im Herbst kurz nach dem gescheiterten Hitlerputsch. »Im Bürgerbräu gründet man beim 12-Prozentigen das neue Deutschland, so was lässt sich hören. Aber im Ernst: Die Novemberrevolution von 1918 war zwar ein Schmarn, aber wenigstens ein konsequent durchgeführter Schmarn, doch die von 1923 – eine solch verheerende Pleite hätt' ich gar nicht für möglich gehalten.«[8]

Heisenberg, preußisch-idealistisch erzogen, hatte für Hitlers »Operettennationalismus« nur Spott übrig. Bedauerlich aus seiner Sicht, dass so viele junge Leute auf dessen markige Sprüche – »Morgen sind wir tot oder wir haben eine nationale Regierung!« – hereingefallen waren. »Nein«, schloss Heisenberg, »das Heil kommt doch wieder von den Preußen, so viel ist sicher.«[9]

Das war's aber auch schon mit der Politik. Die Weimarer Verhältnisse – zehn Regierungen zählt die junge Republik Ende November 1923 bereits – waren nicht dazu angetan, sein Vertrauen in die Demokratie zu stärken. Generell fanden die Worte, die der Schriftsteller Thomas Mann im Jahr zuvor an die akademische Jugend gerichtet hatte, »dass Demokratie etwas Deutscheres sein kann als imperiale Gala-Oper«, wenig Widerhall.[10]

Je kürzer die Tage wurden, umso mehr litt Heisenberg an Heimweh. Ihm fehlten die Kameraden, die Berge. In Göttingen blieben gelegentliche Musikabende und kleine Wanderungen seine einzige Abwechslung.

Unterdessen versuchte sein Vater weiterhin, Einfluss auf seine Karriere zu nehmen. August Heisenberg beunruhigten die mangelnden Kenntnisse seines Sohnes, die in der Doktorprüfung zur Experimentalphysik zutage getreten waren. In der Hoffnung, er werde diese Lücken bald schließen können, schrieb er Briefe sowohl an den Theoretiker Born als auch an dessen Professorenkollegen, den Experimentator James Franck.[11]

Sein Sohn sah seinen Platz jedoch nicht im Labor, sondern in der Theorie. Gegen Lob und Tadel sei er inzwischen abgestumpft, erklärte er dem Vater. Allein Niels Bohrs Ansicht sei ihm »natürlich sehr maßgebend. Der Weisheit letzter Schluss ist: man muss eben Glück haben.« In der Atomphysik könne man ja nie sagen, ob die eigenen Arbeiten in ein paar Jahren wieder falsch seien. »Also: Glück haben.«[12]

Der Lichtblick des jungen Physikers: die Weihnachtsferien. Beizeiten fuhr er nach München und hielt einen Vortrag in Sommerfelds Seminar, zu dem Wolfgang Pauli aus Hamburg anreiste. Nach den Feiertagen im Familienkreis ging es dann mit den Pfadfinderfreunden zum Skifahren auf die Alm. »Mir graut vor der Göttinger Zeit«, klagte er und bat die Eltern von Ruhpolding aus dringend um Urlaubsverlängerung.[13]

MIT VORSCHUSSLORBEER

Das Glück ereilt ihn im neuen Jahr, in dem es in Deutschland wieder aufwärtsgeht. Die Hyperinflation ist überstanden, politisch stabilisiert sich die Lage. Drei Monate nach Hitlers gescheitertem Putschversuch erklärt die deutsche Regierung den militärischen Ausnahmezustand für beendet. Wegen Hochverrats wird Hitler zu fünf Jahren Festungshaft verurteilt, wovon er dann nur ein halbes Jahr in Landsberg wird absitzen müssen. Eine Zeit, in welcher er den ersten Teil seines Buches *Mein Kampf* auf den Weg bringen wird. Unter den Physikern hat er in den Nobelpreisträgern Philipp Lenard und Johannes Stark bereits glühende Bewunderer, die ihr Bekenntnis zu Hitler, dem »Trommler« eines neuen Deutschlands, im Mai 1924 öffentlich ablegen.[14]

Zunächst aber scheint der deutschen Regierung ein Befreiungsschlag gelungen und eine neue Phase der Diplomatie möglich zu sein. Mitte Januar hat ein internationaler Sachverständigenrat die Beratungen über die im Versailler Vertrag festgeschriebene deutsche Kriegsschuld und einen entsprechenden Finanzierungsplan aufgenommen. Um die gerade erst eingeführte Rentenmark nicht sofort wieder zu gefährden, soll Deutschland zur Zahlung der Reparationen nun in größerem Umfang amerikanische Kredite erhalten. Frankreich stellt zudem ein Ende der Besetzung des Ruhrgebiets in Aussicht, falls die deutschen Reparationen direkt über Steuern und Zölle eingezogen, Reichsbank und Reichsbahn unter eine internationale Aufsicht gestellt werden. Viel Zündstoff für politische Debatten.

Heisenberg beteiligt sich nicht daran. Seit dem Weggang aus seiner Heimatstadt München weiß er nicht recht, wohin mit sich. Plötzlich aber eröffnet sich ihm die Chance, dahin aufzubrechen, wo er seine wissenschaftlichen Ambitionen gegenwärtig am ehesten verwirklichen zu können glaubt: nach Kopenhagen.

Schon Anfang Dezember hatte er seine Fühler in diese Richtung ausgestreckt. Heisenberg hatte sich ein Herz gefasst und Wolfgang Pauli seine jüngste Arbeit zum Verhalten von Atomen in Magnetfeldern zur Prüfung zugeschickt, diesmal mit der Bitte, sie an Niels Bohr weiterzuleiten. Ihm sei daran gelegen, vor einer Veröffentlichung den »päpstlichen Segen« zu erhalten.[15]

Der gute Pauli hatte sich nach dem Examen mit »summa cum laude« eine beneidenswerte Position der Unabhängigkeit geschaffen. Zuletzt war er ein ganzes Jahr lang in Kopenhagen gewesen. Nun setzte er einen Brief an Hendrik Kramers auf, Bohrs ersten Assistenten, denn der Chef war gerade erst von einer mehrmonatigen Vortragsreise durch Kanada und die Vereinigten Staaten zurückgekehrt, als Ehemann, Familienvater und Institutsdirektor in Beschlag genommen. Bohr hatte mittlerweile vier Söhne – der fünfte war unterwegs – und eine wachsende Schar von Doktoranden und Studenten zu betreuen. Klüger schien es, erst einmal Kramers ins Boot zu holen und die Lage in Kopenhagen zu sondieren.

Nachdem Pauli die Sache ins Rollen gebracht hat, erhält Heisenberg Anfang Februar einen »fabelhaft netten Brief« von Bohr.[16] Wenige Tage später trifft er Pauli bei einer kleinen Tagung in Braunschweig und erzählt ihm aufgeregt von seiner ersten Einladung nach Kopenhagen. Selbstverständlich hat er sofort zugesagt!

Die Physikertagung ist kaum vorüber, da greift Pauli erneut zur Feder. Der Nachtschwärmer, der Heisenbergs physikalische Tagträume und seine Art zu denken wie kein anderer kennt, wendet sich noch einmal direkt an Bohr. In dem Brief vom 11. Februar 1924 stimmt Pauli ein außergewöhnliches Loblied auf seinen Kompagnon an:

»Es geht mir immer sehr merkwürdig mit ihm«, gesteht Pauli. »Wenn ich über seine Ideen nachdenke, so kommen sie mir grässlich vor und ich schimpfe innerlich sehr darüber. Denn er ist sehr unphilosophisch.« Heisenberg achte weder auf eine klare Herausarbeitung der Grundannahmen noch auf ihren Zusammenhang mit bisherigen Theorien. »Wenn ich aber mit ihm spreche, so gefällt er mir sehr gut, und ich sehe, er hat allerlei neue Argumente – wenigstens im Herzen. Ich halte ihn dann – abgesehen davon, dass er persönlich auch ein sehr netter Mensch ist – für sehr bedeutend, sogar für genial und glaube, dass er die Wissenschaft noch einmal sehr vorwärts bringen wird.«[17]

ZU GAST IN KOPENHAGEN

Vier Wochen später nimmt der junge Genius den Zug gen Norden. Voller Erwartungen setzt Heisenberg von Warnemünde aus mit der Fähre nach Dänemark über und streift bereits ein paar Tage vor dem mit Bohr verabredeten Termin durch Kopenhagen. Er gönnt sich ein Hotelzimmer, Aprikosen mit Schlagsahne und einen Ausflug zum luxuriösen Seebad Klampenborg am Öresund.[18]

Obschon der Frühling naht, ist die Meerenge zwischen Dänemark und Schweden zugefroren, so weit das Auge reicht. Kreuz und quer liegen die Eisschollen übereinander, in der Ferne ein Eisbrecher, der sich mit dumpfem Getöse voranschiebt. Mit einem Gefühl der Beschwingtheit geht Heisenberg am vereisten Strand spazieren, stundenlang.[19] Endlich kommt Bewegung in sein Forscherleben! Vor seinen Augen ein offener Horizont. Und dank des großzügigen Reisestipendiums von 500 Dänischen Kronen, das Bohr ihm gewährt hat, braucht er vorerst auch keine Bettelbriefe mehr an die Eltern zu schreiben.

Am 15. März pilgert Heisenberg zum »Universitetets Institut for teoretisk Fysik«. Niels Bohr, dessen Frau eine Woche nach der Geburt ihres Sohnes Ernest noch in der Klinik liegt, empfängt ihn herzlich. Der Institutsdirektor bringt ihn sogleich mit anderen jungen Forschern in Kontakt.

Kaum eingetroffen, bricht Heisenberg mit drei jungen Amerikanern zu einer Fahrradtour auf. Er verständige sich je nach Bedarf in dänischer, englischer oder deutscher Sprache, teilt er den Eltern mit.[20] Die offene Atmosphäre behagt ihm offensichtlich.

Aus größerem zeitlichem Abstand wird er auch seine Unsicherheit in dem neuen, internationalen Umfeld schildern: Die jungen Physiker aus den verschiedensten Ländern der Erde seien ihm weit überlegen und mit anderen Kulturen vertraut gewesen. »Die meisten von ihnen beherrschten mehrere fremde Sprachen, während ich mich nicht in einer einzigen vernünftig auszudrücken wusste.«[21]

Bohr macht dem 22-Jährigen den Einstieg so leicht wie möglich. Er gibt ihm kleinere Aufsätze zu aktuellen Forschungsfragen zu lesen und spricht mit ihm darüber beim Spaziergang oder in lockerer Runde in Gegenwart anderer Institutsmitarbeiter. Heisenberg trifft sich zum Mittagessen mit Bohrs Bruder Harald, der nach wie vor mit Göttinger Mathematikern zusammenarbeitet, wird zum Kaffee eingeladen und zum gemeinsamen Musizieren.[22]

Ein wiederkehrendes Gesprächsthema sind die Experimente Arthur Holly Comptons. Während seiner Reise durch die Vereinigten Staaten war Bohr gezwungen, sich noch stärker als zuvor damit auseinanderzusetzen. Der Amerikaner hatte im Labor beobachtet, wie energiereiches Röntgenlicht an Materie gestreut wird. Compton hatte die Messergebnisse dahin gehend gedeutet, dass einzelne Lichtteilchen mit Elektronen zusammenstoßen. Unter der Annahme, dass Energie und Impuls bei jedem solchen Zusammenprall erhalten bleiben, war es ihm gelungen, die Daten sämtlicher Versuchsreihen zu reproduzieren. Eine bestechend einfache Analyse und ein scharfer Angriff auf die Wellentheorie des Lichts, an der Bohr bekanntlich nicht rütteln wollte.

Aus Bohrs Sicht musste Comptons Argumentation löchrig sein. Denn mit der Existenz von Lichtteilchen waren die vielfach nachgewiesenen Interferenzerscheinungen des Lichts ganz und gar unverträglich. Für ihn sei die Wellentheorie eine Art Glaubensbekenntnis, teilte Bohr dem britischen Nobelpreisträger Ernest Rutherford, dem Namenspatron seines jüngsten Sohnes, auch zum Jahreswechsel 1924 noch mit.[23]

In Kopenhagen begegnet der zielstrebige Heisenberg einer wissenschaftlichen Kultur mit ihren eigenen Codes, Formen der Theoriebildung und Leitgedanken. Bohr bemüht sich seit vielen Jahren darum, sein Atommodell dahin gehend zu erweitern, dass es nahtlos an die klassische Physik anschließt. Dieses »Korrespondenzprinzip« ist ein Leitmotiv an seinem Institut.

Außerdem spricht man hier viel von »Oszillatoren«. Sie spielten schon in Plancks Forschungen um die Jahrhundertwende eine herausragende Rolle. Bei Herleitung seiner berühmten Strahlungsformel hatte Planck ein sehr unscharfes Bild vom Aufbau der Materie und ihrer Wechselwirkung mit einem Strahlungsfeld. Ihm blieb nichts anderes übrig, als sich an einem Modellsystem zu orientieren: dem Oszillator, einem schwingfähigen System nach Art eines Pendels, einer Feder oder eben einer idealisierten Antenne zur Abstrahlung und zum Empfang elektromagnetischer Wellen. All diese periodischen Prozesse lassen sich mathematisch in ähnlicher Weise beschreiben.

Die Wissenschaft arbeitet seit jeher mit solchen Modellsystemen. Sie haben sich in der Vergangenheit bewährt und erlauben es, sich bei Suchbewegungen in unbekanntem Terrain auf wesentliche Aspekte zu konzentrieren.

Bei der Theoriebildung sind Modellsysteme so etwas wie Spinnennetze. Es kann sich in ihnen etwas verfangen, von dem man nicht genau weiß, was es ist.[24] Auch etwas derart Winziges wie ein Wirkungsquantum. Planck stieß auf diese Weise die Tür zur Quantenphysik auf.

In Kopenhagen arbeiten viele junge Forscher mit Oszillatoren, unter ihnen der Amerikaner John Slater, den Heisenberg bei der ersten Fahrradtour kennengelernt hat. Slater ist schon seit ein paar Monaten hier. Auf seinen Ideen fußt eine neue Strahlungstheorie.

Der 23-jährige Slater hatte keine Vorbehalte gegen Lichtquanten. Auf Einsteins Spuren wandelnd, stellte er sich eine Führungswelle vor, die diese Lichtquanten leitet. Darüber hinaus hatte Slater das klassische elektromagnetische Feld, zu dem alle Atome beitragen, durch »virtuelle Oszillatoren« ersetzt.

Aus Bohrs Sicht ein origineller Gedanke. Das wesentlich Neue daran sei, »dass das Atom schon vor dem Auftreten eines Übergangs durch ein virtuelles Strahlungsfeld imstande ist, mit entfernten Atomen zu kommunizieren«.[25] Auf diesem Weg kann ein Atom also durch einen äußeren Anstoß zur Abstrahlung von Licht stimuliert werden. Solche »induzierten Emissionen«, wie Einstein sie bezeichnet hatte, finden in Slaters Theorie eine einfache Erklärung. Sie resultieren aus »der von anderen Atomen herrührenden virtuellen Strahlung im umgebenden Raum«.[26]

In Slaters Theorie hatten auch jene Vorgänge ihren Platz, bei denen Atome spontan Licht aussenden. Bohr war von alldem sehr angetan. Was ihm an Slaters Überlegungen jedoch von Anfang an nicht gefiel, waren die Lichtquanten, eine seiner Ansicht nach überflüssige Beigabe, die eher zu Widersprüchen als zur Erhellung der Wechselwirkung zwischen den Atomen und dem Strahlungsfeld führte. Bohr warf seine ganze Überzeugungskraft in die Waagschale, um die Lichtquanten aus dem Modell zu eliminieren, unterstützt von seinem Assistenten Hendrik Kramers, der die Positionen des Kopenhagener Instituts bei internationalen Konferenzen und in Fachartikeln verteidigte. Kramers griff Einsteins Lichtquantenhypothese mitunter heftig an: Sie sei einer Medizin vergleichbar, die die Krankheit zum Verschwinden bringe, aber den Patienten töte.[27]

Irgendwann beugte sich der junge Slater ihren Argumenten. Im Februar 1924, wenige Wochen vor Heisenbergs Ankunft in Kopenhagen, schickte Bohr die gemeinsame Arbeit, später »Bohr-Kramers-Slater-Theorie« genannt, dem von ihm geschätzten Kritiker Wolfgang Pauli zur Übersetzung und Prüfung zu. Er sei sehr gespannt darauf, dessen Meinung dazu zu hören. Wenn es Unstimmigkeiten gebe, könnten sie ja im April darüber streiten, bei Paulis nächstem Gastspiel in Kopenhagen.[28]

Über Pauli erfuhr Heisenberg erstmals von der Kopenhagener Strahlungstheorie. Heisenberg fand sie interessant. »Aber einen wesentlichen Fortschritt seh' ich eigentlich nicht«, teilte er Pauli unmittelbar vor seiner Abreise nach Dänemark mit.[29]

In Kopenhagen sieht sich Heisenberg dazu gezwungen, sich im Detail damit zu beschäftigen. Was ihm auch weiterhin nicht behagt: Die drei Autoren haben ihre vagen Vorstellungen mit keinerlei Berechnungen unterfüttert. Sie haben ein Konzept vorgelegt, keine fertige Theorie. Außerdem hat die neue Art der Kopplung zwischen Licht und Materie einen hohen Preis.

Bohr, Kramers und Slater haben den Grundsatz von der Erhaltung der Energie und des Impulses in der atomaren Welt aufgegeben. Das altbewährte Gesetz soll im Mikrokosmos nicht für Einzelprozesse gültig sein, sondern nur im statistischen Mittel. Damit wird die einfache Argumentation Arthur Holly Comptons, welche die Lichtquantenhypothese stützt, untergraben. Ihr steht nun ein komplexer Theorieentwurf gegenüber, der die Wellennatur des Lichts unangetastet lässt.

Mit den »virtuellen Oszillatoren« haben Bohr und seine Mitarbeiter ihr eigenes »Gespensterfeld« geschaffen. Heisenberg mag die Sache zunächst ein wenig rätselhaft vorkommen. Bohr aber hat für alles eine Erklärung parat. Der Institutsdirektor zieht ihn genauso auf seine Seite, wie er zuvor das ganze Forschungsinstitut auf Kurs gebracht hat. Er nimmt sich sogar ausgesprochen viel Zeit für die Gespräche mit dem jungen Gast aus Göttingen.

WANDERUNG DURCH DÄNEMARK

In dem eingangs erwähnten Empfehlungsschreiben hatte Pauli den dänischen Forscher auf Heisenbergs Genialität hingewiesen. Allerdings sei bei Heisenberg vieles noch nicht richtig durchdacht. Er freue sich daher sehr darüber, dass Bohr ihn nach Kopenhagen eingeladen habe. »Hoffentlich wird dann auch Heisenberg eine philosophische Einstellung seiner Gedanken mit nach Hause bringen.«[30]

Der Adressat scheint sich diese Worte zu Herzen genommen zu haben. Für Heisenberg sind die Treffen mit Bohr erhebend. »In den ersten Tagen haben wir immer über das allgemeinste gesprochen und die philosophischen Grundlagen (ich sehe Dich, Papa, hier höhnisch lächeln) auseinandergeklaubt.«[31]

Nachdem sich der Institutschef von einigen Aufgaben frei gemacht hat, lädt er Heisenberg zum Abschluss seines ersten Kopenhagen-Besuchs zu einer mehrtätigen Wanderung durch Nordsjaelland ein. Bohr zeigt dem deutschen Pfadfinder seine dänische Heimat: das Hamlet-Schloss Kronborg am Nordausgang des Öresunds, das Renaissance-Schloss Frederiksborg bei Hilleröd, das große Waldgebiet am Esrum-See und die Stranddörfer bis hinauf nach Tisvildeleje, wo Bohrs Familie ein Ferienhaus besitzt.[32]

Es ist großartig einsam im Reich des dänischen Prinzen Hamlet! Heisenberg erfährt bei dieser Wanderung nicht nur viel über Skandinavien und seine Geschichte. Sie hätten Zeit gehabt, alle physikalischen Fragen ungestört zu zweit zu bereden, erzählt er in der Rückschau. Einen breiten Raum in den Gesprächen hätten die Schwierigkeiten der Atomphysik eingenommen.[33]

Nach seiner missglückten Doktorprüfung und einer langen Durststrecke kommen ihm die dänischen Wochen wie ein Geschenk des Himmels vor. »Sie können sich kaum denken, wieviel für mich diese Tage in Kopenhagen bedeutet haben – wissenschaftlich, aber nicht nur wissenschaftlich«, schreibt er Bohr auf der Rückreise, die ihn über München führt.[34] In seinem Gepäck: das Angebot, das kommende Wintersemester ganz in Dänemark zu verbringen.

DER REICHE ONKEL AUS AMERIKA

Göttingen, Juni 1924: Der Bankier Henry Goldman hat Einstein zu einem exklusiven Road Trip eingeladen, ohne ihm zu sagen, wohin die Reise gehen soll. Am Ziel warten zwei Steinway-Flügel in einem großen Saal. Auf dem einen spielt ab und an ein junger Theoretiker, den Einstein bisher nur dem Namen nach kennt

Werner Heisenberg hat einen reichen Onkel in Amerika. In seinen Briefen ist ab und an von ihm die Rede: Wenn der junge Physiker Geldsorgen hat, fragt er bei den Eltern nach, ob man nicht etwas von jenem Dollar-Konto abheben könne, das Karl Heisenberg eingerichtet hat, der jüngste Bruder seines Vaters, der in den Vereinigten Staaten mit einer Fabrik für Uniformknöpfe zu Geld gekommen ist.[1]

Max Born, sein Göttinger Professor, hat keinen solchen Onkel in Amerika, aber einen noch reicheren Ersatzonkel gefunden. Vermutlich kannte er den Namen »Goldman-Sachs« nicht einmal, als er das Glück herausforderte, mitten in Berlin, mitten auf der Straße:

Bei einem Besuch in der deutschen Hauptstadt traf Born zufällig auf einen alten Bekannten, der im Begriff war, nach New York zu seiner Verlobten zu reisen, um dort zu heiraten. Born gab ihm eine Bitte mit auf den Weg: Er möge doch einen reichen Deutsch-Amerikaner ausfindig machen, der ein paar Tausend Dollars übrig habe, damit er seine physikalische Forschung fortsetzen könne.

Ein Scherz, ein Handschlag, einige Wochen später eine Postkarte: »Ich habe Ihren Mann, er heißt Henry Goldman.«[2] Born solle ihm doch einen netten Brief schreiben. Goldman werde demnächst nach Berlin kommen und im Hotel Adlon wohnen.[3]

Goldman überquerte den Atlantik Jahr für Jahr. Er fühlte sich dem

Land seiner Vorfahren seit jeher verbunden. Wie Born stammte er aus einer deutsch-jüdischen Familie. Sein Vater war nach Amerika ausgewandert, hatte sich dort vom Hausierer über einer Krämerladen zum Bankier hochgearbeitet und schließlich zusammen mit einem Partner ein Bankhaus gegründet, das eines der größten der amerikanischen Geschichte werden sollte.

Wie sein Vater hatte sich Henry Goldman an der angelsächsisch dominierten Wall Street mit neuen Geschäftsideen behaupten müssen. Unbegreiflich für ihn, dass die Vereinigten Staaten 1917 aufseiten der Alliierten in den Krieg gegen das Deutsche Reich eingetreten waren. Über den neuen politischen Kurs mit seinen Geschäftspartnern heillos zerstritten, hatte Goldman seine Tätigkeit bei der Bank im Alter von 60 Jahren niedergelegt.

Im Hotel Adlon am Brandenburger Tor fand der Pensionär einen Brief vor, den er mit einer Spende von ein paar Hundert Dollar für das Physikalische Institut in Frankfurt beantwortete, wo Born in den beiden ersten Nachkriegsjahren forschte. Als das Geld dort eintraf – für damalige Verhältnisse eine stattliche Summe –, fuhr Born umgehend nach Berlin, um sich zu bedanken.[4] Teil dieses Dankes war, dass er Goldman mit dem bedeutendsten zeitgenössischen Wissenschaftler bekannt machte: Albert Einstein.

Als Mäzen war Goldman ähnlich begeisterungsfähig wie als Geschäftsmann. Früher hatte er in so unterschiedliche Unternehmen wie die Schreibmaschinenfirma Underwood Typewriter oder die Woolworth-Kette investiert und beim Automobilunternehmen Studebaker als Vorstand die Zukunft mitgestaltet. Nun förderte er Musikerinnen und Musiker und reiste auf der Suche nach außergewöhnlichen Kunstwerken durch Europa.

Seine erste Begegnung mit Einstein liegt im Dunkeln. Aber als ihm der Physiker zum Jahreswechsel 1923/24 ein in limitierter Auflage gedrucktes Porträt von sich zuschickte, eine Radierung von dem inzwischen nach Israel ausgewanderten Künstler Hermann Struck, freute sich Goldman wie ein Schneekönig. In seinem Dankesschreiben, in dem er herausstellte, wie viel Einstein der Menschheit mit seinen Erkenntnissen geschenkt habe, kündigte er seinen nächsten Berlinbesuch an.[5]

ON THE ROAD

Einstein weiß nicht gleich, wie er reagieren soll, als ihn Goldman ein paar Monate später zu einem exklusiven Vergnügen einlädt: einem Road Trip. Eigentlich würde er die Zeit lieber im stillen Kämmerlein mit der Physik verbringen, schreibt er seiner Freundin Betty Neumann.[6] Andererseits könne er dem »sehr sympathischen« Deutsch-Amerikaner, der sich als »großer Wohltäter« erwiesen habe, seinen Wunsch schlecht abschlagen.[7] Also sagt er zu, ohne genau darüber im Bilde zu sein, wohin die Reise gehen soll.

»Es wird wieder einmal eine Reise angetreten, und die Vorzüge eines privaten Départ, im Wagen, für die Nerven bewähren sich«, vermerkt Thomas Mann in seinem Tagebuch. »Es ist ein gelassenes Packen, und auf die Minute kommt es nicht an.«[8] Während der Schriftsteller, nachdem er sich Anfang 1925 einen sechssitzigen Fiat gekauft hat, sogleich nach einem Chauffeur Ausschau hält, ist in Einsteins Briefen nirgends von einem solchen die Rede. Vielmehr scheint dem Physiker nicht ganz wohl bei dem Gedanken zu sein, sich Goldmans Fahrkünsten auszuliefern. »Er ist ein alter Herr und wird wohl nicht so verrückt fahren, dass wir unsere Häute zu Markte tragen bei diesem Vergnügen.«[9] Ob ihm Goldman erzählt hat, wie sehr sein Sehvermögen in den zurückliegenden Jahren abgenommen hat?

Bei recht frischen Temperaturen brechen sie am Freitag, den 6. Juni 1924, zu ihrer Pfingsttour auf. Sicherlich nicht in einem Opel »Laubfrosch«, eher schon in einem luxuriösen schwarzen Studebaker, wie man ihn auf den Straßen der Hauptstadt selten sieht. Angesichts der vielen Fahrradfahrer, Pferdedroschken und Omnibusse, Fuhrwerke und Lastkraftwagen dauert es auch im Jahr 1924 eine ganze Weile, aus Berlins Innenstadt herauszukommen. An den Kreuzungen der Hauptstraßen regeln Polizisten den Verkehr. Die erste Ampelanlage Deutschlands wird erst ein halbes Jahr später am Potsdamer Platz ihren Betrieb aufnehmen.

Noch ist das Automobil ein Luxusgut, Deutschland ein Volk ohne Wagen. Das wird sich rasch ändern. Im vergangenen Monat hat die Adam Opel AG ihre Produktion auf das amerikanische Fließbandsystem umgestellt. Ihr neuer grüner Zweisitzer, der »Laubfrosch«, wird sich ebenso zum Verkaufsschlager der Zwanzigerjahre entwickeln wie der im Volksmund »Kommissbrot« genannte Kleinwagen der Firma Hanomag. Letzterer ist noch preisgünstiger und erreicht ebenfalls Geschwindigkeiten von bis zu 60 Kilometern pro Stunde.

Goldman und Einstein fahren in aller Ruhe los, verlassen die Metropole dann aber über die »Automobil-Verkehrs- und Übungsstraße«, kurz Avus. Sie ist für Pferdefuhrwerke gesperrt und führt auf neunzehn Kilometern Länge schnurstracks durch den Grunewald. Hier dürfen Autoliebhaber richtig Gas geben.

Den Wind der Moderne im Rücken, erreichen sie Potsdam und machen einen Bogen um den Telegrafenberg, wo sich ein neues Sonnenteleskop in den Himmel schraubt: der »Einstein-Turm«. Ein paar wissenschaftliche Instrumente fehlen noch, dann will man auch hier in Potsdam damit beginnen, Einsteins Vorhersagen zur Lichtablenkung an der Sonne einer kritischen Prüfung zu unterziehen. Goldman ist einer jener Spender, die den Bau ermöglicht haben.

Hinter Potsdam folgen sie der historischen Reichsstraße »Via Imperii«, am Wegesrand preußische Meilensteine, die sie über das flache Land und die Dörfer in einem durch bis nach Wittenberg begleiten. Dort angelangt, besichtigen sie die Schlosskirche, wo Martin Luther seine 95 Thesen angeschlagen haben soll. Am Nachmittag nehmen Goldman und Einstein Kurs auf Bernburg. Dort erhebt sich ein imposantes Renaissanceschloss über dem Ufer der Saale. Deutschlands berühmtester Schalk Till Eulenspiegel soll einst Turmwächter in dieser Stadt gewesen sein.

Anhalten, wo man will, weiterfahren, wann man will: Nach der ersten Übernachtung scheint sich Einstein mit dem Automobil angefreundet zu haben und dem Schnelligkeitsmesser nur noch wenig Beachtung

Der Einsteinturm in Potsdam in einer Skizze des Architekten Erich Mendelsohn.

zu schenken. Wie er Elsa auf einer Postkarte mitteilt, gleiten sie am Sonnabend in »prachtvoller Fahrt über den Harz«.[10] Bergauf, bergab, der kahlköpfige Goldman am Steuer, neben ihm der Physiker mit dem Kraushaar, beide mit Schnauzbart und einer Vorliebe für Zigarren, beide empfänglich für Späße und geradeheraus, wie ihnen der Schnabel gewachsen ist.

In den kommenden Tagen werden sie Goslar ansteuern, Hildesheim und Braunschweig. Das bis dahin geheime Ziel der ganzen Aktion aber erreichen sie bereits am zweiten Tag ihrer einwöchigen Tour: »In – Göttingen eingezogen«, schreibt Einstein an Elsa. »Der Mensch entgeht seinem Schicksal nicht!«[11]

GÖTTINGER GESPRÄCHE

Selbstverständlich nehmen sie kein Hotelzimmer, sondern greifen auf das Angebot von Max Born und dessen Frau Hedwig zurück, bei ihnen in der Planckstraße zu übernachten. Als die Borns noch in Berlin wohnten, klopfte Einstein regelmäßig bei ihnen an. Meist hatte er seinen Geigenkoffer dabei und warf schon am Eingang seine losen Manschetten ab, um zusammen mit seinem Physikerkollegen zu musizieren. »Warmes Wohlwollen ging von ihm aus«, so Hedwig Born in der Rückschau. Einstein habe ihr geholfen, sich unter den »objektiven« Naturwissenschaftlern nicht mehr wie in eine eisige Mondlandschaft verschlagen zu fühlen.[12]

Inzwischen haben sich die Borns in der kleinen Universitätsstadt eingelebt. Ihre Erdgeschosswohnung ist geräumig, eine Veranda führt hinaus in einen parkähnlichen Garten mit alten Bäumen. Im großen Salon stehen zwei Steinway-Flügel, auf denen auch Werner Heisenberg gelegentlich spielt.[13]

Heisenberg kommt gleich am ersten Besuchstag hinzu.[14] Auch der 22-Jährige fühlt sich inzwischen wohler in Göttingen. Seine in München begonnenen Studien zum Verhalten von Atomen in Magnetfeldern haben Früchte getragen. Borns Assistent publiziert wie ein Wilder: 1924 sind es fünf Fachartikel in der *Zeitschrift für Physik* und zwei in den *Annalen*. Nach dem Ermessen seines Professors sind Heisenbergs Forschungen bereits jetzt reif für eine Habilitationsschrift. Schon im kommenden Monat soll er seine Probevorlesung in Göttingen halten, nur ein Jahr nachdem er in München beinahe die Doktorprüfung vermasselt hätte. Eine Blitzkarriere!

Zu Heisenbergs Wohlbefinden trägt ein kürzlicher Umzug bei. Für sein neues Zimmer am Waldrand hat er sich ein paar Kopien von Rembrandt-Radierungen gekauft. Ihm fehle nur noch ein Bild seiner Heimatstadt München, am liebsten von der Ludwigstraße mit Ludwigskirche.[15]

Die neue Bleibe ist ihm ans Herz gewachsen. Am Donnerstag, während eines kurzen Zwischenstopps in Göttingen, schaute der dänische Nobelpreisträger Niels Bohr mit Gefolge hier vorbei. »Um 5 Uhr hatte ich alle, Bohr, Born, Rosseland, Hund zum Kaffee in meiner Bude«, schrieb Heisenberg den Eltern noch am selben Abend. »Meine Hauswirtin hatte einen wunderschönen Tisch aufgebaut.« Danach seien sie gemeinsam spazieren gegangen und hätten überhaupt sehr viel wissenschaftlich diskutiert.[16]

Und jetzt Albert Einstein! Nur einen Tag nach Bohrs Abreise! Max Born sei ganz stolz über all diesen »hohen Besuch«.[17]

Der »hohe Besuch« ist Henry Goldman zu verdanken. In Physikerkreisen hat der Name inzwischen die Runde gemacht. Vor ein paar Jahren sponserte der Mann mit den vielen Dollars einen wegweisenden Laborversuch der Quantenphysik, das Stern-Gerlach-Experiment. Mit fortschreitender Inflation half er Born dann, seine Assistenten »durchzufüttern«. Zunächst kam Goldman für Wolfgang Paulis Stelle auf, dann für Heisenbergs Posten.[18] Nun ist er mit Einstein im Schlepptau nach Göttingen gekommen, was der Universität einmal mehr ein Flair von Weltläufigkeit verleiht und Heisenberg die Gelegenheit gibt, den Schöpfer der Relativitätstheorie kennenzulernen, nach dem er bei Tagungen bisher vergeblich Ausschau gehalten hat.

Die Familie in München erfährt auch sofort davon: Bohr sei inzwischen wieder abgefahren. Seit gestern aber sei Einstein in Göttingen. »Und wenn er auch nicht bei mir Kaffee getrunken hat, so genoss ich doch die Ehre, dass er eine Viertelstunde lang auf einem kurzen Spaziergang mit mir über Physik redete.«[19]

EIN AKADEMISCHES VIERTELSTÜNDCHEN

Heisenbergs – den Quellen nach zu urteilen – erstes Gespräch mit Einstein nimmt rasch Fahrt auf. Kein Small Talk, keine Plauderei über dieses und jenes. Wie aus einem Brief hervorgeht, den Heisenberg noch am Pfingstsonntag an Wolfgang Pauli aufsetzt, kommen sie schnell zur Sache:

Alles dreht sich um die Strahlungstheorie, die Niels Bohr zusammen mit dem Niederländer Hendrik Kramers und dem Amerikaner John Slater ausgeheckt hat. Heisenberg ist seit seinem Besuch in Kopenhagen auf diese Linie eingeschwenkt. Max Born hält sie ebenfalls für zielführend. Einstein jedoch habe »hundert Einwände« dagegen, schreibt Heisenberg an Pauli.[20]

Wer an der Grenze zum Unbekannten forscht, muss aufnahmebereit und flexibel sein, wenn sich in Theorie oder Experiment etwas Überraschendes tut. Auch Einstein fällt dies in manchen Phasen seines Forscherdaseins schwer. Was er zu welcher Zeit wahrnehmen kann und will, hängt insbesondere davon ab, wo er gerade mit seinen eigenen theoretischen Überlegungen steht.

Mit seiner Feldtheorie tritt er wieder einmal auf der Stelle. Die Frage, wie man im Rahmen der kontinuierlichen Raumzeit Aussagen über das Diskontinuum, sprich: über Quanten, treffen kann, hat ihn zuletzt zu »überbestimmten« mathematischen Gleichungssystemen geführt. Er sucht nach einer Theorie, die deshalb nur diskrete Lösungen zulässt, weil die Zahl der Gleichungen größer ist als die Zahl der darin enthaltenen Variablen. Mehr als einen mathematischen Aufriss hat er nicht zuwege gebracht.[21]

Damit behelligt er Heisenberg an diesem Frühlingstag allerdings nicht. Stattdessen sprechen sie über die »Bohr-Kramers-Slater-Theorie«, die Einstein in einer schöpferischen Pause aufgesogen und über die er vor zehn Tagen in Berlin referiert hat. Der Vortrag selbst ist nicht erhalten. Aus einem Notizzettel Einsteins geht jedoch hervor, wie wenig er den neuen Ideen abgewinnen kann. Aus seiner Sicht wirft die Kopenhagener Theorie mehr Fragen auf, als sie beantwortet. Es sei zudem unnatürlich, »alle Impuls- und Energieumsetzungen so anzunehmen, wie wenn es Quanten gäbe …, und dabei die Quanten doch prinzipiell abzulehnen«.[22]

Ganz und gar nicht einverstanden ist er damit, dass Bohr, Kramers und Slater das Prinzip der Erhaltung der Energie aufzugeben bereit sind. Einstein beharrt auf dessen strenger Gültigkeit, und zwar »bei allen bekannten Elementarvorgängen«. Experimentelle Beispiele dafür gibt es aus seiner Sicht zur Genüge.[23] Ähnlich zwingend ist seines Erachtens die Erhaltung des Impulses in der subatomaren Welt, der die Kopenhagener Physiker ebenfalls nur noch im statistischen Mittel beipflichten. Überdies dürfe ein prinzipielles Aufgeben der Kausalität »nur in der höchsten Notlage« zugestanden werden.[24]

Diesen Einwand hat Einstein vor ein paar Wochen auch Max Born gegenüber brieflich vorgebracht. Bohrs Strahlungstheorie interessiere ihn zwar sehr. Zu einem Verzicht auf strenge Kausalität wolle er sich jedoch nicht treiben lassen, bevor man sich nicht noch ganz anders dagegen gewehrt habe als bisher. »Der Gedanke, dass ein einem Strahl ausgesetztes Elektron aus freiem Entschluss den Augenblick und die Richtung wählt, in der es fortspringen will, ist mir unerträglich. Wenn schon, dann möchte ich lieber Schuster oder gar ein Angestellter in einer Spielbank sein als Physiker.«[25]

»Unnatürlich«, »unbefriedigend«, »unerträglich« – im Physikalischen Kolloquium in Berlin ließ Einstein kaum ein gutes Haar an der jüngsten Kopenhagener Theorie. Es gibt keinen Hinweis auf einen Briefwechsel mit Bohr zu diesem Thema.[26] Aber dem mit viel Vorschusslorbeer bedachten Heisenberg, der in Bohrs Fahrwasser schwimmt, setzt Einstein auseinander, warum er nichts davon hält.

Heisenberg, nur halb so alt wie der weltbekannte Wissenschaftler an seiner Seite, mangelt es nicht an Courage, für Bohrs Überzeugungen einzutreten, die inzwischen bis zu einem gewissen Grad auch seine eigenen sind. Der 22-Jährige mobilisiert sein atomphysikalisches Wissen, um die Trümpfe der neuen Theorie auszuspielen. Sie liegen vor allem darin, dass die Bohr-Kramers-Slater-Theorie über Atommodelle hinausweist und das Wechselspiel zwischen Strahlungsfeld und Atomen, zwischen Licht und Materie umfassend zu beschreiben verspricht.

Bei der Betrachtung konkreter Strahlungsübergänge angelangt, zaubert sein Gegenüber ein Gedankenexperiment aus dem Hut, das mit der Kopenhagener Strahlungstheorie nicht zu vereinbaren zu sein scheint. Heisenberg gerät ins Grübeln. Während ihm der Heuschnupfen in der Nase kitzelt, den er in diesen Junitagen mit Aspirin unschädlich zu machen sucht, ringt er um eine Antwort.

Viel Zeit zum Nachdenken bleibt ihm während des Spaziergangs nicht. Stunden später findet er Einsteins Einwurf immer noch »ziemlich schlimm«. Wenigstens wisse er keinen Ausweg, räumt er Pauli gegenüber ein.[27]

Zumindest eine Viertelstunde lang hat Heisenberg einen Eindruck von der permanenten Anspannung des Einstein'schen Denkens gewinnen können. In besagtem Brief an Pauli vom Pfingstsonntag reißt Heisenberg das Gespräch mit ihm aber nur kurz an. Danach präsentiert er

Pauli in flinker Formelsprache die jüngsten mathematischen Ansätze, die er in Göttingen zusammen mit seinem Professor ausgetüftelt hat. Das sei Wasser auf seine »Zeemanmühle«. Die Arbeit werde er jetzt »ohne physikalische Deutung« publizieren.[28]

MITGLIED DER REICHEN FAULENZERKLASSE

Einstein und Goldman bleiben die Pfingsttage über in Göttingen. Hedwig und Max Born sprechen bei dieser Gelegenheit mit ihrem amerikanischen Gast über ihre Pläne für einen Gegenbesuch in den Vereinigten Staaten. Sie werden ihre Amerika-Reise allerdings kurzfristig verschieben müssen und Goldmans Kunstsammlung in New York, zu der Originale von Rembrandt, Tizian und Rubens zählen, erst 1926 bewundern können. Goldman wird zu diesem Zeitpunkt bereits fast blind sein, wie Max Born rückblickend erzählt. »Es war ergreifend, ihn inmitten seiner Bilder zu sehen, die er in allen Einzelheiten beschrieb, als könne er sie noch sehen.«[29]

Von Göttingen aus setzen Goldman und Einstein ihre Tour in Richtung Goslar fort. Nachdem er wieder auf dem Beifahrersitz Platz genommen hat, lehnt sich Einstein weit zurück. Er komme sich vor wie ein »M. D.R. F.«, schreibt er seiner Frau von Hildesheim aus, sprich: wie ein »Mitglied der reichen Faulenzerklasse«.[30]

Unterdessen unternimmt Heisenberg einen kurzen Ausflug zu Pauli nach Hamburg, ehe er am 28. Juni seinen Habilitationsvortrag in Göttingen hält. Eine große Last fällt von ihm ab. Die Studienjahre liegen hinter ihm! Nach der üblichen Sommerwanderung wird für ihn ein neuer Lebensabschnitt beginnen. Und zwar in Dänemark, mit einem von Niels Bohr vermittelten Stipendium der amerikanischen Rockefeller Foundation.

EIN DING MIT SPIN

Die nächsten wegweisenden Entdeckungen werden jedoch nicht in Kopenhagen gemacht, sondern in Hamburg und Berlin. Nahezu gleichzeitig entschlüsseln Pauli und Einstein im Herbst 1924 wesentliche Charakteristika von Elektronen einer- und Lichtquanten andererseits.

Pauli ringt zu dieser Zeit mit Heisenbergs Steckenpferd: der Aufspaltung von Spektrallinien in einem Magnetfeld. Wenn Atome einem äußeren Magnetfeld ausgesetzt sind, wird ein bunter Strauß neuer Spektrallinien sichtbar. Wie lässt sich dies verstehen? Weshalb können die Elektronen unter dem Einfluss eines Magnetfelds zwischen einer größeren Anzahl von Energiezuständen hin und her springen?

Heisenberg hat ein Modell entwickelt, um diese Aufspaltung mathematisch in den Griff zu bekommen. Pauli behagt dieses »Rumpfmodell« nicht. Aus seiner Sicht ist die Trennung zwischen »Atomrumpf« und »Atomrest« physikalisch schlecht motiviert, kurzum: »unphilosophisch«.

Ausgangspunkt seiner eigenen Überlegungen sind die Atome der Alkalimetalle, zu denen Natrium oder Kalium zählen. Legt man Bohrs Überlegungen zum schalenförmigen Aufbau der Atome zugrunde, dann besitzen diese chemischen Elemente in ihrer äußersten Schale nur ein einziges Elektron. Schon dieser Umstand vereinfacht alle weiteren physikalischen Betrachtungen.

Auffällig sind die Lichtspektren solcher Alkalimetalle. In der Strahlung einer Natriumdampflampe zum Beispiel zeigen sich zwei besonders helle, eng benachbarte Linien. Diese Doppellinie macht die gelbe Flammenfarbe der Lampe aus. Pauli zufolge rührt die Natrium-Doppellinie allein vom äußeren Elektron her, dem »Leuchtelektron«.

Bevor er sich jedoch diesem subatomaren Außenposten widmet, nimmt er alle anderen Elektronen ins Visier. Nach Bohrs Modell umgeben sie den Atomkern schalenförmig. Können diese abgeschlossenen Schalen, die mit Elektronen voll bestückt sind, einen Beitrag zu den magnetischen Eigenschaften des Atoms leisten?

Pauli knöpft sich zuerst die beiden Elektronen der innersten Schale um den Kern vor, die dem Atomkern sehr nahe kommen, wobei ihre Geschwindigkeiten rasant zunehmen. Und zwar derart, dass Einsteins Relativitätstheorie nicht außer Acht gelassen werden darf, wie Pauli schon als Student bei Arnold Sommerfeld in München lernte. Er fängt an zu rechnen und findet heraus, dass die zu berücksichtigenden relativistischen Korrekturen bei schweren chemischen Elementen größer und größer werden. Wenn diese Elektronen also einen Beitrag zur Aufspaltung der Linien leisten würden, dann in einer Art und Weise, die man in Experimenten bis dato nie beobachtet hat.

Das macht ihn stutzig. Nach einer systematischen Analyse kommt Pauli zu dem Schluss, dass weder die innerste Elektronenschale noch die anderen abgeschlossenen Schalen ausschlaggebend für das magnetische Moment des Atoms sein können. Nebenbei erteilt er damit auch Heisenbergs »Rumpfmodell« eine Absage.[31] Übrig bleibt bei den Alkaliatomen das einzelne äußere Elektron, das »Leuchtelektron«. Dessen alleiniger Wirkung seien die Energieänderungen in einem äußeren Magnetfeld zuzuschreiben. Sie kämen zustande aufgrund einer »eigentümlichen, klassisch nicht beschreibbaren Art von Zweideutigkeit der quantentheoretischen Eigenschaften des Leuchtelektrons«.[32]

Am Ende langwieriger Rechnungen blitzt ein Gedanke von großer Tragweite auf: Dem einzelnen Elektron haftet eine »Zweideutigkeit« an. Pauli weiß nicht recht, was er damit anfangen soll. Der 20-jährige Physiker Ralph Kronig äußert im Gespräch mit ihm die Vermutung, bei dem zusätzlichen inneren Freiheitsgrad des Elektrons könne es sich um eine Art Eigendrehimpuls des Teilchens handeln, ähnlich dem Spin eines Tennisballs um die eigene Achse. Pauli tut dies als witzigen Einfall ab und redet ihm die Sache aus. So lässt Kronig die wegweisende Idee fallen.

Ein Jahr später wird die ganze Fachwelt vom Elektronenspin sprechen. Doch das Bild eines rotierenden Teilchens kann bestenfalls als Notbehelf gelten. Der Spin des Elektrons hat keine Entsprechung in der klassischen Physik. Pauli selbst findet sich damit ab, dass die von ihm festgestellte »Zweideutigkeit« des Elektrons mit herkömmlichen physikalischen Begriffen nicht zu fassen ist. Er nimmt sie als reine Quantenerscheinung hin.

Heisenberg kommt all dies ziemlich verrückt vor, wie aus einer Postkarte an Pauli im Dezember 1924 hervorgeht: Wenn Pauli den Zustand einzelner Elektronen nun mit insgesamt vier Zahlen charakterisiere, dann treibe er den Schwindel in bisher ungeahnte Höhe. »Und wenn Sie selbst meinen, etwas gegen die bisherigen Arten von Schwindel geschrieben zu haben, so ist das natürlich ein Missverständnis; denn Schwindel × Schwindel gibt nichts richtiges und daher können sich zwei Schwindel nie widersprechen!!!!!!!!«[33]

Offenbar betrachtet man den ganzen Quantenspuk in Kopenhagen in diesen Monaten mit einer gewissen Ironie. Bohr, der nur eine Woche später nach Hamburg schreibt, spricht ebenfalls von »Schwindel«.[34] Pauli aber meint es ernst mit seiner vierten Quantenzahl.

Warum er sich so sicher ist, mit diesen vier Zahlen die Anordnung der Elektronen sämtlicher chemischer Elemente des Periodensystems vollständig erfassen zu können, erfährt die Fachwelt erst aus seiner zweiten bedeutenden Publikation zu diesem Thema. Neben der »Zweideutigkeit« des Elektrons hat Pauli eine nobelpreiswürdige Entdeckung gemacht. Sie wird als »Pauli-Prinzip« in die Geschichte der Quantentheorie eingehen.

Elektronen, die in einem Atom gebunden sind, nehmen nur ganz bestimmte Zustände ein. Das »Pauli-Prinzip« besagt, dass niemals zwei Elektronen im Atom in allen vier Quantenzahlen übereinstimmen können. Mit Paulis Worten gesprochen: »Ist ein Elektron im Atom vorhanden, für das diese Quantenzahlen bestimmte Werte haben, so ist dieser Zustand ›besetzt‹.«[35]

An Niels Bohr schreibt er zum Jahreswechsel: »Für schwache Menschen, die die Krücke der Vorstellung von eindeutig definierten Elektronenbahnen und von mechanischen Modellen brauchen, könnte man die Regel einfach so begründen, dass man sagt: Wenn mehr als ein Elektron in starken Feldern die gleichen Quantenzahlen besitzen, so würden sie ja dieselben Bahnen haben, sie würden daher zusammenstoßen.« Und solche Fälle müsse man ausschließen.[36]

Paulis »Ausschließungsprinzip« zufolge findet man zwei Elektronen nie im selben Zustand. Sie verhalten sich anders als eine Handvoll Erbsen, die man in eine Schüssel rollen lässt und die sich alle am Boden sammeln. Wenn sich Elektronen um einen Atomkern zusammenscharen, können sie nicht alle in den Zustand niedrigster Energie fallen. Stattdessen besetzen sie die Energiestufen im Atom sukzessive von innen nach außen. Ebendies ist die Voraussetzung für den schalenförmigen Aufbau der Atome.

Wie der Physiker Paul Ehrenfest treffend bemerkt, bewahrt das »Ausschließungsprinzip« oder »Pauli-Verbot« die Atome vor dem Zusammenschrumpfen. »Warum ist ein Kristall so dick als er ist?«, fragt Ehrenfest scherzhaft in einem Brief an den Entdecker. »Weil die Atome dick sind. Warum sind sie dick? Weil nicht alle Elektronen auf die inneren Ringe fallen. Warum tun sie es nicht? Wegen der elektrostatischen Abstoßung der Elektronen gegeneinander? Nein«, fährt Ehrenfest fort. »Sie tun es nicht aus Angst vor Pauli!« Und so könne man sagen: Pauli selber sei so dick, weil das »Pauli-Verbot« gelte, das wunderbare, unbegriffene.[37]

VON ELEKTRONEN ZU LICHTQUANTEN

Alle Atome eines chemischen Elements haben dieselbe stabile Schalenstruktur. Falls doch einmal durch heftige Einwirkung von außen ein Elektron aus einer inneren Schale herauskatapultiert werden sollte, so wird dessen Platz rasch von einem anderen, äußeren Elektron eingenommen. Die Elektronen rücken einfach nach. Sie sind grundsätzlich gegeneinander austauschbar. Ein Teilchen ist wie das andere.

An dieser Stelle verbinden sich Paulis Einblicke in die Welt der Elektronen mit Einsteins neuen Einsichten in die Welt der Lichtquanten. Elektronen sind, statistisch gesehen, ununterscheidbar – genau wie Lichtquanten. Und diese Ununterscheidbarkeit der Lichtquanten erregt plötzlich Einsteins Aufmerksamkeit.

Der Anstoß kommt von weit her: Soeben von seiner Vergnügungsfahrt mit Henry Goldman nach Berlin zurückgekehrt, erreicht ihn Post aus dem indischen Dacca. Einen zweiten Brief des Physikers Satyendra Nath Bose erhält er wenige Tage darauf.

Satyendra Nath Bose, in Kalkutta geboren, ist ausgebildeter Mathematiker und erst danach zur theoretischen Physik gewechselt. Deren rasante Entwicklung hat er aus der Ferne verfolgt, sich Kenntnisse der deutschen und französischen Sprache angeeignet und erhebliche Anstrengungen unternommen, um die maßgeblichen Fachaufsätze im Original lesen und in einem klareren Licht wahrnehmen zu können. Zugutegekommen ist ihm dies vor allem bei seinen Erkundungen im Grenzgebiet zwischen Statistik, Mechanik und Wärmelehre.

Bose hat das Strahlungsfeld als Gasgemisch aus masselosen Lichtquanten betrachtet und dann einen schnurgeraden Weg zu Plancks Wärmestrahlungsformel beschritten. Diese neue Herleitung der Planck'schen Formel erscheint Einstein elegant genug, dass er sie, dem Wunsch des Urhebers folgend, sogleich aus dem Englischen ins Deutsche übersetzt. Noch im Sommer 1924 reicht er sie bei der *Zeitschrift für Physik* ein. Auch in der Preußischen Akademie der Wissenschaften stellt er die Arbeit des ihm unbekannten Forschers vor.

Was sich Bose jedoch nicht klargemacht hat: Die von ihm benutzte statistische Methode geht mit einem besonderen Verständnis der Lichtquanten einher. Bose hat stillschweigend vorausgesetzt, dass es sich bei Lichtquanten um nicht voneinander unterscheidbare Teilchen handelt.

Das widerspricht der klassischen Teilchenvorstellung. Objekte, die den Gesetzen der Mechanik genügen, lassen sich voneinander trennen. Wie Bälle beim Wurf oder Planeten beim Sonnenumlauf kann man klassische Teilchen zumindest anhand ihrer Bahnen verfolgen und voneinander unterscheiden.

Bei Lichtquanten ist dies genauso wenig möglich wie bei Elektronen in einem Quantensystem. Findet man sie unter ihresgleichen, sind sie als Einzelne nicht mehr identifizierbar. Und aufgrund dieser Ununterscheidbarkeit genügen sie anderen statistischen Gesetzen als klassische Partikel.

Allerdings kann man Lichtquanten und Elektronen nicht über einen Kamm scheren. Wie sich im weiteren Verlauf der Zwanzigerjahre herausstellen wird, gibt es zwei Arten von Quantenstatistik, denen man später sämtliche Elementarteilchen zuordnen wird. Wenn es nämlich darum geht, eine bestimmte Anzahl ununterscheidbarer Teilchen auf mehrere Energiezustände zu verteilen, dann verhalten sich Elektronen ganz anders als Lichtquanten.

Elektronen meiden einander. Pauli zufolge kann ein und derselbe Energiezustand im Atom nur von einem Elektron eingenommen werden. Ist dieser Zustand besetzt, müssen andere Elektronen weichen.

Bei Lichtquanten hingegen ist eine Mehrfachbesetzung möglich. Sie tummeln sich gerne auf einem Energieniveau und neigen dazu, gehäuft oder gebündelt aufzutreten. Im Unterschied zu Elektronen sind Lichtquanten gesellig – ein Grund dafür, warum es auch im 21. Jahrhundert noch so schwierig sein wird, einzelne Lichtquanten für Experimente zu isolieren.

DAS BOSE-EINSTEIN-KONDENSAT

Doch zurück zu Einstein, der die Quantenstatistik der Lichtquanten kurzerhand auf die Atome in einem Gas überträgt. Schließlich unterscheide sich ein Lichtquant von einem Atom im Wesentlichen nur dadurch, »dass die Ruhemasse des Quants verschwindend klein« sei.[38] Ein gewagter Gedankensprung!

Wie im Fall der Lichtquanten hat die Ununterscheidbarkeit der Teilchen auch hier zur Folge, dass Konfigurationen, bei denen alle Atome denselben Zustand einnehmen, wahrscheinlicher werden. Zumal bei extrem tiefen Temperaturen: Wenn das Gas nur kalt genug ist, sollten sich die Gasteilchen vorzugsweise im Zustand der geringsten Energie sammeln, sich zusammenschließen und im Gleichtakt schwingen.

»Von einer gewissen Temperatur an ›kondensieren‹ die Moleküle ohne Anziehungskräfte, d.h. sie häufen sich bei der Geschwindigkeit null«, schreibt Einstein seinem Freund Paul Ehrenfest. Die Theorie sei hübsch. »Aber ob auch was Wahres dran ist?«[39]

Für die Fachwelt ist das »Bose-Einstein-Kondensat« zunächst kaum mehr als das wundersame Ergebnis eines Rechenspiels. Denn die extrem tiefen Temperaturen, die Einsteins Kalkül erfordert, bleiben über Jahrzehnte hinweg unerreichbar. Wieder einmal ist der Physiker seiner Zeit weit voraus. Erst in den 1990er-Jahren werden Laser- und Vakuumtechnik so ausgereift sein, dass mehrere Forschergruppen auf Einsteins Spuren um die Wette kühlen können.

Im Jahr 1995 dann die große Entdeckung: Unterhalb einer kritischen Temperatur von nur noch wenigen Milliardstel Grad über dem absoluten Kältepunkt von minus 273 Grad Celsius kondensiert ein Teil der in einer magnetischen Falle eingefangenen Gasatome plötzlich. Ein neuer Aggregatszustand der Materie ist aus der Taufe gehoben. Neben fest, flüssig, gasförmig und plasmaartig bei hohen Temperaturen wie im Inneren der Sonne tritt nun das künstlich erzeugte »Bose-Einstein-Kondensat«. Es ist ein seltsamer Materiezustand, ein makroskopisches Quantenobjekt, an dem Physikerinnen und Physiker fortan die Eigenschaften von Quantensystemen unter kontrollierten Bedingungen erforschen können.

Einstein selbst sieht das ultrakalte Kondensat sieben Jahrzehnte zuvor wie durch eine Nebelwand. Um über den Rand der mathematischen Gleichungen hinauszusehen und sich im Dunst der Quantengase zu orientieren, bewegt er sich nach der flotten Tour mit Henry Goldman eine ganze Weile nur noch im Schritttempo. Dabei geraten nicht nur die dicht zusammengerückten, gemeinsam schwingenden Gasatome in sein Blickfeld, sondern auch Naturphänomene wie die Supraleitung oder die Suprafluidität von Helium.[40] Schemenhaft, rätselhaft. »Gott weiß, ob es so ist.«[41]

Die sonderbaren Konsequenzen der neuen Quantenstatistik lassen ihn ein Dreivierteljahr nicht los. Inmitten dieses Nebels wird er mit einem Mal zum Anhalten gezwungen, weil sich ihm die Idee eines anderen ihm unbekannten Forschers, den wir bereits kennengelernt haben, in den Weg stellt: Materiewellen.

Einstein ist perplex. Der Gedanke von Louis de Broglie, dass Moleküle, Atome, Elektronen auch als Wellen aufgefasst werden könnten, kommt aus dem Nichts. Der junge französische Physiker hat ihn auf keinem logischen Weg aus den bisherigen physikalischen Erkenntnissen ableiten können. Doch wenn sich Licht mal als Teilchen, mal als Welle zeigt, warum sollte dasselbe dann nicht auch für Elektronen und andere Partikel gelten!

Was spricht für die Existenz von Materiewellen? Zunächst einmal erlauben sie es, die inneratomaren Vorgänge aus einem anderen Blickwinkel zu betrachten. Sollten Elektronen Wellencharakter haben, dann könnten die Bahnen einzelner Elektronen um den Atomkern als stehende Elektronenwellen gedeutet werden. In Einsteins Augen »eine sehr bemerkenswerte geometrische Interpretation« der Quantenregeln im Bohr-Sommerfeld'schen-Atommodell.[42]

Trotzdem sind de Broglies Materiewellen, wie wir bereits gehört haben, in Paris nicht sonderlich gut angekommen. Charles-Victor Mauguin und andere Mitglieder der Prüfungskommission tun Elektronenwellen als theoretische Konstrukte ab, die keine Entsprechung in der Realität hätten.[43] De Broglies Doktorvater Paul Langevin hat sich an Einstein gewandt und ihn um sein Urteil gebeten. Denn sein Schützling hat sich sowohl Einsteins Lichtquantenhypothese angeschlossen als auch an dessen Überlegungen zum »Gespensterfeld« angeknüpft.

De Broglie geht wie Einstein von einer dualen Theorie aus, in der es sowohl Quanten gibt, die die Energie mit sich tragen, als auch Wellen, denen diese Quanten folgen. Damit handelt er sich dieselben Schwierigkeiten ein, die Einstein in den zurückliegenden Jahren auf diesem gedanklichen Weg ausgebremst haben.[44] Doch das wiegt zunächst nicht allzu schwer. Wichtiger für Einstein ist es, dass er die Materiewellen mit seiner aktuellen Arbeit zur Quantenstatistik verknüpfen kann.

In einem Brief an Langevin beglückwünscht er de Broglie und spricht ihm seine Hochachtung aus. »Er hat einen Zipfel des großen Schleiers gelüftet.«[45] Er selbst wolle in Berlin über seine Ideen vortragen.

Einige Wochen später stellt er sich in der Preußischen Akademie der Wissenschaften hinter die Thesen des jungen Franzosen und weitet die Welle-Teilchen-Dualität auf sämtliche Materie aus. So wie mit der Bewegung der Lichtquanten das optische Wellenfeld verknüpft sei, sei anscheinend mit jedem Bewegungsvorgang ein Wellenfeld verbunden. Dieses Wellenfeld, »dessen physikalische Natur einstweilen noch dunkel ist, muss sich im Prinzip nachweisen lassen durch die ihm entsprechenden Beugungserscheinungen«.[46]

Ein Strahl von Materieteilchen, der durch eine kleine Öffnung dringt, sollte demnach in ähnlicher Weise gebeugt werden wie ein Lichtstrahl. Damit man die Beugung beobachten könne, müsse die Dimension der Öffnung in etwa so klein sein wie die Wellenlänge der entsprechenden Materiewelle. Diese Wellenlänge sei aber bei Gasmolekülen winzig.[47] Geradezu irrwitzig klein. Den sehr viel leichteren Elektronen entspricht rein rechnerisch eine deutlich größere, unter bestimmten Umständen messbare Wellenlänge. Einstein zufolge würden sich Elektronenwellen am ehesten im Labor als solche zu erkennen geben.

Louis de Broglie wird Einstein ein Leben lang dankbar sein. Das Lob des Maestro wiegt schwer, als es einen Monat später in den *Sitzungsberichten* der Akademie gedruckt wird. Im Laufe des Jahres erreichen Einsteins Betrachtungen die kreativen Köpfe der gesamten Zunft. Sowohl Experimentatoren als auch Theoretiker greifen die Arbeit auf.

Im Sommer 1925 etwa geht der erst 21-jährige Physiker Walter Elsasser auf die Anregung ein, die Existenz von Materiewellen experimentell zu prüfen. Elsasser bringt sogar zwei bereits realisierte Laborversuche ins Spiel, deren Ausgang seiner Ansicht nach für die Existenz von Elektronenwellen spricht.[48] Zwar reichen diese Befunde als Beweismittel nicht aus.

Aber einer der von Elsasser genannten Experimentatoren, der Amerikaner Clinton Davisson, wird den Wellencharakter der Elektronen zwei Jahre später zusammen mit seinem Assistenten Lester Germer an den Bell Laboratories in den Vereinigten Staaten mit hoher Zuverlässigkeit nachweisen können – eine glänzende Bestätigung einer revolutionären Idee! Die Quantentheorie steht vor den größten Umwälzungen ihrer nunmehr 25-jährigen Geschichte.

TEIL III

QUANTENLICHT UND QUANTENATOM (1925–1929)

MYTHOS HELGOLAND

Kopenhagen, März/April 1925: Während Bohr den Widerstand gegen die Lichtquanten aufgibt, stecken Heisenberg und Pauli die Köpfe zusammen. Zurück in Göttingen, gelingt dem Jüngeren der Durchbruch zu einer neuen Quantentheorie. Der Ältere knackt das Atom dank einer Mathematik, die Max Born aus dem Hut gezaubert hat. Aber was, bitte schön, sind Matrizen?

Wenn man das Jahr 1925 als eine Zäsur in der Geschichte der modernen Physik betrachtet, dann kann sich dieses Urteil nicht auf ein konkretes Ereignis stützen, nicht auf die Großtat einer Entdeckung. Nach einer solchen sucht man vergeblich. Was am Ende dieses Jahres Gestalt annimmt, hat kein Einzelner vorgedacht, niemand alleine in die Welt gesetzt, geschweige denn gänzlich begriffen.

Die Geburt der Quantenmechanik ist einer der rätselhaftesten Vorgänge der Wissenschaftshistorie. Zumal sie eine Zwillingsgeburt ist. Binnen weniger Monate führen zwei ganz unterschiedliche Wege zum Ziel. Unsere Erzählung soll dort beginnen, wo die Geschichte der alten Quantentheorie endet: in Kopenhagen. Am Stammsitz des Bohr'schen Atommodells nehmen drei junge Forscher im Frühjahr 1925 eine entscheidende Fährte auf. Zur selben Zeit bricht dort der Widerstand gegen die Lichtquanten zusammen.

Dem Wortführer dieses Widerstands, Niels Bohr, sitzt Wolfgang Pauli im Nacken. Bereits ehe Pauli am vorletzten Märzwochenende nach Dänemark übersetzt, hat er angekündigt, »ausführlich« mit Bohr über Strahlungsphänomene sprechen zu wollen. »Denn ich habe eine prinzipiell ganz andere Einstellung zu diesen Fragen als die Herren in Kopenhagen.«[1]

Den 24-jährigen Pauli schmerzt Bohrs Dickköpfigkeit. In seinen Augen ist die Kopenhagener Strahlungstheorie ein Hemmnis des physikalischen Fortschritts, haben viele ausgezeichnete Physiker lange genug an der »unglückseligen Abhandlung von Bohr, Kramers und Slater« festgehalten.[2] Jetzt rückt er dem dänischen Nobelpreisträger mit neuen Argumenten auf die Pelle. Ihre erschöpfenden Gespräche, die sich bis zum Ende von Paulis fünfwöchigem Aufenthalt in Kopenhagen hinziehen, läuten ein Umdenken Bohrs ein. Den letzten Ausschlag aber gibt ein Brief aus Berlin.

Dort haben die Experimentatoren Hans Geiger und Walther Bothe zwei raffinierte Zähler konstruiert: Einer davon reagiert auf Licht, der andere auf Elektronen. Sollten Licht und Elektronen jeweils zeitgleich in den gegenüberliegenden Apparaturen eintreffen, was die beiden Forscher der Physikalisch-Technischen Reichsanstalt mithilfe eines schnell abgespulten Filmstreifens bis auf eine Tausendstelsekunde genau registrieren können, dann würden solche Koinzidenzen entschieden für billardähnliche Zusammenstöße einzelner Lichtquanten mit Elektronen sprechen.

Lange haben Bothe und Geiger eine Bekanntgabe ihrer Ergebnisse hinausgezögert. Einstein aber hatte sich seit Beginn ihrer Laborversuche regelmäßig nach dem Stand der Dinge erkundigt. Schon im Dezember 1924 streute er Gerüchte über den aus seiner Sicht erfreulichen Verlauf der Röntgenlicht-Experimente.

Als die Veröffentlichung der Daten kurz bevorsteht, informieren Bothe und Geiger den dänischen Theoretiker über ihre Versuchsreihe. Mittlerweile haben sie drei Kilometer Filmstreifen entwickelt, mühevoll analysiert und 43 Koinzidenzen registriert – so viele, dass sie nicht dem Zufall zugeschrieben werden können.[3] 43 Ereignisse, die mit der Strahlungstheorie von Bohr, Kramers und Slater unvereinbar sind. Vielmehr müsse man annehmen, dass der Begriff des Lichtquants einen höheren Wirklichkeitsgehalt besitze, als in dieser Theorie angenommen wird.[4]

Wusste Bohr, was ihn erwartete? Seine Briefe zeugen von unguten Vorahnungen. »Besonders durch die Gespräche mit Pauli angeregt, quäle ich mich in diesen Tagen nach besten Kräften, mich in die Mystik der

Natur einzuleben, und versuche, mich auf alle Eventualitäten vorzubereiten«, heißt es in einem seiner Schreiben vom 18. April.[5]

Drei Tage später – die Post aus Berlin ist inzwischen eingetroffen – durchstößt Bohr den gedanklichen Kokon, in den er sich eingesponnen hatte. Er erkennt die Unhaltbarkeit seiner Theorie an, legt alle weiteren Veröffentlichungen zu diesem Thema auf Eis und schickt resignierte Briefe nach Cambridge und Göttingen: »Es ist wohl nichts anderes zu tun, als unseren Revolutionsversuch möglichst schmerzlos in Vergessenheit zu bringen.«[6]

DAS SPIEL MIT DEN ÄHNLICHKEITEN

Schmerzlos in Vergessenheit bringen? Bohr selbst ist dazu am allerwenigsten imstande. Die Sache nun einfach abzuhaken würde all seinen intellektuellen Tugenden widersprechen. Was Bohr seinen unverrückbaren Platz als eine der Portalfiguren der modernen Quantentheorie sichern wird, ist gerade der Umstand, dass er statt eines schnellen schmerzlosen Vergessens in ein langes, tiefschürfendes Nachdenken hinübergleitet.

Zusammen mit Kramers und Slater hatte er den Versuch unternommen, ein umfassendes Bild von der Wechselwirkung zwischen Licht und Materie zu gewinnen. Die Aufgabe hat sich als zu groß erwiesen.[7] Sie muss bis auf Weiteres als unlösbar gelten. In einem Nachwort zu einer bereits zuvor herausgegebenen Arbeit räumt Bohr ein, dass sämtliche bisherigen Betrachtungen zur Kopplung zwischen Strahlung und Atomen »einen neuen, durch raumzeitliche Bilder unbeschreibbaren Zug« erkennen ließen. Sie erforderten neue physikalische Begriffe.[8]

Mehr als andere Physikerinnen und Physiker denkt Bohr in Korrespondenzen und Bildern. Seinem Göttinger Kollegen Max Born teilt er am 1. Mai mit, von nun an müsse man wohl in noch höherem Grad als bisher Zuflucht zu symbolischen Analogien nehmen. Er selbst versuche verzweifelt, sich in solche Analogien »hineinzuträumen«.[9]

Die Kraft der Analogie steckt in dem Wörtchen »wie«: Dieses ist »wie«

jenes. »Die Analogie ist die Metapher, in der die Andersheit sich als Einheit träumt«, schreibt der mexikanische Schriftsteller Octavio Paz. Als Brücke fungiere das Wort »wie«, vermittelst dessen wir – durch das Spiel der Ähnlichkeiten – die Unterschiede schließlich akzeptierten. »Die Analogie hebt die Unterschiede nicht auf: sie erlöst sie und macht ihre Existenz erträglich.«[10]

Die Lichtphänomene der Quantenphysik sind allerdings auf doppelte Weise durch das Wörtchen »wie« mit unseren Alltagsvorstellungsvorstellungen verbunden: Licht verhält sich »wie« eine Welle und »wie« eine Ansammlung von Teilchen. Mal so, mal so? Oder immer beides zugleich? Ist Licht etwas bislang unfassbares Drittes?

Ähnliche Fragen stellen sich für die Materie. Bewegen sich Elektronen um den Atomkern »wie« Planeten in ihrem Lauf um die Sonne?

Auch in diesem Punkt hat Pauli nicht lockergelassen. Schon lange ist er davon überzeugt, dass die Vorstellung von Bahnen im Atom nicht aufrechterhalten werden kann.[11] Klare Worte richtet Pauli diesbezüglich an Bohrs Assistenten Hendrik Kramers, der die Lichtquantenvorstellung zuletzt besonders scharf zurückgewiesen hat:

Zwar könne man in Fällen, in denen der Wellencharakter des Lichts durch Interferenzerscheinungen hervortrete, keine bestimmten »Bahnen« von Lichtquanten definieren, hält ihm Pauli vor. »Man kann aber auch für die Elektronen im Atom keine solchen Bahnen definieren; und ebenso wenig, wie es berechtigt wäre, deshalb die Existenz von Elektronen zu bezweifeln, ist es berechtigt, wegen der Interferenzerscheinungen die Existenz der Lichtquanten zu bezweifeln.« Das müsse inzwischen jedem vorurteilsfreien Physiker klar sein.[12]

Nachdem sich die vermeintlichen Bahnen der Elektronen ins Ungewisse aufgelöst haben, wendet sich Bohr dem radikal Neuen zu: jenen Perspektiven, welche die Arbeiten des Franzosen Louis de Broglie eröffnen.[13] Könnte es sein, dass sich auch Elektronen wie Teilchen und Wellen verhalten? Und die vermeintliche Doppelnatur des Lichts damit keine Abweichung vom Normalen darstellt, sondern der Schlüssel zu einem neuen Verständnis der subatomaren Welt ist?

Seit Einstein die Fachwelt mit de Broglies Materiewellen bekannt gemacht hat, steht diese Frage im Raum. Vor dem Hintergrund der klassischen Physik sind Elektronenwellen ähnlich bizarr wie Lichtquanten. Beides lässt Bohr jetzt keine Ruhe mehr.

Um den dänischen Nobelpreisträger bleibt es nun eine Weile still. Mit der Geburt der Quantenmechanik wird er zunächst nur indirekt zu tun haben. Sein Glaubenssatz, dass es keine richtige Theorie mit falschen Grundbegriffen geben könne, zwingt zum Innehalten.

Der Göttinger Theoretiker Max Born nimmt die Materiewellen ähnlich staunend zur Kenntnis wie Bohr. Auch er reagiert bei nächster Gelegenheit darauf und wendet sich an seinen Freund Einstein, der soeben von einer mehrmonatigen Reise aus Südamerika zurückgekehrt ist.

Sein eigener Gedankenkasten sei nun einmal sehr klapperig, schreibt Born. Einstein dagegen sehe klar und treffe die Sache. »Wir kapieren es dann zur Not ein paar Jahre später.« So sei es ihm soeben mit der Theorie eines idealen Gases und der Bose-Statistik ergangen. »Darauf habe ich die Arbeit von Louis de Broglie gelesen und bin allmählich auch hinter Deine Schliche gekommen. Jetzt glaube ich, dass die ›Wellentheorie der Materie‹ eine sehr gewichtige Sache werden kann.«[14]

Gewichtig wird jedoch zunächst etwas anderes. Als Wegbereiter einer neuen Quantentheorie entpuppt sich zur Überraschung aller der von Max Born und Niels Bohr gleichermaßen geförderte Werner Heisenberg. Ihr Schützling versucht nicht, sich am dünnen Faden der Analogie in die Höhe zu ziehen. Heisenberg bleibt den mathematischen Identitäten treu: Also nicht »dieses ist wie jenes«, sondern »dieses ist gleich jenem«.

Im Sommer 1925 tritt Heisenberg mit einer Arbeit ganz ungewöhnlichen Inhalts an Max Born heran. Die mathematische Identität, um die sich alles dreht, ist ihm selbst ein Rätsel. Erst der studierte Mathematiker Born erkennt, worum es sich handelt: um Matrizenrechnung.

Aber der Reihe nach. Denn die neue Mathematik kommt nur ins Spiel, weil sich Heisenbergs Interessen in Kopenhagen in eine andere Richtung entwickelt haben. Seit September 1924 hat er sich im internationalen Flair und in der materiell abgesicherten Geselligkeit rund um Bohrs Forschungsinstitut geaalt. Seine Bude liege im vornehmsten Viertel der Stadt, teilte er der Familie kurz nach seiner Ankunft in Kopenhagen mit. »Ich habe Lift im Haus, nehme jeden Morgen ein warmes Bad u. s. w.«[15]

Mit der Vermieterin lernte er beim Frühstück Dänisch, mit seinem Zimmernachbarn, einem amerikanischen Chemiker, besserte er sein Englisch auf. Nur mit der Physik kam er anfangs nicht recht voran. »Statt dass die Theorien klarer werden, werden sie immer verwickelter.«[16]

Zu dieser Verwicklung trugen überraschende Erkenntnisse zu den Spektrallinien der Atome bei, an denen sich sein Interesse entzündete. Mehr als ein Jahrzehnt zuvor hatte Niels Bohr eine Erklärung für die scharfen Linien gefunden: Wenn Atome von einem Energiezustand zu einem anderen wechseln, nehmen sie Licht auf oder senden Licht aus. Die Frequenzen des Lichts entsprechen dem überbrückten Energieunterschied. Weil diese Energiedifferenzen von Element zu Element variieren, hat jedes Atom ein charakteristisches Linienspektrum, einen eigenen Fingerabdruck.

Mitte der Zwanzigerjahre ist die Atomphysik beliebter denn je, ihr Beobachtungsmaterial stetig gewachsen. Es beinhaltet neben den Frequenzen immer häufiger auch die jeweiligen Intensitäten der Spektrallinien. Experimentell lassen sich solche Intensitäten ermitteln und miteinander vergleichen, wenn man die entsprechende Schwärzung der Fotoplatte unter die Lupe nimmt.

In den Anfangsjahren des Bohr'schen Atommodells war dies nicht mit hinreichender Genauigkeit möglich gewesen. Doch mit Beginn der Zwanzigerjahre verbesserte sich die fotometrische Technik rasant.[17] Einzelne Linien verwandelten sich in profilierte Schwärzungskurven.[18] Mit ihnen öffnete sich ein weiteres Fenster ins Innere der Atome.

Heisenbergs Doktorvater Arnold Sommerfeld war elektrisiert, als er im Herbst 1923 in Bonn einen Vortrag über die Vermessung solcher Linienprofile hörte. Am Physikalischen Institut der Universität Utrecht hatten Leonard Ornstein und andere niederländische Forscher ermittelt, dass die Intensitäten der Spektrallinien nicht nach Belieben variieren, sondern Muster aufweisen: Die Intensitäten ausgewählter, eng benachbarter Linien stehen in ganzzahligen Verhältnissen zueinander. Gleich nach dem Vortrag fahndete Sommerfeld nach Möglichkeiten, diese Zahlengesetze in die Quantentheorie zu integrieren. Das »Intensitätsproblem der Spektrallinien« sei nun in ein neues Stadium eingetreten, schwärmte er.[19]

Zusammen mit Sommerfeld hatte sich Heisenberg bereits als Student von einem theoretischen Standpunkt aus an die Intensitäten herangetastet.[20] In Kopenhagen nahm er diesen Faden wieder auf. Im Herbst 1924 widmete er sich zunächst den vielversprechenden Intensitätsmessungen aus Utrecht,[21] dann klinkte er sich in ein laufendes Forschungsprojekt von Hendrik Kramers ein, das neben Frequenzen auch die Intensitäten berücksichtigte.[22]

Die Rivalität zwischen Heisenberg und Kramers stand einer dauerhaften Zusammenarbeit im Weg.[23] Ohnehin musste Heisenberg seine Winterferien in München um einige Wochen verlängern, weil er sich beim Skifahren am Knie verletzt hatte. Pauli, mit dem er zwar keine steilen Hänge hinabsausen, aber physikalische Gipfel erklimmen konnte, besuchte ihn dort im Januar 1925.[24] Dann kündigte Pauli den eingangs erwähnten mehrwöchigen Besuch in Kopenhagen an.

Für den ergebnisorientierten, vorwärtsstrebenden Heisenberg verlaufen die Gespräche mit Pauli in Kopenhagen ganz anders als für den Institutsdirektor. Heisenberg weint der »Bohr-Kramers-Slater-Theorie« nicht lange nach, sondern schwenkt das Segel sofort um. Er interessiert sich vorrangig dafür, die jüngsten Erkenntnisse über die Intensitäten der Spektrallinien in eine Theorie der Atome einzubinden. Auch Pauli hat sich dazu mittlerweile seine Gedanken gemacht.[25] Ihr Zusammentreffen in Kopenhagen setzt eine Denkbewegung in Gang, die die beiden Physiker noch enger zusammenführt.[26]

Es erweist sich als Glücksfall, dass zur selben Zeit ein 21-jähriger Deutsch-Amerikaner in Kopenhagen gastiert, der die Aufspaltung von Spektrallinien in Magnetfeldern erforscht. Die Etappen seiner Europareise hat Ralph Kronig dem eigenen Interessensschwerpunkt angepasst: erst Cambridge, dann Leiden und schließlich Kopenhagen. In Leiden gelang es ihm, aus den Intensitätsmessungen der Utrechter Kollegen ähnliche Zahlengesetze abzuleiten wie Sommerfeld.[27] Was haben sie zu bedeuten?

Kronigs Ergebnisse geben reichlich Anlass zu Diskussionen. Heisenberg und Pauli wollen sich nicht mit Spezialfällen begnügen. In einschlägigen Fachzeitschriften wimmelt es bereits von Artikeln über diese und jene Intensitätsverhältnisse. Pauli hält das bloße Ausdehnen der Intensitätsregeln auf immer kompliziertere Fälle für eine unfruchtbare Sache. »Dagegen interessiere ich mich sehr für das allgemeine formale Problem der Bestimmung der Übergangswahrscheinlichkeiten.«[28]

Was Kronig, Heisenberg und Pauli im Einzelnen aushecken, während sie in den ersten Apriltagen die Köpfe zusammenstecken, von morgens 9 bis nachts um 11 Uhr Physik treiben und rechnen, ist nur in groben Umrissen bekannt.[29] Wie aus ihren späteren Briefen hervorgeht, nähern sie sich dem Problemkreis mehr oder weniger erfolgreich anhand von Modellsystemen. Als Heisenberg die Koffer packt, weiß keiner von den dreien, wie es weitergehen könnte.

Seine Zeit in Kopenhagen ist nun erst einmal vorbei. Bei einem Wanderurlaub durch Odenwald und Rheintal sammelt Heisenberg frische Kräfte. Zwei Wochen lang habe er »keine Minute mehr über Physik nachgedacht«.[30] Danach nimmt er seine akademischen Pflichten als Privatdozent in Göttingen wieder auf.

DURCHBRUCH IN GÖTTINGEN

In Göttingen hat sich Max Born der Quantentheorie systematisch genähert. Zuletzt hat er in einer viel beachteten Studie dargelegt, warum und wie die klassische Mechanik durch eine »Quantenmechanik« – so seine neue Bezeichnung – ersetzt werden müsse: An die Stelle der kontinuierlichen Gleichungen der Mechanik müssten diskontinuierliche Gleichungen treten.[31] Und zwar solche, die von vorneherein Quantensprünge berücksichtigen.

Inzwischen hat der Göttinger Professor mit dem 22 Jahre alten Pascual Jordan einen neuen fähigen Assistenten gefunden. Gemeinsam schmücken sie das Bild einer künftigen Quantenmechanik aus. Wenige Wochen nach Heisenbergs Rückkehr stellen sie klar, in die wahren Naturgesetze dürften »nur solche Größen eingehen, die prinzipiell beobachtbar, feststellbar sind«.[32]

So gewissenhaft Born mathematische Fundamente zu legen weiß, so gewissenhaft ist Pauli in Bezug auf die physikalischen Grundlagen. Heisenberg beherrscht die Kunst des mittleren Wegs. Zwischen der mathematischen Strenge und Abstraktion Borns und der Überzeugung Paulis, man müsse auf klare physikalische Prinzipien setzen, segelt Heisenberg hindurch wie durch die Meerenge zwischen Skylla und Charybdis: mutig, gewandt und schnell.

Anfangs will er zu viel auf einmal. Sein Versuch, das vermeintlich einfachste chemische Element, das Wasserstoffatom, im Handstreich zu nehmen, ist zum Scheitern verurteilt. Die Annäherung an eine neue Atomtheorie zieht sich über Monate hin. Monate, in denen er ihm bekannte mathematische Hilfsmittel von Woche zu Woche besser einsetzt und schließlich neue erschafft.

Aus der Mechanik ist ihm vertraut, dass Größen wie Ort oder Impuls mathematisch aufgefächert werden können. Schwingungen jeglicher Art lassen sich in ihre unterschiedlichen Frequenzanteile zerlegen, in ihre Grund- und Oberschwingungen. Bei Musikinstrumenten sind diese verschiedenen Anteile als Obertöne hörbar. Sie tragen mehr oder weniger stark zum Gesamtklang bei, je nach Schwingungsamplitude.

Heisenberg verwendet für diese Auffächerung in Frequenzen ein mathematisches Werkzeug, das als Fourierzerlegung bekannt ist. Indem er sie auf das Atom überträgt, treten Quantensprünge an die Stelle der Oberschwingungen. Damit ändert sich einiges.

Die Frequenzen der Quantensprünge unterliegen nämlich besonderen Verteilungsgesetzen. Beispielweise hat ein Quantensprung von einem höheren Energiezustand 3 zu einem niederen Zustand 1 dieselbe Energieänderung $E = h\nu_{31}$ zur Folge, die sich auch bei zwei Quantensprüngen über einen Zwischenzustand 2 ergibt. Die zugehörigen Frequenzen ν addieren sich also auf einfache Weise.

$$\nu_{31} = \nu_{32} + \nu_{21}$$

Dieses Kombinationsprinzip war schon vor der Geburt des Bohr'schen Atommodells bekannt. Es trug zur Entdeckung ganzer Serien von Spektrallinien bei. Heisenberg weiß das empirische Gesetz geschickt einzusetzen. In einem Brief vom 5. Juni 1925 berichtet er Ralph Kronig erstmals davon:

»In der klassischen Theorie genügt die Kenntnis der Fourierreihe der Bewegung, um alles auszurechnen«, schickt Heisenberg vorweg. Dann erläutert er seinem Briefpartner am Beispiel eines Modellsystems, das sie in Kopenhagen zu dritt durchgerechnet haben, wie die Fourierzerlegung in der Quantentheorie umgedeutet werden muss. Dabei stellt er Kronig seine soeben entdeckte Multiplikationsregel vor. Er selbst bezeichnet sie als »sehr sonderbar«. Dennoch erweist sie sich als Schlüssel zu einer neuen Quantentheorie. Denn wenn man nun zugebe, dass eine Berechnung in dieser Art und Weise sinnvoll sei, dann habe man auch schon die gesuchten Gesetze für die Intensitäten. »Also ich würd gern Ihre Ansicht hören.«[33]

DER MYTHOS HELGOLAND

Der Frühsommer ist nicht Heisenbergs bevorzugte Jahreszeit. Um ihn herum glitzert und flimmert die Natur in allen Farben. Ganz Göttingen sei ein Meer von blühenden Bäumen, Fliederbüschen und Blumen, hat er den Eltern zuletzt geschrieben.[34] Was allerdings bedeutet, dass ihm sein Heuschnupfen wieder einmal zu schaffen macht.

Nachdem er einen Universitätsprofessor konsultiert und »einige Mittelchen« ausprobiert hat, kehrt er der blühenden Natur eine Zeit lang den Rücken.[35] Zehn Tage kuriert er sich auf der Insel Helgoland in frischer Meeresluft aus, zehn Tage, die in die Geschichte der Naturwissenschaften eingehen werden. Zwar sind keine Briefe bekannt, die er von dort geschrieben hätte und auf die sich Historienschreiber beziehen könnten. Doch die Geschichte der Entstehung der Quantenmechanik wird am liebsten unter dem Titel »Helgoland« erzählt.

Heisenberg selbst hat diesen Mythos befördert. In seinen späten Erinnerungen verengt sich der Durchbruch zur Quantenmechanik mehr und mehr auf diese kurze Zeitspanne, die er gleichsam als einsamer Sucher auf der pollenfreien Insel verbrachte. Bezeichnend dafür ist seine Reaktion auf einen Brief, den ihm sein einstiger Mitstreiter Ralph Kronig Ende der 1950er-Jahre schreibt:

»Es hat mich sehr interessiert, dass Sie seinerzeit von mir einen Brief bekommen haben, der am 5. Juni 1925 geschrieben ist und die Gedanken über die Matrizenmechanik enthält«, antwortet ihm Heisenberg. »Ich habe damals die Matrizenmechanik in einem kurzen Erholungsurlaub ausgearbeitet, den ich wegen Heufiebers auf der Insel Helgoland verbrachte, und dieser Erholungsurlaub muss etwa Ende Mai – Anfang Juni gewesen sein. Wahrscheinlich ist mein Brief an Sie also die erste schriftliche Festlegung dieser Gedanken.«[36]

Heisenberg täuscht sich. Und das gleich in doppelter Hinsicht: Erstens hat er den Brief vom 5. Juni kurz vor seinem Erholungsurlaub geschrieben. Da hielt er den mathematischen Türöffner zum Atominneren schon in den Händen. Und zweitens kann von »Matrizenmechanik« auch nach der Helgolandkur noch längst nicht die Rede sein.

Die Wissenschaftshistoriker Alexander Blum, Martin Jähnert, Christoph Lehner und Jürgen Renn haben die Entstehung der Quantenmechanik akribisch nachgezeichnet. Im Unterschied zu früheren Studien heben die Forscher vom Max-Planck-Institut für Wissenschaftsgeschichte und der Technischen Universität Berlin zunächst die Bedeutung des Treffens vom April 1925 in Kopenhagen hervor: Erst nachdem die Frage nach den Intensitäten zur Leitidee geworden war, gelangte Heisenberg über das Kombinationsprinzip zu seiner Multiplikationsregel.

Das Fazit der Wissenschaftshistoriker: Heisenbergs spätere Erzählung, die Matrizenmechanik wäre in einem Heureka-Moment während seiner Helgolandreise entstanden, sei nachweislich falsch. Der Weg zur Quantenmechanik habe aus vielen klar unterscheidbaren Etappen bestanden.[37]

MELONENHUT UND BAMBUSSTÖCKCHEN

Statt eines neuen Denkkontinents erreicht der 23-jährige Heisenberg im Juni 1925 nur eine vorgelagerte Felseninsel. Sicherlich macht er in den zehn Tagen auf Helgoland Fortschritte. Seine jüngste Entdeckung hat neue Ideen freigesetzt. Allerdings gibt es in solchen Phasen gedanklicher Explorationen immer gegenläufige Bewegungen. Nach einem vielversprechenden Anfang drohen die sich daran anschließenden mühsamen Berechnungen und Fragen mitunter alles Schöpferische zu ersticken. Kein Wunder also, dass sich Heisenberg nicht euphorisch, sondern, ganz im Gegenteil, voller Zweifel auf den Weg zurück nach Göttingen macht.

Er fährt über Hamburg – natürlich um Pauli zu treffen, der auch diesmal ein offenes Ohr für ihn hat und dem Heisenbergs Kurzbesuch sehr gelegen kommt. Pauli hat sich verrannt und Kronig zuletzt mitgeteilt, wenn nicht jemand eine wirklich physikalische Idee habe, werde man kaum weiterkommen. Für ihn sei die Wissenschaft momentan wieder einmal viel zu schwierig. »Ich wollte, ich wäre Filmkomiker oder so etwas, und hätte nie etwas von Physik gehört.«[38]

Wenn Pauli wüsste, wie sehr Filmkomiker mit ihrem Stoff zu kämpfen haben! Wie sich zum Beispiel Charlie Chaplin, der kleine Tramp mit dem eingedrückten Melonenhut und dem schwarzen Schnurrbart, dem Bambusstöckchen und den ausgelatschten Schuhen, abgemüht hat, ehe er im Mai 1925 die Dreharbeiten für seinen neuen Film »Goldrausch« abschließt. Ein ganzes Goldgräberdorf hatte Chaplin in den Bergen der Sierra Nevada errichten lassen. Von den zahllosen Aufnahmen aber ist nur wenig brauchbares Filmmaterial übrig geblieben.

Chaplins Stummfilme begeistern Pauli, Heisenberg und Millionen Kinobesucher rund um den Globus. Kaum jemand ahnt, wie viel Arbeit sich hinter der traurig-komischen Leichtigkeit dieser Meisterwerke verbirgt. Der reisende Reporter Egon Erwin Kisch, der Chaplin in den 1920er-Jahren bei den Dreharbeiten zu seinem Film »Lichter der Großstadt« über die Schulter schauen darf, kann ein Lied davon singen: acht Tage Proben an einer winzigen Szene. Und immer neue Ideen.

»Wie wär's, wenn Chaplin dem Herrn in den Wagen helfen würde …?«

»Wie wär's, wenn der Mann sagt: ›Chauffeur, nach Hause‹ …?«

»Wie wär's, wenn die Blinde, gleichsam durch Chaplin hindurch, gleichsam durch die Luft dem Auto nachsehen würde …?«[39]

So geht es in einem fort. Chaplin zieht sich zurück, durchdenkt die ganze Szene neu, nimmt die Proben wieder auf, erst hoffnungsvoll, dann wieder hoffnungslos. Drei Jahre feilt er an seinem Film.

Zur Uraufführung von »City Lights« wird er schließlich Albert Einstein einladen, dem das Publikum im Lichtspieltheater in Los Angeles zujubeln wird. Chaplins angebliche Erklärung für die lautstarke Verehrung des Wissenschaftlers an seiner Seite: »Mir applaudieren die Leute, weil alle mich verstehen, und Ihnen, weil Sie niemand versteht.«[40]

Niemand? Wolfgang Pauli und Max Born durchdringen Einsteins Relativitätstheorie sehr wohl. Für beide sind auch Heisenbergs Rechnungen kein Buch mit sieben Siegeln. Dem einen wie dem anderen legt Heisenberg seine jüngsten Erkenntnisse vor.

Zuallererst setzt er auf Paulis Urteilsvermögen. Nur wenige Tage nach dem Treffen in Hamburg berichtet er Pauli am 21. Juni über die Mühen der Ebene. »In meinen Versuchen, eine Quantenmechanik zu fabrizieren, geht's nur langsam weiter.«[41]

Weitere drei Tage später hat Heisenberg »fast keine Lust zu schreiben, weil mir selbst alles unklar ist«.[42] Sein Brief fällt trotzdem ziemlich lang aus. Er fragt Pauli nach seiner Meinung zu dieser und jener Formel. Spätestens zu diesem Zeitpunkt hat Heisenberg den Energieerhaltungssatz für eines seiner Modellsysteme hergeleitet.

Ende Juni kehrt sein Optimismus zurück. Die Korrespondenz mit Pauli geht nun in dichter Folge hin und her. Irgendwann zieht Heisenberg einen vorläufigen Schlussstrich unter die Thematik. Da er zu Vorträgen nach England eingeladen worden ist und in Kürze dorthin aufbrechen will, schickt er Pauli am 9. Juli ein mehr oder weniger fertiges Manuskript für einen Fachartikel zu.

Mit der Einleitung, dem kritischen Teil, wie er ihn nennt, sei er sehr zufrieden. Sie enthalte »wirkliche Physik«. Die positiven Ergebnisse seien aber noch dürftig. »Nun bitt' ich Sie nochmal um scharfe Kritik und baldiges Zurückschicken der Arbeit.«[43] Eine ähnliche Bitte richtet Heisenberg kurz darauf an Max Born. Auch er möge prüfen, ob die Arbeit zur Veröffentlichung tauge.[44]

DIE UMDEUTUNG DER UMDEUTUNG

Die monatelange Grübelei und der intensive Austausch mit den Kollegen haben sich gelohnt. Heisenbergs »Umdeutung kinematischer und mechanischer Beziehungen«, die im September 1925 in der *Zeitschrift für Physik* gedruckt wird, ist ein Meilenstein auf dem Weg zur modernen Physik. Sie birgt wesentliche Grundzüge einer neuen Quantentheorie. Am Beispiel einfacher physikalischer Modellsysteme legt Heisenberg dar, wie das von ihm ersonnene Schema eine Berechnung der Intensitäten von Spektrallinien gestattet.[45]

Pauli begrüßt den kühnen Ansatz »mit Jubel«. Sicherlich stecke man noch in den allerersten Anfängen. Aber die Methode gefällt ihm. Auch deshalb, weil Heisenberg in Kopenhagen bei Bohr ein bisschen das philosophische Denken gelernt habe und sich vom rein Formalen merklich abwende.[46]

Der Wandel, den Pauli hier beschreibt, setzt sich fort unter der Last der Fragen, die nun auf Heisenberg einstürzen. Wie kann man sich ein Bild von den Vorgängen im Atom allein aufgrund von Frequenzen und Intensitäten machen? Der Verlust an Anschaulichkeit in seiner »Umdeutung« wiegt schwer. »Auch würd' ich gern verstehen, was eigentlich die Bewegungsgleichungen bedeuten, wenn man sie als Relation zwischen Übergangswahrscheinlichkeiten auffasst«, gesteht Heisenberg ein, hat sich aber dadurch nicht von dem eingeschlagenen Weg abbringen lassen.[47]

»Heisenbergs neue Arbeit, die bald erscheint, sieht sehr mystisch aus«, schreibt Max Born im Juli 1925 an Einstein. Sie sei aber sicher richtig und tief.[48] Born hat Heisenbergs Formalismus durchschaut. Unter seiner Federführung nimmt die Weiterentwicklung der Quantentheorie eine auch für Heisenberg überraschende Wendung. Dessen Multiplikationsregel, bemerkt Born, sei nichts anderes, »als das den Mathematikern wohlbekannte Gesetz der Multiplikation von Matrizen«.[49]

Matrizen? Von solchen mathematischen Objekten haben die meisten seiner Fachkolleginnen und -kollegen noch nie gehört. Born kennt sich seit 25 Jahren damit aus. Als er um die Jahrhundertwende in Breslau anfing, Mathematik zu studieren, begegnete er einer Theorie, in welcher das Matrizenkalkül das wichtigste formale Hilfsmittel war.

Jetzt findet er sich schnell wieder darin ein. Denn in Göttingen ist die Matrizenrechnung bereits Teil eines großen Mathematisierungsprogramms der Physik. Die Mathematiker David Hilbert und Richard Courant haben soeben ein neues Lehrbuch *Methoden der Mathematischen Physik* herausgegeben. Ende 1924 erschienen, umfasst es genau das, worauf sich die Quantenphysik von nun an stützen wird: Heisenbergs Fourierzerlegung, Borns Matrizenrechnung, die schon bald verwendeten Operatoren und alles, was man später dem Oberbegriff des »Hilbert-Raums« zuordnen wird.[50]

»Rückblickend ist es fast unheimlich, in was für einem Maß sich die Mathematik ... darauf vorbereitet hatte, der Quantenmechanik zu Diensten zu sein«, so das Urteil des Wissenschaftshistorikers Max Jammer.[51] Und wie es der Zufall will, hat Borns neuer Assistent Pascual Jordan an dem vorzüglichen Lehrbuch mitgewirkt. Gemeinsam kommen sie zu einer Umdeutung der Umdeutung.

DIE KUNST DER MATRIX

Wir klammern die höhere Mathematik aus und nähern uns den Matrizen über ein Werk des rumänischen Künstlers Arthur Segal. In den 1920er-Jahren lebt Segal in Berlin und ist Mitglied der avantgardistischen »Novembergruppe«. 1923 malte er ein Bild mit dem Titel »Helgoland«.

Es zeigt die Insel in einem geometrischen Raster und aus wechselnden Perspektiven. Die räumlichen Verhältnisse sind im Einzelnen nicht zu fassen, weil alle Farben kontinuierlich vom Dunklen ins Helle hinübergleiten, weil sich Felsen, Wege, Schiffe in Silhouetten verwandelt haben. Trotz ihrer scheinbar festen Umrisse bleibt unklar, wo ein Fels, Weg, Schiff beginnt und was dem umgebenden Raum zuzurechnen ist.

Matrizendarstellungen physikalischer Vorgänge haben Ähnlichkeiten

Der rumänische Künstler Arthur Segal, der während der Zwanzigerjahre in Berlin lebte, malte 1923 dieses Bild mit dem Titel »Helgoland«.

mit Segals »Helgoland«. Eine Matrix ist ebenfalls ein rechteckiges Raster, eine Anordnung von mathematischen Elementen in Zeilen und Spalten. Der physikalische Prozess wird darin auf Basis des jeweiligen Ausgangsmaterials zusammengefügt. Mit der Verwendung solcher Matrizen in den Naturwissenschaften rückt eine Frage ins Blickfeld, die Segal und andere zeitgenössische Künstlerinnen und Künstler schon zuvor thematisierten: Was sind die Bedingungen einer Abbildung der Wirklichkeit?

Auf diese Frage hatte die Renaissance die für die kommenden Jahrhunderte prägenden Antworten gegeben. Sie hatte die Ordnung und Bewegung von Körpern im Raum auf verblüffende Weise neu geregelt. Mit der Entdeckung der Zentralperspektive und einer mathematisch fundierten Mechanik hatte sie Methoden geschaffen, die die Sicht auf die Welt von Grund auf verändern sollten. Aus der Verbindung von Kunst und Mathematik in der Renaissance ging der fotografische Blick hervor, eine Momentaufnahme, die sich über die deterministischen Gesetze der Mechanik in die Vergangenheit zurückprojizieren und in die Zukunft fortschreiben lässt.

Die moderne Kunst durchkreuzt diese Sehgewohnheiten. In Segals Bild löst sich die einheitliche Sicht auf das Geschehen in viele Perspektiven auf. Die Grenzen des Gegenständlichen verwischen. Es gibt keinen Hintergrund mehr. Körper und Raum durchdringen sich in fließenden Übergängen.

Die Wissenschaft des Allerkleinsten folgt den bildenden Künsten auf dem Fuß. Nachdem sich die Vorstellung von Elektronenbahnen als Illusion erwiesen hat, sehen sich Heisenberg, Pauli, Born und andere Physiker dazu gezwungen, die für das Naturverständnis wesentlichen Größen neu zu bestimmen und zu ordnen. Eine Beschreibung quantenphysikalischer Prozesse soll sich nur noch auf experimentell beobachtbare Größen beziehen.

Nachdem Heisenberg die in den Spektren enthaltenen reichhaltigen Informationen geschickt zergliedert hat, fassen Born und Jordan sie wieder zusammen. Sie bündeln alle relevanten Informationen in Matrizen. Ähnlich wie in Segals Bild »Helgoland« werden in einer solchen Matrizendarstellung verschiedene Ansichten zusammenprojiziert: Ansichten des Atoms im Sinne von Spektrallinien und Intensitäten.

In seinem Gemälde sprengt Segal den Rahmen, indem er ihn übermalt, ins Bild integriert und das Bild damit nach außen öffnet. In ähnlicher Weise operieren Born und Jordan von vorneherein mit unendlichen Matrizen. Denn grundsätzlich ist die Zahl der Übergänge im Atom unbegrenzt.

So befremdlich die Art der Darstellung ist, so befremdlich sind für alle Nichtmathematiker auch die damit verbundenen Rechenverfahren. Heisenberg selbst muss lernen, wie man mit Matrizen umgeht. Er konsultiert erst einmal die Göttinger Bibliothek.[52]

Werfen wir einen kurzen Blick auf das Herzstück der neuen Matrizentheorie. Born und Jordan ersetzen physikalische Größen wie Ort und Impuls durch unendliche Matrizen, nennen wir sie q und p. In gewöhnlichen Rechnungen ist 3 mal 2 Äpfel genauso viel wie 2 mal 3 Äpfel. Als Folge von Heisenbergs sonderbarer Multiplikationsregel gilt dies nicht für die neue Quantentheorie: q mal p ist nicht dasselbe wie p mal q. Ort und Impuls sind nicht vertauschbar.

Stattdessen hat in der Matrizentheorie gerade die Differenz pq – qp eine herausragende Bedeutung. Gäbe es sie nicht, dann gäbe es auch keine Quantenwelt mit all ihren Unbestimmtheiten. Doch diese Differenz verschwindet nicht, sondern führt direkt zum Planck'schen Wirkungsquantum h, nun allerdings multipliziert mit der Einheitsmatrix 1. Bereits in ihrer ersten gemeinsamen Arbeit zur Matrizentheorie stellen Born und Jordan ihre Vertauschungsrelation

$$pq - qp = \frac{h}{2\pi i} 1$$

vor.[53] Diese Formel weist nicht nur voraus auf eine Beziehung zwischen Ort und Impuls, die anderthalb Jahre später als »Heisenberg'sche Unbestimmtheitsrelation« von sich reden machen wird, sondern ist noch grundlegender als jene.

Die Matrizentheorie von Born und Jordan stellt den zweiten großen Schritt in der Entwicklung der Quantenmechanik dar. Nur bleibt sie den meisten Physikerinnen und Physikern ein völliges Rätsel. Zu allem Überfluss führt sie auch noch ins Reich der komplexen Zahlen, für welche die kleine Ziffer »i« in der Vertauschungsrelation steht.

Wolfgang Pauli schüttelt den Kopf. Es passt ihm ganz und gar nicht, was Born und Jordan aus Heisenbergs »Umdeutung« gemacht haben. An Ralph Kronig schreibt er, man müsse nun unbedingt versuchen, Heisenbergs Arbeit wieder »etwas mehr vom Göttinger Gelehrsamkeitsschwall zu befreien«, und ihren physikalischen Kern bloßlegen.[54]

Gestern gegen Kopenhagen, heute gegen Göttingen – Pauli macht sich mit seinen ständigen Sticheleien keine Freunde. Wenn künftig von ihm die Rede sein wird, dann immer häufiger mit dem Zusatz: die »Geißel Gottes«. Den Titel verleiht ihm der Physiker Paul Ehrenfest. »Ich bin sehr stolz darauf!«, so Pauli trotzig.[55]

Seine Einwürfe gehen diesmal auch Heisenberg gegen den Strich. Er selbst hat sich rasch auf die neue Art der mathematischen Beschreibung eingelassen und gestaltet sie zusammen mit Born und Jordan weiter aus. In einem seltenen Moment ihrer Korrespondenz, einem »Fluch von etwa zwei Minuten Dauer«, erlaubt Heisenberg seiner Wut, offen durchzubrechen: Paulis ewige Schimpfereien auf Kopenhagen und Göttingen seien ein »schreiender Skandal«. Solle er doch erst einmal etwas physikalisch Neues zustande bringen![56]

Das kleine Gewitter hat etwas Bereinigendes. Auch Pauli vertieft sich in die Matrizenmathematik und macht die Probe aufs Exempel, indem er sie auf ein Atom mit nur einem Elektron anwendet. Ihm, dem Skeptiker, gelingt es im Herbst 1925 zuallererst, die Spektralserie des Wasserstoffatoms auf Basis dieses höchst eigenartigen mathematischen Formalismus zu ermitteln.[57]

Nicht einmal einen Monat nach seinem Wutanfall gratuliert ihm Heisenberg.[58] Er darf auch sich selbst, Born und Jordan beglückwünschen. Gemeinsam haben sie das erreicht, was Niels Bohr zuvor gelungen war: ein einzelnes Atom berechenbar zu machen – diesmal jedoch auf einer anderen Ebene und ohne ad hoc eingeführte stabile Elektronenbahnen. Die Quantenmechanik hat ihren ersten großen Test bestanden. Sie schickt sich an, Bohrs Atommodell abzulösen.

DER VORGEZOGENE GIPFEL

Leiden, Dezember 1925: Für ein paar Tage wohnen Bohr und Einstein Zimmer an Zimmer. Eine hochkarätige Begegnung, tabakumwölkt, und viele offene Fragen zur Doppelnatur des Lichts

Der Physiker Paul Ehrenfest, sowohl mit Albert Einstein als auch mit Niels Bohr befreundet, träumt schon lange davon, beide einmal gemeinsam nach Leiden einzuladen. Er weiß um ihre wechselseitigen Sympathien und wissenschaftlichen Kontroversen. Zu seinem Bedauern sind sich die beiden in seinen Augen bedeutendsten zeitgenössischen Theoretiker bislang immer nur kurz begegnet. Zu kurz für einen wirklichen Gedankenaustausch über die Quantenphysik, weshalb er bei beiden anfragt, was sie davon halten würden, im Dezember 1925 zwei Wochen lang seine Gäste zu sein.

Und siehe da: Einstein sagt zu! Er sei glücklich über die Aussicht, mit Bohr zusammenzutreffen. Den genauen Zeitraum für den 14-tägigen Aufenthalt könne Ehrenfest frei wählen. »Ich kann es ja nach Belieben einrichten.«[1]

Unverzüglich wendet sich Ehrenfest nach Kopenhagen: Bohr möge bedenken, was es bedeuten würde, 14 Tage lang Tür an Tür mit Einstein zu wohnen, »(mit Rauchfreiheit in Euren Zimmern!!!!) und bei günstigem Wetter ruhig plaudernd längst der Kanäle hinter unserm Haus oder am Meer«. Gegen Störungen von außen sollten sie vollkommen geschützt sein. »Speziell werde auch ich selber mich von Euren Gesprächen bis auf seltene Ausnahmen fernhalten.«[2]

Den letzten Satz hat Ehrenfest rot unterstrichen, um der Ernsthaftigkeit seines Vorschlags Ausdruck zu verleihen. In seinen Augen wäre es geradezu eine Sünde, diese einmalige Gelegenheit auszulassen. Gemeinsam würden die beiden Theoretiker »bis in die äußersten Tiefen« der Physik spähen, die überhaupt irgendwelchen Blicken zugänglich seien.[3]

Tatsächlich quartiert sich Einstein, wie verabredet, die ersten 14 Dezembertage bei Ehrenfest ein. Auch der viel beschäftigte Bohr, dessen Physikinstitut gerade aus- und umgebaut wird, eist sich im Dezember von Kopenhagen los und bricht zu dem improvisierten Treffen auf. Allerdings hat Bohr nicht viel mehr als eine Woche für seine Reise eingeplant. Und kaum etwas charakterisiert die hektische Betriebsamkeit, in welche die Quantentheorie plötzlich hineingeraten ist, besser als die von ihm gewählte Route: Hamburg, Leiden, Utrecht, Göttingen, Berlin und von dort aus zurück nach Dänemark.

ZWISCHENSTOPP IN HAMBURG

Am Mittwoch, den 9. Dezember, kommt Niels Bohr mit dem Morgenzug in Hamburg an. Dort wartet, in Begleitung eines Kollegen, Wolfgang Pauli am Bahnsteig auf ihn, der erst vor wenigen Wochen das Wasserstoffatom im Spiegelkabinett der Matrizen beleuchtet hat. Pauli hat den Nachweis erbracht, dass die neue Quantenmechanik auf Anhieb dasselbe zu leisten vermag wie Bohrs Atommodell.

Doch als wäre dies bereits Schnee von gestern, kreist ihr Gespräch am Hamburger Bahnhof nahezu ausschließlich um die allerneueste Neuigkeit: um den vermeintlichen Spin des Elektrons.[4] Ist es denkbar, dass Elektronen um ihre eigene Achse rotieren? Und dass viele Aufspaltungen der Spektrallinien eben daher rühren?

Bohr möchte unbedingt Paulis Ansichten dazu hören, ehe er nach Leiden weiterreist. Denn den Fachartikel zum mutmaßlichen Spin des Elektrons haben zwei von Ehrenfests Studenten geschrieben, die niederländischen Physiker Samuel Goudsmit und George Uhlenbeck. Darin nehmen sie ausdrücklich Bezug auf die von Pauli zuvor herausgearbeitete »Zweideutigkeit« des Elektrons. Pauli selbst habe sich bislang an keine Modellvorstellung gebunden, betonen die Autoren.[5]

Die Idee, Elektronen könnten sich wie Planeten um ihre eigene Achse drehen, ist Pauli nicht fremd. Vor einem Dreivierteljahr hat er sie schon einmal einem Forscher ausgeredet: dem jungen Ralph Kronig. Inzwischen setzt Pauli höchste Erwartungen in die neue Quantenmechanik, die ohne Vorstellungen von Elektronenbahnen auskommt. Bilder der klassischen Mechanik weist er nun noch heftiger zurück als zuvor. Seines Erachtens haben Elektronen im Atom nichts mit rotierenden Himmelskörpern gemein.

Bohr ist ebenfalls skeptisch. Die Zeit bei seinem Zwischenstopp in Hamburg ist zu knapp bemessen, um all das zu erörtern, was ihnen wichtig erscheint. Deshalb vereinbaren sie gleich die nächste Zusammenkunft: Da Bohr auf dem Rückweg in Berlin zu übernachten gedenkt, wollen sie sich dort noch einmal treffen.

UND AB NACH LEIDEN

Zuerst aber weiter mit der Bahn ins holländische Leiden, wo Einstein und Ehrenfest ihn in Empfang nehmen. Wie Bohr selbst berichtet, lautet die erste Frage, die Einstein nach seiner Ankunft an ihn richtet, was er von rotierenden Elektronen halte.[6] Als Bohr seine Bedenken vorbringt, holt Einstein zur Gegenrede aus.

Ihm gilt das Elektron schon lange als »Fremdling in der Elektrodynamik«.[7] Unmöglich, sich ein Bild vom Elektron als Teilchen zu machen. Wäre es eine Kugel, müsste es aufgrund seiner Ladung auseinandergesprengt werden, wäre es eine Punktladung ohne Ausdehnung, wäre seine Energie unendlich groß.

Trotzdem findet sich unter Hinzunahme der Relativitätstheorie eine Erklärung für das Zusammenwirken einer hypothetischen Drehachse des Elektrons mit der Umlaufbewegung desselben um den Atomkern. Einsteins Berechnungen zu dieser Spin-Bahn-Kopplung stützen die Ergebnisse von Uhlenbeck und Goudsmit. Er sieht darin ein starkes Indiz für den Spin, auch wenn man sich kein Bild davon machen kann.[8]

Bohr ist verblüfft. Dem Unglücksraben Kronig, dem die beiden Niederländer mit ihrer Publikation zuvorgekommen sind, wird Bohr ein paar Wochen später schreiben, Einstein habe genau auf die Frage der Spin-Bahn-Kopplung eine Antwort geben können, die für ihn noch ausgestanden habe. Sein Gedankengang sei für ihn eine »völlige Offenbarung« gewesen.[9]

Paul Ehrenfest, dem der Besuch der beiden Nobelpreisträger schmeichelt, ist in bester Laune. Es lässt sich erstaunlich gut an! Er darf sich jetzt schon als Katalysator neuer Ideen fühlen.

Der ersten Unterredung folgen intensive Debatten in seiner Wohnung im Beisein von Uhlenbeck und Goudsmit.[10] Der 11. Dezember ist dann ganz dem Goldenen Doktorjubiläum des großen Physikers Hendrik Antoon Lorentz gewidmet, das ausschlaggebend für Ehrenfests Terminvorschlag gewesen ist. Bohr und Einstein nehmen an der Feier im Auditorium Maximum der Universität teil, zu der etwa 200 Gäste aus dem In- und Ausland angereist sind, aus Paris unter anderem Marie Curie und Paul Langevin. Anschließend fahren sie gemeinsam zum festlichen Abendessen nach Haarlem.

EIN FOTO FÜR DIE EWIGKEIT

Sie haben den anfänglichen Trubel vermutlich schon hinter sich, als Ehrenfest zu seiner Trophäe kommt: der fotografischen Konservierung des Gipfeltreffens in seinen eigenen vier Wänden. Während der Gastgeber mit der Kamera um sie herumschleicht, fläzen sich Bohr und Einstein in bequemen Sesseln. Blende auf, kurz belichtet und für immer festgehalten.

Wenn Ehrenfest Physikerinnen oder Physiker zum ersten Mal zu sich nach Hause einlädt, preist er ihnen seine Wohnung im Vorfeld als »ungeheuer große, leere Zigeunerbude mit Selbstbedienung und sehr gesundem schlechtem Essen« an.[11] Die »Zigeunerbude« behagt Bohr und Einstein augenscheinlich. Auf dem Foto wirken beide lässig konzentriert

Einstein und Bohr im Dezember 1925 in der »Zigeunerbude« ihres Physikerkollegen Paul Ehrenfest.

und schenken dem Fotografen, der ihnen versprochen hatte, sich bis auf seltene Ausnahmen von ihren Unterredungen fernzuhalten, keine Beachtung. Beschlagnahmt von ihrem Gespräch, schauen sie nicht in die Kamera, sondern in sich hinein.

Hinweise auf die inhaltlichen Gründe ihrer Versunkenheit finden sich allein in ihren späteren Briefen. Abgesehen vom Elektronenspin stellt Bohr nur ein weiteres Thema besonders heraus: Er habe in Leiden lange Diskussionen mit Einstein über die Strahlungstheorien geführt, wird er seinem ehemaligen Mitarbeiter John Slater schreiben.[12] Wieder einmal geht es also um Licht.

Bohr und Einstein greifen ihre alte Kontroverse auf, diesmal mit mehr Ruhe und vor dem Hintergrund der neuen Quantentheorie, die allerdings als reine Atomtheorie daherkommt. Nur aufgrund seiner Konzentration auf das Atom als quasi isoliertes System ist Heisenberg ein Durchbruch gelungen. Daher sprechen nun alle von einer Quantenmechanik – und nicht etwa von einer Quantenelektrodynamik.

Heisenberg hat die beobachtbaren Frequenzen und Intensitäten der spektralen Übergänge in seine Theorie aufgenommen, aber alle Fragen zur Wechselwirkung von Licht und Materie ausgespart. Sie gelten als zu kompliziert. Vor ihm waren sämtliche Theoretiker daran gescheitert, zuletzt Bohr in Zusammenarbeit mit Hendrik Kramers und John Slater. Zurückgeblieben sind viele offene Fragen.

Gezwungenermaßen tritt die Wissenschaft nun einen Schritt zurück und konzentriert sich, was die Strahlungstheorie betrifft, stärker auf jene Experimente, bei denen die Kopplung von Licht und Materie keine nennenswerte Rolle spielt. Zunächst einmal gilt es, die Natur des Lichts selbst zu begreifen. Schon das ist ausgesprochen schwierig. Bislang gibt es dazu nur Teilerklärungen.

VERFLIXTER DOPPELSPALT

Wer im Jahr 1925 lange Gespräche über Strahlungstheorien führt, der öffnet über kurz oder lang anstelle der Blende eines Fotoapparats zwei andere Blenden. Parallel zum Aufstieg der neuen Quantenmechanik rückt ein Experiment in den Fokus, über das sich Bohr und Einstein noch des Öfteren unterhalten werden: der Doppelspaltversuch.

Bei ihrem letzten Treffen in Kopenhagen im Sommer 1923 stand Bohr der Lichtquantenhypothese noch völlig ablehnend gegenüber. Er ließ nur die Wellentheorie des Lichts gelten, suchte nach alternativen Deutungen des Fotoeffekts und des Comptoneffekts und war sogar bereit, die Energie- und Impulserhaltung dafür aufzugeben. Die jüngsten Experimente haben ihn von der strengen Gültigkeit der Erhaltungssätze überzeugt, die in Einsteins Lichtquantenhypothese zum Ausdruck kommt.

Ähnlich wie Bohr ist es Max Planck ergangen. Beinahe 20 Jahre hat es ihn gekostet, sich mit den Lichtquanten anzufreunden. Mittlerweile hat auch der Berliner Nobelpreisträger den vermeintlich sicheren Hafen der Wellentheorie verlassen.

In einem Manuskript, das Planck gerade für einen anstehenden Vortrag in Düsseldorf ausarbeitet, räumt er ein, dass neben der klassischen

Theorie des Lichts auch die Quantenhypothese Gültigkeit für sich beanspruchen dürfe, wobei jede »ihre besondere Domäne« habe, wo sie sich unangreifbar fühlen könne. Auf zwischenliegenden Gebieten spiele sich ein gewisser hin und her wogender Konkurrenzkampf ab, bei dem beide Theorien annähernd dasselbe leisteten, so Planck. »Ein höchst unbehaglicher, ja auf die Dauer ganz unerträglicher Zustand.«[13]

Unerträglich erscheint ihm dieser Zustand insbesondere im Hinblick auf den Doppelspaltversuch. Dieser einfache Laborversuch konfrontiert die Fachwelt auf unnachahmliche Art und Weise mit der unverstandenen Zwillingsnatur des Lichts. Zugleich eignet er sich dazu, das Quantenproblem des Lichts, das sich hartnäckig dem Zugriff entzieht, einzuhegen.

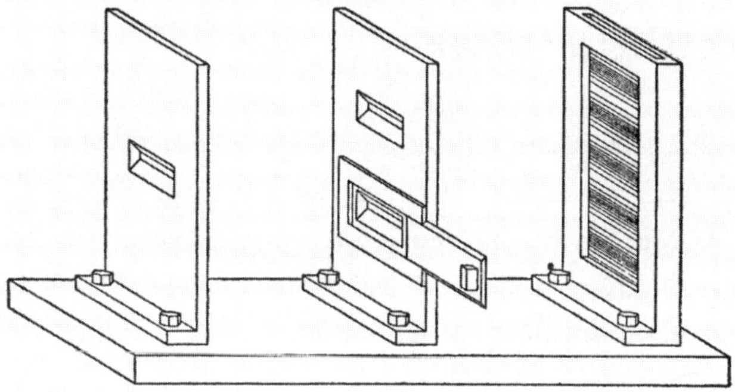

Fig. 4

Das Doppelspaltexperiment nach einer Zeichnung von Niels Bohr.

Wir erinnern uns: Beim Doppelspaltversuch tritt möglichst einfarbiges, kohärentes Licht durch zwei schmale Schlitze (Bildmitte) und fällt danach auf einen Schirm. Dort zeichnet sich ein charakteristisches Streifenmuster mit hellen und dunklen Bereichen ab. Die sich überlagernden Lichtstrahlen schwächen sich ab oder verstärken sich. Seit dem frühen 19. Jahrhundert sah die Fachwelt in diesem Interferenzmuster einen klaren Beleg für den Wellencharakter der Strahlung.

Dass Licht aus Teilchen besteht, galt damit als ausgeschlossen. Denn ein Teilchen kann nur durch einen der beiden Spalte fliegen. Dann ist es aber egal, ob der andere Spalt währenddessen geöffnet ist oder nicht. Die Verteilung von Lichtteilchen auf dem Schirm müsste also der Summe der jeweiligen Verteilungen beider Einzelspalte entsprechen. Der Doppelspaltversuch zeigt jedoch ein anderes Ergebnis: Wo das Licht auf dem Schirm ankommt, hängt maßgeblich davon ab, ob beide Spalte gleichzeitig geöffnet sind oder nicht.

Bohr und Planck haben in dem Versuch bis vor Kurzem eine stichhaltige Widerlegung aller Teilchenvorstellungen des Lichts gesehen. Inzwischen steht das Doppelspaltexperiment in komplexer Weise in Beziehung zu anderen, nicht minder ernst zu nehmenden Lichtexperimenten. Zeit für eine neue Erkundung.

DOPPELSPALT MIT DIMMER

Um trotz Ermangelung eines Gesprächsprotokolls auf den aktuellen Stand des zeitgenössischen Wissens zu kommen, folgen wir zunächst den Gedanken Max Plancks, mit dem Einstein in ständigem Austausch steht. Planck dreht an einer überraschenden Stellschraube: Man könne den Doppelspaltversuch mittels geeigneter Apparaturen auch mit energiereichem violettem Licht durchführen.

Der von den beiden Strahlenbündeln erzeugte Lichtfleck an der Wand sei auch hier von hellen und dunklen Streifen durchzogen. »Das ist die eine Tatsache«, fährt Planck fort. »Die andere ist, dass irgendein lichtempfindliches Metall, welches einem dieser Strahlenbündel in den Weg gestellt wird, fortwährend Elektronen mit einer ganz bestimmten, von der Lichtstärke unabhängigen Geschwindigkeit von sich schleudert.«[14]

Planck hat mit Bedacht eine leicht veränderte experimentelle Anordnung gewählt. Die höhere Lichtenergie erlaubt es ihm, vom Doppelspaltexperiment und dem Wellenbild direkt zum Fotoeffekt und der Lichtquantenvorstellung zu wechseln. Dazu regelt Planck das einfallende violette Licht mit einem eingebauten Dimmer stufenlos herunter.

»Lässt man nun die Intensität der Lichtquelle immer schwächer werden, so bleibt nach allen bisherigen Erfahrungen in dem ersten Falle das Streifenbild völlig unverändert, nur die Beleuchtungsstärke nimmt entsprechend ab. In dem anderen Fall bleibt aber auch die Geschwindigkeit der ausgeschleuderten Elektronen völlig unverändert, nur findet das Ausschleudern weniger häufig statt.« Letzteres sei jedoch nur dann zu verstehen, wenn je ein auftreffendes Lichtquant ein Elektron aus dem Metallverbund herausreiße.[15]

Der in dem Experiment verwendete Lichtstrahl wirkt demnach so auf das Metall ein, als bestünde er aus einzelnen Lichtquanten. Plancks Versuchsaufbau führt damit ganz nah an die Grenze zwischen Lichtquanten- und Wellenvorstellung heran. Gibt es eine Möglichkeit, auch das Interferenzmuster auf dem Schirm auf Basis von Lichtquanten zu erklären?

Offenbar kommen in den hellen Streifen auf dem Schirm viele Lichtquanten an, in den dunklen Zonen nur wenige. Wenn sich nun aber die Strahlungsenergie wirklich in unteilbaren Quanten ausbreite, dann könne ein von der Lichtquelle emittiertes Quant nur entweder durch das eine oder durch das andere Loch fliegen, folgert Planck. Bei hinreichend geringer Lichtstärke könnten also unmöglich zwei verschiedene Strahlen gleichzeitig auf einem Punkt der weißen Wand zusammentreffen. »Und dann ist eine Interferenz ausgeschlossen.«[16]

Trotzdem ist das Streifenmuster auch noch bei ganz schwachem Licht zu sehen. Wie soll man sich das erklären? Warum gibt sich dasselbe Licht, das beim Auftreffen auf Metall wie ein Schauer einzelner Energieportionen daherkommt, beim Durchgang durch den Doppelspalt als Welle zu erkennen? Planck unterstreicht »den tiefen Ernst der hier vorliegenden Schwierigkeiten«.[17]

In Ehrenfests Wohnung kreisen Einsteins und Bohrs Gedanken um dieselbe Frage. So wie ihr Gastgeber gehofft hatte, bewegt sich ihr Gespräch »an der Grenze zwischen Wellen und Korpuskeln«.[18] Die Grübelei über Lichtquanten hätte ihn ohne die vielen Ablenkungen längst ins Irrenhaus gebracht, hat Einstein Ehrenfest gegenüber einmal eingestanden. »Wie armselig steht der theoretische Physiker vor der Natur und vor – seinen Studenten.«[19]

Einstweilen lässt sich der Welle-Teilchen-Dualismus weder nach der einen noch nach der anderen Seite auflösen. Bohr ist leidenschaftlich darum bemüht, beides zusammenzudenken. Dabei entwickelt er eine ganz eigene Perspektive auf das Doppelspaltexperiment.

Wir können nur darüber spekulieren, wie er sich Einstein gegenüber in Leiden äußert. Aber unmittelbar nach ihrem Treffen schreibt Bohr an John Slater, seiner Meinung nach sei es hoffnungsloser denn je, sich ein raumzeitliches Bild von den Strahlungsvorgängen zu machen.[20] Er spricht in diesen Wochen immer wieder von einem »tiefgehenden Versagen« jener Bilder und Begriffe, mit denen man die Naturerscheinungen bisher beschrieben habe.[21] In der Welt der Quanten spielen sich die Dinge anders ab.

Wenn wir sagen, Licht sei eine Welle oder Licht verhalte sich wie ein Teilchenstrom, versuchen wir, die experimentellen Befunde an unsere gewohnten Anschauungsweisen anzupassen. Kann man einem Experiment wie dem Doppelspaltversuch damit gerecht werden? Bohr bezweifelt dies.

Er wird spätestens dann hellhörig, wenn davon die Rede ist, ein Lichtquant könne entweder nur durch den einen oder durch den anderen geöffneten Spalt fliegen. Wodurch ist eine solche Annahme gerechtfertigt? Sie klingt vernünftig und ist doch an das Konzept einer Teilchenbahn gebunden. Vorstellungen dieser Art haben sich in der Atomtheorie als irreführend erwiesen. Zwingt uns die Quantentheorie nicht dazu, die Frage, welchen Weg ein einzelnes Lichtquant beim Doppelspaltversuch nimmt, selbst zu hinterfragen?

Am Ende seines Vortrags in Düsseldorf wird Planck auch auf diesen Punkt eingehen. Vermutlich ist dies kein Zufall. Denn Einstein wird ihm nach seiner Rückkehr sowohl von dem Goldenen Doktorjubiläum in Leiden erzählt haben, zu dem er und Planck gemeinsam ein Glückwunschschreiben verfasst hatten, als auch von seinen Gesprächen mit Bohr.

»Das Radikalmittel, allen Schwierigkeiten zu entgehen, wäre ohne Zweifel die Preisgebung der üblichen Annahme, dass die Strahlungsenergie irgendwo lokalisiert ist«, so Planck. »Denn wenn man diese Voraussetzung fallen lässt, erledigt sich das ganze Problem dadurch, dass die Frage, ob das Lichtquant durch das eine oder andere Loch … fliegt, gar keinen bestimmten physikalischen Sinn hat. Indessen dürfte dieser letzte Ausweg aus dem Dilemma nach meiner Meinung wenigstens vorläufig doch noch einen etwas zu weitgehenden Verzicht darstellen.«[22]

Für einen solchen Verzicht hat Bohr aber gute Gründe. Er kann diesbezüglich etwa auf die neue Quantenmechanik verweisen. In eine physikalische Theorie sollten nur beobachtbare Größen eingehen, haben Heisenberg, Born und Jordan zur Rechtfertigung ihrer Matrizentheorie angeführt. Kann man beim Doppelspaltversuch den Weg beobachten, den ein einzelnes Lichtquant nimmt? Was heißt »beobachten« in einem solchen Fall?

Mit dem Doppelspaltversuch hat die Wissenschaft eine besondere Umgebung dafür geschaffen, den Wellencharakter des Lichts aufzudecken, selbst bei den geringsten Lichtintensitäten bis hin zu einzelnen Lichtquanten. Um jedoch den Weg eines einzelnen Lichtquants festzustellen, müsste man das Experiment auf jeden Fall verändern. Wie verändern? Welche Seite würde das Licht dann nach außen kehren?

Solche Fragen führen Bohr tiefer und tiefer in den Welle-Teilchen-Dualismus hinein und in eine neue Opposition zu Einstein. Denn der will den Verzicht auf Anschaulichkeit ebenso wenig mittragen wie Planck. Warum sollte eine Beobachtung des Lichtquants auf seinem Weg zum Schirm problematisch sein?

Mit der Vorstellung von Lichtquanten ist Bohr nach wie vor nicht wirklich glücklich. Immer noch denkt er darüber nach, ob sich Fotoeffekt oder Comptoneffekt nicht doch anders erklären lassen. Die klassische Wellentheorie erscheint ihm viel besser gesichert als die Lichtquantentheorie, ihre Domäne ungleich größer.

In der klassischen Physik besteht ein fester Zusammenhang zwischen einer elektromagnetischen Welle und der von ihr mitgeführten Energie. Beide entstehen gemeinsam, jeder Teil des Feldes enthält einen gewissen Anteil der Energie. Wählen wir zur Illustration ein besonders drastisches Bild und vergleichen die Lichtwelle mit einem Tsunami:

Mitten im Ozean ereignet sich ein Erdbeben am Meeresgrund. Auf einmal hebt oder senkt sich der Ozeanboden, und das gesamte darüber liegende Meer, eine mehrere Tausend Meter hohe Wassersäule, wird mitbewegt, vielleicht um nur etwa 60 Zentimeter wie im Dezember 2004 vor Indonesien. Damals breitete sich vom Erregerzentrum eine Welle aus, die wegen ihrer enormen Wellenlänge für Schiffsbesatzungen auf offenem Meer nicht wahrnehmbar war. Doch so ruhig sie sich bewegte, sie trug eine gewaltige Energie mit sich. Erst in Küstennähe türmte sie sich auf, weil sie im Flachwasser vom Meeresboden gebremst wurde, während von hinten immer mehr Wasser nachschob. Schließlich rollte der Tsunami wie eine meterhohe Wand auf den Strand zu.

Bei einer Lichtwelle breitet sich ebenfalls eine Störung von einem Erregerzentrum aus. Der klassischen Physik zufolge ist auch ihre Energie über die ganze Welle verteilt. Aber was passiert, wenn sich Licht einer Küste nähert? Einer Metallplatte? Einem Atom? Einem Elektron? Wie können wir uns einen solchen Vorgang ausmalen? Erscheint es vielleicht nur so, dass Licht seine Energie beim Fotoeffekt portionsweise abgibt, weil das Geschehen in Küstennähe so komplex ist, insbesondere bei kurzen Wellenlängen?

Die Lichtquantenvorstellung beschränkt sich nicht auf Küstennähe. Einstein versteht schon die Lichterzeugung, etwa die spontane Emission, als quantenhaften Prozess. An der experimentellen Erforschung beider Vorgänge, der Lichterzeugung wie der Lichtaufnahme, beteiligen sich in den Zwanzigerjahren zahlreiche Forscherinnen und Forscher. Allmählich zeichnet sich von beiden Enden her ab, dass die Lichtenergie nicht gleichmäßig im Raum verteilt ist. Diese Energie steht nämlich nach einer Emission blitzartig in ihrer Gesamtheit zur Verfügung. Auch beim Fotoeffekt wird die Energie so schnell von Elektronen aufgenommen, dass die klassische Wellentheorie zu einer Erklärung nicht ausreicht.[23] Man kommt um Energiequanten nicht umhin.

Einstein hat versucht, den Zusammenhang zwischen Energie und elektromagnetischem Feld so weit wie möglich zu lockern. Dazu ersann er, wir erinnern uns, zu Beginn der Zwanzigerjahre das »Gespensterfeld«, eine Führungswelle, welche die Lichtquanten leitet. Vor nicht allzu langer Zeit hat er am Rande einer Tagung noch einmal mit Wolfgang Pauli darüber gesprochen.

Einstein sei davon überzeugt, die weitere Entwicklung der Quantenphysik werde dahin gehen, »einem Lichtquant als Träger von Energie und Impuls eine höhere Realität zuzuschreiben als dem Wellenfeld«, hat Pauli Bohr mitgeteilt. Die Welleneigenschaften seien Einstein zufolge eher sekundär und indirekt erzeugt. Gefühlsmäßig hafte dem Wellencharakter des Lichts für ihn etwas Schattenhaftes an.[24]

Einsteins Idee hat sich herumgesprochen. Ihn selbst hat sie in den zurückliegenden Jahren nicht weitergebracht. Ähnlich fruchtlos sind seine Versuche geblieben, allein mit Lichtquanten und ganz ohne Wellen auszukommen. Denn was Lichtquanten sind, bleibt ihm ein Rätsel.

In Leiden macht er auf den dänischen Forscher einen verzagten Eindruck. Bohrs Fazit nach ihren Vieraugengesprächen: Er glaube, Einstein habe jegliche Hoffnung aufgegeben, die Richtigkeit der Lichtquantentheorie dadurch zu erweisen, dass er Widersprüche im Wellenbild der optischen Erscheinungen aufdeckt.[25]

Leider setzen Bohr und Einstein ihre Diskussion nicht in Briefen fort, sondern erst zwei Jahre später bei der Solvay-Konferenz in Brüssel. Wir kennen ihre Argumente im Einzelnen nicht. Aber mit dem Philosophen

Hans Blumenberg gesprochen, erwarten wir von jedem, »dass er das gesagt habe, was er hätte sagen müssen, auch wenn er es zufälligerweise zu sagen vergessen hätte«.[26]

Das Foto vom Quantengipfel in Ehrenfests Wohnung öffnet der Fiktion Tür und Tor. Bezeichnenderweise sehen wir Einstein im Moment der Aufnahme in der Rolle des Zuhörers. Bohr hat das Wort ergriffen und wird vermutlich so schnell kein Ende finden. Schon nach ihrer allerersten Begegnung in Berlin beschrieb ihn Einstein als einen Denker, der in »einer Art Hypnose« durch die Welt gehe.

Ähnlich äußert sich sechs Jahre später Erwin Schrödinger über den dänischen Theoretiker und seine Monologe: Bohr spreche »oft minutenlang fast traumhaft visionär«. Das Gespräch mit ihm treibe fast immer sofort auf philosophische Fragen zu. Er drehe und wende die Argumente auch deshalb, weil er so sehr rücksichtsvoll sei und eine beständige Scheu habe, der andere könnte die rückhaltlose Äußerung seines eigenen Standpunktes als eine ungenügende Anerkennung fremder Leistungen auffassen.[27]

DER PROPHET AUF REISEN

Werfen wir noch einen letzten Blick auf jenen Brief, den Bohr im Januar 1926 an John Slater schreibt. Nachdem er von seinen Erlebnissen in Leiden gesprochen hat, möchte Bohr wissen, was der 25-jährige Amerikaner inzwischen zur Strahlungsphysik denkt.[28] Slater antwortet mit unverkrampfter Direktheit: Er interessiere sich in letzter Zeit mehr für Atome als für Strahlung.[29]

Pointierter hätte Slater die momentane Stimmung unter den Jüngeren der Zunft kaum zusammenfassen können. Für lange Diskussionen über Lichttheorien ist dies nicht der rechte Zeitpunkt. Die wirklich interessanten Entwicklungen spielen sich gegenwärtig in der Atomtheorie ab.

Auch Bohr kann sich nicht länger in stiller Kontemplation mit dem Welle-Teilchen-Dualismus des Lichts oder, ärger noch, mit den schier unlösbaren Fragen der Wechselwirkung zwischen Strahlung und Materie befassen. Einstein hin oder her – Bohr hält es nicht lange in Leiden aus. Die nächste Forschergeneration gibt ein Tempo vor, dem er kaum zu folgen vermag. Als Leiter eines internationalen Forschungsinstituts für theoretische Physik lebt er unter dem Druck, ihre widerstrebenden Ideen aufzunehmen, zusammenzuführen und einzuordnen.

Von Leiden aus macht der dänische Physiker noch einen Abstecher nach Utrecht, wo er den Physiker Leonard Ornstein aufsucht. Er möchte Neues über dessen Intensitätsmessungen an Atomen erfahren, die der Quantentheorie so viele Impulse gegeben haben. Anschließend bricht er Richtung Göttingen auf, um sich in puncto Matrizentheorie auf den aktuellen Stand zu bringen.

Dort hat Heisenberg das Ruder übernommen, während Max Born, wie lange im Voraus geplant, für ein paar Monate durch die Vereinigten Staaten tourt. In seiner Abwesenheit verteidigt Heisenberg die noch junge Atomtheorie mit viel Umsicht gegen alle Anfechtungen. Born dagegen fühlt sich bei seiner Vortragsreise am falschen Ort. Zwar kann er sich in Amerika als Verkünder einer neuen Quantenmechanik profilieren, wird aber von dem Gefühl geplagt, deren Weiterentwicklung zu verpassen.

Tatsächlich fasst Heisenberg zusammen mit Pascual Jordan bereits die nächsten heißen Eisen an. Was ihnen Bohr über den Spin des Elektrons zu berichten weiß, beeinflusst ihre Arbeit unmittelbar. Nach den Gesprächen mit Einstein und Ehrenfest, Uhlenbeck und Goudsmit hält Bohr das Spin-Konzept für einen »überaus großen Fortschritt in der Theorie des Atombaus«.[30] Bei Heisenberg und Jordan rennt er damit offene Türen ein. Gemeinsam versuchen sie sich daran, die seltsame Eigenschaft der Elektronen in die neue Quantenmechanik einzubauen und jene Aufspaltungen der Spektrallinien nachzubilden, die Heisenberg bereits seit Jahren beschäftigen.

Am 15. Dezember ist Bohr noch in Göttingen, kurz darauf treffen wir ihn in Berlin an.[31] Auch hier tritt er als Verkünder des Elektronenspins auf, als »Prophet des Elektromagnet-Evangeliums«.[32] Jetzt gilt es, Pauli zu überzeugen.

Ein vorerst hoffnungsloses Unterfangen! Rein rechnerisch weichen die durch den Spin erzielten Ergebnisse nur um einen Faktor 2 von Paulis eigenen Berechnungen zur »Zweideutigkeit« des Elektrons ab. Ansonsten wären alle Schwierigkeiten wie »mit einem Zauberschlage beseitigt«, hatte ihm Heisenberg schon zuvor mitgeteilt.[33] Pauli aber stört nicht nur der Faktor 2, der sich Monate später als Rechenfehler herausstellen wird. Ihm schmeckt das ganze Spin-Konzept nicht, hat er sich doch noch entschiedener als Bohr von raumzeitlichen Vorstellungen wie Elektronenbahnen oder Kreiselbewegungen verabschiedet.

Bohr diskutiert mit ihm bis in die Nacht hinein. Während Heisenberg das Spin-Modell »durch die Matrizenmühle« zieht, lässt sich Pauli nicht bekehren.[34] »Aber geben Sie die Hoffnung noch nicht auf!«, ruft er dem dänischen Wissenschaftler nach dem Treffen hinterher. Vielleicht werde ihm dies ja später noch gelingen – was nur einige Monate darauf tatsächlich eintreten wird. Ansonsten, so Pauli, sei er sehr froh darüber, in Berlin mit Bohr Wein getrunken zu haben und trotzdem einmal früher aufgestanden zu sein als er.[35]

TANZ AUF DEM ATOM

Berlin, April 1926: Eine Metropole lernt Charleston, Planck und Einstein üben sich im Überkreuzrechnen mit Matrizen. Kaum haben sie erste Rechenschritte gemeistert, kommt Heisenberg in die Hauptstadt. Ein paar Wochen zu spät. Denn auch die Moden in der Quantentheorie sind kurzlebig.

»Schöner Gigolo, armer Gigolo,
denke nicht mehr an die Zeiten,
wo du als Husar, goldverschnürt sogar,
konntest durch die Straßen reiten!

Uniform passé, Liebchen sagt: Adieu!
Schöne Welt, du gingst in Fransen!
Wenn das Herz dir auch bricht,
zeig ein lachendes Gesicht,
man zahlt und du musst tanzen!«

Was der österreichische Librettist Julius Brammer Mitte der Zwanzigerjahre im Berliner Hotel Adlon zu Papier bringt, zielt ins Herz der Weimarer Republik.[1] Der goldverschnürte Husarenoffizier von einst ist nach dem Ende des Kaiserreichs in prekäre Verhältnisse geraten und verdingt sich nun als Eintänzer, als »schöner Gigolo«. Denn es wird nicht mehr gekämpft, sondern getanzt.

Ob im Adlon, im Eden, im Esplanade, im Kaiserhof oder im Excelsior – jedes Hotel, das etwas auf sich hält, hat seine Tanzkapelle und seine Eintänzer, junge Männer, die nichts anderes zu tun haben, als Damen, die ohne Partner sind, zum Tanz aufzufordern. »Während in Paris der Tänzer eine angemessene Honorierung von den Damen erwartet, mit denen er getanzt hat, ist er in Berlin ein Angestellter der Hotels.«[2] Eine Marionette der Unterhaltungskultur.[3]

Der Tango lässt immerhin die Führungsrolle des Eintänzers unangetastet. Doch als der Shimmy zum letzten Schrei wird, sind die Rollen nicht mehr so klar verteilt. Den Manövrierkünsten alter Schule und dem aufgesetzten Lächeln des »schönen Gigolo« begegnet der Shimmy mit lockeren, ausgelassenen Schüttelbewegungen, die der Frau die Freiheit geben, sich von ihrem Partner zu lösen. Beim Charleston, der die Berliner Tanzflächen Mitte der Zwanzigerjahre im Sturm erobert, ist sie gar nicht mehr auf ihn angewiesen. Sie kommt nun ohne Tischtelefon aus, kann sich solo aufs Parkett schwingen und kreuzt ihre Hände über den Knien wie die Sängerin und Tänzerin Josephine Baker aus St. Louis, die im Januar 1926 am Ku'damm in Berlin auftritt und frenetisch gefeiert wird.

Ein Jahrzehnt im Tanzfieber. »Abends, von Bekannten verschleppt, in einem Lokal, wie es jetzt Hunderte in Berlin gibt, wo bis morgens getanzt wird«, vermerkte der Chronist Harry Graf Kessler bereits am 9. Februar 1919 in seinem Tagebuch.[4] Unter demselben Datum wählte Kessler für

Die amerikanische Sängerin und Tänzerin Josephine Baker kommt Mitte der Zwanzigerjahre auch nach Berlin.

die unmittelbare Nachkriegszeit die Bezeichnung »Der Tanz auf dem Vulkan«, die die gesamten Zwanzigerjahre wie kaum eine andere charakterisiert.

Man tanzt in Hotels, Tanzcafés und Ballhäusern, in Nachtclubs und Kellerbars. Tanzt unter freiem Himmel im Lunapark, Berlins größtem Vergnügungspark gleich bei Max Planck um die Ecke, im goldenen Licht von 10 000 Glühbirnen. Tanzt Treppe rauf, Treppe runter. Tanzt in einer Körpersprache und zu einer Musik, die nicht mehr in der Vergangenheit gefangen sind. Tanzt exzessiv.

»Ein Riesenkrach, eine unerhörte Lebensfreude, und jeder wird hypnotisiert«, schreibt vom Shimmy durchschüttelt der Zeichner Robert Leonard. Nach drei Tagen habe man zehn Pfund abgenommen und sei geheilt durch eine neue Krankheit.[5] Der Irrsinn habe gesiegt. »Denn dieser Irrsinn ist der Niederschlag unserer Zeit, die Revolution, der Expressionismus, der Bolschewismus im Ballsaal.«[6]

DER TANZ AUF DEM ATOM

In ebendieser Zeit, die übervoll ist an verwirrenden Möglichkeiten, entsteht die Quantenmechanik. Auch sie ein Irrsinn?

Einstein will es mitunter so scheinen. »Ein wahres Hexeneinmaleins, in dem unendliche Determinanten (Matrizen) an die Stelle der kartesischen Koordinaten treten«, schreibt er seinem alten Freund Michele Besso, nachdem ihm Werner Heisenberg, Max Born und Pascual Jordan ihre »Dreimännerarbeit« noch vor der Veröffentlichung zugeschickt haben. Ihre Theorie sei das Interessanteste, was die Physik in letzter Zeit geliefert habe. »Höchst geistreich und durch große Kompliziertheit gegen den Beweis der Unrichtigkeit hinreichend geschützt.«[7]

Wie von Einstein beschrieben und wie wir bereits gehört haben, werden physikalische Größen wie Ort und Impuls in der neuen Quantenmechanik durch unendliche Matrizen ersetzt und kreuzweise miteinander multipliziert. Auch Einstein kann nicht anders, als die Rechenschritte dieses quantenmechanischen Charlestons zu erlernen und irgendwie mitzutanzen. Natürlich unterlaufen ihm dabei Fehler, obschon die Gleichungen der Matrizentheorie bei Weitem nicht so schwer aufzudröseln sind wie jene der allgemeinen Relativitätstheorie.

Heisenberg entschuldigt sich in dem inzwischen begonnenen Briefwechsel mit Einstein für die Unübersichtlichkeit der Rechnungen. »Dass man dabei die Anschaulichkeit so ganz verliert, ist mir auch sehr schlimm vorgekommen.« Eine Zeit lang habe er sich gar nicht getraut, das Zeug zu publizieren, schrieb er noch im November 1925 nach Berlin. Da kam ihm die Quantenmechanik noch ganz unfertig vor.[8]

Seither ist sein Vertrauen in die Matrizenmechanik, wie man sie bald nennen wird, von Woche zu Woche gewachsen, auch weil so viele Gleichaltrige mit ihm am selben Strang ziehen. »Der Tanz auf dem Atom« ist plötzlich zu einer Domäne überwiegend junger, mathematisch versierter Physiker wie Heisenberg (24 Jahre), Jordan (23) und Pauli (25) geworden. Sie rechnen in Göttingen, dem Fixstern der mathematischen Wissenschaften, rechnen in Hamburg, gerne bei Nacht und bis in die frühen Morgenstunden hinein, rechnen auch in Cambridge, wo der 23-jährige Paul Dirac, angeregt durch Heisenbergs Arbeit, im Halbdunkel der Bibliothek des St. John's College eine eigenständige Formulierung der Quantenmechanik findet, die auf dieselbe Vertauschungsrelation hinausläuft. Rechnen exzessiv.

Die Schönheit der Matrizenrechnung erschließt sich erst auf den zweiten Blick, aber ihre Instrumente sind flexibel einsetzbar, die Resultate beeindruckend. Die Heisenberg-Born'sche Methode halte alle in Atem, schreibt Einstein im März 1926 an Borns Frau. »An die Stelle einer dumpfen Resignation ist eine bei uns Dickblütern einzigartige Spannung getreten.«[9]

Gegenüber seinem Züricher Freund Heinrich Zangger wird er Anfang April noch deutlicher: »Es ist ein großer Gedanke, wie mir kaum je einer untergekommen ist.« Ob etwas Wahres dran sei, darüber habe er sich trotz großem Bemühen noch keine Meinung bilden können.[10]

Planck bläst ins selbe Horn: »Wir haben gesehen, dass die Physik, die noch vor einem Menschenalter zu den ältesten und ausgereiftesten Wissenschaften von der Natur gezählt werden konnte, gegenwärtig in eine Sturm- und Drangperiode eingetreten ist.« Von allen bisherigen Phasen verspreche sie, die interessanteste zu werden.[11]

EIN UMBAU, KEINE »TABULA RASA«

Planck und Einstein sind aus dem Staunen über die Matrizentheorie noch nicht heraus, als sie Zeugen einer Entwicklung werden, die die ganze »Knabenphysik« gegen den Strich bürstet. Denn auch in den Schweizer Bergen wurde mittlerweile gerechnet. Intensiv gerechnet. Von einem 38-jährigen Wissenschaftler, einem ordentlichen Professor für theoretische Physik.

Erwin Schrödinger, in Wien geboren, ist für Planck und Einstein kein Unbekannter. Zuletzt hat er sich in ihren Disput über die statistische Physik eingeschaltet, der nach Einsteins Akademie-Vortrag zu den Erkenntnissen des Inders Satyendra Nath Bose aufgeflammt war. In diesem Kontext begegnete Schrödinger erstmals der Vorstellung von Materiewellen. Neugierig geworden, besorgte er sich im Herbst 1925 die Doktorarbeit des Franzosen Louis de Broglie, der auf diesen Gedanken verfallen war.

De Broglie interpretierte die Quantelung der Energiezustände eines Atoms anders als Niels Bohr. Er sah darin einen Hinweis auf resonante Schwingungszustände im Atom. Während Bohr von »stationären Bahnen« ausgegangen war, auf denen Elektronen kreisen, ordnete de Broglie diesen stabilen Bahnen Wellen zu, genauer: stehende Wellen. Denn damit sich eine Welle nicht selbst wieder auslöscht, weil nach einem Umlauf Wellenberge auf Wellentäler treffen, muss sie in sich selbst zurücklaufen.

An der Universität Zürich sprach Schrödinger mit solcher Begeisterung von de Broglies Überlegungen, dass man ihn einlud, einen Vortrag darüber zu halten. In einem der nächsten Kolloquien gab er einen »wunderschön klaren« Abriss der Theorie, an den sich einer der Zuhörer, der künftige Nobelpreisträger Felix Bloch, noch lange erinnern sollte. Schrödinger habe erläutert, wie stehende Elektronenwellen im Atom direkt zu den Quantenzahlen hinführen. »Stets müsse eine ganze Zahl von Wellen in eine stationäre Bahn hineinpassen.«[12]

Mit derart vagen Ideen habe sich Schrödingers Züricher Kollege, der Physiker Peter Debye, nicht zufriedengegeben. »Als Schüler von Sommerfeld hatte er gelernt, dass man eine Wellengleichung benötigt, um Wellen adäquat zu beschreiben«, so Bloch weiter. Schrödinger sei daraufhin ins Grübeln gekommen und ein paar Wochen später erneut im Kolloquium erschienen, diesmal mit den Worten: »Mein Kollege Debye meinte, dass man eine Wellengleichung braucht. Nun gut, ich habe eine gefunden.«[13]

Wie ihm dies gelungen ist, skizziert Schrödinger in einer Arbeit, die im April 1926 auf dem Schreibtisch Plancks landet, der nach wie vor Mitherausgeber der *Annalen der Physik* ist. Bemerkenswerterweise führt Schrödingers gedanklicher Weg über das Verständnis des Lichts, genauer: über die beiden hauptsächlichen Lichttheorien der zurückliegenden Jahrhunderte.

Die Anfänge einer physikalischen Lichttheorie lagen in der geometrischen Strahlenoptik und basierten auf der Vorstellung, dass sich Licht geradlinig ausbreitet. Das Versagen dieser geometrischen Optik, so Schrödinger, trete bekanntlich erst bei Hindernissen oder Öffnungen ein, die klein genug seien gegenüber der Wellenlänge des Lichts.[14] Erst bei Experimenten mit winzigen Löchern oder an dünnen Schichten offenbart Licht seine Welleneigenschaften. Das brachte Physikerinnen und Physiker im 19. Jahrhundert dazu, die geometrische Optik durch eine Wellenoptik zu ersetzen. Andersherum gelangt man von der so entstandenen Wellenoptik zurück zu den einfachen Strahlen der geometrischen Optik, wenn man die Wellenlänge selbst als verschwindend klein betrachtet.

»Vielleicht ist unsere Mechanik das volle Analogon zur geometrischen Optik und als solches falsch, nicht in Übereinstimmung mit der Wirklichkeit«, fährt Schrödinger fort. Denn die klassische Mechanik, welche die Bewegungen von Teilchen beschreibt, versage bei stark gekrümmten

Bahnen, also etwa im Inneren eines Atoms. »Dann gilt es, eine ›undulatorische Mechanik‹ zu suchen.«[15] Eine Wellenmechanik.

Das Verhältnis zwischen Wellenoptik und geometrischer Strahlenoptik diente Schrödinger als Blaupause für die Erschaffung einer neuen Wellenmechanik aus der klassischen Mechanik heraus. Er griff dazu nicht auf die Mechanik Isaac Newtons zurück, sondern auf eine elegante Formulierung derselben, die der irische Mathematiker und Physiker William Hamilton anderthalb Jahrhunderte später entwickelt hatte. Auf dieselbe Hamilton'sche Mechanik mithin, die auf andere Weise bereits in Heisenbergs »Umdeutung« eingeflossen war. Denn die klassische Physik sollte ja keineswegs abgeschafft, sondern erweitert werden.

Insofern kommt der Rückgriff auf bereits existierende mechanische Modelle nicht überraschend. »Wie Schiffer sind wir, die auf offenem Meer ihr Schiff umbauen müssen, ohne je von unten auf frisch anfangen zu können«, hatte Schrödingers Landsmann, der Wissenschaftstheoretiker und Ökonom Otto Neurath, Anfang der Zwanzigerjahre geschrieben. »Wo ein Balken weggenommen wird, muss gleich ein neuer an die Stelle kommen, und dabei wird das übrige Schiff als Stütze verwendet.« So könne das Schiff mithilfe der alten Balken und angetriebener Holzstücke vollständig neu gestaltet werden – aber nur durch allmählichen Umbau.[16] Eine »tabula rasa« gibt es nicht.

Schrödinger fand bei diesem Umbau passende Balken, allerdings auch solche, die er, nachdem er sie eingesetzt hatte, wieder herausnehmen und zurücklegen musste. Im Winter 1925 versuchte er sich zunächst an einer relativistischen Berechnung, um sein Schiff dem Wellengang der schnellen Elektronen anzupassen, verzichtete dann aber auf den Einbau von Einsteins Kalkül, obschon dieser aus seiner Sicht erforderlich wäre. Ihm fehlte noch ein entscheidendes Verbindungsstück: der Spin des Elektrons, über den gerade kontrovers verhandelt wurde.

In diesem gedanklichen Hin und Her ging es in die Weihnachtsferien, die Schrödinger wie in den Jahren zuvor in der Villa Herwig in Arosa verbrachte, einem Sanatorium für Lungenkranke. Zu Beginn der Zwanzigerjahre hätten sie sich dort einmal ziemlich lange zur »Liegekur« einquartiert, wird Annemarie Schrödinger, seine Frau, später erzählen.[17] Auch den Jahreswechsel 1925–26 erlebten sie nach ihrer Auskunft gemeinsam dort.[18] Ihrem Mann, der schlecht schlief und daher morgens kaum arbeiten konnte, sondern zu seiner Entspannung webte, malte, manchmal auch bildhauerisch tätig war, taten Höhenluft und die Ruhe der Bergwelt gut.

Von der Villa Herwig aus schrieb er dem Münchener Experimentalphysiker Wilhelm Wien kurz nach den Feiertagen einen sechsseitigen Brief. Darin klagte Schrödinger über die hohen Hürden beim Umbau der Mechanik zur Wellenmechanik: »Wenn ich nur mehr Mathematik könnte.«[19]

EIN GEDANKE VON »ÄCHTER GENIALITÄT«

Schon die erste Wellengleichung, die er im neuen Jahr veröffentlicht, nachdem er sie zusammengezimmert hat, ermöglicht ihm die Berechnung der bekannten Energiezustände des Wasserstoffatoms.[20] Ein Volltreffer! In der zweiten Arbeit schiebt Schrödinger dann eine ausführliche Begründung hinterher. Nun betrachtet er auch vergleichsweise einfache Modellsysteme, die bei Heisenberg ganz am Anfang standen.[21]

Planck liest dieses Elaborat in den ersten Apriltagen, kurz vor seinem 68. Geburtstag, »wie ein neugieriges Kind die Auflösung eines Rätsels, mit dem es sich lange geplagt hat«.[22] Wenige Tage nach ihm wendet sich Einstein an Schrödinger: Planck habe ihm die Theorie »mit berechtigter Begeisterung« gezeigt. Er selbst hat etliche Rückfragen. Zuletzt jedoch schreibt er auf den Seitenrand des Briefes: »Der Gedanke Ihrer Arbeit zeugt von ächter Genialität!«[23]

Aus Einsteins Reaktion geht hervor, wie seltsam vertraut ihm Schrödingers Weg erscheinen muss. Er glaubt nämlich, einen Fehler in dessen Arbeit gefunden zu haben. Stattdessen hat ihm seine eigene Wahrnehmung einen Streich gespielt, wie Schrödinger belustigt feststellt. Einstein habe schlicht dieselbe Gleichung wie er »aus ein paar fundamentalen

Forderungen« freihändig neu konstruiert.[24] Ein Lapsus, der zeigt, wie leicht Einstein selbst auf diese Wellengleichung hätte stoßen können.[25]

Da sie als gewöhnliche Differenzialgleichung daherkommt und mithin kontinuierliche Vorgänge in der Mikrowelt zu beschreiben verspricht, begrüßen viele Physikerinnen und Physiker Schrödingers Theorie unumwunden. Die Erwartungen sind hoch. »Mir wäre es nun außerordentlich wertvoll, wenn es möglich wäre, sich von dem Strahlungsvorgang selbst ein anschauliches Bild zu machen«, schreibt ihm der Physiker Wilhelm Wien.[26]

Bis vor wenigen Monaten ließen sich die Spektrallinien der Elemente einzig und allein mit Bohrs Atommodell deuten. Nun gibt es dazu nicht nur eine Alternative, sondern zwei: hier die Wellenmechanik, dort die Matrizenmechanik. Wie ist das zu verstehen? Welche von beiden ist die richtige?

Schrödinger hat seine Wellengleichung kaum publiziert, da kennt man in Kopenhagen bereits die Antwort auf diese Frage. Denn dort ist Wolfgang Pauli mal wieder zu Gast, 13 Jahre jünger als Schrödinger und wie dieser in Wien geboren. Schon seit einiger Zeit sind die beiden per Du.

Pauli macht Bohr auf Schrödingers Geniestreich aufmerksam und wendet sich an die geistigen Urheber der Matrizentheorie in Göttingen. »Ich glaube, dass die Arbeit mit zu dem Bedeutendsten zählt, was in letzter Zeit geschrieben wurde. Lesen Sie sie sorgfältig und mit Andacht!«[27]

Die Gründe für diesen Aufruf liefert Pauli gleich mit. Unmittelbar nach Einblick in Schrödingers Veröffentlichung hat er eigene Berechnungen dazu angestellt, um zu verstehen, was sich hinter der Wellengleichung verbirgt. In seinem Brief nach Göttingen vom 12. April legt er im Detail dar, wie Wellen- und Matrizenmechanik zusammenhängen:

Es habe sich nicht nur ergeben, dass die Energiewerte, die aus dem Schrödinger'schen Ansatz folgen, stets dieselben seien wie die der Matrizenrechnung. Er habe außerdem herausgefunden, »dass aus den Schrödingerschen Funktionen Ψ, welche die Eigenschwingungen beschreiben, in einfacher und allgemeiner Weise Matrizen hergestellt werden können, die den Gleichungen der Göttinger Mechanik genügen«. Kurzum: Trotz ihrer höchst unterschiedlichen Form sind die beiden Theorien einander mathematisch äquivalent. Damit sei zugleich der Zusammenhang zwischen der Matrizenmechanik und dem Einstein-de-Broglie'schen Strahlungsfeld hergestellt.[28]

Ein unerwarteter Befund! Es wirkt beinahe wie Zauberei, da beide Seiten mit einem frischen Blick auf das Atom begonnen haben: hier Heisenbergs Zuschnitt auf beobachtbare Größen, auf Spektrallinien und Intensitäten, dort die Vorstellung von Materiewellen. Wie soll das zusammenpassen?

Erst wenn man die Wege vergleicht, die Heisenberg und Schrödinger eingeschlagen haben, beginnen sich ihre Arbeiten wechselseitig zu durchdringen. Um den Anschluss an die klassische Physik sicherzustellen, haben beide auf die Hamilton'sche Mechanik zurückgegriffen. Neu hinzugekommen ist beiderseits die fundamentale Energie-Frequenz-Beziehung

$$E = h\nu$$

Schrödinger und Heisenberg haben sie lediglich auf unterschiedliche Weise mit der klassischen Theorie in Verbindung gebracht. Die Wellengleichung, die in einer der Fachwelt vertrauten mathematischen Form daherkommt, steht nun den befremdlichen unendlichen Matrizen gegenüber. Dennoch sind Wellen- und Matrizenmechanik einander gleichwertig. Die eine Theorie bestätigt gewissermaßen die andere. Plötzlich fließt alles zusammen, scheinen die Bemühungen der letzten Jahre aufzugehen in einem großen Ganzen: einer neuen Quantenphysik der Atome.

Im historischen Rückblick markiert Paulis Brief einen besonderen Moment in der Physikgeschichte. Pauli spannt den Bogen von Bohr, Heisenberg, Born und Jordan zu Schrödinger, de Broglie und Einstein. Sie alle sollten sich nun auf eine Quantentheorie einigen können. Ihre Verständigung scheint zum Greifen nahe.

Doch die Mathematik schafft zwar Konzepte und Algorithmen, die für alle einsichtig sind, auf die alle zugreifen können. Worauf sich die mathematische Kombinatorik bezieht, muss allerdings interpretiert werden. Was stellen die jeweils verwendeten Zeichen dar? Was haben Matrizen, Wellenfunktionen oder Operatoren im Hilbert-Raum zu bedeuten? Wie lassen sich die jeweiligen Verfahren in eine physikalische Fachsprache und weiter in eine natürliche Sprache übersetzen?

Wie wir im weiteren Verlauf dieses Buches sehen werden, ist dieses Spannungsverhältnis zwischen natürlicher Sprache und mathematischem Kalkül noch nie so groß gewesen wie im Fall der Quantentheorie. Seit Langem zeichnet sich ab, dass in der subatomaren Welt Gesetze regieren, die das menschliche Vorstellungsvermögen und die Sprache an ihre Grenzen bringen. Gleichzeitig droht sich der Kalkül immer wieder zu verselbstständigen und die Physik zum innermathematischen Diskurs zu werden.

Außerdem sind die Erfahrungsräume der Wissenschaftlerinnen und Wissenschaftler, die sich an der Erforschung der Quantentheorie beteiligen, begrenzt, ihre Arbeitsweisen und Denkhaltungen sehr verschieden. Aufgrund der weit vorangeschrittenen Spezialisierung wird eine Verständigung zwischen ihnen immer schwieriger. Sie reden mit vielen Zungen und fällen vorschnell ästhetische Urteile.

In der zweiten Hälfte der Zwanzigerjahre gerät die Physik in eine seltsame Schieflage: Goldgräberstimmung bei denjenigen, die mit den nun verfügbaren Methoden nach neuen Ergebnissen suchen, Ratlosigkeit bei denen, die physikalische Einsichten herbeisehnen, mit denen man es gegebenenfalls ein ganzes Wissenschaftlerleben aushalten kann.

Pauli tritt in einem enthusiastischen Augenblick noch einmal als Vermittler auf. Sein kurioses Poststück macht im Nu die Runde. »Er ist schon ein phänomenaler Kerl«, staunt Erwin Schrödinger. »Wie der wieder alles schnell heraußen gehabt hat!« In einem Zehntel der Zeit, die er selbst dafür benötigt habe.[29]

Schrödinger darf das ferne Echo aus Kopenhagen als Bestätigung für seine Arbeit aufnehmen. Er selbst hat bereits eine Publikation zu ebendiesem Thema auf den Weg gebracht. Darin deckt auch er die Verbindungen zwischen Wellen- und Matrizenmechanik auf, die ihm erst im Nachhinein klar geworden seien. Eines genetischen Zusammenhangs mit Heisenbergs Arbeiten sei er sich jedoch nicht bewusst. »Ich hatte von seiner Theorie natürlich Kenntnis, fühlte mich aber durch die mir sehr schwierig scheinenden Methoden der transzendenten Algebra und durch den Mangel an Anschaulichkeit abgeschreckt, um nicht zu sagen abgestoßen.«[30]

Heisenberg seinerseits missfällt an Schrödingers Wellenmechanik nicht die Mathematik, die in der Tat leichter zu handhaben ist als die Matrizenrechnung und die auch er von nun an immer wieder für Kalkulationen verwendet. Doch je länger er über den physikalischen Gehalt der Wellenmechanik nachdenke, umso »abscheulicher« erscheine sie ihm. Mit anderen Worten: »Ich finde es Mist.«[31]

»Abstoßend«, »abscheulich« – man kann in dieser Polemik den Hahnenkampf zweier Forscher erkennen, die ihren Originalitätsanspruch behaupten wollen. Schrödinger und Heisenberg werden diesen Streit in den kommenden Monaten in München, Kopenhagen und andernorts ausfechten. Ihre Auseinandersetzung aber ist symptomatisch.

Noch 100 Jahre später werden Quantenphysikerinnen und -physiker missliebige Interpretationen als »abstoßend« und »abscheulich« bezeichnen.[32] In Ermangelung besserer Kriterien? Aufgrund ihrer anhaltenden Verunsicherung? Weil sie im 21. Jahrhundert noch immer an den Konflikten laborieren werden, die in den 1920er-Jahren aufbrechen?

An Möglichkeiten des Miteinander-Redens mangelt es nicht. Die institutionalisierte Physik hat zu dieser Zeit bereits viele Foren dafür geschaffen. Matrizenmechanik und Wellenmechanik sind erst ein paar Monate alt, da werden sowohl Heisenberg als auch Schrödinger nach Berlin eingeladen. Beide sollen beizeiten die Gelegenheit bekommen, dem Fachpublikum ihre Ideen vorzustellen.

Der Jüngere macht den Auftakt. Seit er von München nach Göttingen wechselte, ist Heisenberg des Öfteren in Berlin gewesen. Mal kommt er, um alte Pfadfinderfreunde wiederzusehen, mit denen er gerne einmal einen »recht bayrischen Abend« verbringt,[33] mal möchte er mit seinem Bruder Erwin musizieren, der inzwischen geheiratet hat, mal hat er sich ein besonderes Konzert aus dem reichhaltigen Angebot der Hauptstadt ausgesucht, etwa einen Auftritt des finnischen Komponisten und Dirigenten Erkki Melartin zusammen mit den Berliner Philharmonikern.

Die Stadt sehe amerikanischer aus denn je, schrieb er den Eltern, nachdem er eines Abends am Bahnhof Friedrichstraße ausgestiegen war. Gegenüber dem Bahnhof werde gerade ein Wolkenkratzer gebaut, die Häuserfronten seien bedeckt mit roten, blauen, gelben Glühlampen zu Reklamezwecken. »Riesenbilder von Sektflaschen, in denen das Fließen des Sektes täuschend nachgeahmt ist, geben einem ständig Watschen ins Stilgefühl.«[34]

Die von Heisenberg beschriebene Reklame der Firma Kupferberg an dem Haus Ecke Friedrichstraße/Jägerstraße zieht allabendlich die Blicke der Passanten auf sich: oben der mattgoldene Schriftzug »Kupferberg Gold«, darunter die geneigte Flasche und in der Mitte ein Sektglas, das nach und nach aufleuchtet, sodass die Sektperlen darin emporzusteigen scheinen – filmisch anmutend und neben Heisenberg von einigen Zeitgenossen kommentiert.[35]

Berlin inszeniert sich gerne als Metropole des Lichts. Die Großstadt, seit Ende der Inflation mit amerikanischen Krediten hochgepäppelt, wirbt für ihr schillerndes Nachtleben und ihren Amüsierbetrieb. Wenn sie von Jahr zu Jahr »amerikanischer« aussieht, wie Heisenberg feststellt, dann auch deshalb, weil sie Leuchtreklamen im Umfeld von Theatern und Varietés, Kinos und Bars, Mode- und Schmuckgeschäften großzügig genehmigt.

Zum Beispiel hat sich besagte Firma Kupferberg bereits mit dem Schokoladenhersteller Sarotti zusammengetan, um in Ku'damm-Nähe auf einem eigens zu diesem Zweck umgebauten Hausdach eine kostspielige, lichttechnisch perfektionierte Reklame anzubringen. Sie wird von 1927 an über eine komplexe Wechselschaltung zwischen Sekt und Pralinen werbewirksam hin und her springen.[36] Warum nicht beides?

Abseits dieser lichterfüllten Straßen liegen teils dunkle Quartiere, in denen die Häuser keinen elektrischen Stromanschluss haben. Die Viermillionenstadt Berlin platzt aus allen Nähten. In düsteren Mietskasernen leben Menschen auf engstem Raum und in größtem Elend zusammen, während mit amerikanischem Geld ganze Industrien wie die Filmbranche aus dem Boden gestampft werden und luxuriöse Waren im Glanz der Schaufenster ausliegen.

Allein zwischen 1925 und 1927 vervierfacht sich der Stromverbrauch für Lichtreklame und Schaufensterbeleuchtung, weshalb der Bau eines Großkraftwerks am Ufer der Spree in vollem Gange ist, als Heisenberg zu seinem Vortrag nach Berlin kommt.[37] Wieder ein Neubau im Rekordtempo. Auf der Baustelle in der Rummelsburger Bucht stürzt am Morgen des 28. April aus 16 Meter Höhe ein 40 000 Kilogramm schwerer Kran ab. Die nächsten Todesfälle. Es sollen bereits 300 sein.[38]

OHNE AUFTRITTSÄNGSTE

Am frühen Nachmittag dieses 28. April begibt sich Heisenberg zum Physikalischen Institut am Reichstagufer. Sein Bruder Erwin und seine Schwägerin Marianne sind gekommen, neben den Nobelpreisträgern Max von Laue und Walther Nernst nehmen Lise Meitner und Einstein Platz im Auditorium.[39] Nur Planck ist noch nicht aus seinem Urlaub zurückgekehrt. Ihnen allen soll Heisenberg nun Rede und Antwort stehen: als 24-Jähriger an dem Ort, an dem ein Jahr vor seiner Geburt die Quantenphysik das Licht der Welt erblickte.

Niels Bohr hatte hier vor sechs Jahren seinen großen Auftritt. Um die Stabilität der Atome zur erklären, hatte er stationäre Zustände eingeführt, in denen Elektronen mehr oder weniger lange verharren und die sie nur bei Aufnahme oder Abgabe von Licht verlassen. Bohr stellte sich in sich geschlossene Elektronenbahnen vor, obschon er dabei einige Widersprüche in Kauf nehmen musste.

Heisenberg fordert nun als Erstes ein, sich von solchen anschaulichen Bildern frei zu machen. Elektronen besäßen eben nicht den Grad an unmittelbarer Realität, wie ihn Gegenstände unserer täglichen Erfahrung für sich geltend machen können. Man müsse darauf verzichten, dem Elektron einen bestimmten Punkt im Raum als Funktion der Zeit zuzuordnen. Ähnlich wie Lichtquanten, denen man ja wegen der Interferenz- und Beugungsphänomene auch nicht eine bestimmte Bahn oder einen bestimmten Ort zuweisen könne.[40]

Wie Heisenberg im Folgenden ausführt, wird der Ort eines Elektrons in der Quantenmechanik durch eine Gesamtheit physikalischer Größen ersetzt: durch jene Frequenzen und Amplituden, die aus den Übergängen von einem stationären Zustand in einen anderen resultieren und die als Spektrallinien beobachtbar sind. Diese Frequenzen und Amplituden sind also mit jeweils zwei stationären Zuständen verknüpft. An die Stelle der klassischen Ortsangaben, der Koordinaten des Elektrons, tritt daher in der Quantenmechanik eine zweidimensionale Tabelle von Strahlungsgrößen: eine Matrix. Auch für Energie und Impuls müssen solche Matrizen eingeführt werden.[41]

Der Grad an Komplexität, der damit einhergeht, macht Heisenberg an diesem Nachmittag zu schaffen. Er weiß, dass es nur wenigen Eingeweihten möglich ist, den Formalismus der Matrizentheorie zu durchdringen. Laut Einstein eine »Höllenmaschine«.[42] Aber ebendiese Zusammenschau sämtlicher Übergänge eines Atoms hat die Berechnung der Energieniveaus des Wasserstoffatoms und anderer Systeme möglich gemacht.

Einstein schwankte in den zurückliegenden Monaten zwischen Euphorie und Skepsis. Leider sind seine Briefe an Heisenberg nicht erhalten geblieben, sodass wir nur aus dessen Antworten auf jene Einwände schließen können, die er zuletzt gegen die Matrizentheorie vorgebracht hat. Sie dürften den Vorbehalten des niederländischen Physikers Hendrik Antoon Lorentz ziemlich ähnlich sein:

»Die Erfahrung macht uns mit Fällen bekannt, wo ein Atom während einer gewissen Zeit in einem seiner stationären Zustände besteht, und oft haben wir es mit ganz bestimmten Übergängen aus einem solchen Zustand in einen anderen zu tun«, merkt Lorentz an. »Wir brauchen also die Möglichkeit, uns die stationären Zustände jeden einzeln vorzustellen und dieselben theoretisch zu untersuchen. Eine Matrix ist nun die Zusammenfassung aller möglichen Übergänge, und man kann sie gar nicht in Stücke zerlegen.«[43]

Lorentz ist nicht dazu bereit, einzelne Vorgänge im Atom von vorneherein beiseitezuschieben. Desgleichen Einstein. Sein Interesse gilt seit jeher vorrangig elementaren physikalischen Prozessen wie der Lichtabgabe oder Lichtaufnahme, die er in der ihm eigenen Manier neu interpretiert hat.

Brieflich hat Heisenberg ihm gegenüber bereits eingeräumt, dass die Quantenmechanik womöglich »nie direkte Aussagen über den Einzelprozess« machen könne, sondern immer nur Mittelwerte liefere.[44] Heisenberg begnügt sich einstweilen mit solchen statistischen Aussagen. Anders kommt man seiner Ansicht nach gegenwärtig nicht weiter. Er hofft indes, dass der Anschluss an Einsteins Lichtquantentheorie künftig einmal gelingen werde.[45]

Das hofft auch sein Mitstreiter Wolfgang Pauli. Wenn man versuche, sich ein Bild von Übergangsprozessen zu machen, dann stelle man bald fest, dass die Zeit in die neue Quantenmechanik eigentlich gar nicht eingehe, hat Pauli unmittelbar nach der erfolgreichen Berechnung der Spektrallinien des Wasserstoffs herausgestellt. »Die Sachlage ist jetzt die, dass der Begriff ›zeitlicher Ablauf‹ eines Vorgangs und insbesondere der Begriff ›zeitliche Periode‹ bzw. ›Schwingungszahl‹ ganz formal geworden sind.«[46] Eine wirklich befriedigende physikalische Theorie dürfe nicht nur keine unbeobachtbaren Größen verwenden, sie müsse auch alle beobachtbaren Größen miteinander verknüpfen. Also zum Beispiel auch zeitliche Prozesse wie die Ablösung von Elektronen aus einem Metall beim Fotoeffekt.[47] Für Pauli ist das allerdings noch Zukunftsmusik.

Die Matrizenmechanik ist eine Theorie im Werden. Sie ist zugegebenermaßen fragil. Und obschon sie einigen althergebrachten Vorstellungen zuwiderläuft, bringt Heisenberg den Mut auf, vor den Koryphäen des Fachs dafür einzutreten.

EINSTEINS ABWEGE

Man kann es jedenfalls nicht seinem Vortrag anlasten, dass Einstein die Matrizentheorie inzwischen missbilligt. »Ich bin überzeugt davon, dass Sie mit Ihrer Formulierung der Quantenbedingung einen entscheidenden Fortschritt gefunden haben«, hat Einstein zuletzt an Schrödinger geschrieben, »ebenso wie ich davon überzeugt bin, dass der Heisenberg-Bornsche Weg abwegig ist.«[48]

Bemerkenswert an diesem klaren Statement ist nicht nur die frühe Festlegung auf eine Wellenmechanik, die ebenfalls noch im Entstehen begriffen ist. Bemerkenswert ist auch das Absendedatum: der 26. April 1926. Einstein hat weder das Kolloquium abgewartet noch das persönliche Gespräch mit Heisenberg. Zwei Tage vor Heisenbergs Berlinbesuch hatte er sein Urteil schon gefällt: »Abwegig!«

Anfang April hatte Einstein sein bisher mangelhaftes Verständnis der Matrizentheorie noch eingestanden. Nun aber hat er sich in Schrödingers Wellenmechanik verguckt. Eine Liebe auf den ersten Blick. Und sofort schlägt die eigene Unsicherheit um in eine mit Verve vorgetragene Überzeugung.

Die Wellenmechanik scheint das einzulösen, was die Matrizenmechanik vermissen lässt: Sie verspricht eine Beschreibung von kontinuierlichen Prozessen in Raum und Zeit. Einem Wissenschaftler, der das raumzeitliche Verständnis der Physik zu Beginn des 20. Jahrhunderts revolutioniert hat, muss dies als großer Vorzug erscheinen. Einstein hat die Wellenmechanik allerdings gerade erst kennengelernt. Er macht sich völlig falsche Vorstellungen davon.

Er selbst ist seit Jahren darum bemüht, von allgemeineren physikalischen und mathematischen Gesichtspunkten aus zu einer Verknüpfung von Relativitäts- und Quantenphysik zu gelangen. Die letzte mühsam erarbeitete Fassung einer solchen Feldtheorie hat er gerade erst verworfen.[49] Seinem Freund Michele Besso hatte er bereits zuvor geschildert, wie ungemein schwierig das Mathematische dabei sei. »Der Zusammenhang mit dem Erfahrbaren wird leider immer indirekter.«[50]

Während Wellen- und Matrizenmechanik rasch zu neuen Ergebnissen führen, hat sich Einstein etwas vorgenommen, was in den kommenden 100 Jahren nicht gelingen wird. Er wälzt einen Knäuel von Gleichungen den Berg hinauf, der ein ums andere Mal zurück ins Tal rollt. Gegen das mathematische Übergewicht ist kein Ankommen. Trotzdem drängt es ihn, auf dem eingeschlagenen Pfad weiterzumachen. Natürlich könne der Weg ganz falsch sein. »Aber er muss versucht werden und ist jedenfalls logisch möglich.«[51]

Ein mehr oder weniger starker innerer Zwang, in alten Bahnen weiterzudenken, gehört zu den allgemeinen Bedingungen des Menschseins. Mitte der Zwanzigerjahre führt er zu einem Generationenkonflikt. Schrödingers Theorie liegt methodisch viel näher an den Forschungen Einsteins oder Plancks. Max von Laue wird sich den Sommer mit beiden Theorien intensiv befassen, die Anwendungen der Matrizenmechanik »geradezu entsetzlich« finden und die Quantentheorie im kommenden Wintersemester allein nach Schrödingers Wellenmechanik lehren.[52]

Der Münchener Nobelpreisträger Wilhelm Wien benennt den aufgebrochenen Generationenkonflikt in aller Deutlichkeit: Er habe schon seit Längerem die Sorge gehabt, die jüngeren Physiker hätten überhaupt kein Bewusstsein mehr dafür, was man eigentlich von einer physikalischen Theorie verlangen müsse. Dieser Sorge sei er nun durch Schrödingers Errungenschaften enthoben. »Und wenn viele vielleicht etwas enttäuscht sind, dass sie nicht mehr in dem Sumpf von ganzen und halben Quanten, Diskontinuitäten und willkürlichem Heranziehen der klassischen Theorie herumplätschern können, so werden sie sich bald wieder an strengeres physikalisches Denken gewöhnen.«[53]

Bei Einstein kommt hinzu, dass er die frühe Entwicklung der Quantentheorie selbst auf mannigfache Weise vorangetrieben hat. Seine Lichtquantenhypothese zum Beispiel ist mittlerweile experimentell ziemlich gut abgesichert. Einstein ist es jedoch nicht gelungen, den Lichtquanten als Trägern der Energie Geltung in theoretischen Konzepten zu verschaffen.

Wenig überraschend, dass er im Zuge seiner Auseinandersetzung mit der Matrizentheorie noch einmal ein Experiment ausgeheckt hat, mit dem er Widersprüche im Wellenbild des Lichts aufdecken möchte. Noch einmal spielt Einstein den »orthodoxen Lichtquantler«, noch einmal fällt er damit auf die Nase. Und diesmal gleich in doppelter Hinsicht:

Zum einen kann das von ihm ersonnene Experiment, das er im April 1926 in einer Fachzeitschrift vorstellt, gar nicht erbringen, was es leisten soll, wie er ein paar Wochen später eingestehen muss.[54] Der Wellencharakter des Lichts lässt sich damit nicht ausschließen. Zweitens gerät er an einen Fälscher, der die gesamte Zunft zehn Jahre lang zum Narren halten wird.[55]

Weder den von Einstein ausgedachten, anspruchsvollen Test kann der Berliner Experimentator Emil Rupp tatsächlich durchführen noch nachfolgende, teils spektakuläre Laborversuche. Es wird bis Mitte der 1930er-Jahre dauern, ehe ihm Fachkollegen auf die Schliche kommen. Woraufhin sich Rupp ein ärztliches Gutachten besorgen und sich einen »mit psychogenen Dämmerzuständen verbundenen seelischen Schwächezustand« bescheinigen lassen wird.[56]

»Der Vortrag schien mir ganz gut.«[57] Diesmal lässt es Heisenberg bei wenigen Worten bewenden. Er weiß, dass sich seine Eltern weniger für seine Darbietung in Berlin interessieren als für seine Zukunftspläne, derentwegen sie zuletzt mit ihm telefoniert haben. Wird ihr Sohn, der unmittelbar vor dem Berliner Kolloquium in Leipzig und in Dresden vorstellig geworden ist, die ihm angebotene außerordentliche Professur in Leipzig annehmen? Oder wird er die begehrte Universitätsstelle womöglich in den Wind schlagen?

Heisenbergs Großvater, Nikolaus Wecklein, hat ein Leben lang darunter gelitten, nie einen Lehrstuhl an einer deutschen Universität bekommen zu haben. Sein Vater, August Heisenberg, schaffte nach Dutzenden von Veröffentlichungen irgendwann den Sprung vom Gymnasiallehrer zum Universitätsprofessor und lehrt seither Byzantinistik in München. Nun steht Heisenberg junior kurz vor dem Ziel.

Gegenüber der Familie kann er für sich reklamieren, auf das richtige Pferd gesetzt zu haben: Die Atom- und Quantentheorie liegt voll im Trend. Wer sich als Physiker darin auskennt, hat gute Aussichten auf frei werdende Lehrstühle an deutschen Universitäten. Auf der Berufungsliste in Leipzig rangieren er und Pauli an erster und zweiter Stelle. Ihr Münchener Professor Arnold Sommerfeld hat sich für beide starkgemacht – in dieser Reihenfolge.[58]

Der Wunschkandidat aber ist unschlüssig. Dem besessenen Glänzenwollen vor den Eltern ist er inzwischen entwachsen. Es gibt in diesen Dingen bessere Ratgeber als die eigene Sippe.

In Berlin hat er nach seinem Vortrag mit Max von Laue und Albert Einstein über seine Zukunftsperspektiven gesprochen. Beide haben ihn dazu ermuntert, das Leipziger Angebot abzulehnen und stattdessen nach Kopenhagen zu gehen. »Insbesondere Einstein, den ich in der Wohnung besuchte«, hebt Heisenberg den Eltern gegenüber hervor.[59]

Es würde doch nur die lächerlichsten Instinkte der Eitelkeit befriedigen, sich Professor nennen zu lassen. Wenn er künftig noch gute Arbeiten zuwege bringe, werde er immer noch mal berufen. »Sonst verdien ich's auch nicht. Außerdem wär's kümmerlich genug von mir, immer auf die materialistische Seite der Welt zu schimpfen und dann im ersten Fall, wo es drauf ankommt, das zu tun, was jeder Spießer täte.«[60]

Heisenberg verspürt wenig Lust auf eine frühzeitige universitäre Lehrtätigkeit. Er hat höhere Ziele, steckt mitten in einem großen Denkabenteuer, das für einen Forscher alleine zu groß ist. Statt sich inmitten dieser »Sturm- und Drangperiode« in eine windstille Randzone zu begeben, möchte er weiterhin im Herzen des Wirbelsturms forschen. Am liebsten in Kopenhagen, wo er nun, da Hendrik Kramers als Professor nach Utrecht wechselt, Niels Bohrs erster Assistent werden könnte.

In Kopenhagen winkt kein Lehrstuhl, sondern nur der befristete Posten eines Lektors. Dennoch zieht es Heisenberg dorthin. Mit Bohrs Unterstützung sollte es am ehesten möglich sein, die neue Quantenmechanik physikalisch auszuleuchten und zu vertiefen.

Nein, nicht nach Leipzig! Die Familie murrt, Bohr ist hocherfreut, Einstein imponieren die Entscheidung und, mehr noch, die Leistung des 24-Jährigen. Seit Anfang April verständigt sich Einstein mit Lorentz über eine Teilnehmerliste für ein anstehendes wissenschaftliches Großereignis. An ihrem Briefwechsel lässt sich ablesen, dass Heisenberg und Pauli nun auch auf internationalem Parkett ganz weit oben rangieren – in dieser Reihenfolge.[61] Bei der exklusiven Solvay-Konferenz 1927 in Brüssel werden beide Vertreter der neuen Quantenmechanik sein.

DIE RÄTSELHAFTE PSI-FUNKTION

Bis zu dieser Konferenz ist es noch eine Weile hin. Unterdessen verschiebt sich Schrödingers Vortrag Woche um Woche. Diesmal möchte Planck unbedingt dabei sein, sucht mit Schrödinger nach einem passenden Termin und lädt ihn ein, für die Dauer seines Berlin-Aufenthalts bei ihm zu Hause im Grunewald zu wohnen. Dort könne er nach Gutdünken über seine Zeit verfügen. »Welch ein Kreuzfeuer aus kritischen, enthusiastischen und fragenden Zurufen mag jetzt auf Sie einstürmen«, schreibt er nach Zürich. »Es ist aber auch eine Sache von fabelhafter Perspektive!«[62]

Der derart Bestürmte sagt nicht ohne Herzklopfen zu. Schrödinger geht alles ein bisschen zu schnell, seine Wellenmechanik ist taufrisch. »Dass Sie und Einstein und Laue im Auditorium sind – ein Gedanke, bei dem mir ohnedies schwül wird.«[63]

Die drei Nobelpreisträger sind ihm ausgesprochen wohlgesinnt. Gerade die Physiker der alten Garde haben eine klare Präferenz für die Wellenmechanik.

Was es mit der Schrödinger'schen Wellenfunktion Ψ auf sich hat, weiß freilich keiner der Sympathisanten. Nicht einmal ihr geistiger Urheber ist sich darüber im Klaren. Die anfänglichen Deutungsschwierigkeiten sind darauf zurückzuführen, dass die Psi-Funktion ähnlich wie die Matrizentheorie ins Reich der komplexen Zahlen führt.[64]

Solche Zahlen haben seit jeher etwas Geheimnisvolles. Was soll man sich unter einer Zahl vorstellen, die mit sich selbst multipliziert eine negative Zahl ergibt? In der Renaissance erkannten Mathematiker in den komplexen Zahlen ein nützliches Hilfsmittel, um quadratische Gleichungen zu lösen.[65] Erst beim Quadrieren solcher Zahlen wird wieder eine reelle Zahl und damit etwas Anschauliches daraus.

Ähnlich in der Quantentheorie: Schrödinger entgeht nicht, dass ihn nur das Quadrat der Wellenfunktion auf etwas physikalisch Greifbares führen kann. Um einer Deutung der Wellenfunktion näher zu kommen, stellt er sich eine Lichtwelle vor, die auf das von ihm mit der neuen Theorie erfasste Atom trifft. Was dabei geschieht, hängt nicht nur von der Frequenz der Lichtwelle ab, sondern auch davon, in welchem energetischen Zustand sich das Atom befindet.

Für den einfachsten Fall des Wasserstoffatoms mit nur einem Elektron kann Schrödinger im Sommer 1926 eine Interpretation der Wellenfunktion vorlegen: Das Elektron verschmiert zu einer Art Ladungswelle um den Atomkern, beziffert demnach die Dichte der elektrischen Ladung in jedem Raumpunkt.[66]

Dies gilt aber nur für den einfachen Fall des Wasserstoffatoms. Sind mehrere Elektronen im Spiel, dann kann man sich die Vorgänge nicht mehr räumlich vorstellen. Denn dann verlässt die Wellengleichung den dreidimensionalen Raum und entschwebt in abstrakte Sphären.

Schrödinger hat seine neue Studie noch nicht bei den *Annalen der Physik* eingereicht, da hat Einstein diese Schwierigkeiten bereits erkannt: »Die Schrödingerschen Arbeiten sind wundervoll – und doch kommt man einem wirklichen Verständnis auch so kaum näher«, teilt er Paul Ehrenfest im Juni 1926 mit. »Das Feld im vieldimensionalen Konfigurationsraum riecht nicht nach etwas Wirklichem.«[67]

Der Liebe auf den ersten Blick folgt die Ernüchterung auf dem Fuß. Schrödingers Wellenfunktion breitet sich in einem abstrakten Gefüge aus, das Einstein und andere Theoretiker als »Konfigurationsraum« bezeichnen. Was den Verlust der Anschaulichkeit betrifft, steht sie der Matrizentheorie also kaum nach.

Schrödinger gesteht ein, die Einsicht sei im ersten Augenblick schockierend. Denn bisher habe er in so anschaulich konkreter Form von den Ψ-Schwingungen als von etwas ganz Realem gesprochen. Etwas Greifbares liege ihnen aber auch nach der neuen Auffassung zugrunde: nämlich die wirksamen Fluktuationen der elektrischen Raumdichte.[68]

Wie er die Sache im Physikalischen Kolloquium darstellt, geht aus den Quellen nicht hervor. Einstein ist nicht in Berlin, sondern wandert mit seinem zweitältesten Sohn Eduard in den Schweizer Bergen. Derweil ist Plancks Begeisterung über die Fortschritte in der Quantentheorie ungebrochen.

Planck hat Schrödinger nicht ohne Hintergedanken bei sich zu Hause einquartiert. Seine Emeritierung steht bevor, und er ist auf der Suche nach einem geeigneten Nachfolger. Vielleicht Schrödinger? Auf Planck macht der gebürtige Wiener einen rundum positiven Eindruck. Wie er ihm bei dieser Gelegenheit schon einmal als »wahrscheinlich« andeutet, findet sich auch Schrödingers Name auf der Berufungsliste.[69]

Ganz oben auf Plancks Wunschliste für den Lehrstuhl stehen Arnold Sommerfeld und Max Born. Unter ihrer Ägide sind München und Göttingen zu Zentren der Atom- und Quantentheorie aufgestiegen. Zusammen mit ihren Doktoranden haben Sommerfeld und Born erstklassige theoretische Arbeiten publiziert. Beide wird Planck jedoch nicht nach Berlin locken können.

WAHRSCHEINLICHKEITSWELLEN

Max Born ist mittlerweile von seiner langen Vortragsreise durch die Vereinigten Staaten zurückgekehrt. Sofort klopfen wieder junge Physikerinnen und Physiker bei ihm an, unter ihnen 1926 auch Robert Oppenheimer. Der 22-jährige Amerikaner, wohlhabend, selbstsicher, brillant, logiert bei einem Göttinger Arzt, in dessen Haus kurzzeitig auch der zurückhaltende, wortkarge Engländer Paul Dirac einzieht. Ganz auf die mathematische Physik konzentriert, wundert sich Dirac über seinen amerikanischen Mitbewohner, der zwischendurch Gedichte liest, Italienisch lernt und sich übers Wochenende auf einen Kulturtrip nach Paris verabschiedet.[70]

Oppenheimer sei sich seiner Überlegenheit auf eine Weise bewusst gewesen, »dass es peinlich war«, wird Born später erzählen.[71] Ständig unterbricht er das Quantenmechanik-Seminar, tritt ungefragt an die Tafel, um den anderen zu zeigen, dass man dasselbe Resultat viel besser auf folgende Weise lösen kann … Die erst 20-jährige Maria Göppert, später die erste deutsche Physik-Nobelpreisträgerin, versammelt die anderen Seminarteilnehmer schließlich hinter sich und droht mit einem Boykott, um den Amerikaner in die Schranken zu weisen.[72] Nach nur sechs Monaten ist der Spuk vorbei – länger braucht Oppenheimer nicht, um seinen Doktortitel bei Born zu erlangen.

Göppert, Oppenheimer, Dirac, John von Neumann – die Liste der unter 25-Jährigen, die auch nach der Verabschiedung Paulis und Heisenbergs in Borns Institut in Göttingen ein und aus gehen, liest sich im Rückblick wie ein Who is Who der Quantenphysik. Der Kopf des ganzen Unternehmens wird oft unterschätzt. Er selbst stellt sein Licht mitunter allzu sehr unter den Scheffel. So etwa in der Einleitung zu seinem bahnbrechenden Artikel zur Matrizentheorie, mit dem er die Quantenmechanik auf eine ganz neue Stufe gehoben, aber so getan hat, als handele es sich lediglich um eine mathematische Fußnote zu Heisenbergs »Umdeutung«.[73]

Während Borns langer Abwesenheit hat sich Heisenberg zum kompetenten Wortführer der Theorie aufgeschwungen. Man spricht nun immer häufiger von »Heisenbergs Matrizenmechanik«, wie Born feststellen muss, »während ich doch noch genau den Tag und die Stunde angeben kann, wo mir der Gedanke kam, dass es sich bei Heisenbergs mystischer Rechnung um den altbekannten Matrix-Kalkül handele«.[74]

In Amerika hat Born die Quantentheorie in eine neue Richtung fortgesponnen und die Folgen des Zusammenstoßes eines Elektrons mit einem Atom zu berechnen versucht. Mit der Matrixform der Quantenmechanik sei ihm das nicht gelungen.[75] Dann aber gibt der Mathematiker und Physiker eine weitere Probe seines Könnens, als er denselben Vorgang aus einer anderen Perspektive betrachtet: aus dem Blickwinkel der Schrödinger'schen Wellenmechanik.

Louis de Broglie hat jedem Materieteilchen eine Wellenlänge zugeordnet. Dem freien Elektron würde demnach eine ebene Welle entsprechen. Läuft eine solche Welle auf ein Atom zu, das sich in einem bestimmten Quantenzustand befindet, wird sie daran gestreut. »Kommen beide in Wechselwirkung, entsteht eine verwickelte Schwingung«, so Born.[76] Doch nach der Streuung, in weitem Abstand vom Atom, findet man wieder ein freies Elektron vor, das sich nun in eine andere Richtung bewegt.

Born geht es um diese Situation nach dem Stoß. Wie viele Elektronen nach solchen Stößen wo landen, lässt sich nämlich experimentell nachweisen, kurz gesagt: abzählen. Nach einer Fülle von Fallunterscheidungen und komplizierten Kalkulationen zieht Born weitreichende Schlüsse. Seine Ergebnisse widersprechen allem, was Schrödinger selbst mit seiner Methode im Schilde führt.

Schon bei einfachen Elektronenstößen kommt der Zufall auf eine ganz grundlegende Weise ins Spiel. »Vom Standpunkt unserer Quantenmechanik gibt es keine Größe, die im Einzelfalle den Effekt eines Stoßes kausal festlegt«, stellt Born im Juni 1926 klar. Wo sich das Elektron nach dem Stoß befindet, in welche Richtung die Welle gestreut wird, lässt sich nicht aufgrund irgendwelcher inneren Eigenschaften des Atoms vorhersehen. »Man bekommt keine Antwort auf die Frage: ›Wie ist der Zustand nach dem Zusammenstoß?‹, sondern nur auf die Frage: ›Wie wahrscheinlich ist ein vorgegebener Effekt des Zusammenstoßes?‹«[77]

Born kann diese Wahrscheinlichkeit aus der Schrödinger'schen Wellenfunktion Ψ errechnen. Und ausgerechnet Einstein wird zum Geburtshelfer dieser statistischen Interpretation der Quantenmechanik. Born orientiert sich nämlich an dem, was er zuvor bereits von Einstein über den Welle-Teilchen-Dualismus des Lichts und zum »Gespensterfeld« erfahren hat:

Einstein habe ihm gegenüber gesagt, dass die Wellen nur dazu da seien, um den Lichtquanten den Weg zu weisen. In diesem Sinne habe er von einem »Gespensterfeld« oder besser »Führungsfeld« gesprochen. »Dieses bestimmt die Wahrscheinlichkeit dafür, dass ein Lichtquant, der Träger von Energie und Impuls, einen bestimmten Weg einschlägt«, schreibt Born in der Einleitung seiner zweiten Veröffentlichung zu diesem Thema.[78] Bei der vollständigen Analogie zwischen Lichtquant und Elektron könne man daran denken, die Gesetze der Elektronenbewegung in ähnlicher Weise zu formulieren und die Schrödinger'schen Wellen als »Gespensterfeld« anzusehen.

Ausgehend von diesem Gedanken leitet Born die Stoßgesetze ab. Am Ende eines anspruchsvollen Kalküls steht ein einfaches Resultat: Born beziffert die Wahrscheinlichkeit dafür, ein Elektron nach dem Stoß an dieser oder jener Stelle zu finden, mit dem Quadrat der Wellenfunktion. Je höher die Welle an einem Punkt, umso wahrscheinlicher wird es an dieser Stelle zu finden sein.

Diese Interpretation der Schrödinger'schen Wellenfunktion wird im Laufe der kommenden Jahre ins Standardrepertoire der Quantentheorie aufgenommen und nie mehr daraus verschwinden. Borns Regel lässt sich nämlich verallgemeinern, bemisst nicht nur die Wahrscheinlichkeit dafür, ein Elektron hier oder dort zu finden, sondern auch die Wahrscheinlichkeit für einen gewissen Energiezustand eines Teilchens, die Wahrscheinlichkeit für einen Quantensprung und vieles mehr.

Born spricht bildhaft von einer »Wahrscheinlichkeitswelle«, ein Begriff, den die Fachwelt auch 100 Jahre später noch verwenden wird.[79] Mit ihr wird der Zufall fest im Gefüge der Quantentheorie verankert. Born plädiert dafür, den Determinismus in der atomaren Welt aufzugeben. Die Vorstellung, dass jeder Zustand eines Systems durch eine kausale Kette eindeutig mit den vorherigen und künftigen Zuständen verknüpft ist, kann seiner Ansicht nach nicht aufrechterhalten werden.

»Hier erhebt sich die ganze Problematik des Determinismus«, schreibt er zu seinen Stoßgesetzen.[80] Etwas paradox könne man die Situation auf folgende Weise zusammenfassen: »Die Bewegung der Partikeln folgt Wahrscheinlichkeitsgesetzen, die Wahrscheinlichkeit selbst aber breitet sich im Einklang mit dem Kausalgesetz aus.«[81]

»NICHT DER WAHRE JAKOB«

Mit seiner kühnen Ansage setzt sich Born zwischen die Stühle. Heisenberg ist erst einmal enttäuscht darüber, dass Born Schrödingers Methode aufgegriffen und gewissermaßen das Lager gewechselt hat.[82] Schrödinger seinerseits hält daran fest, dass die Wellenfunktion etwas Reales beschreibt, etwas physikalisch Greifbares. Der philosophische Aspekt von Borns Arbeit sei ein ganz grauenhafter, schreibt Schrödinger einem Physikerkollegen. »Hinten und vorne ist alles unklar.«[83]

Und Einstein? Im Herbst 1926 tritt Born ohne Argwohn mit seiner Wahrscheinlichkeitsinterpretation an ihn heran. Er selbst sei gerade sehr zufrieden, »da sich mein Gedanke, das Schrödingersche Wellenfeld als ›Gespenster-Feld‹ in Deinem Sinne aufzufassen, immer besser bewährt.« Natürlich laufe das Wahrscheinlichkeitsfeld nicht im gewöhnlichen Raum, sondern im Konfigurationsraum. Pauli und Jordan hätten in dieser Richtung schöne Fortschritte erzielt.[84]

Einstein antwortet postwendend: Die Quantenmechanik sei sehr achtungsgebietend. »Aber eine innere Stimme sagt mir, dass das noch nicht der wahre Jakob ist.« Die Theorie liefere viel, doch dem Geheimnis des Alten bringe sie einen kaum näher. »Jedenfalls bin ich überzeugt, dass *der* nicht würfelt.«[85]

Für Born ist dieser Brief ein »harter Schlag«. Es schmerzt ihn, dass Einstein der Quantenmechanik die erhoffte Anerkennung verweigert, und zwar nicht unter Angabe konkreter Gründe, sondern unter Berufung auf eine »innere Stimme«. Plötzlich sieht er seinen Freund und Kollegen durch »tiefe philosophische Meinungsverschiedenheiten« getrennt von sich und der jüngeren Forschergeneration, wie er rückblickend schildern wird.[86]

Der Graben ist in den zurückliegenden Monaten tiefer und tiefer geworden, was Einstein selbst mit einer gewissen Gelassenheit hinnimmt. Schade, dass die Dinge so verwickelt seien »und in ihrer mathematischen Durchführung so nur formal«, heißt es in einem seiner Briefe an Heinrich Zangger in Zürich. »Kühnheit und Allgemeinheit der Methodik, aber doch kein Erlösungsgefühl.«[87]

Einstein gibt nicht vor, einen Ausweg zu wissen. Im Gegenteil: Er selbst habe zuletzt nichts merklich Gutes mehr fertiggebracht. »Die Musen pflegen ihre Gunst nur den Jungen zu schenken, und es ist gut so.«[88]

DIE UNBESTIMMTHEIT DER WELT

Ort: Blegdamsvej 17 in Kopenhagen, Zeit: unscharf. Man kann die Quantenwelt mit dem Heisenberg-Auge sehen, man kann sie auch mit dem Bohr-Auge betrachten. Wenn man beides gleichzeitig versucht, dann wird man irre

Über Grundsatzfragen der Physik spricht Werner Heisenberg am liebsten mit Niels Bohr. Seit er ihm in Göttingen zum ersten Mal begegnete, ist der dänische Forscher sein großes Vorbild. Bohr sei »in allem so, wie ich später auch werden möchte«, hatte Heisenberg den Eltern schon im Sommer 1922 mitgeteilt.[1] Vier Jahre später, er war gerade von Göttingen nach Kopenhagen gezogen, erhielten sie einen ähnlichen Brief von ihm: »Von Bohr selbst bin ich immer wieder ganz begeistert, nicht nur von seiner Art, Physik zu treiben, sondern überhaupt.«[2]

Da wohnte er bereits im Dachgeschoss des Universitetets Institut for teoretisk Fysik, von wo aus er einen schönen Ausblick über den Faelledpark genoss. In seinem Wohnzimmer stand ein Klavier, das Bohr ihm zur Verfügung stellte. Auch sonst tat der Direktor alles dafür, seinem neuen Lektor und Assistenten, der die ihm angebotene Professur in Leipzig abgelehnt hatte, das Leben so angenehm wie möglich zu machen. Bohr lud ihn zu sich nach Hause zum Mittagessen ein und nahm regelmäßig zusammen mit ihm Reitstunden.

Im Frühjahr 1926 waren Umbau und Erweiterung des Instituts beinahe abgeschlossen. Als Treffpunkt der internationalen Wissenschaft bot es nun mehr Raum zur Unterbringung von Gästen. Bohr und seine Familie waren in eine Villa gleich nebenan umgezogen.

Nachdem sich Heisenberg eingerichtet und seine ersten Vorlesungen in dänischer Sprache gehalten hatte, floh er Mitte Juni vor dem jährlichen

Als Lektor in Kopenhagen: Werner Heisenberg im Jahr 1927.

Heufieber in Richtung Norden. Bohr hatte eigentlich mit ihm zusammen durch Norwegen wandern wollen. Eine langwierige Grippeerkrankung hielt ihn davon ab, weshalb Heisenberg schließlich alleine aufbrach, im Gepäck, als Reiselektüre, die Wellenmechanik Erwin Schrödingers.

Mit ihrer Hilfe gelang es dem 24-Jährigen noch im Sommer 1926, die Spektrallinien des Heliumatoms zu ermitteln. Endlich bewährte sich die Quantentheorie auch bei Atomen mit mehr als einem Elektron »bis in die feineren Einzelheiten«.[3] Während man mit Bohrs Atommodell nie über die Berechnung des Wasserstoffspektrums hinausgelangt war, erschloss sich nun womöglich der ganze Mikrokosmos der Mehrelektronenatome. Man musste nur beherzt darauf hinarbeiten.

Nach einem Sommer mit Abstechern nach München und in die Alpen hat Heisenberg seit Beginn des neuen Semesters alle Hände voll zu tun. Das frisch herausgeputzte Physikinstitut hat seine neuen Stipendiaten empfangen, unter ihnen der gleichaltrige Brite Paul Dirac, der ganz eigene mathematische Methoden entwickelt hat, die Quantenwelt zu analysieren. Aus Göttingen ist der sechs Jahre ältere Friedrich Hund nach

Kopenhagen gekommen, mit dem Heisenberg die Quantenphysik der Moleküle zu erforschen beginnt. Daneben hat er sich um Studenten und Doktoranden zu kümmern. Vor allem aber ist er Bohrs erster Ansprechpartner in allen wissenschaftlichen Angelegenheiten.

Niels Bohr braucht ein ständiges Gegenüber als Resonanzboden für seine Ideen. Er ist kein mathematischer Kopf wie sein Bruder Harald oder wie Max Born. Seine Gedanken entfalten sich am besten im Dialog mit anderen. Heisenberg hat ihn von Anfang an als Forscher erlebt, der unablässig aus unterschiedlichen Blickwinkeln danach fragt, was sich mit welchen Begriffen über die Natur sagen lässt. Bohrs ganze Lebensweise scheint darauf ausgerichtet zu sein.

Ihre gemeinsamen Gespräche drehen sich nicht zuletzt um die Ungereimtheiten einer doppelten Quantentheorie. Fast täglich habe er Gelegenheit dazu gehabt, Bohrs Meinung zu hören, wie man die beiden neu gewonnenen Rechenverfahren vernünftig physikalisch interpretieren sollte, wird Heisenberg rückblickend erzählen. »Dabei bemühte ich mich, möglichst an den anschaulichen Begriffen der klassischen Physik, also auch am Teilchenbegriff für die Elektronen festzuhalten und die Begriffe, mit denen man über die Elektronen spricht, nur so weit zu lockern, wie die mathematischen Zusammenhänge dies nötig machen, während Bohr umgekehrt dazu neigte, den Dualismus zwischen Wellen- und Teilchenbegriff an die Spitze zu stellen.«[4]

Seit Erwin Schrödinger seine Wellenmechanik veröffentlichte, ist die anfängliche Euphorie über die Matrizenmechanik verflogen. Die Fachwelt hat sich nahezu einhellig der neuen Mode verschrieben. Das Übermaß an unbekannter Mathematik, das mit den Matrizen einhergeht, wird von den meisten Kolleginnen und Kollegen schlicht als Belästigung empfunden. So viel Aufmerksamkeit kann niemand von ihnen einfordern.

Heisenberg hat die Wellenmechanik zähneknirschend als Rechenhilfe akzeptiert. Physikalisch hält er nichts davon. Schrödinger werfe mit seinen kontinuierlichen Größen die Quantensprünge, den Fotoeffekt und überhaupt alles Quantentheoretische über Bord, teilte er Wolfgang Pauli mit, nachdem er den Urheber der Wellenmechanik in München kennengelernt hatte. »Dann ist es nicht schwer eine Theorie zu machen.« Aber sie stimme eben nicht mit der Erfahrung überein.[5]

Niels Bohr nimmt eine Mittlerrolle ein. Es fasziniert ihn ungemein, dass der Welle-Teilchen-Dualismus des Lichts, einmal auf die Materie übertragen, auch auf der Ebene fundierter Theorien zum Ausdruck gekommen ist. Wellen- und Matrizenmechanik stehen seiner Ansicht nach gleichberechtigt nebeneinander. Nun schwebt ihm eine große Synthese unter dem Dach des Welle-Teilchen-Dualismus vor.

In seinen abendlichen Gesprächen mit Heisenberg greift Bohr möglichst einfache physikalische Konstellationen auf, um sie zu durchleuchten und die Widersprüche zur klassischen Physik möglichst klar herauszuarbeiten. Was etwa würde bei einem Doppelspaltversuch mit Elektronen passieren? Würde sich auch in diesem Fall ein Interferenzmuster auf dem Schirm zeigen?[6]

»Wir besprachen meistens irgendwelche Gedankenexperimente, an denen man die Tragfähigkeit der verwendeten Begriffe gut studieren konnte, und arbeiteten in dieser Weise Monate hindurch angespannt an unseren Problemen«, so Heisenberg in der Rückschau. Oft hätten ihre Diskussionen erst spätabends in der hübschen Dachzimmerwohnung im Physikalischen Institut begonnen und bis weit nach Mitternacht gedauert, »um gelegentlich in völliger Verzweiflung über die Unverständlichkeit der Quantentheorie in Bohrs Wohnung bei einem Glas Portwein zu enden«.[7]

PAULIS DUNKLER PUNKT

Bohr treibt die Dinge gedanklich auf die Spitze, Heisenbergs Aufmerksamkeit beginnt manchmal schon zu schwinden, als sich die Wissenschaft vom Allerkleinsten im Herbst 1926 auf einen Punkt zubewegt, an dem die Unbestimmtheit oder Unschärfe zu ihrem generellen Merkmal wird. Im normalen Sprachgebrauch bringen wir Unschärfe mit dem Sehen und der Optik in Verbindung, der Lehre vom Licht. Wer etwas als unscharf bezeichnet, hat eine verwackelte Fotografie vor Augen oder ein schlecht fokussiertes Bild auf dem Handy.

Betrachten wir eine Blende, durch die Licht einfällt. Wenn das Loch immer kleiner wird, durch das sich das Licht hindurchzwängen muss, pflanzt es sich hinter der Öffnung nicht mehr geradlinig fort. Sein Wellencharakter macht sich bemerkbar, und es wird in alle Richtungen gebeugt. Das Bild eines Lochs auf einem entfernten Schirm zeigt typische Beugungsringe. Es wird unscharf.

Die Quantentheorie erreicht dieses Regime der Unbestimmtheit und Unschärfe auf einer neuen, abstrakten Ebene. Und zwar in dem Moment, als sie anstelle der Ausbreitung eines Lichtstrahls die Ausbreitung eines Strahls von Elektronen genauer in den Blick nimmt, Elektronen, die statt auf ein Loch auf ein winziges Hindernis treffen: auf ein Atom.

Was dabei geschieht, hat der Göttinger Theoretiker Max Born auf Basis der Schrödinger'schen Wellenmechanik berechnet. Demnach gibt Schrödingers Theorie präzise Auskunft darüber, mit welcher Wahrscheinlichkeit ein Elektron in einem bestimmten Winkel am Atom gestreut, hierhin oder dorthin abgelenkt wird. Allerdings »nicht im Sinne kausaler Determiniertheit«, wie Max Born betont.[8] Man könne grundsätzlich nicht sagen, wo sich ein einzelnes Elektron nach dem Stoß zu einem bestimmten Zeitpunkt befinde. Born zufolge entzieht sich der Prozess selbst »jeder anschaulichen, raum-zeitlichen Darstellung«.[9]

Heisenberg hat die Vorzüge der Wellenmechanik zwar gerade selbst kennengelernt. Jetzt aber beklagt er sich bei Born darüber, dass dieser die Matrizenmechanik mit seiner jüngsten Arbeit im Stich gelassen habe.[10] Gleichzeitig konsultiert er Wolfgang Pauli in Hamburg, denn er möchte wissen, was dieser von Borns Methode hält.[11]

Pauli klemmt sich dahinter. Er geht von einfachen Modellsystemen aus, die bereits für den Durchbruch zur Quantenmechanik im Jahr zuvor maßgeblich gewesen sind. Im Unterschied zu Born beschreibt er das physikalische Geschehen aber nicht allein mit den Ortsvariablen q, sondern auch mit den Impulsvariablen p. Für sie konstruiert er analoge Wellenfunktionen.

Inmitten seiner Berechnungen zur Streuung der Elektronen am Atom stößt er auf die Frage, warum »nicht sowohl die p's als auch die q's beide mit beliebiger Genauigkeit vorgeschrieben werden dürfen«, sprich: warum die Genauigkeit des Impulses stets mit einer Ungenauigkeit des Ortes einhergeht und umgekehrt. Bei mehreren Anläufen gelangt er an diesen »dunklen Punkt«, wie er ihn später nennen und über den er Heisenberg in Kürze informieren wird.[12]

SCHRÖDINGER IN KOPENHAGEN

In der Zwischenzeit kommen hochkarätige Forscherinnen und Forscher zu Vorträgen nach Dänemark. Im Oktober 1926 reist aus Paris die Chemie- und Physik-Nobelpreisträgerin Marie Curie an, die Entdeckerin des Radiums, der zu Ehren Bohr ein großes Fest veranstaltet. Außerdem quartiert sich Erwin Schrödinger für ein paar Tage im Institut ein.

Der 39-jährige Schrödinger ist zum ersten Mal in Kopenhagen. Bohr möchte ihm die Gelegenheit geben, seine Theorie, für die er so viel Zustimmung bekommen hat, vor der versammelten dänischen Wissenschaft und im kleineren Kreis im Institut für Theoretische Physik vorzustellen. Vor allem interessiert es ihn, welche physikalische Bedeutung Schrödinger seiner Wellenfunktion mittlerweile beimisst.

In Göttingen hat Max Born schlüssig dargelegt, warum sich schon der einfache Prozess der Elektronenstreuung am Atom jeder anschaulichen Darstellung entzieht. Born deutet Schrödingers Wellenfunktion rein statistisch, was man in Kopenhagen allgemein begrüßt. Die Gedanken des Institutsdirektors gehen schon eine ganze Weile in eine solche Richtung.

Mit Heisenberg ist sich Bohr darüber einig, dass man Elektronen keine Bahn zuordnen kann, ja dass sie diesbezüglich Ähnlichkeit mit den Lichtquanten aufweisen.[13]

Schrödinger dagegen hat von Anfang an daran geglaubt, mit seiner Wellenfunktion Psi etwas physikalisch Fassbares beschreiben zu können, womöglich die Konzentration der Ladung im Raum oder etwas Vergleichbares. Unter anderem hat Schrödinger eine Brücke zwischen Wellen- und Teilchenbild gebaut und das wirkmächtige Bild eines »Wellenpakets« oder einer »Wellengruppe« geprägt:[14] Wenn man viele Wellen in geeigneter Weise addiert, dann bleibt im Ergebnis ein lokalisiertes Wellenpaket übrig.

Bohr ist fasziniert davon, dass man der Vorstellung von bewegten materiellen Teilchen auf diese Weise beliebig nahekommen kann.[15] Entspricht ein Elektron womöglich einem solchen Wellenpaket? Heisenberg äußert Bedenken, da ein Wellenpakt dieser Art mit der Zeit zerfließen würde.

Wie sein Besuch in Kopenhagen verlaufen ist, erzählt Schrödinger einem Kollegen nach seiner Rückkehr in die Schweiz. Seine Briefzeilen werfen ein besonderes Licht auf Bohrs Denkstil und seine Persönlichkeit. Während er Heisenberg nur am Rande erwähnt, hat das Auftreten des dänischen Physikers auch bei Schrödinger Wirkung gezeigt:

»Es wird wohl kaum so bald wieder einen Menschen geben, der so ungeheure äußere und innere Erfolge erringt, dem in seiner Arbeitssphäre auf der ganzen Welt fast wie einem Halbgott gehuldigt wird und der dabei – ich sage nicht bescheiden und frei von Überhebung – sondern geradezu scheu und schüchtern bleibt wie ein Theologiekandidat.« Im Vergleich mit dem oft sehr reichlichen Selbstbewusstsein, das man gerade bei den Sternen mittlerer Größe in der Wissenschaft so häufig antreffe, wirke Bohrs Einstellung tief sympathisch.[16]

Weniger sympathisch ist ihm Bohrs aktuelle Haltung zur Quantentheorie. Sie kommt Schrödinger »wirklich sehr merkwürdig« vor. Es erstaunt ihn, wie schnell der dänische Physiker in jedem Gespräch zu philosophischen Fragen übergeht und wie schwer man ihm folgen kann, weil er auch das Gegenteil des Gesagten immer wieder aufs Stärkste hervorhebt.[17] Abgesehen davon sei Bohr vollkommen überzeugt, dass in der Quantenphysik ein Verständnis im gewöhnlichen Sinne des Wortes unmöglich ist.

»Ganz sicher ist der Standpunkt der anschaulichen Bilder, den de Broglie und ich einnehmen, noch längst nicht weit genug durchgeführt, um von den wichtigsten Tatsachen Rechenschaft zu geben«, fährt Schrödinger fort. »Und es ist geradezu wahrscheinlich, dass da und dort ein Irrweg beschritten worden ist. Aber dass man, auch wenn man Niels Bohr ist, jetzt schon ganz sicher soll sagen können: es geht mit den anschaulichen Wellenbildern so wenig wie mit den anschaulichen Punktmodellen, es steckt etwas schlechthin nicht durch die bisherige Art unseres Denkens Begreifbares in den Beobachtungsergebnissen – das glaube ich doch nicht und glaube es umso weniger, als mir die Begreifbarkeit der äußeren Naturvorgänge ein Axiom ist.« Die Erfahrungen könnten sich nicht gegenseitig widersprechen. »Wenn es so scheint, dann sind eben irgendwelche gedankliche Verbindungsglieder, deren wir uns vielleicht gar nicht bewusst sind, unhaltbar.«[18]

Schrödinger hat mit Bohr nur den kleinsten gemeinsamen Nenner gefunden. Trotz ihrer theoretischen Streitpunkte sei ihr Verhältnis jedoch ein »völlig ungetrübt freundliches und herzliches« gewesen.[19] In diesem Sinne bedankt er sich von Zürich aus noch einmal bei Bohr für dessen Gastfreundschaft und bekräftigt erneut seine Skepsis bezüglich jener statistischen Deutung der Wellenfunktion, in der Bohr »einen gewissen vorläufigen Ruhepunkt« zu finden scheine.

»Ich vermag mich aber bei dieser vorläufigen Lösung durchaus nicht zu beruhigen. Sie scheint mir ebensowenig allgemein anwendbar wie die meine.« Jedenfalls werde er die Hoffnung nicht aufgeben, »durch logisch widerspruchsfreie Vorstellungen von der wirklichen Beschaffenheit des räumlich-zeitlichen Geschehens zum Ziele zu kommen«.[20]

Kaum ist Schrödinger abgereist, da wird die Kluft, die ihn von Bohr trennt, noch tiefer. Denn mittlerweile ist Wolfgang Pauli an dem von ihm so bezeichneten »dunklen Punkt« angelangt, über den er erstmals am 19. Oktober 1926 berichtet. In dieser Nacht schreibt Pauli einen langen Brief an Heisenberg. Es ist schon 2 Uhr40, als er ihn abschließt, »ein Zeitpunkt, wo ich in Ehren und mit gutem Gewissen schlafen gehen kann«.[21]

Pauli hat mal wieder eine kleine Nachtphysik komponiert. Auf zwölf Seiten hat er Heisenberg einige Gedanken zu einer erweiterten Matrizenmechanik dargelegt, die über isolierte Atome hinausgehen und auf bewegte Elektronen ausgedehnt werden soll: auf freie Elektronen und solche, die in die Wirkungssphäre anderer Partikel hineingeraten. Das Ganze sei ein noch »unverdauter Knödel«. »Wenn Sie mich nicht extra dazu ermuntert hätten, Ihnen darüber zu schreiben, hätte ich dies beim jetzigen embryonalen Stadium meiner Überlegungen kaum gewagt«, setzt er fort. »Jetzt können *Sie* einmal kritisieren und pöbeln!«[22]

Heisenberg reagiert mit einiger Verzögerung. »Dass ich so spät antworte, kommt daher, dass Ihr Brief dauernd hier die Runde machte.« In Kopenhagen hätten sich Niels Bohr, Paul Dirac und Friedrich Hund darum gerauft.[23] Für jeden von ihnen hält der Brief etwas bereit. Vor allem aber für Heisenberg selbst.

»Pauli schrieb mir, dass er über die Bornschen Stoßprobleme Neues gefunden habe«, teilt Heisenberg seinem ehemaligen Münchener Professor Arnold Sommerfeld aufgeregt mit. »Man kann beweisen, dass nach der Matrizenrechnung immer dasselbe herauskommt wie bei Born.« Außerdem seien Borns und Schrödingers Berechnungen nur ein Spezialfall allgemeinerer Gesetze.[24]

Paulis Brief springt zwischen wechselnden mathematischen Ansichten hin und her. Mal wird mit den Ortsvariablen q gerechnet, mal mit den Impulsvariablen p. Mehrfach steuern die Kalkulationen auf den berüchtigten »dunklen Punkt« zu. »Auch hier stößt man übrigens wieder darauf, dass man nicht nach p und q zugleich fragen darf.«[25]

Der Absender linst in die undurchdringliche Quantenwelt und kneift in Gedanken mal das eine, mal das andere Auge zu. »Es ist immer dieselbe Sache: Es gibt wegen der Beugung keine beliebig dünnen Strahlen in der Wellenoptik des Ψ-Feldes«, erläutert Pauli. »Man kann die Welt mit dem p-Auge und man kann sie mit dem q-Auge ansehen, aber wenn man beide Augen zugleich aufmachen will, dann wird man irre.«[26]

Diesen Ausspruch Paulis wird man später oft zitieren und ihn als Kommentar zur Heisenberg'schen Unbestimmtheitsrelation auffassen.[27] Dabei geht er ihr um Monate voraus. Paulis Brief ist der Auslöser für Heisenbergs Auseinandersetzung mit der Unbestimmtheit.

Der Empfänger greift die Überlegungen sofort auf. »Über Ihre Betrachtungen über die Stoßprozesse bin sich sehr begeistert, weil man den physikalischen Sinn des Bornschen Formalismus' nun wirklich viel besser versteht als vorher.«[28] Bevor er die wechselweise Unbestimmtheit von Ort und Impuls in den Blick nimmt, geht Heisenberg rasch auf eine andere Kuriosität in der Quantenwelt ein, die Pauli beschrieben hat. Denn etwas Ähnlichem ist in Kopenhagen der 30-jährige Physiker Friedrich Hund begegnet:

Klassische Teilchen können keine Energiebarriere überwinden, die höher als die eigene Energie ist. Einmal im Tal, kommen sie schwer wieder heraus. Ein Quantenteilchen kann mit einer gewissen Wahrscheinlichkeit unter dieser Barriere durchtunneln. Es kann gewissermaßen im nächsten Tal wieder auftauchen.

Vorgänge dieser Art sind im Mikrokosmos allgegenwärtig, wie man später herausfinden wird, etwa beim Zerfall von Atomkernen oder bei der Kernfusion im Innern der Sonne. Es handelt sich um den »Tunneleffekt«, der sich auch in umgekehrter Richtung zeigen kann. Pauli betrachtet diesen umgekehrten Fall: ein Elektron, das – allen herkömmlichen mechanischen Vorstellungen zum Trotz – auch »bei noch so großer kinetischer Energie E am Hindernis bisweilen zurückreflektiert wird«.[29]

Bei diesem überraschenden Quantenphänomen hält sich Heisenberg nur kurz auf, denn das Interessanteste sei natürlich der »dunkle Punkt«.

Die prinzipielle Äquivalenz von Ort und Impuls in Paulis Berechnungen sei ihm sehr sympathisch, antwortet er.[30] Denn sie entspricht dem seltsamen Überkreuzrechnen in der Matrizenmechanik.

Wie es aber physikalisch zu verstehen sein soll, dass man nicht nach p und q zugleich fragen darf, ist ihm noch weitgehend unklar. Grundsätzlich habe es wohl keinen Sinn, vom Ort eines Teilchens mit einer ganz bestimmten Geschwindigkeit zu reden. »Nimmt man es aber mit der Geschwindigkeit und der Lage nicht so genau, so hat das sehr wohl einen Sinn.« In der makroskopischen Welt könne man beiden physikalischen Größen, Ort und Impuls, daher »in großer Annäherung« ihre traditionelle Bedeutung belassen.[31]

Schon bei seinem ersten Kommentar zur Unbestimmtheit unterscheidet Heisenberg klar zwischen der Quantenwelt und unserer Alltagswelt. Ein paar Generationen später werden Witze über ihn und die Unschärferelation in Umlauf gehen, bei denen man auf die Trennung verzichtet. Eine unter Nerds verbreitete Variante lautet so:

Heisenberg gerät in eine Polizeikontrolle. »Herr Heisenberg, wissen Sie eigentlich, wie schnell Sie gerade gefahren sind?«, fragt ihn der Verkehrspolizist. »Nein, aber ich kann Ihnen ziemlich genau sagen, wo ich bin.«

DER KOPENHAGENER GEIST

In Kopenhagen machen von nun an die Worte »Ungenauigkeit« und »Unbestimmtheit« die Runde. Bis zu Heisenbergs berühmter Veröffentlichung ist es allerdings noch eine ganze Weile hin. In diesen Monaten entwickelt sich der Gedanke in den Köpfen Paulis und Heisenbergs, Bohrs und Diracs auf je unterschiedliche Weise weiter. Seine allmähliche Ausfaltung zu einer großen Erzählung vollzieht sich nicht von ungefähr in Kopenhagen.

Im Laufe der Zwanzigerjahre hat sich die Wissenschaft vom Allerkleinsten neu formiert. Kopenhagen und Göttingen sind zu den attraktivsten Zentren der Quantentheorie avanciert. Hüben wie drüben forscht man in dem Gefühl, das Verständnis des Mikrokosmos durch neue Gedanken grundlegend verändern zu können – zusammen mit vielen anderen.

Niels Bohr und Max Born haben die sonst üblichen Hierarchien abgeschafft. Sie holen junge Forscherinnen und Forscher aus allen Teilen der Welt auf die Bühne. In ihren Seminaren, beim gemeinsamen Kaffeetrinken oder bei Spaziergängen können und sollen 20-Jährige ihre Fragen und Ideen genauso einbringen wie gestandene Professoren, mit denen sie ihre Arbeiten nicht selten gemeinsam publizieren.

Während die Göttinger Quantenphysik alle mathematisch Interessierten magnetisch anzieht, besitzt das finanziell besser ausgestattete Institut in Kopenhagen eine besondere Leuchtkraft durch die Person seines Direktors. Bohr trägt leidenschaftlich dafür Sorge, dass der Gesprächsfaden an seinem Institut nie abreißt. Hier dürfen Perfektionisten wie Wolfgang Pauli ihre Kritik schon mal in schärferem Ton vorbringen. Bohr gelingt es trotzdem, die Diskussionsatmosphäre offen zu gestalten.

Neuankömmlinge aus anderen Ländern werden an beiden Orten schnell integriert. Man fühlt sich gemeinsamen Zielen verpflichtet, weshalb Arbeiten vor ihrer Veröffentlichung im größeren Kreis herumgereicht und meist schon im Vorfeld verschickt werden, um sie möglichst noch zu verbessern. Was zählt, ist das kollektive Wissen.[32] Der Physiker Carl Friedrich von Weizsäcker wird später einmal sagen: »Ich fand damals, keine der in Kopenhagen entstehenden Arbeiten sollte einen Verfassernamen tragen, sondern nur: ›Universitetets Institut for teoretisk Fysik, Kobenhavn‹.«[33]

In der experimentellen Physik ist diese Art der Zusammenarbeit in größeren Gruppen bereits seit Längerem en vogue. Erst in den Zwanzigerjahren erweist sie sich auch in der theoretischen Physik als Erfolgsrezept. Schon die Matrizenmechanik ist aus einem solchen Netzwerk des Wissens hervorgegangen. Dieselben Akteure, die in Göttingen und Kopenhagen an ihrer Entstehung beteiligt gewesen sind, treiben nun auch die Debatte um die Interpretation der Quantentheorie maßgeblich voran.

Die Ideen wandern von Göttingen nach Kopenhagen und in umgekehrter Richtung. Der Sonderling Wolfgang Pauli ist ein wichtiges Bindeglied. Mit seinem jüngsten Brief hat er wieder einmal ein Füllhorn von Ideen ausgeschüttet. In Kopenhagen führen die Diskussionen darüber tief in die Quantenwelt hinein. Und in ein Beziehungsdrama.

DIE JUGEND EILT DAVON

Pauli hat unter anderem neue Anhaltspunkte für den mathematischen Ausbau der Quantentheorie geliefert. Paul Dirac greift sie sofort auf. Tagtäglich sieht Niels Bohr den jungen britischen Physiker allein in der Bibliothek sitzen, oft in der unbequemsten Haltung und so in seine Gedanken versunken, dass man kaum wagt, durch den Raum zu schleichen.[34] Dirac erscheint morgens pünktlich um 9 Uhr 30 im Physikinstitut, meidet wenn möglich Gespräche beim Mittagessen und zieht sich abends beizeiten wieder in die Pension »Scheck« nahe dem Kopenhagener Rathaus zurück.[35]

In Seminaren und größeren Gesprächsrunden macht Dirac selten den Mund auf, sondern lässt die Formeln sprechen, die er an die Tafel wirft. Er raucht nicht, trinkt keinen Alkohol, unternimmt am Wochenende ausgedehnte, einsame Spaziergänge. Unter allen Physikern habe Dirac die reinste Seele, wird Bohr dereinst über ihn sagen.[36]

Dirac bietet sein ganzes mathematisches Können auf, um die Matrizentheorie so zu erweitern, dass sie auch auf kontinuierliche Bewegungen übertragen und mit Schrödingers Wellenmechanik in eins gegossen werden kann. Rat sucht er allenfalls bei dem gleichaltrigen Heisenberg. In Kopenhagen ist Heisenberg anscheinend der Einzige, der Diracs Tempo auf diesem steilen Pfad einigermaßen zu folgen und ihn vielleicht sogar zu unterstützen vermag.

»Dirac hat eine ganz originelle und eigenartige Methode des Denkens, die gerade deshalb noch die wertvollsten Ergebnisse liefern wird, die uns anderen verschlossen sind«, hat Schrödinger bei seinem Kopenhagen-

Besuch festgestellt. »Aber er hat wohl keine Vorstellung davon, wie schwer die Lektüre seiner Arbeiten einem gewöhnlichen Menschen fällt.«[37]

Heisenberg ist kein gewöhnlicher Physiker. Mit Dirac versteht er sich stumm. Auch er hat eine starke Affinität zur Mathematik, gepaart mit einer physikalischen Intuition, die sich im Dialog mit den herausragenden zeitgenössischen Quantenphysikern immer weiter ausgeformt hat.

Im Herbst 1926 reifen die Früchte ihrer Zusammenarbeit schnell. »Heisenberg und Dirac bewegen sich in Windeseile fort«, berichtet Niels Bohr Mitte November einem seiner ehemaligen Mitarbeiter. »Wie wenig sind die Worte, die wir alle benützen, geeignet, die empirischen Tatsachen zu beschreiben.«[38]

Was die beiden 24-Jährigen aushecken, erfährt Bohr von seinem Lektor, der so flink ist in allem, dass er an mehreren Projekten gleichzeitig arbeitet, hier mit Paul Dirac, dort mit seinem Landsmann Friedrich Hund. Seit seiner Ankunft in Kopenhagen strahlt Heisenberg eine Zuversicht aus, die Bohr zuletzt abhandengekommen ist. Von einer inneren Unruhe getrieben, verfasst Heisenberg Arbeiten über Schwankungserscheinungen und zu Mehrkörperproblemen. Vieles kann ihm gar nicht schnell genug gehen.

»Schließlich bin ich auch Ihrer Meinung, dass am Schluss der dunkle Punkt ein sehr lichter Punkt sein wird«, wendet er sich im November an Pauli. Wenn schon einmal Raum und Zeit irgendwie diskontinuierlich seien, so sei es doch sehr befriedigend, nicht von einer Geschwindigkeit in einem bestimmten Punkt zu sprechen. »Denn um eine Geschwindigkeit zu definieren, braucht man doch mindestens zwei Punkte, die in einer Diskontinuumswelt eben nicht unendlich benachbart liegen können.«[39]

KRISENSTIMMUNG

In Heisenbergs Kopf flimmern teils verwirrende Ideen. Was ihm fehlt, ist Ruhe. Nach einem halben Jahr in Kopenhagen klagt Heisenberg über seine hohe Arbeitsbelastung, das viel zu lange Semester und die Dunkelheit des nördlichen Winters.[40]

Schon im Oktober ist in Kopenhagen der erste Schnee gefallen. Abgesehen von gelegentlichen Sonntagsspaziergängen kommt er für seine Bedürfnisse viel zu wenig an die frische Luft. Zwar nimmt er nach wie vor jede Woche zusammen mit Bohr Reitstunden und kehrt jedes Mal mit dem Gefühl zurück, »ein ganz anderer Kerl zu sein«, wie er seinen Eltern erklärt.[41] Aber das Reiten ist gegenwärtig seine einzige Kraftquelle.

Heisenberg ist müde, »schauderhaft müd von dem dauernden Betrieb«.[42] Müde von der Vorlesung und der Betreuung von Studenten und Gastwissenschaftlern, müde von sich überlappenden Forschungsprojekten, müde angesichts der immer kürzeren Tage und der immer längeren Gespräche mit Bohr.

Die Allianz, die er mit seinem Meister eingegangen ist, verlangt beiden einiges ab. Seit Monaten führt ihn Bohr über den Jahrmarkt der Gedankenexperimente und steuert zielsicher auf die unerklärlichen Paradoxien der Quantenphysik zu. Hat er einmal zu philosophieren begonnen, dann findet Bohr so schnell kein Ende. Sie reden bis tief in die Nacht hinein – ohne greifbare Ergebnisse.

Während Bohr den jungen Provokateuren an seinem Physikinstitut den Raum gibt, in dem sie ihre Ideen entfalten können, hat der Nobelpreisträger selbst schon eine ganze Weile nichts mehr veröffentlicht. Zu sehr ist er in den Welle-Teilchen-Dualismus verstrickt. Zwischen der eigenen Unproduktivität und den Ansprüchen an sich selbst klafft ein breiter Graben.

Als Heisenberg im Dezember 1926 seinen 25. Geburtstag feiert, lädt Bohr ihn noch einmal zu einem gemeinsamen Ausflug ein. Kurz darauf verabschiedet sich sein Lektor in die Weihnachtsferien, legt einen Zwischenstopp bei Pauli in Hamburg ein und fährt dann weiter nach München und in die Berge. Von dort kehrt er im Januar halbwegs erholt nach Kopenhagen zurück.

Das Gefühl hält nicht lange an. Der »alte Stumpfsinn« gehe wieder von vorne los, schreibt er der Familie.[43] Bald kommt es zu ernsten Spannungen zwischen ihm und Bohr.

Heisenberg hält Quantensprünge und Diskontinuitäten für die wesentlichen Merkmale der Quantenphysik. Für Bohr sind Teilchen und Wellen gleichermaßen zentrale Begriffe, was zugleich Anlass für seine grundsätzliche Kritik an ebendiesen beiden Begriffen ist – als würde er nach der Quadratur des Kreises suchen. Heisenberg beharrt darauf, die Wellenmechanik sei »in den prinzipiellen physikalischen Fragen« ein Irrweg.[44] Bohr mahnt an, sich gegenüber der eigenen Theorie kritischer zu verhalten, und konfrontiert ihn mit Widersprüchen. Zwischenzeitlich hat Heisenberg den Eindruck, dass Bohr ihn aufs Glatteis führen will.[45]

Sie seien beide verzweifelt gewesen, hätten sich in vielem einfach nicht einig werden können und sich darüber geärgert, so Heisenberg rückblickend.[46] Nach einem Dreivierteljahr unablässiger Gespräche haben sie keine einzige gemeinsame Forschungsarbeit auf den Weg gebracht. Heisenberg sieht es als Zeichen einer allgemeinen Erschöpfung, dass Bohr Mitte Februar zur Erholung nach Norwegen reist.[47] Kurz zuvor hätten sie noch darüber gesprochen, gemeinsam Ski fahren zu gehen. Dann aber hat Bohr es sich anders überlegt.[48]

DIE UNBESTIMMTHEITSRELATION

»Man muss noch Chaos in sich haben, um einen tanzenden Stern gebären zu können«, schrieb Friedrich Nietzsche einst.[49] In Bohrs Abwesenheit bringt sein Lektor das zuwege, was als »Heisenberg'sche Unbestimmtheitsrelation« in die Geschichte der Naturwissenschaften eingehen wird. Im Nachhinein scheint es so, als hätte er nur auf Bohrs Abreise gewartet. Der dänische Forscher ist noch nicht am Urlaubsort angekommen, da treibt Heisenberg die Sache bereits energisch voran.

Natürlich im Austausch mit Wolfgang Pauli, der inzwischen Professor in Hamburg geworden ist. Ihm hatte er schon Anfang Februar mitgeteilt, er gehe nun der Vertauschungsrelation auf den Grund.[50] Im Februar und März 1927 wandern wieder ähnlich viele Briefe zwischen ihnen hin und her wie im Sommer 1925.

Bereits am 23. Februar erfährt Pauli Näheres, breitet Heisenberg fast den gesamten Inhalt der später berühmten Publikation vor ihm aus. Er beginnt mit einer scheinbar einfachen Frage: Was versteht man unter der Bezeichnung »Ort des Elektrons«?

Nach wie vor ist er der Ansicht, in die Physik dürften nur beobachtbare Größen eingehen. Daher ersetzt Heisenberg diese Frage sogleich durch eine andere: Wie bestimmt man den Ort des Elektrons? Seine Antwort: »Man nehme etwa ein Mikroskop mit hinreichend gutem Auflösungsvermögen und schaue das Elektron an.«[51]

Heisenberg ist sich darüber im Klaren, dass sich sichtbares Licht für eine solche Beobachtung nicht eignet. In Anbetracht der winzigen Dimensionen der subatomaren Welt ist selbst die kleine Wellenlänge des sichtbaren Lichts viel zu groß. Ein Lichtstrahl würde über ein Elektron hinweggehen wie eine Meereswoge über ein Sandkorn. Um Licht auf subatomaren Größenskalen zu fokussieren und ein Elektron zu lokalisieren, benötigt man sehr viel kürzere Wellenlängen: Röntgenstrahlen oder Gammastrahlen.

Für die präzise Ortsmessung schwebt ihm ein Gamma-Mikroskop vor. In Heisenbergs Gedankenexperiment treffen sehr energiereiche Lichtquanten auf das Elektron. Um den Ort ermitteln zu können, muss wenigstens eines dieser Lichtquanten am Elektron gestreut werden und über das Mikroskop zum Beobachter gelangen. Unterdessen erfährt das Elektron selbst einen Rückstoß. Dabei werde es in seinem mechanischen Verhalten vollständig gestört. »Der Impuls p ist im Augenblick, wo der Ort q ist, ganz unbestimmt.«[52] Heisenberg erschließt sogar rechnerisch, wie diese Unbestimmtheit des Impulses mit zunehmender Genauigkeit der Ortsmessung anwächst.

Nachdem er über mehrere solche Fragen und Gedankenexperimente in die Thematik eingestiegen ist, steuert Heisenberg auf den allgemeinen Zusammenhang zu, den Pauli als »dunklen Punkt« wahrgenommen hatte. Heisenberg kann diesen Punkt nun auch mathematisch einkreisen. In seinem Brief an Pauli skizziert er, wie er über die neue Transformationstheorie Paul Diracs zu seiner Unbestimmtheitsrelation gekommen ist.[53] Zwar hätte er sie auch direkt aus der Matrizenmechanik gewinnen können.[54] Diracs Methode, in der die Matrizen durch eine spezielle Algebra ersetzt werden, ist allerdings geschmeidiger.

Erinnern Sie sich an das eigenartige Überkreuzrechnen mit Matrizen? Wenn q den Ort und p den Impuls bezeichnet, dann ist p mal q nicht dasselbe wie q mal p. Die Differenz zwischen diesen beiden Produkten beziffert einen nicht zwingenden Rest in der Größenordnung des Planck'schen Wirkungsquantums h, genauer:

$$pq - qp = \frac{h}{2\pi i}$$

In dieser Überkreuzmathematik spiegeln sich die wechselseitigen Abhängigkeiten von Ort und Impuls. Diese grundlegende Gleichung der Quantentheorie, für die Max Born und seinem Mitarbeiter Pascual Jordan höchste Anerkennung gebührt, gilt unabhängig von jedweden Messapparaturen. Sie beschreibt in allgemeiner Form die intrinsischen Eigenschaften von Quantensystemen.

Heisenberg leitet von dort zu den Experimenten über. Er stellt die These auf, dass alle denkbaren Experimente die folgende Eigenschaft haben: Wenn sich der Ort q mit einer Genauigkeit festlegen lässt, die »durch den mittleren Fehler« Δq charakterisiert ist, dann kann der Impuls p stets nur mit einer Genauigkeit Δp angegeben werden.[55] Die beiden Ungenauigkeiten stehen nach Heisenberg in einem reziproken Verhältnis zueinander. Eine höhere Genauigkeit der einen Größe geht unweigerlich einher mit einer Verminderung der Genauigkeit der anderen:

$$\Delta q \Delta p = \frac{h}{2\pi}$$

In seinem berühmten Artikel spricht er von einer »Genauigkeitsbeschränkung«.[56] Das Produkt der beiden Genauigkeiten kann nie kleiner sein als ein bestimmter Wert. Daher wird das Gleichheitszeichen in der modernen Notation durch ein ≥ ersetzt.

$$\Delta q \, \Delta p \geq \frac{h}{2\pi}$$

Dies ist die berühmte Unbestimmtheitsrelation. Sie sieht hier und da etwas anders aus, je nachdem, was man unter »einem mittleren Fehler« versteht. Heisenberg verkürzt sie gerne zu $\Delta q \, \Delta p \sim h$, weil es ihm nur auf die Größenordnung ankommt. Wie er selbst betont, gibt es eine solche Relation nicht nur für Ort und Impuls, sondern auch für andere Pärchen physikalischer Größen, die nicht miteinander vertauschbar sind. Für jede physikalische Größe findet sich wenigstens ein solcher Partner.

In der Tiefe der Quantenwelt lauert eine fundamentale Unbestimmtheit. Sie begrenzt nicht nur unser experimentelles Wissen über physikalische Systeme, sondern sagt etwas über die Eigenschaften der Systeme selbst aus.[57] Die Unbestimmtheit kommt schon ins Spiel, sobald man auch nur ein Elektron im Atom zu beschreiben versucht. An ihr lässt sich zum Beispiel ablesen, dass das Elektron nicht auf einer klassischen Bahn mit wohldefinierten Orten um den Atomkern kreist. Man kann materiellen Körpern wie Elektronen nicht zugleich eine genaue Lage und einen genauen Wert ihrer Bewegungsgröße zuschreiben.

Aus alldem zieht Heisenberg weitreichende Schlüsse. Insbesondere sieht er das Kausalitätsgesetz infrage gestellt. Seine Erkenntniskritik trägt er mit viel Schwung vor:

»An der scharfen Formulierung des Kausalgesetzes: ›Wenn wir die Gegenwart kennen, können wir die Zukunft berechnen‹, ist nicht der Nachsatz, sondern die Voraussetzung falsch. Wir können die Gegenwart in allen Bestimmungsstücken prinzipiell nicht kennenlernen. Deshalb ist alles Wahrnehmen eine Auswahl aus einer Fülle von Möglichkeiten und eine Beschränkung des zukünftig Möglichen.«[58]

Misst man erst den Ort und dann den Impuls, kommt man zu einem

Ergebnis. Misst man erst den Impuls, dann den Ort, gelangt man zu einem anderen Resultat. Die Reihenfolge zählt. Die Quantentheorie berücksichtigt ebendies und hat daher eine so seltsame Überkreuzmathematik.

KOMPLEMENTÄRE ANSICHTEN

Niels Bohr kehrt Mitte März aus Norwegen zurück. Unmittelbar nach seiner Rückkehr konfrontiert ihn Heisenberg mit seinem fertigen Manuskript, das er ein paar Tage später bei der *Zeitschrift für Physik* zur Veröffentlichung einreichen wird. Ob der Institutsdirektor in dieser kurzen Spanne Zeit findet, die Arbeit in Ruhe zu lesen, muss offenbleiben. Einen kurzen Übersichtsartikel hat sein Assistent ohnehin bereits an eine andere Zeitschrift geschickt.[59]

Bohr ist es überhaupt nicht recht, dass Heisenberg auf diese Weise vorprescht. In seinem vierwöchigen Winter-Retreat hat auch er sich seine Gedanken zu diesem Problemkreis gemacht. Nun ist eine gemeinsame Publikation endgültig vereitelt.

Die Leistung seines eigensinnigen Lektors, der so vieles in origineller Weise zusammengedacht hat, erkennt er allerdings an. Auf Heisenbergs Wunsch hin schickt Bohr die Arbeit drei Wochen später an Albert Einstein. Heisenberg will auch mit ihm über seine gewagten Thesen sprechen, am liebsten persönlich – gleich nach den Osterferien auf dem Rückweg von München nach Kopenhagen.

In besagtem Brief an Einstein vom 13. April 1927 preist Bohr die Arbeit als »äußerst bedeutungsvollen Beitrag« zur Quantentheorie an. Sie berühre einige jener Punkte, über die Einstein mit ihm in der Vergangenheit diskutiert habe, zuletzt während der »unvergesslichen Tage« in Leiden. Heisenberg zeige in überaus geistreicher Weise, wie seine »Unsicherheitsrelation« verwertet werden könne nicht nur für den Ausbau der Quantentheorie, sondern auch für die Beurteilung von deren anschaulichem Inhalt.[60]

Bohr unterscheidet an dieser Stelle zwischen Theorie und Anschauung. An der Einbettung der »Unsicherheitsrelation« in die Quantentheorie hat Bohr nichts zu bemängeln. »Insofern als diese Relation eine direkte Konsequenz des quantenmechanischen Formalismus ist, bildet das Ganze ein sehr geschlossenes System.«[61]

Diese durch die Theorie vorgegebene Zone hat Heisenberg allerdings gleich zu Beginn seines Fachartikels verlassen. Er ist mit anschaulichen Beispielen wie dem Gamma-Mikroskop in die Thematik eingestiegen. Aus Bohrs Sicht hat er sich dabei allzu sehr an der Teilchenvorstellung orientiert und es sich nicht nehmen lassen, der Wellenmechanik Schrödingers in einer Fußnote wieder einmal einen Seitenhieb zu verpassen.[62]

In dem Brief an Einstein hält sich Bohr mit Kritik zurück. Schließlich hat Heisenberg ihn um diesen Gefallen gebeten. Bohr lässt jedoch durchblicken, dass es »bei einem so pädagogisch gefärbten Begriff wie der Anschaulichkeit« angebracht sei, Vorsicht walten zu lassen und Heisenbergs Beispiele auch aus einem anderen Blickwinkel zu betrachten.[63]

Mit dem Gamma-Mikroskop hat sich Heisenberg für ein ganz spezielles Experiment entschieden. Bei jedem Mikroskop stellt das Auflösungsvermögen den begrenzenden Faktor für die Erkennbarkeit oder Nicht-Erkennbarkeit eines Objekts dar. Den Ort des Elektrons möglichst genau zu messen bedeutet also, ein Mikroskop mit hoher Auflösung, also mit einem großen Öffnungswinkel zu wählen. Bohr rechnet Heisenberg vor, dass sich die Unbestimmtheitsrelation aus dieser Öffnung des Mikroskops ergibt.[64]

Heisenberg meint, das könne man so oder so sehen. Er hält an seiner Erklärung der Störung des Elektrons durch den Stoß fest und tut die Diskussion über diese Frage als »Geschmacksunterschiede über das Wort ›anschaulich‹« ab.[65] Bohr jedoch beharrt auf seinem Standpunkt, dass man um eine Welleninterpretation nicht umhinkommt.

Die Einwände zum Gamma-Mikroskop treffen Heisenberg an einem wunden Punkt, war er doch in seiner Doktorprüfung am Auflösungsvermögen des Mikroskops gescheitert. Der dänische Forscher entdeckt auch in anderen Beispielen Heisenbergs Schwächen und Fehler bei der Interpretation. Aus seiner Sicht hat es Heisenberg überdies versäumt, den Kern der Sache begrifflich klar herauszuarbeiten. Schließlich dringt der Institutschef darauf, dass sein Assistent die Arbeit zurückzieht und an mehreren Stellen korrigiert.

Heisenberg fühlt sich unfair behandelt. »Der Grund ist in letzter Linie der, dass die Arbeit auf einem Gebiet spielt, über das Bohr beabsichtigt hatte zu arbeiten, nachdem er von Norwegen zurückkam«, schreibt er den Eltern. »Dies wusste ich zwar, Bohr hatte aber vorher keine Resultate gefunden, ich hatte Bohr von meinen Plänen vor seiner Abreise erzählt, also hielt ich mich für berechtigt, auf dem gleichen Gebiet zu arbeiten.«[66]

Im selben Brief gesteht er Unvorsichtigkeiten und zu scharfe Bemerkungen seinerseits ein. Über seiner Arbeit walte ein unglücklicher Stern. Er berichtet den Eltern auch kurz über seine erfreuliche Diskussion mit Einstein in Berlin. Zwar habe Einstein gefühlsmäßig an einigen Punkten Bedenken geäußert. »Aber er gab mir zu, dass meine Theorie konsequent und widerspruchsfrei sei.«[67]

Das genügt ihm offensichtlich nicht. Heisenberg hakt nach und fragt noch einmal brieflich bei Einstein an: »Ob Sie es sehr unbescheiden fänden, wenn ich Sie um irgendwelche Korrekturen dieser Arbeit bitten möcht?«[68]

Unterdessen eskaliert der Streit mit Bohr. Gegenüber Pauli spricht Heisenberg von »groben persönlichen Missverständnissen«. Ein langjähriger Mitarbeiter Bohrs, der Schwede Oskar Klein, habe ihm vorgeworfen, seine und Bohrs Arbeiten gegenüber anderen systematisch heruntergezogen zu haben.[69] Auf dem Höhepunkt der Auseinandersetzung bricht Heisenberg in seiner Enttäuschung und Wut in Tränen aus.[70]

Schließlich lenkt er ein. Seinen wegweisenden Fachartikel zieht er zwar nicht zurück, ergänzt ihn jedoch um einen Nachtrag, in den er einige von Bohrs Anmerkungen aufnimmt. Es dauert indes eine Weile, ehe sich die Lage entspannt.

»Mit Bohr ist die Freundschaft wieder ganz hergestellt«, wird er der Familie schließlich mitteilen. »Gott sei Dank!« An den Konflikten habe er selbst große Schuld durch seine scharfe Kritik oder, besser, zu scharfe

Verteidigung gehabt. »Ich hatte niemals daran gedacht, dass ich dadurch Bohr verletzen könnte, und entdeckte es erst, als es zu spät war.«[71]

Bohr wird noch den ganzen Sommer lang über einer eigenen Interpretation der Quantentheorie brüten, nicht mehr zusammen mit Heisenberg, sondern unterstützt durch Oskar Klein und schließlich auch Wolfgang Pauli, der im Juni als Schlichter nach Kopenhagen kommt. Pauli stellt sich sowohl hinter Heisenbergs Arbeit als auch hinter Bohrs Programm, das die Vertauschungs- und die Unbestimmtheitsrelation noch enger verzahnt.

Heisenberg hat den Schwerpunkt auf den Messprozess gelegt. Bohr arbeitet heraus, in welchem Verhältnis die klassischen Begriffe zueinander stehen, die seines Erachtens zur Beschreibung der Quantenwelt unabdingbar sind, Begriffe wie Ort und Impuls, Energie und Zeit, Welle und Teilchen. Sie schließen einander aus und ergänzen sich doch zu einem Gesamtbild. Bohr bezeichnet sie als komplementäre Beschreibungen. Diese Komplementarität physikalischer Größen ist seiner Ansicht nach grundsätzlicher Natur.

Während Bohr angespannt an seinem Manuskript feilt und um jedes einzelne Wort ringt, wodurch die Sätze länger und nicht immer verständlicher werden, erreichen Heisenberg neuerliche Stellenangebote. Unter anderem aus Leipzig, wo abermals ein Posten frei geworden ist und wo er einige Physikerkollegen bereits kennt. Diesmal nimmt er an. Mit nicht einmal 26 Jahren wird Heisenberg Professor. Seine Lehr- und Wanderjahre sind endgültig vorüber.

BABYLON BRÜSSEL

Brüssel, Oktober 1927: Bis zum ersten großen internationalen Quantengipfel nach dem Krieg hat es lange gedauert. Nun ist die Sprachverwirrung groß: Wahrscheinlichkeitswellen, Unbestimmtheit, Komplementarität. Und Lichtquanten nennen sich plötzlich Photonen. Setzt sich Licht aus solchen Teilchen zusammen oder nicht?

Albert Einstein gilt als »Europäer der ersten Stunde«.[1] Im Schlachtenlärm des Großen Kriegs erhob er seine Stimme für Pazifismus und Völkerverständigung. In den Zwanzigerjahren mahnt er in Zeitungsartikeln an, in Europa ein Solidaritätsgefühl zu schaffen, das nicht an den Staatsgrenzen endet.[2]

Sein Bild stellt Einstein unter anderem in den Dienst der Völkerbundkommission für Internationale geistige Zusammenarbeit, aus der später einmal die UNESCO hervorgehen wird. Mit seinem Nonkonformismus handelt er sich auch hier viel Ärger ein. Von Beginn an kritisierte er den zu starken französischen Einfluss in der Völkerbundkommission, trat nach der Besetzung des Ruhrgebiets durch Franzosen und Belgier aus, dann wieder ein.

Immer wieder habe Einstein in unpopulären Angelegenheiten Zeugnis abgelegt für das, was er für richtig erachtete, so der amerikanische Historiker Fritz Stern.[3] Zum Beispiel, als die faschistische Regierung Italiens ihren Justizminister Alfredo Rocco in die Kommission entsandte, statt einem unabhängigen Intellektuellen den Platz einzuräumen. Zusammen mit der Nobelpreisträgerin Marie Curie protestierte Einstein heftig dagegen. Nach der Debatte sprach er von einem wilden Kampf, »an den der Mann denken wird, so lang er lebt«.[4]

Im Grunde fühlt sich Einstein in der Völkerbundkommission fehl am

Platz. Seine Verwurzelung in der deutschen intellektuellen Welt sei viel zu schwach, um eine wirksame Verbindung zu stiften. »Einzig und allein der Umstand, dass bei der Mentalität unserer ›Geistigen‹ kein anderer im Ausland bekannter Mensch sich bereitgefunden hätte, das Odium der Internationalität auf sich zu nehmen, veranlasste mich, in diese Lücke zu springen.«[5]

Sein Einsatz für eine deutsch-französische Annäherung und für die Wiederbelebung der internationalen Beziehungen aber hat Früchte getragen. Mitte 1925 konnte er seiner Schwester Maja, die in Italien lebte, von einem Wandel in der deutschen Außenpolitik berichten. »Allmählich gewöhnen sich die Kerle doch an den Gedanken, in den Völkerbund einzutreten.«[6]

Mit den »Kerlen« war der Kreis um den Außenminister Gustav Stresemann gemeint. Im Herbst 1925 gelang es Stresemann zusammen mit seinem französischen Amtskollegen Aristide Briand, die festgefahrenen Fronten aufzulösen. In dem kleinen Ort Locarno in der neutralen Schweiz einigten sie sich mit anderen Staaten auf eine neue Friedensordnung. Deutschland erkannte die Westgrenzen an und stimmte einer Entmilitarisierung des Rheinlands zu. Parallel dazu sollten die Zahlungsbedingungen für die Reparationen gemildert und mit ausländischen Krediten und Investitionen verknüpft werden. Damit war der Weg frei für die Aufnahme Deutschlands in den Völkerbund.

Nach mehr als einem Jahrzehnt der Feindseligkeit zeichnete sich überdies ein Ende des wechselseitigen Wissenschaftsboykotts ab. Zum ersten Mal nach dem Krieg sollten Deutsche und Österreicher wieder zusammen mit Physikerinnen und Physikern aus Frankreich, den Niederlanden und Italien, aus England und den Vereinigten Staaten zu einer großen internationalen Tagung eingeladen werden: zur Solvay-Konferenz in Brüssel.

Die Zusammenkunft im Oktober 1927 ist das herausragende wissenschaftliche Ereignis der Zeit. Daran ändert auch der Umstand nichts, dass sich die physikalische Fachwelt bereits einen Monat zuvor in Como trifft. Namhafte Forscher wie Einstein bleiben der Tagung im faschistischen Italien fern. Auch Erwin Schrödinger, inzwischen zum Nachfolger Max Plancks in Berlin auserkoren, hat keine Lust, sich faschistische Reden, womöglich von Mussolini selbst, anzuhören.[7]

Mussolini schaut herab auf ein Europa, das dem Vergnügen nachjage und ein friedliches Leben wolle. »In einem dekadenten Europa, durch Laster geschwächt, pervertiert durch exotische Gewohnheiten, in einem Delirium, das versucht, die Träume des sozialdemokratischen Humanitarismus zu verwirklichen, ist das einzig vitale Prinzip das faschistische Italien«, hämmert der Duce seinen Landsleuten 1927 ein. Dieses faschistische Italien – katholisch, diszipliniert, kriegerisch – werde Europa dominieren können, wenn es seine körperliche und moralische Gesundheit zu verteidigen wisse.[8]

Bislang täuscht Mussolinis gemäßigte Außenpolitik über die Gefahren hinweg, die vom Faschismus ausgehen. In Italien ist die Gleichschaltung aller gesellschaftlichen Kräfte längst im Gang. Sie wird vor der Wissenschaft nicht haltmachen. Als schließlich auch die Professoren dazu aufgefordert werden, ihren Treueeid auf die faschistische Partei abzulegen, prallt Einsteins Protest einmal mehr an Italiens Justizminister Rocco ab.[9]

Im Herbst 1927 ziehen allerdings weder Einstein noch Schrödinger auch nur im Entferntesten in Erwägung, dass in Deutschland bald ähnliche Verhältnisse herrschen könnten wie in Italien. Beide haben mit ihrer Absage der Tagung in Como ein kleines politisches Zeichen gesetzt, beide werden binnen wenigen Jahren miterleben, wie der Nationalsozialismus die Demokratie auch in Deutschland in unfassbarem Tempo aushebelt. Als erklärte Gegner des neuen Regimes werden beide das Land unmittelbar vor beziehungsweise nach Hitlers Machtergreifung im Jahr 1933 verlassen.

Noch aber ist die Nachkriegszeit nicht in eine Vorkriegszeit umgeschlagen. Vielmehr setzt sich auf internationaler Ebene ein vielversprechender Prozess der Wiederannäherung fort. Nachdem Einstein im Jahr 1924 aus Solidarität mit den nicht eingeladenen deutschen Forschern auf eine Teilnahme an der vierten Solvay-Konferenz verzichtet hatte, ist beim fünften Kongress auch Max Planck wieder mit von der Partie. Der »Schreibkrieg« der Gelehrten scheint passé.[10]

Planck kehrt mit gemischten Gefühlen nach Brüssel zurück. Vor nunmehr 16 Jahren stellten er und Einstein den Koryphäen des Fachs hier ihre Einblicke in die noch weitgehend unerforschten Quantenprozesse vor. Damals hatte der belgische Großindustrielle Ernest Solvay, der mit einem Verfahren zur Soda-Herstellung reich geworden war, das erste internationale Treffen dieser Art möglich gemacht. Seither steht die Fachwelt im Bann der Quantentheorie.

Diesmal findet sich weder Plancks noch Einsteins Name auf der Rednerliste. Ihrer Anreise ist ein langer Briefwechsel mit dem Leiter der Konferenz, dem Niederländer Hendrik Antoon Lorentz, vorausgegangen. Einstein hat die Konferenz mit vorbereitet, Planck dagegen hätte die Einladung beinahe ausgeschlagen. Nach langer Abwesenheit von internationalen Konferenzen fühlte er sich »in aller Aufrichtigkeit gesagt, schon auf sprachlichem Gebiete zu unsicher, um auf eine sachliche Betätigung hoffen zu können«. Dass er weder Französisch noch Englisch mit einiger Gewandtheit handhabe, sei ihm von jeher schmerzlich.[11]

Lorentz tat alles dafür, ihn umzustimmen. Planck war das Bindeglied zur Preußischen Akademie der Wissenschaften in Berlin, wo die Widerstände gegen eine Wiederaufnahme der wechselseitigen Beziehungen ähnlich groß zu sein schienen wie in der Pariser Akademie. Der 74-jährige Lorentz, inzwischen auch Vorsitzender der Internationalen Kommission für geistige Zusammenarbeit des Völkerbunds, streckte seine Fühler in beide Richtungen aus. Seinem behutsamen Vorgehen ist es zu verdanken, dass das Eis nun ein wenig zu schmelzen beginnt, auch wenn Planck an der für Donnerstagnachmittag vorgesehenen Exkursion nach Paris inklusive einer Feier an der Sorbonne nicht teilnehmen wird.[12]

Mit der langfristigen Planung der fünften Solvay-Konferenz hatte Lorentz eine heikle Aufgabe übernommen. Am 2. April 1926 empfing ihn der belgische König Albert I. zu einer Privataudienz. In Belgien waren die Wunden des Kriegs noch nicht verheilt. Bei dem Überfall deutscher Truppen im August 1914 waren Tausende Zivilisten ums Leben gekommen und 25 000 Gebäude zerstört worden, darunter die Universitätsbibliothek von Leuven mitsamt ihren bis ins Mittelalter reichenden Beständen.

Lorentz unterbreitete dem König den Vorschlag, neben Einstein, der in Belgien einen untadeligen Ruf genoss und dem Organisationskomitee angehören sollte, drei »moderate« deutsche Physiker nach Brüssel einzuladen.[13] Albert I. äußerte die Hoffnung, die Wissenschaft möge dazu beitragen, ein besseres Verständnis zwischen den Völkern herzustellen. Angesichts dessen, was die Deutschen in der Physik geleistet hätten, könne man wohl auch kaum ohne sie auskommen. Aus Angst vor Demonstrationen sollten jedoch die Namen der Teilnehmer im Vorfeld nicht bekannt gegeben werden.[14]

Kurz darauf besprach Lorentz mit Einstein die Teilnehmerliste und das Programm. Er rechnete fest mit einem Vortrag Einsteins zur Quantenstatistik. Nach einigem Zögern sagte Einstein zu, fühlte sich jedoch von Monat zu Monat unwohler bei dem Gedanken. Der Wissenschaftler, der in der Quantentheorie bis 1925 Maßstäbe gesetzt hatte, der seiner Zeit so oft voraus gewesen war, lief den Ereignissen nun hinterher.

»Die Drachensaat meiner Jugend (Quanten) ist so herrlich aufgegangen, dass mir angst und bang wird«, schrieb Einstein Ende 1926 nach Zürich. »Die Theorien jagen sich, und man versteht eigentlich immer gleich wenig davon.«[15]

Zu diesem Zeitpunkt hatte er sich sowohl in die Matrizen- als auch die Wellenmechanik eingearbeitet. Kurz darauf präsentierte Paul Dirac der Fachwelt eine mathematisch noch anspruchsvollere Theorie, während Pascual Jordan das Göttinger Gegenstück dazu entwarf. Schließlich schickte ihm Bohr aus Kopenhagen die jüngste Arbeit seines Assistenten Werner Heisenberg zur Ungenauigkeitsrelation.

Im Juni 1927 zog Einstein sein Referat für Brüssel zurück. Nach vielem Hin und Her sei er zu der Überzeugung gekommen, dass er keinen Vortrag auf dem Stand der Dinge halten und nichts von eigenem Wert beitragen könne, teilte er Lorentz mit und bat ihn von Herzen, deswegen nicht böse zu sein. »Der Grund liegt darin, dass ich die moderne Entwicklung der Quantentheorie nicht so intensiv habe mitmachen können, wie es hierzu nötig wäre. Das kommt teilweise daher, dass ich überhaupt rezeptiv zu wenig begabt bin, um der stürmischen Entwicklung völlig zu folgen, teilweise auch daher, weil ich innerlich die rein statistischen Denkweisen, auf denen die neuen Theorien beruhen, nicht billige. Ich suche immer noch nach einer Theorie, die völlig deterministisch ist, und habe dabei vorläufig den Anschluss an die Entwicklung verloren.«[16]

DIE GEBURT DES PHOTONS

Bei großer Kälte kommt Einstein am 23. Oktober 1927 mit dem Zug in Brüssel an und quartiert sich im Grand Hôtel Britannique ein. »Es ist wie in einem verwunschenen Schloss, und doch ist dies Brüssels vornehmstes Hotel, dem Schloss gegenüber«, schreibt er seiner Frau Elsa nach einem Nachmittagsspaziergang zum Dom und zu den prächtigen Zunfthäusern am Grand Place. »Die flämische Kunst ist so heiter.«[17]

Mit der Ruhe, die er an diesem Sonntagnachmittag genießt, ist es schnell vorbei. Denn alle Konferenzteilnehmer wohnen im selben Hotel: Max Planck, Niels Bohr und Werner Heisenberg, Wolfgang Pauli und Erwin Schrödinger, Max Born und Paul Ehrenfest, Marie Curie, Paul Langevin und Louis de Broglie, Paul Dirac und Arthur Holly Compton, um nur einige derer zu nennen, die in den kommenden sechs Tagen an den Fundamenten der Physik rütteln werden.

Nach dem gemeinsamen Frühstück am Montagmorgen ziehen die anderen geladenen Gäste vom Grand Hôtel hinüber zum Institut für Physio-

Die Teilnehmer der fünften Solvay-Konferenz in Brüssel im Oktober 1927. Stehend in der oberen Reihe: Werner Heisenberg und Wolfgang Pauli (3. und 4. von rechts), Erwin Schrödinger (6. von rechts), Paul Ehrenfest (3. von links). Sitzend in der mittleren Reihe: Niels Bohr und Max Born (1. und 2. von rechts), Louis de Broglie, Arthur Holly Compton und Paul Dirac (3., 4. und 5. von rechts). Sitzend in der ersten Reihe: Paul Langevin und Albert Einstein (4. und 5. von rechts), Hendrik Antoon Lorentz, Marie Curie und Max Planck (4., 3. und 2. von links).

logie am Leopoldpark. Der elitäre Zirkel, der sich dort um 10 Uhr versammelt, setzt sich zusammen aus 28 Physikern und einer Forscherin: Marie Curie, die als Einzige zwei Nobelpreise vorzuweisen hat.

Hendrik Antoon Lorentz, in vielen Sprachen bewandert, begrüßt die von überall her Angereisten und sagt ein paar Worte zum Programm, das mit dem Welle-Teilchen-Dualismus des Lichts beginnen soll. Dann macht er den beiden Hauptdarstellern der Eröffnungsrunde Platz: dem 37-jährigen Nobelpreisträger William L. Bragg aus Manchester und dem zwei Jahre jüngeren Arthur Holly Compton aus Chicago.

Beide stellen ihre Experimente mit Röntgenlicht vor. In Braggs Laborversuchen werden Röntgenstrahlen an unterschiedlichen Kristallen gebeugt und offenbaren dabei ihren Wellencharakter, wohingegen das Röntgenlicht in Comptons Experimenten portionsweise Energie und Impuls auf einzelne Elektronen überträgt und diese aus einer Materialprobe herauslöst. »Hie Wellen, hie Quanten! Beider Realität steht felsenfest. Aber der Teufel macht einen Vers darauf (der sich wirklich reimt)«, hat Einstein kürzlich an Paul Ehrenfest geschrieben.[18]

Während Comptons Vortrag schiebt ihm Ehrenfest einen Zettel zu, der die Zeiten überdauern wird: »Lache nicht!! Es gibt eine spezielle Abteilung im Fegefeuer für Professoren der Quantentheorie und dort werden ihnen 10 Stunden per Tag Vorlesungen über klassische Physik gehalten.«[19]

Sicherlich lacht Einstein nicht über Comptons ausgeklügelte Experimente. Neuerdings hat der Amerikaner die Zone, in der das energiereiche Röntgenlicht auf Elektronen trifft, in den Innenraum einer Nebelkammer verlegt. In der mit Wasserdampf gesättigten Luft der Nebelkammer hinterlassen die gestreuten Reaktionspartner kurzzeitig eine Spur. Compton hat aus etwa 1300 stereoskopischen Aufnahmen solcher Ereignisse ein paar Dutzend herausfiltern können, welche sich für eine präzise Analyse der Kollisionen von Licht und Elektronen eignen.[20] In Brüssel lauscht unter anderen der Erfinder der Nebelkammer, der 58-jährige Schotte Charles T. R. Wilson, seinen Ausführungen. Wenige Wochen später werden beide zusammen den Nobelpreis für das Jahr 1927 erhalten.

Compton weiß um die Gunst der Stunde. Aus Übersee ist er mit dem Ansinnen angereist, seinen Forschungsgegenstand mit einem neuen Begriff zu belegen. Statt von Lichtquanten zu sprechen, hält Compton ein Plädoyer für einen neuen wissenschaftlichen Terminus: »Photon«.

Das Wort »Photon« leitet sich aus dem Griechischen »Phos« für Licht ab. Compton hat die Bezeichnung von einem amerikanischen Forscherkollegen übernommen. Er macht sich dafür stark, weil sie kürzer, prägnanter und seines Erachtens weniger an bisherige Theorien gebunden ist.[21]

Die englischen Umschreibungen »light quanta« oder »radiation quanta« hält er für nicht mehr zeitgemäß. Sie stammen aus einer Phase der Quantenphysik, in der Einstein noch mit aller Vorsicht auf jene Besonderheiten des Lichts hinwies, die inzwischen durch viele experimentelle Befunde gestützt werden. Angesichts dieses Umbruchs schlägt Compton vor, das alte Vokabular beiseitezuschieben, um einen freieren Blick auf das physikalische Geschehen zu bekommen. Mit einem noch nicht abgenutzten Begriff könnte ein Schlussstrich gezogen werden unter einen jahrzehntelangen Streit über Einsteins Lichtquantenhypothese.

IM WELLENRAUSCH

Erwartungsgemäß zieht sein Vortrag die erste längere Diskussion nach sich. Zwar umfasst die Quantenmechanik nicht das Röntgenlicht, mit dem Compton und Bragg experimentieren. Licht entzieht sich einstweilen allen Versuchen eines neuen mathematischen Zugriffs. Niels Bohr, Erwin Schrödinger und Wolfgang Pauli wollen Comptons Laborversuche dennoch aus der Perspektive der neuen Wellenmechanik betrachten. Wenn man nämlich die Elektronen, auf die das Röntgenlicht trifft, als Welle auffasst, dann …

Bohr holt an dieser Stelle fast schon zu einem eigenen Vortrag aus. Selbst in der komprimierten Protokollfassung spürt man die Dringlichkeit hinter seinen Worten. Zuerst macht der dänische Physiker die Position Comptons noch stärker, indem er weitere Experimente hinzuzieht. Bohr spart auch die eigenen, zuvor fehlgeschlagenen Versuche einer alternativen Strahlungstheorie nicht aus. Danach aber steuert er zielsicher auf eine vermeintliche Schwachstelle in Comptons Analyse zu.

Dazu bringt Bohr die jüngsten Laborversuche von Clinton Davisson und Lester Germer aus New York ins Spiel.[22] Die beiden amerikanischen Forscher haben Elektronen einheitlicher Geschwindigkeit auf einen Kristall aus Nickel gelenkt. In einem solchen Kristall sind die Atome ähnlich regelmäßig angeordnet wie Bäume in einem Nutzwald. Bestrahlt man den Kristall mit Röntgenlicht, wie Bragg dies seit mehr als einem Jahrzehnt vorexerziert, dann werden die Lichtstrahlen an der regelmäßigen Struktur der Atome gebeugt. Sie überlagern sich in charakteristischer Weise zu einem Beugungsbild.

Anstelle von Röntgenlicht haben Davisson und Germer einen Elektronenstrahl auf den Kristall gerichtet. Noch haben sie die Resultate ihrer Versuche nicht veröffentlicht. Bohr weiß jedoch bereits, dass sie ähnliche Interferenzerscheinungen beobachtet haben wie Bragg. Es ist der längst erwartete, erste überzeugende Nachweis der Welleneigenschaften von Elektronen und ein ebenso klarer Bruch mit dem klassischen Teilchenbild.

Auf dieser Basis lassen sich Comptons Experimente anders interpretieren. Sie deuten Bohr zufolge nicht zwangsläufig auf billardähnliche Kollisionen von Lichtteilchen mit Elektronen hin. Man könne das einfallende Licht nämlich in klassischer Weise als Welle und das Elektron mithilfe der Wellenmechanik darstellen. Selbiges sei dann auch für das gestreute Licht und das abgelenkte Elektron möglich. Mit diesen vier Wellen erhalte man eine vollständige mathematische Beschreibung des Geschehens ganz im Rahmen des Wellenbilds, fährt der dänische Forscher fort, ehe er sich selbst unterbricht: Er werde später noch Gelegenheit haben, näher darauf einzugehen.[23]

Die Argumente gehen nun hin und her: Wolfgang Pauli macht sich für Bohrs Welleninterpretation stark, überfordert viele Konferenzteilnehmer jedoch mit seiner Übertragung der Schrödinger'schen Wellen in einen abstrakten Impulsraum. Danach holt Marie Curie aus, um zu erläutern, wie hilfreich Comptons Experimente für das Verständnis radioaktiver Strahlungsprozesse seien, etwa um die Reaktion menschlichen Gewebes auf energiereiches Röntgen- und Gammalicht besser zu verstehen. Schließlich wird Erwin Schrödinger an die Tafel beordert, woraufhin der österreichische Physiker, ohne allzu viele Worte zu gebrauchen, kurz skizziert, wie ein Lichtwellenpaar und ein Ψ-Wellenpaar für Elektronen mathematisch so zusammenspielen können wie von Bohr dargelegt.[24]Und nicht nur der Comptoneffekt lässt sich auf eine solche Weise nachzeichnen, nein, auch der Fotoeffekt.[25]

Was soll man unter diesen Umständen von der Teilchen-Interpretation des Röntgenlichts halten? Was von Einsteins Lichtquantenhypothese? Die Konfusion ist gleich am ersten Konferenztag groß.

Compton selbst wird von Bohrs Einwänden nicht überrumpelt. Längst weiß auch er von den Experimenten seiner Landsleute zu Elektronenwellen. Als Gast bei der Konferenz im italienischen Como hatte er zudem bereits die Gelegenheit, Bohr kennenzulernen.

In Como lud ihn Bohr zu einer Ruderpartie über den See ein, wie Comptons Ehefrau Betty später einmal erzählen wird.[26] Während das Ufer in die Ferne rückte, trieben die beiden Forscher den Geheimnissen der Quantenphysik zu, über dem stillen See Bohrs leise, suchende, eindringliche Stimme. Betty Compton, in einem anderen Boot, sah ihren Mann schließlich irgendwo in der Mitte des Sees ins Wasser springen, Bohr hinterher.

Philosophische Diskurse und spitzfindige Rechnungen, halb klassisch, halb wellenmechanisch, sind Comptons Sache nicht. Der Experimentator aus Chicago will auch nicht die Wellenvorstellung an sich infrage stellen. »Meine Schlussfolgerung ist vielmehr, dass durch die Wellen keine Energie übertragen wird.« Ob die Wellen letztlich dazu dienten, die Photonen zu führen, oder ob es eine andere Beziehung zwischen den Photonen und den Wellen gebe, sei eine andere, eine schwierige Frage.[27]

ELEKTRONEN UND PHOTONEN

Nachdem Compton in seinem Vortrag durchgängig von Photonen gesprochen hat, machen auch Lorentz, Bohr und andere von dem Begriff Gebrauch. Einige Monate später wird der Terminus dem Tagungsband seinen griffigen Titel geben: *Elektronen und Photonen*. Auf der Einladung zur Solvay-Konferenz war nichts dergleichen zu lesen.[28]

Diese Nobilitierung hat Folgen. Im Laufe der Zeit wird die Fachwelt immer seltener von Lichtquanten und immer häufiger von Photonen sprechen.[29] Ein Wort, das neue Bilder evoziert.

Bereits im Zusammenklang von »Elektronen und Photonen« deutet sich an, wohin die sprachliche Bewegung führen wird: Der Titel des Tagungsbands verweist auf ein Verwandtschaftsverhältnis. Als Partner rücken Photonen in die Nähe der Elektronen und, wenn man so will, auch der Protonen und der noch zu entdeckenden, aber schon vorgedachten Neutronen.

Kann es sich dabei um gleichberechtigte Partner handeln? Sind Photonen elementare Teilchen wie viele andere auch? Compton denkt in diese Richtung. Und da er maßgeblich zur Verbreitung jenes Begriffs beiträgt, der sich schließlich durchsetzen wird, drängt sich die Frage auf, inwiefern Photonen mit Elektronen verwandt sind. Gibt es tatsächlich so etwas wie kleinste Bausteine des Lichts?

Zunächst einmal entsprechen Elektronen selbst ganz und gar nicht dem Bild, dass sich die Fachwelt lange von ihnen gemacht hatte. Der erste verlässliche Nachweis von Elektronenwellen erschüttert das Partikelbild. Was zeichnet Elektronen jetzt noch als Teilchen aus?

»Elektron« ist der griechische Name für Bernstein, jenen Schmuckstein aus fossilem Harz, der sich besonders leicht elektrostatisch aufladen lässt, beispielsweise durch Reiben an einem Katzenfell. Es ist auch die Bezeichnung für das »Elementarquantum der Elektrizität«, nach dem die Einheiten der Ladung bemessen werden. Nach seiner Entdeckung im Jahr 1897 erweckte das Elektron den Eindruck eines klassischen Teilchens: einer diskreten, lokalisierten, massiven, soliden, geladenen Korpuskel, die sich durch ihre raumzeitliche Bahn von anderen Elektronen unterscheidet. So in aller Kürze das traditionelle Teilchenbild.

Nachdem die Quantentheorie die Physik durcheinandergewirbelt hat, liegt im Herbst 1927 ein anderes Elektron auf dem Präsentierteller der Wissenschaft: ein Quantenteilchen. Dieses Elektron hat nichts mehr mit Kugeln und der gewöhnlichen Materie gemein. Es scheint wie mit einem zarten Pinsel in den Raum getupft zu sein.

In Brüssel ringt man hinsichtlich dieses Quantenteilchens mit vier wesentlich neuen Aspekten: Elektronen haben Teilchen- und Wellencharakter. Aufgrund theoretischer Überlegungen zeichnet sich mittlerweile ab, dass ihnen keine Bahn im traditionellen Sinn zugeschrieben werden kann. Zudem sind sie ununterscheidbar. Schließlich besitzen sie neben Masse und Ladung eine weitere, zuvor ungekannte Qualität, nämlich den Spin, der sich jeder Anschauung entzieht.

Irgendwie scheinen all diese vier Aspekte miteinander verwoben zu sein. Aber wie? Und gibt es analoge Betrachtungen für Photonen als Quantenteilchen – also für das Licht?

PHOTONEN UND DIE PRACHT DES STERNENHIMMELS

Photonen sind vor allem eins: mysteriöser als Elektronen. Nicht von ungefähr kreisen Einsteins Gedanken seit mehr als 20 Jahren um Lichtquanten. Der Umstand, dass sich Licht mit einer unfassbaren Geschwindigkeit bewegt, verlieh Einsteins Fantasie schon in jungen Jahren Flügel. Sein jugendlicher »Ritt auf dem Lichtstrahl« hatte bereits einen Hauch von Science-Fiction.

Der Relativitätstheorie zufolge ist die Lichtgeschwindigkeit unüberbrückbar. Ein festes Maß, das Raum und Zeit miteinander verknüpft. Mit dem Licht bewegt man sich an jener Grenze, an welcher der Raum auf ein Nichts zusammenschrumpft und an der die Zeit stillsteht.

Unmittelbar vor der speziellen Relativitätstheorie veröffentlichte Einstein seine Lichtquantenhypothese. Beides zusammengenommen führte ihn zu dem Schluss, dass Lichtquanten zwar Energie mit sich tragen, dass sie jedoch masselos sind. Ohne Masse fehlt ihnen aber die primäre Qualität der traditionellen Teilchenphilosophie und Substanzmetaphysik. Sie fügen sich überhaupt nicht in ein klassisches Teilchenbild. Wenn schon, dann handelt es sich bei ihnen von vorneherein um anders geartete Teilchen in der Grauzone zwischen Relativitäts- und Quantentheorie.

Ein Teilchenbild, das Elektronen und Photonen umfasst, muss also verallgemeinert werden. Es muss relativistisch sein. Aber stellen wir die Konsequenzen, die sich daraus ergeben, dass die Relativitätstheorie die Umwandlung von Energie in Masse ermöglicht und umgekehrt, noch einen Moment zurück.

Einstein sprach bei seiner Beschreibung des Fotoeffekts ganz bewusst nicht von »Lichtteilchen«, sondern von »Energiequanten« oder »Lichtquanten«. Nimmt ein materieller Körper solche Lichtquanten auf oder gibt sie ab, dann ändern sich dessen Energie und Impuls. Auf diese Weise erklärte Einstein den Fotoeffekt: Ultraviolettes Licht gibt seine Energie in zählbaren Portionen an Elektronen ab.

Diese aus einem Metall herausgelösten Elektronen lassen sich durch Anlegen einer elektrischen Spannung als Elektronenstrom messen. Mithilfe der Technik wird man den Strom im 21. Jahrhundert so weit verstärken können, dass bereits das Auftreffen einzelner Lichtquanten oder Photonen genügt, um in ein wahrnehmbares Signal umgewandelt zu werden: »Klick!« Die Zählbarkeit der Photonen wird dann als »Klick! Klick! Klick!« eines Detektors wahrnehmbar sein. Aber inwiefern ist dies als Indiz für ihren Teilchencharakter zu werten? Ist es nicht vielleicht die Materie selbst, die einem kontinuierlichen Lichtfeld die Energie portionsweise entnimmt?

Um dies zu entscheiden, muss man den physikalischen Vorgang der Lichtaufnahme genauer unter die Lupe nehmen. Das haben die beiden amerikanischen Forscher Ernest O. Lawrence und sein Assistent Jesse W. Beams von der Universität Yale soeben getan. Bei ihren jahrelang vorbereiteten, äußerst trickreichen Experimenten haben sie festgestellt, dass zwischen der Ankunft eines Photons und dem Herauslösen eines Elektrons keine messbare Zeit verstreicht.[30] Der Prozess verläuft ohne jegliche Verzögerung. Im April 1927 haben sie bei einer Tagung in den USA bekannt gegeben, dass die Verzögerungszeit kürzer sein müsse als drei milliardstel Sekunden.[31]

Diese sagenhaft kurze Zeitspanne wird man später noch weiter eingrenzen können. Damit scheiden alle Möglichkeiten, den Fotoeffekt anders als durch die Quantennatur des Lichts zu erklären, weitestgehend aus, wie der Quantenphysiker Anton Zeilinger und seine Kollegen im 21. Jahrhundert klarstellen werden.[32] Zwar sind die bei der Solvay-Konferenz vorgebrachten halbklassischen Rechnungen Bohrs und Schrödingers aus dem Blickwinkel der Theorie durchaus von Interesse. Doch sie taugen nicht zu einer Widerlegung der Lichtquantenhypothese. Elektronen sammeln die Energie beim Fotoeffekt nicht erst nach und nach durch den Einfall einer kontinuierlichen Lichtwelle auf. Stattdessen werden sie plötzlich und in einem irreversiblen Prozess aus der Materie herausgelöst.

Der Sehvorgang läuft nach vergleichbaren physikalischen Prinzipien ab. Ein Molekül einer Stäbchenzelle im Auge nimmt stets entweder die komplette Energie eines Photons auf, oder es geht leer aus.[33] Insbesondere die adaptierten Augen nachtaktiver Tiere wie Katzen reagieren bereits auf einzelne oder ganz wenige Photonen.

Wäre die Lichtenergie nicht derart quantisiert, würde der Fotoeffekt nicht instantan einsetzen, dann könnten wir den nächtlichen Sternenhimmel nicht sehen.[34] Die Pracht der Sternbilder bliebe unseren Augen verborgen. Die jahrtausendealte Entwicklung der Astronomie und die ihr nachfolgenden modernen Naturwissenschaften verdanken sich gleichsam den Quanteneigenschaften des Lichts.

VORSICHT PHOTONEN!

Der nachträgliche Titel der Brüsseler Konferenz »Elektronen und Photonen« suggeriert stärker denn je, dass sich auch Licht aus Teilchen zusammensetzt: Photonen eben. Am Ende einer schöpferischen Dekade legt die Physik ihr allzu enges Teilchenkorsett ab und ersetzt es durch ein luftiges Quantenkleid, das selbst zählbaren Energieportionen übergestreift werden kann.

Schon die Masselosigkeit der Photonen verträgt sich allerdings mit keiner traditionellen Teilchenvorstellung. Welche Fallstricke das Teilchenbild bereithält, wird unter anderem deutlich, sobald wir danach fragen, wie Arthur Holly Compton dazu gekommen ist, einen neuen Namen für das Lichtquant in die Runde zu werfen.[35]

In seinem Vortrag bezieht sich Compton direkt auf Gilbert Newton Lewis, einen Physikochemiker der Universität in Berkeley. Lewis ist bekannt für seine Studien zu chemischen Bindungen. Von ihm hat Compton die Bezeichnung »Photon« erklärtermaßen übernommen.[36]

Lewis betrachtet die Ausstrahlung eines Photons durch ein Atom und die Aufnahme dieses Photons durch ein anderes Atom nicht als zwei voneinander getrennte Ereignisse, sondern als einen zusammenhängenden Prozess.[37] Mit Max Plancks Worten gesagt, ist Lewis darum bemüht, »den Verlauf eines Vorgangs außer von dem Anfangszustand auch vom Endzustand abhängig zu denken, und so eine gewisse direkte Wechselwirkung der beiden zeitlich auseinanderliegenden Zustände einzuführen«.[38] Solche Ideen liegen Mitte der Zwanzigerjahre in der Luft und sind mathematisch teils gut ausgearbeitet.[39]

Lewis aber vergleicht die Art und Weise, wie zwei Atome Photonen miteinander austauschen, mit chemischen Abläufen: Hier gibt ein Atom oder Molekül ein Elektron ab, dort nimmt ein anderes Atom oder Molekül ein Elektron auf. Diese Analogie verleitet ihn zu weitreichenden Schlüssen. Seiner Ansicht nach müssen auch Photonen bereits als winzige Partikelchen im Atom vorhanden sein, ehe sie selbiges verlassen. »In jedem abgeschlossenen System ist die Gesamtzahl der Photonen konstant«, so seine vor wenigen Monaten im Fachblatt *Nature* vorgebrachte These.[40]

Compton wird sie im weiteren Laufe der Konferenz in die Diskussion einbringen, Wolfgang Pauli sogleich Einwände dagegen erheben.[41] Denn während die Anzahl der Elektronen im Atom für jedes neutrale chemische Element der Kernladungszahl entspricht und als feste Größe vorausgesetzt werden kann, gilt nichts dergleichen für Photonen. Sie kommen und gehen, werden als masselose Energiequanten von der Materie absorbiert und abgestrahlt. Ihre Zahl bleibt bei physikalischen Prozessen nicht erhalten.

Die Vorstellung von Teilchen als diskreten, abzählbaren Einheiten verliert also insofern ihre ursprüngliche Bedeutung, als nicht mehr klar ist, wie viele Teilchen es zu einem bestimmten Zeitpunkt gibt. Photonen sind eben keine Teilchen im traditionellen Sinn. Wesentlich für ihr Verständnis ist die potenzielle Umwandlung von Energie in Masse und umgekehrt. Das unterscheidet sie von Elektronen, bei denen man im Allgemeinen über die Relativitätstheorie hinwegsehen kann, da sie sich auch im Atom im Mittel mit vergleichsweise geringen Geschwindigkeiten bewegen – jedenfalls klein gegenüber der Lichtgeschwindigkeit.

Erst bei sehr hohen Energien, etwa wenn Elektronen dem Atomkern ganz nahe kommen oder wenn man den Ort eines Elektrons mithilfe von Strahlung äußerst kleiner Wellenlänge präzise messen will, reicht die Quantenmechanik nicht hin. Paul Dirac hat schon damit begonnen, eine relativistische Quantenmechanik auszuarbeiten. Der 25-Jährige unternimmt erste Schritte hin zu einer erweiterten Theorie, die sowohl Elektronen als auch Photonen umfasst.

Traumwandlerisch bewegt sich Dirac durch die abstrakte Mathematik der Quanten. Aufgrund der ihr innewohnenden Symmetrien wird er in Kürze die Existenz eines positiv geladenen Elektrons voraussagen, eines Positrons.

Wo in aller Welt sollte Platz für ein solches Antiteilchen sein? Es existiert zunächst nur in Diracs Kopf. Amerikanische Physiker werden solche Positronen aber bereits 1932 bei Experimenten mit Gammastrahlen in einer Nebelkammer nachweisen können. Bei sehr hohen Energien kann sich Licht, wenn es auf Materie trifft, tatsächlich in kurzlebige Paare von Elektronen und Positronen verwandeln. Damit wird auch der Satz von der Erhaltung der Elektronenzahl bald seine strenge Gültigkeit verlieren.

FRÜHSTÜCK IM GRAND HÔTEL BRITANNIQUE

»Dirac ist der hoffnungsvollste junge Theoretiker Englands«, schwärmt Einstein, kaum dass er ihn in Brüssel kennengelernt hat. »Er ist genial.«[42]

Die Solvay-Konferenz ist ein Ort der Begegnung. Was zwischen den Sitzungen geschieht, ist nicht weniger wichtig als die Verhandlungen selbst. In Brüssel werden alte Beziehungen gepflegt und neue geknüpft. Albert Einstein macht die Bekanntschaft Paul Diracs, Max Planck sieht Hendrik Antoon Lorentz wieder, Werner Heisenberg lernt Louis de Broglie kennen, Niels Bohr ist ganz in seinem Element und sucht unter vielen anderen Paul Ehrenfest heim, zu den unmöglichsten Stunden.

Dasselbe Schauspiel, das Heisenberg in Kopenhagen mit Bohr erlebte, wiederholt sich in Brüssel: Vor dem Einschlafen muss der dänische Forscher unbedingt noch mit jemandem sprechen, um die tagsüber aufgelaufenen Fragen für sich zu klären. Er findet keine Ruhe, weil er mehr als alle anderen darunter leidet, dass in der Quantenphysik so unklar ist, was verstehen bedeutet.

»Jede Nacht um 1 Uhr kam Bohr zu mir noch aufs Zimmer, um bis Drei mir nur noch EIN EINZIGES WORT zu sagen«, wird Ehrenfest seinen beiden ehemaligen Assistenten Uhlenbeck und Goudsmit unmittelbar nach der Konferenz schreiben. Der dänische Physiker bringt ihn um den Schlaf, entschädigt ihn allerdings am Morgen darauf für die verkürzte Nachtruhe.

»Herrlich war es für mich, den Zwiegesprächen zwischen Bohr und Einstein beizuwohnen«, heißt es weiter in Ehrenfests Brief. »Schachspielartig. Einstein immer neue Beispiele. Gewissermaßen Perpetuum mobile zweiter Art, um die Ungenauigkeitsrelation zu durchbrechen. Bohr stets aus einer dunklen Wolke von philosophischen Rauchgewölkes die Werkzeuge heraussuchend, um Beispiel nach Beispiel zu zerbrechen. Einstein wie die Teuferln in der Box: Jeden Morgen wieder frisch herausspringend. Oh das war köstlich!«[43]

Vor zwei Jahren waren die beiden Theoretiker in Leiden Ehrenfests Gäste. Damals diskutierten Einstein und Bohr ausgiebig über die Physik des Lichts und den Welle-Teilchen-Dualismus. Im Grand Hôtel Britannique nehmen sie den Faden sofort wieder auf. Ihre Gespräche beginnen schon beim Frühstück und drehen sich wieder um den berühmten Doppelspaltversuch.

Das Doppelspaltexperiment ist traditionell so angelegt, dass es den Wellencharakter des Lichts zum Vorschein bringt. An einer ersten, schmalen Blende wird ein einfallender Lichtstrahl gebeugt und so aufgefächert, dass das Licht eine dahinterliegende Platte mit zwei Schlitzen ausleuchtet. Nachdem das Licht die beiden Öffnungen passiert hat, überlagert es sich und fällt auf eine fotografische Platte. Dort wird ein Streifenmuster sichtbar, das für Wellenvorgänge typisch ist.

Bohr und Einstein, mit dem Doppelspaltversuch seit Langem ver-

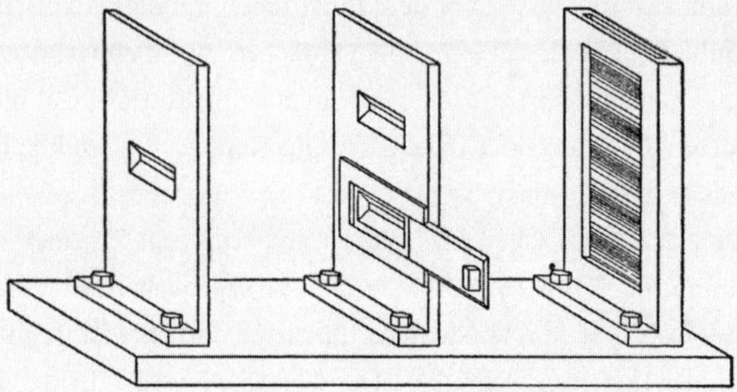

Fig. 4

Der Doppelspaltversuch nach einer Zeichnung von Niels Bohr.

traut, ändern das Experiment sofort dahin gehend ab, dass nur noch einzelne Lichtquanten die Apparatur durchqueren. Diese Lichtquanten hinterlassen auf der fotografischen Platte einen Schwärzungspunkt nach dem anderen, mal hier einen, mal dort einen. Doch auch wenn die Auftreffpunkte zunächst zufällig erscheinen, erwarten beide Forscher, dass sich, wie Bohr betont, wiederum »die gleiche Verteilung« auf der Platte abzeichnet.[44]

Wie kommt dieses Streifenmuster zustande? Warum bevorzugen einzelne Lichtquanten bestimmte Bereiche auf der Platte und meiden andere?

Die Verteilung auf der Platte wäre eine andere, wenn den Lichtquanten in der ersten Hälfte der Versuchsreihe nur ein Spalt offengestanden hätte und in der zweiten Halbzeit der andere. Dann gäbe es kein Interferenzbild. Das einzelne Lichtquant muss also in irgendeiner Weise »Kenntnis« davon haben, dass beide Schlitze geöffnet sind. Das ist das große Rätsel des Doppelspaltexperiments.

Für die sich nun zwischen ihnen entspannende Diskussion haben Einstein und Bohr in den zurückliegenden Jahren eine breite gemeinsame Basis geschaffen. In Brüssel weiten sie den Doppelspaltversuch vom Licht auf die Materie aus. Da der Wellencharakter der Elektronen für sie nun nicht mehr infrage steht, erwarten sie bei einem analogen Doppelspaltversuch mit einem Elektronenstrahl oder mit einzelnen Elektronen das gleiche Streifenmuster.[45]

Angesichts dieser Interferenzen ist man versucht, dem einzelnen Lichtquant oder Elektron eine räumliche Ausdehnung zuzuschreiben. Handelt es sich bei Photonen oder Elektronen um irgendetwas zwischen Welle und Teilchen? Vielleicht um kleine Wellenpakete oder Wellengruppen?

Dieses Bild geht auf Erwin Schrödinger zurück. Im Zusammenhang mit seiner Wellenmechanik hat er Elektronen als Wellenpakete beschrieben. Wenn man nämlich viele Wellen in passender Weise addiert, kann man im Ergebnis ein räumlich begrenztes Wellenfeld erhalten, ein lokalisiertes Wellenpaket, ähnlich einem Puls, den man auf einem modernen EKG-Gerät über den Bildschirm huschen sieht.

Einstein und Bohr sind mit dieser Vorstellung vertraut. Der dänische Forscher weist allerdings auf die Unbeständigkeit solcher Wellenpakete hin. Selbst wenn sie anfänglich gewissen Bedingungen genügen würden, wäre ihre Ausdehnung im Laufe der Zeit starken Veränderungen unterworfen.[46] Das Wellenpaket würde zerfließen.

Aus dem Streifenmuster selbst lässt sich nur schließen, dass sich ein Elektron oder Lichtquant nicht wie ein klassisches Teilchen verhält, sondern jenen Wahrscheinlichkeitsgesetzen genügt, die für Wellen charakteristisch sind. Jedes einzelne Lichtquant hinterlässt nicht mehr als einen Schwärzungspunkt auf der Platte, der besagt, dass es an dieser Stelle seine Energie abgegeben hat. Der Schwärzungspunkt ist das Pendant zu dem »Klick« eines Fotodetektors.

Was kann man darüber hinaus über das Lichtquant sagen? Was geschah zuvor? Einstein möchte herausfinden, wie das Lichtquant an eine bestimmte Stelle auf der Platte gelangt ist, durch welchen Spalt es gekommen ist. Bohr zufolge ist es unmöglich, sich ein Bild davon zu machen. Die Gesetze der Quantenphysik, insbesondere die Unbestimmtheitsrelation, schließen dies seines Erachtens aus.

Einstein hat Heisenbergs Manuskript im April gelesen und kurz darauf mit ihm persönlich in Berlin darüber gesprochen. Er weiß, dass die Unbestimmtheitsrelation auf direktem Weg aus der noch allgemeineren Vertauschungsrelation abgeleitet werden kann. Mit ihr steht und fällt die Matrizenmechanik.

Zum Frühstück im Grand Hôtel Britannique serviert er Bohr unterschiedliche Vorschläge, wie man beim Doppelspaltversuch feststellen kann, auf welchem Weg ein einzelnes Lichtquant zur fotografischen Platte gelangt ist. Übereinstimmend erzählen Ehrenfest und Bohr, dass er auf diese Weise die Unbestimmtheitsrelation »durchbrechen« möchte. Das macht den besonderen Reiz der Einstein-Bohr-Debatte aus, die Ehrenfest als »schachspielartig« beschreibt, während Einstein selbst das Schachspiel nicht mag. Seit den Revolutionstagen im November 1918 ist Einstein mit dem Mathematiker und Schachweltweltmeister Emanuel Lasker gut bekannt. Er müsse jedoch bekennen, dass ihn selbst in der Form des geistvollen Spieles Machtringen und kompetitiver Geist stets abgestoßen hätten.[47]

Wie will Einstein herausfinden, welchen Weg ein Lichtquant durch die Doppelspaltapparatur nimmt? Zum Beispiel mit einem entsprechenden Messgerät an der ersten Blende, an der Eingangspforte in die Versuchsapparatur. Schon dort könnte man feststellen, ob sich das Lichtquant in Richtung des einen oder in Richtung des anderen Spalts bewegt hat.[48]

Bei allen optischen Experimenten, ob beim Einzel- oder Doppelspaltversuch, muss diese Blende schmal genug sein, damit der Wellencharakter des Lichts überhaupt als Beugungs- oder Interferenzbild hervortritt.

Bewegt sich ein Lichtquant durch den engen Spalt, wird es an den Rändern gebeugt und ändert seine Richtung.

Der Ort des Lichtquants an der Blende ist bis auf eine halbe Breite des Spalts genau bekannt. Dies ist die Ortsunschärfe Δq. Den Impuls des Lichtquants teilt Bohr in zwei Komponenten auf. Denn der Spalt hat nur eine Begrenzung nach oben und unten. Infolgedessen erfährt das Lichtquant die kleine Impulsänderung Δp, die Impulsunschärfe, lediglich in dieser Richtung. Senkrecht dazu, in Richtung hin zur fotografischen Platte, bleibt es ungestört.

Bohr fängt an zu rechnen: Zunächst bildet er das Verhältnis aus der Impulsunschärfe Δp zum Gesamtimpuls p des Photons. Letzterer ist ihm aus der Quantentheorie bekannt. Denn aus der Proportionalität von Energie und Frequenz des Lichts ergibt sich eine entsprechende reziproke Beziehung für Impuls und Wellenlänge. Von da aus gelangt Bohr nach ein paar geometrischen Überlegungen zu jener Gleichung, die wir bereits als Heisenberg'sche Unbestimmtheitsrelation kennengelernt haben:[49]

$$\Delta q \, \Delta p \sim h$$

Sie lässt sich für den speziellen Fall der Beugung am Spalt leicht herleiten und interpretieren: Mit einem einzelnen Spalt kann man den Ort des Durchgangs des Lichts sehr genau messen. Dann wird aber der Impuls ganz unscharf. Will man andersherum den Impuls genau festlegen, muss man den Spalt auf Kosten der Kenntnis des Ortes verbreitern. In diesem Fall verschwindet das Beugungsbild nach und nach, wie aus Bohrs Analyse hervorgeht.

Nach diesen Vorüberlegungen geht die Analyse weiter. Einstein möchte den Impuls messen, den ein Lichtquant auf die Platte mit der Blende überträgt. Dazu ersetzt er die fest installierte Platte durch eine bewegliche Platte. Sie kann durch den winzigen Stoß des Lichtquants in eine geringfügige, im Prinzip messbare Schwingung versetzt werden.

Bohr wird später eine kleine Skizze eines entsprechenden Messgeräts entwerfen, augenzwinkernd und in Erinnerung an seine Brüsseler Ge-

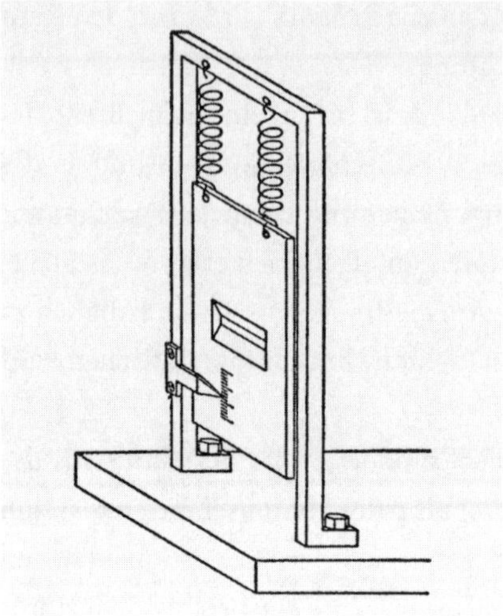

Einsteins Überlegungen zu einem beweglichen, an Federn aufgehängten Spalt nach einer Zeichnung von Bohr.

spräche mit Einstein. Auf der Zeichnung ist zu sehen, wie die bewegliche Platte »an schwachen Federn von einem festen Joch herabhängt«.[50] An den Jochträgern hat Bohr einen Zeiger befestigt und auf der Platte eine Skala, die es erlaubt, die Stärke der Schwingung abzulesen.

Eine genaue Messung des Impulses an der Blende hat jedoch ihren Preis. Wiederum aufgrund von geometrischen Betrachtungen kommt Bohr zu dem Schluss, dass sie »das Auftreten der in Frage stehenden Interferenzphänomene ausschließen würde«.[51] Das Streifenmuster verwischt, sobald man den Weg des Lichts beim Doppelspaltversuch mit der für Einsteins Absichten hinreichenden Präzision feststellen kann.

Setzt man die Gültigkeit der Quantenmechanik voraus, schaut man von vorneherein anders auf die bewegliche Platte. Für schwingfähige Systeme hatte Heisenberg schon im Sommer 1925 physikalische Gesetzmäßigkeiten hergeleitet, die sich von denen der klassischen Physik unterscheiden.[52] Ein Pendel oder eine Feder stehen niemals still. Selbst im Zustand geringstmöglicher Energie verbleibt eine winzige Bewegung, die mit einer Unschärfe des Ortes um eine Gleichgewichtslage herum einhergeht. Einsteins Platte bewegt sich demnach schon vor der Messung.

Auch ein Elektron im Atom kommt nicht zur Ruhe. Selbst bei der kleinsten erreichbaren Energie fällt das Elektron nicht in den Atomkern, sondern befindet sich in einem dauerhaften Schwingungszustand um den Kern herum. In seinem ursprünglichen Atommodell musste Bohr die Stabilität des Atoms als gegeben voraussetzen. Heisenbergs Unbestimmtheitsrelation bietet eine Erklärung dafür.

ZWEI WEGE DES DENKENS

Einstein, der Springteufel, gibt sich nicht geschlagen. Er hat weitere Gedankenexperimente in petto. Beim morgendlichen Kaffee mit Bohr und Ehrenfest bringt er als Nächstes eine Impulsmessung an der Platte mit den beiden Spalten ins Spiel, dann eine Zeitmessung. Offenbar findet der dänische Wissenschaftler die jeweils passenden Werkzeuge, um alle Möglichkeiten der Wegbestimmung der Lichtquanten auszuhebeln.

Bohr zufolge muss man sich als Experimentator entscheiden, ob man den Weg der Lichtquanten ermitteln will oder ob man ein Interferenzbild und damit ihre Welleneigenschaften zum Vorschein bringen möchte. Beides zusammen ist seines Erachtens grundsätzlich nicht möglich. Raumzeitliche Beschreibungen und Interferenzerscheinungen seien zueinander »komplementär«: Sie ergänzen sich zu einem Gesamtbild, schließen einander jedoch methodisch aus.

Besäße man Informationen darüber, welchen Weg ein Lichtquant genommen hat, und könnte zugleich ein Interferenzmuster sehen, würde man über ein Wissen verfügen, das die Quantenmechanik nicht zulässt. Einstein kümmert das nicht. Er hält die Theorie für unvollständig. Sie klammere einzelne Prozesse aus. Aus seiner Sicht ist die Frage, wo sich das Lichtquant zwischen Blende und Auftreffort aufhält, in jedem Fall berechtigt. Bohr meint, in der Wissenschaft gehe es um das, was wir über die Natur sagen können. Nach Einstein hat die Wissenschaft das Ziel, festzustellen, was ist. Das könne man beim Lichtquant am Doppelspalt eben nicht, meint Bohr. Der Mond sei auch da, wenn wir ihn nicht sehen, entgegnet Einstein.

Dieses Hin und Her soll kein Spiegel eines ihrer morgendlichen Gespräche sein, die wir nicht kennen, sondern lediglich ihre Positionen verdeutlichen. Denn warum ein Theoretiker wie Paul Ehrenfest die Einstein-Bohr-Debatte so »köstlich« findet, wird erst verständlich, wenn wir zumindest ein wenig über den Rand des Frühstückstellers hinausschauen und andere Quellen hinzuziehen. Ehrenfest selbst legt seinen ehemaligen Mitarbeitern ans Herz, den Artikel von Bohr zu lesen, der in Kürze in der Zeitschrift *Die Naturwissenschaften* erscheinen werde.[53] Da finde man seine Hauptgedanken.[54]

Ehrenfest fühlt sich Einstein nicht weniger verbunden als Bohr. In Brüssel aber schlägt er sich ganz auf die Seite des dänischen Forschers. Er sei, wie er schreibt, »fast rückhaltlos pro Bohr contra Einstein«. Einstein verhalte sich nun so gegen Bohr, »wie die Verteidiger der absoluten Gleichzeitigkeit sich gegen ihn verhielten«.[55]

Werner Heisenberg beobachtet die lebhafte Diskussion nur aus der Ferne. Nach eigenen Aussagen bekommt er auf dem Weg vom Hotel zum Tagungsort und in den Pausen manches davon mit.[56] Natürlich ist er neugierig. Die Kontroverse zwischen Bohr und Einstein ist die eigentliche Bewährungsprobe für seine Unbestimmtheitsrelation, die diesen Test mit Bravour besteht.

Die Debatte, wie sie der dänische Forscher aus großem zeitlichem Abstand schildert, wird noch zahllose Forscherinnen und Forscher auf den Plan rufen. Sie werden Laborversuche austüfteln, um Einsteins Ansinnen und Bohrs Erwiderung auf jede nur erdenkliche Weise zu prüfen. Anstelle von Licht werden sie Elektronen, danach Atome und schließlich sogar große Kohlenstoff-Moleküle durch den Doppelspalt schicken und die Grenzen der Quantenwelt auf diese Weise immer weiter hinausschieben können.

Wie weit? Vielleicht bis zu Viren? Darauf wird sich im 21. Jahrhundert niemand festlegen wollen. Allem Anschein nach ist die Quantenwelt von der Welt der klassischen Physik nicht durch irgendeine fundamentale Grenze getrennt.[57]

Im Zuge all dieser Laborversuche wird das Doppelspaltexperiment einen ähnlichen Kultstatus bekommen wie Einstein und Bohr selbst. Ob für Photonen oder Elektronen, Atome oder Moleküle, es wird immer wieder zum selben Ergebnis führen: Jede Information über den Weg eines vermeintlichen Teilchens schließt die Bildung eines Interferenzmusters aus.

Bei speziellen Laborversuchen wird sich die Heisenberg'sche Unbestimmtheitsrelation umgehen lassen. Demzufolge kann die Unbestimmtheit nicht der einzige Grund für die von Bohr so genannte »Komplementarität« sein.[58] In anderen Experimenten wird man die Entscheidung darüber, was überhaupt beobachtet werden soll, der Weg oder ein Interferenzbild, so weit hinauszögern, bis das Lichtquant den Doppelspalt bereits passiert hat. Am Resultat wird sich auch dadurch nichts ändern.

GEZÄHLTES LICHT

Am dritten Tag der Solvay-Konferenz stellen Max Born, Werner Heisenberg und Erwin Schrödinger die neue Quantentheorie vor. Der Wind bläst kräftig auf den Gipfeln der mathematischen Wissenschaften. Borns Themenpalette umfasst die Matrizenmechanik, die Transformationstheorie von Dirac und Jordan und die Wahrscheinlichkeitsinterpretation der Wellenmechanik. Schrödinger selbst legt seine Wellenmechanik in der Nachmittagssitzung anders aus. Zwischen den beiden älteren Kollegen erörtert Heisenberg die Unbestimmtheitsrelation und Anwendungen der Quantenmechanik.

Auf dem Höhepunkt seines Schaffens ist Heisenberg zuletzt in die statistische Physik vorgedrungen, über die Einstein in Brüssel hatte sprechen sollen. Lorentz hat sie nach Einsteins Absage mit großem Bedauern aus dem Programm genommen. In der statistischen Physik begegnen sich Elektronen und Photonen als zählbare Einheiten. Sie umschreibt ihr jeweiliges Verhalten als Teilchen in großen Ensembles.

Mitte der Zwanzigerjahre hatte der indische Physiker Satyendra Nath Bose das Lichtfeld als Ansammlung von Lichtquanten aufgefasst, als

Quantengas. Auf diese Weise hatte Bose die Planck'sche Strahlungsformel unter der versteckten Voraussetzung ableiten können, dass Lichtquanten ununterscheidbar sind, dass ein Lichtquant wie das andere ist. Einstein stellte diese Überlegungen in einen größeren Kontext, weshalb Heisenberg im Zusammenhang mit Lichtquanten von der Bose-Einstein-Statistik spricht.

Ihn selbst beschäftigen Fragen der Quantenstatistik, seit er sich zu Atomen mit mehreren Elektronen vorgetastet hat. Mithilfe der Schrödinger'schen Wellenfunktionen war es Heisenberg im Sommer 1926 erstmals gelungen, die Energiezustände des Heliumatoms, also eines Systems mit zwei Elektronen, in guter Näherung zu berechnen. Trotz hoher mathematischer Hürden wandte er sich danach komplexeren chemischen Elementen und Molekülen zu.

Heisenberg schlägt die Energiestufen solcher Mehrelektronensysteme so sicher an wie die Tasten eines Klaviers. Bei Vorhandensein mehrerer identischer Partikel komme es zu gewissen Resonanzen, erläutert er den Konferenzteilnehmern in Brüssel.[59] Diese Resonanzen hätten ihm eine differenzierte Betrachtung der aus der Schrödingertheorie abgeleiteten Funktionen ermöglicht: Symmetrische Funktionen bleiben völlig unverändert, wenn man zwei Teilchen gegeneinander austauscht, antisymmetrische Funktionen dagegen wechseln beim Austausch zweier Teilchen das Vorzeichen.

Der 25-jährige Paul Dirac hat diese von Heisenberg begonnenen Überlegungen mathematisch ausgeleuchtet und verallgemeinert. Selbiges ist dem gleichaltrigen Italiener Enrico Fermi gelungen. Fermi fehlt bei der Solvay-Konferenz. Zwar hatte Einstein im Juni vorgeschlagen, den Italiener an seiner statt vortragen zu lassen. Doch sein Vorschlag kam offensichtlich zu spät.

So nimmt Heisenberg die Gelegenheit wahr, dem Auditorium zwei verschiedene Arten von Quantenstatistik zu präsentieren: die Bose-Einstein-Statistik und die Fermi-Dirac-Statistik. Die eine bildet das Verhalten von Photonen ab, die andere das von Elektronen. Statistisch gesehen handelt es sich in beiden Fällen um ununterscheidbare Teilchen. Photonen aber sind gerne unter ihresgleichen, während Elektronen für sich bleiben.

Stellen wir uns beide bei einer Massenveranstaltung für Quantenteilchen vor, einem Quantenkonzert, dann drängen Photonen alle nach vorne zur Bühne, während Elektronen die zuvor in Reihen aufgestellten Stühle nacheinander besetzen. Wolfgang Pauli hatte das disziplinierte Verhalten der Elektronen bereits mit seinem berühmten Ausschließungsprinzip umschrieben: Keine zwei Elektronen können denselben Energiezustand einnehmen. Je mehr Elektronen in Atomen zusammenkommen, umso weiter verteilen sie sich auf die äußeren Bereiche, obschon nahe am Atomkern, vorne an der Bühne, scheinbar noch Platz wäre. Im Periodensystem der chemischen Elemente werden die Atome daher mit wachsender Elektronenzahl größer und größer.

Während Elektronen die Energiestufen einzeln und sukzessive auffüllen, sind Photonen gesellig. Man findet sie oft beisammen, sie teilen ihre Vorliebe für denselben Energiezustand. Der Laser ist ein modernes Beispiel für solche Quantenteilchen, die vorne vor der Bühne zusammenwogen.

DIE SPINNEN, DIE QUANTEN!

Im weiteren Verlauf des 20. Jahrhunderts, in dem sich das Spektrum der Elementarteilchen auf eine zuvor ungeahnte Weise erweitert, wird man alle Quantenteilchen grundsätzlich in zwei Kategorien einteilen: die nach dem Italiener Enrico Fermi benannten »Fermionen«, unter denen das Elektron der prominenteste Vertreter ist, und die nach dem indischen Physiker Satyendra Nath Bose benannten »Bosonen«, zu denen die Photonen zählen. Das Überraschende dabei: Die beiden Kategorien, Bosonen und Fermionen, unterscheiden sich gerade hinsichtlich ihres Spins. Er ist ganzzahlig für Bosonen, aber halbzahlig für Fermionen, wodurch die verwirrenden halben Quantenzahlen zustande kommen, mit denen sich Heisenberg von seinem ersten Studienjahr an herumplagte.

Auch Photonen haben demnach einen Spin. Wie aber soll man sich den Spin masseloser Lichtquanten vorstellen? Als Drehsinn? Die Anschauung gerät wieder einmal an ihre Grenzen.

Kehren wir der Teilchenstatistik an dieser Stelle den Rücken und zum Wellenbild des Lichts zurück, zu elektromagnetischen Schwingungen. In dem von einer Glühbirne ausgesandten Licht kommen alle möglichen Schwingungsrichtungen vor. Hält man jedoch einen Polarisationsfilter vor dieses Licht, so lässt dieser nur eine bestimmte Schwingungsrichtung passieren. Das Licht hinter einem solchen Filter ist polarisiertes Licht.

Honigbienen können die Polarisation des Lichts wahrnehmen. Auf diese Weise erkennen sie den Stand der Sonne auch bei bedecktem Himmel und orientieren sich daran. Der Mensch als Kulturwesen setzt sich dagegen im Kino eine 3-D-Brille mit speziellen Polarisationsfiltern auf.

Diese Filter ziehen die elektromagnetische Schwingung durch ein Verzögerungsplättchen spiralförmig auseinander. Auf diese Weise sondern sie aus dem Licht die rechts- oder linksherum zirkulierenden Anteile aus. Besucher eines 3-D-Kinos haben vor jedem Auge einen solchen Filter. Durch die vorgesetzte Brille ist das eine Auge empfänglich nur für rechtszirkular, das andere Auge nur für linkszirkular polarisiertes Licht.

Der Trick besteht nun darin, dass bereits bei der Produktion des Films eine Stereokamera sämtliche Szenen mit zwei Objektiven und zwei unterschiedlichen Polarisationsfiltern aufgenommen hat. Die beiden so erzeugten Filme erreichen uns als bebrillte Zuschauer gleichzeitig über die beschichtete Kinoleinwand: ein Film nur für das rechte und einer nur für das linke Auge. Damit wird das räumliche, stereoskopische Sehen auch im Kino erlebbar.

Wie aber, wenn das Kinolicht schwächer und schwächer wird? Bis nur noch ganz wenig Licht bleibt? Kann man auch einzelne Photonen wie durch eine 3-D-Brille sehen?

Im Prinzip schon, aber dazu müssen Physikerinnen und Physiker ganz genau hinschauen. Treffen einzelne Photonen in modernen Forschungslabors auf einen Polarisationsfilter, passieren sie diesen entweder oder nicht. Die Quantentheorie unterscheidet zwischen rechts- und linkszirkular polarisierten Photonen, ordnet ihnen also wie den Elektronen einen Eigendrehimpuls zu, einen Spin.

Am Spin der Photonen gibt es Ende der Zwanzigerjahre kaum noch Zweifel, sei es wegen der bekannten Polarisation des Lichts, sei es wegen der entsprechenden Aufspaltungen der Spektrallinien der Atome. Der Spin fügt sich nahtlos in die Reihe der jüngst entdeckten Parallelen zwischen Elektronen und Photonen ein, von denen beim Solvay-Kongress die Rede ist.

Als Quantenteilchen können Photonen also nicht nur Energie und Impuls, sondern auch einen Drehimpuls auf die Materie übertragen. Diesen mitgeteilten Drehimpuls werden Forscher in Kürze als Torsion eines winzigen Plättchens messen können. Beim ersten experimentellen Nachweis des Photonenspins am Palmer Physical Laboratorium in Princeton in den 1930er-Jahren, bei dem sich das quantisierte Licht wieder einmal als solches zu erkennen gibt, wird Albert Einstein als Berater fungieren.[60]

SELBST- UND SENDUNGSBEWUSST

In seinem Referat zeigt Werner Heisenberg die versteckte Verwandtschaft zwischen Photonen und Elektronen auf und verwebt die neuesten Ergebnisse der Quantenstatistik und der Quantenmechanik miteinander. Die Quantentheorie ist für ihn schon jetzt ein Gesamtkunstwerk. Als Wissenschaft vom Allerkleinsten rechnet sie seit Anbeginn in den winzigen Dimensionen des Wirkungsquantums. Ob Energie, Impuls oder Spin – alles bemisst sich nach dieser Einheit.

Heisenbergs eigene Erkenntnisse gehen einen entscheidenden Schritt weiter, weshalb er einen Bogen von Plancks Wirkungsquantum zur Unbestimmtheitsrelation schlägt: »Die wirkliche Bedeutung der Planck'schen Konstante h liegt darin, dass sie ein universelles Maß jener Unbestimmtheit ist, die durch den Dualismus von Wellen und Teilchen Eingang in die Naturgesetze findet.«[61]

Nachdem er die Entdeckung der Unbestimmtheit als Zäsur in der modernen Physik dargestellt hat, erklärt er dem Zuhörerkreis: »Wir halten die Quantenmechanik für eine abgeschlossene Theorie, deren grundsätzliche physikalische und mathematische Annahmen keine Veränderungen mehr zulassen.« Daran werde auch eine künftige Theorie der Strahlung nichts mehr ändern. Denn der Welle-Teilchen-Dualismus, der in der Quantenmechanik Teil einer in sich widerspruchsfreien Theorie geworden sei, gelte in ganz ähnlicher Weise für die Strahlung. Die Beziehung zwischen Lichtquanten und elektromagnetischen Wellen müsse genauso statistischer Natur sein wie die zwischen Elektronen und De-Broglie-Wellen.[62]

Heisenberg hat ein schier grenzenloses Vertrauen in die eigenen Fähigkeiten und in die mathematischen Formalismen der Quantenmechanik. Die ganze künftige Physik erscheint wie ein Abbild dieser Gleichungen. Was er selbst gerade erforscht, ist das eigentlich Relevante. Und darüber hinaus gibt es wohl auch kaum mehr wirklich Neues zu entdecken.

In Brüssel tritt er mit jenem Selbst- und Sendungsbewusstsein auf, das ihm vor allem die Jugendbewegung eingeimpft hat. Werner Heisenberg ist aus ganz anderem Holz geschnitzt als Wolfgang Pauli, der sich mitunter selbst im Weg steht, weil sein kritisches Denken die eigenen konstruktiven Fähigkeiten lähmt. Viele von Paulis großen Gedanken verlassen den geschützten Raum des Briefwechsels nicht. Während Pauli seine Ideen auf der Nachtseite der Wissenschaft hin und her wälzt, steigt Heisenberg schon im Morgengrauen bergan. Jetzt grüßt er sämtliche Koryphäen seines Fachs von oben.

Erst vor wenigen Monaten hat Niels Bohr versucht, ihn ein wenig zu zügeln. Mit scharfen Einwänden gegen eine aus seiner Sicht überhastete Publikation hat Bohr ihm zu verstehen gegeben, auf welch schwankendem Grund er sich mit seinen Unbestimmtheitsrelationen teilweise bewege. Er hat Heisenberg nicht von jener Veröffentlichung abbringen können, die letztlich auch ihm selbst aus seiner Ratlosigkeit herausgeholfen hat. Die Unbestimmtheitsrelationen sind Auslöser für Bohrs eigene Arbeit zur Komplementarität gewesen und inzwischen wesentlicher Bestandteil seiner Philosophie. Auch Bohr betrachtet die Quantenmechanik nun als abgeschlossene Theorie.

Umgekehrt hat sich Heisenberg Bohrs Überlegungen zu komplementären Größen zu eigen gemacht. Seit ihrem hitzigen Gefecht in Kopenhagen bemüht er sich darum, das vormals so gute Verhältnis zu ihm wiederherzustellen. Bremsen aber kann selbst Bohr ihn nicht.

Der Widerspruch, den Heisenberg mit dem programmatischen Abschluss seiner Rede geradezu herausfordert, bleibt aus. Nach dem erschlagenden Doppelvortrag von ihm und Max Born ziehen sich die Konferenzteilnehmer zurück. Es gibt keine nennenswerte Diskussion. Das Protokoll verzeichnet nur einen Kommentar Paul Diracs und Anmerkungen des Sitzungsleiters Hendrik Antoon Lorentz.[63]

Was Max Planck wohl davon hält, zum Wegbereiter der Unbestimmtheitsrelation erklärt zu werden? Auch wenn er sich in Schweigen hüllt, Lorentz kennt seine Bedenken. Ihm gegenüber hat Planck Ort und Impuls in der Physik für unverzichtbar erklärt. »Wenn man von vorneherein dekretiert, dass es keinen physikalischen Sinn hat, von ihrer genauen Größe zu sprechen, so erscheint mir das als eine unerträgliche Beschränkung der Gedankenfreiheit und als eine Verstümmelung des Hauptwerkzeugs, mit dem der Theoretiker arbeiten muss.«[64]

FILM AB

Pausenstimmung am Institut für Physiologie. Raus an die frische Luft! Vor dem Gebäude packt der Amerikaner Irving Langmuir seine Filmkamera aus.

Langmuir ist erst im allerletzten Moment von Lorentz eingeladen worden. Gerade auf Europatournee, wohnt er den Sitzungen quasi als einziger externer Gast bei. Nun spielt er mit der Magie aller Magien. Dem späteren Chemie-Nobelpreisträger, der an der Entwicklung gasgefüllter Glühlampen mitgewirkt hat, verdankt sich eine knapp dreiminütige Zeitkonserve, eine Filmaufzeichnung, in der die meisten Konferenzteilnehmer irgendwann zu sehen sind. Langmuir lauert ihnen mit seiner Kamera vor dem Ausgang des Instituts auf.*

Zunächst kommt uns Niels Bohr entgegen, zwischendurch an einer Zigarette ziehend, an seiner Seite Erwin Schrödinger, mit dem er im ernsten Gespräch auf der Treppe verharrt. Von hinten schiebt sich mit einem strahlenden, dauerhaften Lächeln der junge Werner Heisenberg ins Bild. Dann der Schwenk zu dem dunkelhaarigen, in sich gekehrten Paul Dirac, für den ein physikalisches Gesetz vor allem schön sein muss, ihm gegenüber Max Born, der für diese Sichtweise am meisten übrighat. Ein wenig verlegen dreht sich, allein am Rande stehend, Louis de Broglie von der Kamera weg, die kurz darauf einer größeren Gruppe vorbeiziehender Radfahrer folgt.

Es ist frisch in Brüssel. Fast alle Physiker tragen einen Mantel, darunter einen dreiteiligen Anzug. Die Weste darf ebenso wenig fehlen wie der Hut, den nur wenige in der Garderobe haben liegen lassen.

Irving Langmuir katapultiert uns in ihre Mitte hinein. Wir sehen den Besitzer der Kamera, der sich vor Kurzem das Bein gebrochen hat, an der Seite des kleinen, schnauzbärtigen, quirligen Paul Ehrenfest, der immer zu Späßen aufgelegt ist, folgen ihm irgendwann ins Institut, wo Marie Curie im Halbdunkel eine Pirouette vor der Kamera dreht, dann sind wir wieder draußen. Schließlich verlässt auch Albert Einstein das Gebäude, in eine Lektüre vertieft, zuletzt Max Planck, der sich sofort abwendet und weghuscht, zurück in die Vergangenheit.

»Übrigens fahren wir morgen Nachmittag schnell hinüber zu einem offiziellen Empfang an der Sorbonne und kommen Freitag früh zurück«, schreibt Werner Heisenberg seiner Mutter. »Eine rechte Fahrerei.« Aber sonst sei alles sehr interessant. Viele nette Physiker. Auch die Oper habe er bereits besucht. »Meinen Vortrag habe ich heute früh gehalten, die eigentliche Schlacht fängt morgen an.«[65]

Mit der Schlacht ist die Generaldebatte gemeint, in der es von Donnerstagmorgen bis zum Samstag um Determinismus, Wahrscheinlich-

* Unter anderem auf Youtube zu sehen unter www.youtube.com/watch?v=8GZdZUouzBY.

keiten und Unbestimmtheiten gehen soll. Heisenberg erwartet ernste Auseinandersetzungen mit Schrödinger und – allen voran – mit Einstein.

Doch es kommt anders. Die sechstägige Solvay-Konferenz wird nicht zuletzt deshalb tiefe Spuren in der Physikgeschichte hinterlassen, weil sie den Anfang von Einsteins Weg ins wissenschaftliche Exil markiert. Mehr als 20 Jahre lang hat Einstein die Grenzen des Wissens auch in der Quantentheorie mit hinausgeschoben. Brüssel ist ein Wendepunkt seiner unvergleichlichen Karriere.

»BOHRISCHE BESCHWÖRUNGSTHEORIE«

Am Donnerstagmorgen eröffnet Hendrik Antoon Lorentz die Generaldebatte mit einer kurzen Zusammenschau der offenen Fragen. Dann erteilt er Niels Bohr das Wort. Bohr ist bei diesem Solvay-Kongress mangels neuer Forschungsergebnisse nicht als Redner vorgesehen gewesen. Nun packt er die Gelegenheit beim Schopf, um seine Interpretation der gesammelten Arbeiten von Heisenberg, Born und Jordan, Pauli, Schrödinger und Dirac vorzustellen.

Bohrs schriftlicher Ausarbeitung zufolge, die man dem Protokoll später beifügen wird, stellt er das von ihm so genannte »Quantenpostulat« an den Anfang: Jeder atomare Prozess enthält einen Zug von Diskontinuität. Daher erfordere jede Beobachtung atomarer Phänomene eine nicht zu vernachlässigende Wechselwirkung mit dem Messgerät. Man könne also »weder den Phänomenen noch dem Beobachtungsmittel eine selbständige physikalische Realität im gewöhnlichen Sinne« zuschreiben.[66] Das zu Messende und die Messapparatur bilden eine Einheit.

Auch von Kausalität im gewöhnlichen Sinne könne keine Rede sein, fährt der dänische Forscher fort. »Nach dem Wesen der Quantentheorie müssen wir uns also damit begnügen, die Raum-Zeit-Darstellung und die Forderung nach Kausalität, deren Vereinigung für die klassischen Theorien kennzeichnend ist, als komplementäre aber einander ausschließende Züge des Inhalts der Erfahrung aufzufassen.«[67]

Nach diesen Vorbemerkungen steuert er auf Heisenbergs Ungenauigkeitsrelationen zu. Ort und Impuls sind für ihn ein herausragendes Beispiel für komplementäre physikalische Größen, deren genaue Bestimmung sich wechselseitig ausschließt und die aber erst zusammengenommen ein Bild des Geschehens vermitteln. Dazu gibt es erste Fragen aus dem Auditorium. Bohr holt zu einer längeren, allgemeineren Betrachtung zur Komplementarität aus. Von da an entwickelt sich ein Zwiegespräch zwischen ihm und seinem Übersetzer, Hendrik Antoon Lorentz, der Bohrs Gedankenstrom oft nicht zu folgen vermag und ihn mit Zwischenfragen unterbricht.[68]

»Natürlich wieder arg Bohrische Beschwörungstheorie«, notiert Paul Ehrenfest. »Armer Lorentz als Dolmetscher zwischen den einander absolut nicht begreifenden Engländern und Franzosen. Bohr resümierend. Und Bohr mit höflicher Verzweiflung reagierend.«[69]

Auch die allgemeine Verzweiflung wächst. Denn Bohrs Vortrag nimmt den ganzen Donnerstagvormittag in Anspruch.[70] Am Freitagnachmittag, nach der Rückkehr aus Paris, legt Bohr sofort wieder los, um noch fehlende Aspekte zu ergänzen.

Dann meldet sich Einstein zu Wort. Zu einem ungünstigen Zeitpunkt, wie man im Nachhinein einsehen muss. Denn Bohr ist noch nicht fertig. Er habe nicht genau verstanden, was Einstein sagen wolle, so Bohr unmittelbar nach dessen Redebeitrag. Das liege zweifellos an ihm selbst.[71] Nach diesem Einwurf wechselt er rasch wieder zu seinem Thema, zur Komplementarität.[72]

Kurzum: Eine öffentliche Einstein-Bohr-Debatte bleibt aus. Einstein seinerseits geht überhaupt nicht auf Bohrs großen Komplementaritätsentwurf ein, den die Fachwelt schon bald in schriftlicher Form und in verschiedenen Sprachen wird lesen können. Das Wissenschaftsmagazin *Nature* etwa wird Bohrs breite Ausführungen in einer Beilage präsentieren – nicht ohne vorangestellten Kommentar vonseiten der Redaktion: Es sei ernsthaft zu hoffen, dass dies nicht das letzte Wort in dieser Sache sei und dass die geistigen Urheber der Quantentheorie noch Erfolg haben mögen, »das Quantenpostulat in anschaulicher Form auszudrücken«.[73]

Wie bereits zuvor bei der Tagung in Como schafft es Bohr auch in Brüssel nicht, der Fachwelt seine Position zu vermitteln. Paul Ehrenfest, Max Born und Wolfgang Pauli, unglücklich darüber, stärken ihm mit wohlmeinenden Kommentaren den Rücken. Erst im Laufe des Freitagnachmittags löst sich die verfahrene Situation allmählich auf, öffnet sich die Diskussion einem größeren Themenkreis.[74]

EINSTEINS SCHLUSSAKKORD

Der dänische Nobelpreisträger ist von der Entwicklung der Quantentheorie phasenweise ähnlich überrollt worden wie Einstein, nur hat er die Flucht nach vorne angetreten. Bohr kämpft um die Deutungshoheit. Einstein zieht sich auf die Position des Skeptikers zurück. Als er in der Generaldebatte das Wort ergreift, sind zumindest kurzzeitig alle Blicke auf ihn gerichtet.

»Trotzdem ich mir des Umstandes bewusst bin, dass ich in das Wesen der Quantenmechanik nicht tief genug eingedrungen bin, will ich doch hier einige allgemeine Bemerkungen anbringen«, hebt Einstein mit einem lakonischen Understatement an. Die Bemerkungen, die dann folgen, sind angesichts seiner früheren Äußerungen einigermaßen überraschend.

Einstein hatte die Wellenmechanik Erwin Schrödingers zunächst begrüßt und ihr wie die meisten Physikerinnen und Physiker von Anfang an den Vorzug vor der Matrizenmechanik gegeben. Dann war er kritischer geworden. »Die Quanten-Theorie ist ganz verschrödingert und hat viel praktischen Erfolg davon«, schrieb er Hendrik Antoon Lorentz vor einem halben Jahr. »Aber dies kann doch nicht die Beschreibung des wirklichen Vorganges sein. Es ist ein Mysterium.«[75]

Nachdem er sich der Schwierigkeiten einer Deutung der Wellenmechanik bewusst geworden war, versuchte er selbst, das Geheimnis zu lüften. Im Mai 1927 reichte er eine eigene Arbeit hierzu bei der Preußischen Akademie ein.[76] »Ich habe nun auch eine kleine Untersuchung über die

Schrödingerei gemacht, in der ich zeige, dass man den Lösungen in völliger Eindeutigkeit bestimmte Bewegungen zuordnen kann, welche jede statistische Interpretation entbehrlich machen«, teilte er Paul Ehrenfest freudig mit.[77]

Zwei Wochen später, kurz bevor sein Beitrag in Druck gehen sollte, zog er ihn per Telefonanruf zurück.[78] Einstein hatte gehofft, nachweisen zu können, dass sich ein zusammengesetztes Quantensystem stets so auflösen lässt, dass man jedem Teilsystem einen eigenen Zustand zuweisen kann. Doch er hatte sich geirrt. In der Quantenmechanik hat man es in der Regel mit verschränkten Systemen zu tun. Einstein wird in ein paar Jahren auf diese wichtige Erkenntnis zurückkommen und aufzeigen, zu welchen Paradoxa die Quantenphysik infolgedessen führt.

Seit dem Rückzieher hat er seine Position gründlich überdacht. In Brüssel schließt auch er sich der Wahrscheinlichkeitsinterpretation Max Borns an. Allerdings legt Einstein nun ganz besonderen Wert auf die Feststellung, dass die Quantenmechanik ihrem Wesen nach eine statistische Theorie ist. Sie bezieht sich auf eine große Anzahl wiederholter Messungen unter denselben Bedingungen. Dagegen bezweifelt er ihre Vollständigkeit. Denn sie erlaubt seines Erachtens keine Vorhersagen für den Einzelprozess.

»Man kann der Theorie gegenüber wohl zwei Standpunkte einnehmen bezüglich des postulierten Gültigkeitsbereichs, die ich anhand eines einfachen Beispiels charakterisieren möchte«, sagt Einstein, als er sich von seinem Platz erhebt und zur Tafel geht. Natürlich, um ein Gedankenexperiment zu skizzieren.

Er greift zur Kreide und zieht eine Linie, die er an einer Stelle kurz unterbricht: ein Spalt, durch den Elektronen einfallen. Die Bewegungsrichtung der Elektronen deutet er mit drei Pfeilen an. Der Öffnung gegenüber befindet sich ein großer Schirm. Zum Nachweis der Elektronen sei dieser Schirm mit einem fotografischen Film überzogen. Das ist auch schon alles.

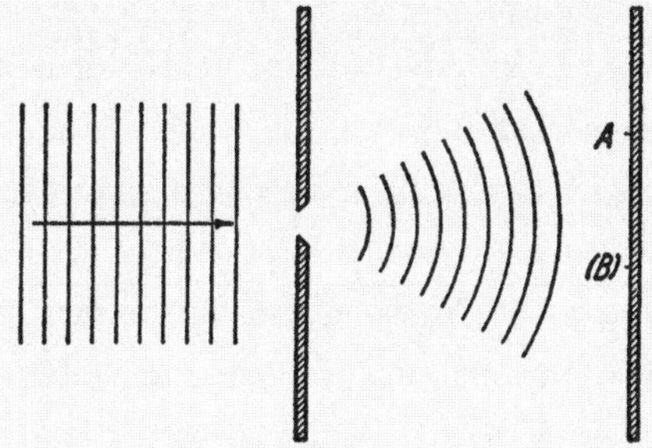

Fig. 1

Einsteins kleines Gedankenexperiment: eine Elektronenwelle tritt durch einen Spalt und fällt auf eine entfernte Fotoplatte.

Aus den jüngsten Experimenten darf man schließen, dass Elektronen Wellencharakter haben. An der kleinen Öffnung werden einströmende Elektronen daher als De-Broglie-Wellen ähnlich gebeugt wie Licht an einem Einzelspalt. Einstein spricht von einer Kugelwelle, die den Schirm schließlich erreicht. Die Intensität dieser Welle in einem beliebigen Punkt auf dem Schirm sei maßgebend für das, was dort geschehe.

Zu diesem einfachen Experiment gebe es nun zwei grundsätzlich mögliche Auffassungen, fährt Einstein fort. Die erste von beiden ist diejenige, die er selbst vertritt: »Die Theorie gibt keine Informationen über die individuellen Prozesse.« Stattdessen beschreibt die Quantenmechanik ein ganzes Ensemble ankommender Elektronen, eine Elektronenwolke. Die Wahrscheinlichkeit dafür, dass von diesen vielen Elektronen soundso viele an einem Punkt A eintreffen, ist gegeben durch das Quadrat der Wellenfunktion.

Hiervon grenzt Einstein die zweite mögliche Interpretation ab: »Die Theorie hat den Anspruch, eine vollständige Theorie der Einzelprozesse zu sein.« Dann aber bezeichnet das Quadrat der Wellenfunktion die Wahrscheinlichkeit dafür, dass ein bestimmtes Teilchen zu einer bestimmten Zeit am Punkt A auf dem Schirm registriert wird. Hier aber liegt aus Einsteins Sicht der Hase im Pfeffer. Denn die Streuwelle, die auf A zulaufe, zeige keine irgendwie bevorzugte Richtung. Folglich hätte ein und derselbe Elementarprozess auch eine entsprechende Auftreffwahrscheinlichkeit für einen anderen Ort B auf dem Schirm. Er könnte an verschiedenen Stellen wirken.

Letztlich aber wird das Elektron nur an einem Ort gemessen. Um die gleichzeitige Wirkung an unterschiedlichen Orten zu unterbinden, müsste also für den Moment der Messung »ein vollkommen seltsamer Prozess der Fernwirkung« angenommen werden, folgert Einstein. Die Welle müsste bei der Messung in sich zusammenstürzen.

Diese zweite Auffassung ist Einstein zufolge die strengere und insofern konsequentere, als nur sie die Erhaltung von Energie und Impuls für den Einzelprozess garantiere. Sie führt jedoch seines Erachtens zu einem widersinnigen Ergebnis, das man später als »Kollaps der Wellenfunktion« bezeichnen wird. Er wird die Quantenmechanik bis ins 21. Jahrhundert hinein verfolgen. Einstein schließt ihn von vorneherein aus. Er betrachtet die Quantenmechanik als eine rein statistische Theorie.

Nur zehn Tage nach der Konferenz wird er seine Haltung in einem Brief an Arnold Sommerfeld noch einmal wie folgt zusammenfassen: Zur Quantenmechanik denke er, dass sie bezüglich der Materie etwa so viel Wahrheit enthalte wie eine Theorie des Lichts ohne Quanten. »Es dürfte eine richtige Theorie statistischer Gesetze, aber eine unzureichende Auffassung der einzelnen Elementarprozesse sein.«[79]

Von diesem Urteil wird Einstein bis an sein Lebensende nicht mehr abrücken. Und zwar nicht aus Starrheit. Ein solcher Vorwurf greift zu kurz. Seine Zweifel an der Unbestimmtheitsrelation zum Beispiel wird er demnächst ablegen und Heisenberg sogar für den Nobelpreis vorschlagen. Seine kritische Prüfung der Unbestimmtheitsrelation ist auch anders motiviert. Heisenberg selbst sagt: »Wenn es je ein Experiment gäbe, dass p und q gleichzeitig und genau zu bestimmen gestattete, müsste die Quantenmechanik notwendig falsch sein.«[80] Für Einstein ist schon das Grund genug, genau hinzuschauen.

Die Quantenmechanik als solche lehnt Einstein nicht ab. Nur ist sie für ihn nicht der Weisheit letzter Schluss. Sie ist aus seiner Sicht keine Fundamentaltheorie.

Max Born, Werner Heisenberg und Niels Bohr halten sie dagegen für vollständig. Aber eine öffentliche Diskussion darüber kommt nicht zustande. Bohr lenkt die Debatte sofort in eine andere Richtung.

BABYLON BRÜSSEL

Sechs Tage und sechs Nächte. Die Solvay-Konferenz sieht ihrem Ende entgegen, als es Paul Ehrenfest nicht länger auf seinem Stuhl hält. Er geht zur Tafel und wischt Formeln und Diagramme weg, um etwas loszuwerden, was schon länger nach außen drängt:

»Wohlauf, lasst uns eine Stadt und einen Turm bauen, dessen Spitze bis an den Himmel reiche. Und der Herr sprach: Wohlauf, lasst uns herniederfahren und ihre Sprache daselbst verwirren, dass keiner des anderen Sprache verstehe.«[81]

Die Zeilen aus der Bibel sind allen Konferenzteilnehmern geläufig. Und alle beziehen die babylonische Sprachverwirrung sofort auf ihre eigene Situation. Hätte man es besser machen können? Vielleicht. Aber schon die geteilte Einsicht in das Defizitäre hat etwas Heiteres, Beruhigendes.

Werner Heisenberg hat in englischer, Louis de Broglie zuvor in französischer Sprache vorgetragen. Max Planck fühlt sich nach langer Abwesenheit von internationalen Tagungen in keiner der beiden Sprachen bewandert. Hendrik Antoon Lorentz und andere haben fleißig übersetzt, damit einer des anderen Sprache zumindest halbwegs verstehe.

Nach Jahren des Wissenschaftsboykotts ist es eine Konferenz unter erschwerten Bedingungen. Die Quantenphysik hat sich ausdifferenziert, zuletzt in atemberaubendem Tempo. Die hochgradige Spezialisierung der Konferenzteilnehmer und ihr jeweiliger Fachjargon tragen das Ihre zum Verständigungsproblem bei.

Erwin Schrödinger hat in der Sprache der Differenzialgleichungen gerechnet, Max Born in jener der Matrizen. Paul Dirac ist längst über beide Versionen hinaus. In Kürze wird sich die Theorie nur noch in Hilbert-

Räumen bewegen. Doch geht es nicht um den einen Algorithmus, sondern um miteinander konkurrierende, miteinander zu kombinierende und in Balance zu bringende mathematische Methoden.

Als umsichtiger Tagungsleiter hat Lorentz Sorge dafür getragen, dass nicht Formeln die Diskussionen beherrschen, sondern das durch sie Vermittelte: die physikalischen Inhalte. Während die mathematische Modellierung im Galopp davongeeilt ist, ist die Anschauung allerdings auf der Strecke geblieben. Was nützen Worte wie »Lichtstrahl«, »Lichtwelle« oder »Lichtquant«, wenn sie sich bei einem Experiment wie dem Doppelspaltversuch wechselseitig überblenden?

Am Samstag, dem letzten Tag der Generaldebatte, fragt der Amerikaner Irving Langmuir, der Gast mit der Kamera, in einfachen Worten und ganz konkret nach den Unterschieden zwischen Elektronen und Photonen.[82] Die sich daran anschließende Diskussion, an der sich Experimentatoren und Theoretiker gleichermaßen beteiligen, ist vielleicht die vielstimmigste, uneitelste, fruchtbarste der ganzen Konferenz.

LETZTE AUSBLICKE

Vom wissenschaftlichen Ergebnis der Konferenz sei er in jeder Hinsicht befriedigt, schreibt Werner Heisenberg seinen Eltern. »Bohrs und meine Ansichten sind wohl allgemein angenommen worden, jedenfalls sind ernste Einwände nicht mehr gemacht worden, auch von Einstein und Schrödinger nicht.«[83]

Geschichte ereignet sich nicht, sie wird erzählt. Unmittelbar nach dem Kongress wird sie von Heisenberg ganz anders erzählt als von Paul Ehrenfest oder Albert Einstein. Im Tagungsband begegnet uns wiederum eine andere Solvay-Konferenz. Und komplementär dazu ist die wohl populärste Darstellung, die Niels Bohr über seine Debatte mit Einstein zu Papier bringt – gut 20 Jahre später.

»Allgemein angenommen«? Niels Bohr ist von den meisten Konferenzteilnehmern nicht einmal verstanden worden. Worauf sich aber viele haben einigen können – Erwin Schrödinger ausgenommen –, ist Max Borns statistische Deutung der Quantenmechanik. Sie wird bis ins 21. Jahrhundert hinein die wichtigste Verbindung zur experimentellen Physik bleiben. Denn sie erlaubt Voraussagen darüber, mit welcher Wahrscheinlichkeit bestimmte Messwerte bei wiederholten Messungen mit entsprechenden Apparaturen zu erwarten sind. Und zwar nicht nur in der Atomphysik, sondern in ihrer mathematisch erweiterten Form auch in der Kernphysik und der Elementarteilchenphysik.

Max Born zieht an dieser Stelle einen Schlussstrich. Für ihn ist die Quantenmechanik mit der statistischen Lesart abgeschlossen. Besonders deutlich geht dies aus seinem späten Briefwechsel mit Albert Einstein Anfang der 1950er-Jahre hervor, den Born mit den Sätzen kommentiert:

»Einstein gibt zu, dass man die probabilistische Quantentheorie als endgültig auffassen kann, wenn man annimmt, dass die Ψ-Funktion sich auf ein Ensemble und nicht auf den individuellen Fall bezieht. Das war auch immer meine Auffassung, wobei ich die häufige Wiederholung eines Versuchs als Realisierung des Ensembles ansehe.«[84]

Trotzdem herrscht keine Übereinstimmung zwischen ihnen. Denn im Unterschied zu Einstein hält Born diese statistische Theorie für vollständig. Mehr lässt sich seines Erachtens über das atomare und subatomare Geschehen nicht sagen.

Die Schwierigkeiten fangen an, wo man gedanklich über das Born'sche Regelwerk hinausgehen möchte. Niels Bohr und Werner Heisenberg, Albert Einstein oder Louis de Broglie stellt diese Ensemble-Interpretation nicht zufrieden. Es genügt ihnen nicht, sich nur auf eine große Anzahl gleichartiger Quantensysteme zu beziehen. Sie suchen auf je eigenen Wegen nach Erklärungen für das einzelne mikroskopische System.

Niels Bohrs sich ständig wandelnder Zugang ist der am schwersten fassbare. Bohr hält den Wirklichkeitsstatus des einzelnen Quantensystems auf seltsame Weise in der Schwebe. Der dänische Forscher unterscheidet zwischen dem makroskopischen Messgerät, das seiner Auffassung nach mit den herkömmlichen Begriffen der Physik beschrieben werden muss, und dem mikroskopischen Geschehen. Bei jedem einzelnen Messprozess begegnen sich also klassische Physik und Quantenphysik. In diesem Zusammentreffen, einer unkontrollierbaren Wechselwirkung zwischen Messapparatur und dem einzelnen Quantensystem, liegt Bohr zufolge der Grund dafür verborgen, dass eine kausale, raum-zeitliche Beschreibung des Einzelprozesses unmöglich ist.

Bohr leistet entschieden Verzicht auf jede Form der Anschauung. Zu den Einzelheiten während des Messvorgangs äußert er sich nicht. Der Kollaps der Wellenfunktion taucht in seinen Schriften nirgends auf, was keineswegs heißt, dass ihm nicht bewusst wäre, wie wenig sich eine kontinuierliche, deterministische Entwicklung der Wellenfunktion mit dem abrupten, indeterministischen Messvorgang verträgt.

Bemerkenswerterweise hatte ihn Wolfgang Pauli nur eine Woche vor der Solvay-Konferenz in einem Brief darauf hingewiesen, dass es grundsätzlich einen Ausweg aus diesem Dilemma gibt: indem man nämlich »alle Messungsmittel mit zum System zählt«, also auch den Messapparat als Quantenobjekt ansieht.[85] Dann allerdings ist eine einfache Beschreibung der Messung unmöglich, weshalb die Wissenschaft diese Fährte erst in den 1970er-Jahren wieder verfolgen wird.

Heisenberg ist konsequenter als Bohr. Er wird den Kollaps der Wellenfunktion schließlich dadurch einzuhegen versuchen, dass er ihn explizit in die Systemarchitektur der Quantenmechanik aufnimmt. Auch er trennt zwischen dem Messgerät und dem zu Messenden. Aus Sicht der modernen Physik wird eine solche Trennung schon deshalb künstlich erscheinen, weil die Grenzen der Quantenwelt mit fortschreitender Experimentierkunst immer weiter in den Bereich der ursprünglich klassischen Physik hinausgeschoben werden können. Wo soll man den Schnitt, den später so genannten »Heisenberg-Schnitt«, setzen?

Die Quantentheorie des 21. Jahrhunderts wartet mit einigen Alternativen zu Heisenbergs und Bohrs Standpunkt auf. Besonders kühn ist der Vorschlag, den abrupten Umschlag vom Möglichen ins Faktische bei einer Messung zu negieren. Wäre es nicht denkbar, dass nicht nur ein Messergebnis, sondern alle laut Wahrscheinlichkeitsrechnung irgend möglichen Messausgänge tatsächlich vorhanden, aber für uns nicht wahrnehmbar sind? Dass sie in anderen Welten existieren? Dass sich das Universum unentwegt in immer neue Räume ausfaltet? Willkommen in der »Viele-Welten-Interpretation«, einer der sonderbarsten Theorieentwicklungen der modernen Physik!

DES PRINZEN EINSAMKEIT

Einstein selbst betrachtet die Quantenmechanik als unvollständig. Nach der Solvay-Konferenz wird er ihr für längere Zeit den Rücken kehren und sich wieder dem freien Lauf seiner eigenen physikalischen Gedanken überlassen. Er wird seine einsame Suche nach einer vereinheitlichten Feldtheorie fortsetzen.

Man mag der Zurückhaltung und ironisch gebrochenen Gelassenheit, die er während des Kongresses an den Tag gelegt hat, einiges abgewinnen. Wenigstens einer der Konferenzteilnehmer aber hätte sich einen engagierteren, kämpferischen Einstein gewünscht, der sich stärker in die allgemeine Debatte einmischt: Louis de Broglie.

Während der Solvay-Konferenz erlebt de Broglie ein Auf und Ab der Gefühle. Einerseits wird der 35-jährige französische Forscher für seine grandiose Vorhersage von Materiewellen gefeiert. Schon in wenigen Jahren werden Forscher die inzwischen nachgewiesenen Elektronenwellen für den Bau eines Elektronenmikroskops zu nutzen wissen. Im Vergleich zu Lichtmikroskopen wird ein solches Elektronenmikroskop tausendfach kleinere Strukturen sichtbar machen, Krankheitserreger zum Beispiel. Auch das Corona-Virus wird sich erstmals unter einem Elektronenmikroskop als solches zu erkennen geben.

Louis de Broglie hatte überdies Erwin Schrödinger zu einer Wellenmechanik inspiriert. Nach Schrödingers Veröffentlichungen hatte der Franzose den zurückgespielten Ball gerne aufgenommen und die neuen Erkenntnisse in seine eigenen Forschungen integriert. In Brüssel hat de Broglie die Früchte seiner jüngsten Überlegungen vorstellen können: eine Führungswellentheorie, in der sich ein Elektron nicht entweder wie ein Teilchen oder wie eine Welle verhält, sondern als Teilchen von einer Welle gelenkt wird. Es ist Einsteins alter Gedanke vom Lichtquant und dem »Gespensterfeld«, nur in einem neuen, zeitgemäßen Gewand.

De Broglie kann nämlich sicherstellen, dass sich die Führungswelle in Übereinstimmung mit Schrödingers inzwischen vielfach bestätigter Wellengleichung ausbreitet. Neben der Schrödingergleichung gibt es in der Führungswellentheorie allerdings noch eine weitere, eigenwillige mathematische Beschreibung des Teilchens selbst. Welle und Teilchen sind immer beide da.

Mit seiner im Einzelnen nicht leicht zugänglichen Theorie nimmt de Broglie all denjenigen den Wind aus den Segeln, die behaupten, eine vollständige und objektive Beschreibung des Einzelprozesses sei grundsätzlich unmöglich. Der Zufall kommt darin auf ganz andere Weise ins Spiel als in der sonstigen Quantenmechanik. Und beim Doppelspaltexperiment laufen de Broglies unkonventionelle Teilchenbahnen jeweils nur durch einen Schlitz, ohne dass das Interferenzmuster dabei zerstört würde.

Wolfgang Pauli hat sich schon in den zurückliegenden Sommerferien mit der neuen Führungswellentheorie auseinandergesetzt. Er findet sie »sehr ideenreich und witzig und auf einem viel höheren Niveau als die kindischen Arbeiten von Schrödinger, der heute immer noch glaubt, er könne der statistischen Deutung seiner Funktionen entgehen und er könne die materiellen Punkte abschaffen«. Im Ganzen gesehen ist ihm de Broglies Arbeit jedoch »höchst unsympathisch und verdächtig«.[86]

Vor allem Paulis Einwände haben de Broglie in Brüssel zu schaffen gemacht. Bei der Diskussion unmittelbar nach seinem Vortrag am Dienstagnachmittag stand der französische Prinz auf ziemlich verlorenem Posten. Einstein schaltete sich nicht ein. Auch in der Generaldebatte hat er de Broglie nicht den Rücken gestärkt. Nur ein einziges Mal hat er sich hinter ihn gestellt: nach seinem kleinen Gedankenexperiment.

Kehren wir noch einmal kurz dorthin zurück: In seinem einzigen längeren Wortbeitrag hat Einstein das generelle Messproblem mit einem Schwarm von Elektronen illustriert, die durch einen Spalt auf einen Schirm treffen. Auf das einzelne Elektron bezogen führt die Quantenmechanik ihm zufolge zum Kollaps der Wellenfunktion. Den einzigen Ausweg hat Einstein darin gesehen, dass man das Elektron nicht allein mit einer Schrödinger-Welle beschreibt, »sondern zur selben Zeit das Teilchen während der Ausbreitung lokalisiert. Ich glaube«, so Einstein weiter, »Herr de Broglie liegt richtig damit, in dieser Richtung zu suchen«.[87]

Pauli indes, um spöttische Bemerkungen nie verlegen, witzelt während der Solvay-Konferenz über das »Kindermädchen« (Welle), welche das »Baby« (Teilchen) an der Hand führt, wie er selbst rückblickend erzählt.[88] Allem Anschein nach trägt er maßgeblich dazu bei, de Broglie zu entmutigen, ähnlich zu entmutigen wie zuvor den Physiker Ralph Kronig, dem Pauli den Elektronenspin ausgeredet hatte.

De Broglies Führungswellentheorie wird in Vergessenheit geraten, um 25 Jahre später von dem amerikanischen Physiker David Bohm noch einmal erfunden zu werden – als eine mögliche Interpretation der Quantentheorie. Bohm wird dann noch einmal auf dieselben Kontrahenten treffen. Und diese werden das Feld längst auf ihre Weise beackert und große Schulen gegründet haben.

In Brüssel sind Niels Bohr, Werner Heisenberg und Wolfgang Pauli von Beginn an als geschlossene Gruppe aufgetreten, flankiert zumeist von Max Born und Paul Dirac. Die Solvay-Konferenz hat sie noch einmal stärker zusammengeschweißt. Von nun an werden die drei das förmliche »Sie« ablegen und einander mit »Du« anreden.

Die Physik ist in der atomaren und subatomaren Welt in einen Irr- und Zaubergarten hineingeraten. Ob es einen Faden gibt, sicher aus diesem Labyrinth herauszufinden? Am Ende der Solvay-Konferenz sieht sich ein kleiner Kreis von Forschern in der Hoffnung bestärkt, mit der Quantenmechanik diesen goldenen Faden gefunden zu haben.

Eine berechtigte Hoffnung! In den kommenden 100 Jahren wird sich die Quantenmechanik mit erstaunlicher Präzision bewähren. Aus einer inneren Dynamik der Forschung heraus wird jedoch im selben Zeitraum das in Brüssel Ausgeklammerte, Beiseitegeschobene zurück an die Oberfläche drängen. Wie die Quantenmechanik zu verstehen ist, darüber werden die Ansichten auch im 21. Jahrhundert weit auseinandergehen.

DER LANGE WEG ZUM QUANTENLICHT

»Wir können beharrlich Tagebuch führen und alle Vorkommnisse aufschreiben. Wenn wir eines Tages unsere Aufzeichnungen wieder lesen, werden wir begreifen, dass sie nicht in der Lage sind, ein einziges konkretes Bild heraufzubeschwören. Und schlimmer noch: dass die Phantasie unfähig ist, unserem Gedächtnis zu Hilfe zu kommen und das Vergessene zu rekonstruieren. Denn die Gegenwart, die konkrete Gegenwart, ist für uns als zu untersuchendes Phänomen, als Struktur, ein unbekannter Planet. Wir sind unfähig sie im Gedächtnis festzuhalten oder durch die Phantasie zu rekonstruieren. Man stirbt, ohne zu wissen, was man erlebt hat.«[1]

Was der Schriftsteller Milan Kundera mit diesen Worten umschreibt, ist das Geheimnis der Gegenwart. In der Kunst sind immer wieder Versuche unternommen worden, diesem Entfliehen der Gegenwart entgegenzuwirken. Im modernen Roman, so Kundera, kann aus einer einzigen Sekunde der Gegenwart eine kleine Unendlichkeit werden.[2]

Der modernen Wissenschaft ist die Gegenwart auf andere Weise zum Rätsel geworden. Die Physikerinnen und Physiker, denen wir in diesem Buch durch die Zwanzigerjahre gefolgt sind, haben die Vorstellung von einer absoluten Gegenwart notgedrungen aufgegeben. Denn auf die Frage, ob Ereignisse an verschiedenen Orten gleichzeitig stattfinden oder zu unterschiedlichen Zeitpunkten, gibt es nach Einstein keine für alle Beobachter verbindliche Antwort.

Bis dahin hatten Astronomen beharrlich Tagebuch geführt und alle Vorkommnisse aufgeschrieben, um präzise Jahreszeiten und Tageszeiten ableiten und die Zeit in immer feinere, verlässliche Einheiten unterteilen zu können. Die Relativitätstheorie stellt den Menschen in ein unermessliches Universum, in dem sich Licht mit einer konstanten, ungeheuer großen Geschwindigkeit ausbreitet. Es ist diese absolute Größe der Lichtgeschwindigkeit, an der sich die traditionelle Vorstellung von Zeit bricht. In Einsteins Physik sind Raum und Zeit unauflöslich miteinander verbunden.

Die Gegenwart als zu untersuchendes Phänomen, als Struktur, ist für die Wissenschaft ein unbekannter Planet. Werner Heisenberg ist auf völlig andere Weise an diesen dunklen Punkt jeglicher Erkenntnis gelangt. Nicht über die Raum-Zeit-Verschränkung, sondern über die Erforschung ebenso unauflöslicher Verbindungen physikalischer Größen im Innersten der Welt. In einem Mikrokosmos, in dem das Planck'sche Wirkungsquantum eine ungeheuer kleine, absolute Größe darstellt, an der sich jede traditionelle Vorstellung von Messbarkeit bricht.

Im Mikrokosmos verliert die Materie ihre greifbare Gestalt. Der Unbestimmtheitsrelation zufolge kann man über ein Objekt wie ein Elektron nur ungefähr sagen, wo es sich befindet, wenn man zugleich wissen möchte, mit welcher Geschwindigkeit es sich bewegt. Die konkrete Gegenwart lässt sich nicht festhalten. Man beobachtet, ohne zu erfahren, was im Einzelnen geschehen ist.

Auf diesen Verlust der Gegenwart reagiert die moderne Physik mit ihren Mitteln. Dieselbe Theorie, in welche die Unbestimmtheitsrelation eingebettet ist, die Quantenmechanik, erlaubt im 21. Jahrhundert Zeitmessungen geradezu fantastischer Genauigkeit. Optische Atomuhren stehen in direkter Nachfolge der Quantenphysik der 1920er-Jahre, denn sie beruhen auf dem Studium des von Atomen ausgesandten Lichts.

Durch sie erreicht die Präzision der Zeitmessung im 21. Jahrhundert die Größenordnung von Attosekunden, also 0,000 000 000 000 000 001 Sekunden. Aus jeder Sekunde wird auf diese Weise eine kleine Unendlichkeit. Denn eine Attosekunde verhält sich zur Sekunde in etwa so wie eine Sekunde zum gesamten Alter des Universums.

SPIEGEL, LINSEN UND KRISTALLE

Wer im 21. Jahrhundert ein Labor für Quantenoptik besucht, wird von der experimentellen Einrichtung überrascht. Zwischen Laserlichtquellen am einen Ende und Glasfaserkabeln, die das Licht zur Elektronik leiten, am anderen befinden sich fast schon altmodisch anmutende Spiegel, Linsen, mitunter Kristalle. In der modernen Grundlagenforschung behauptet die traditionelle Strahlenoptik ihren Platz. Sie genügt, um den Weg des Lichts zu kontrollieren.

Spiegel, Linsen und Kristalle führen dem Laien vor Augen, dass das Studium des Lichts eine der ältesten Wissenschaften überhaupt ist. Die Erkenntnis, dass sich Licht nicht unendlich schnell, sondern mit einer begrenzten, messbaren Geschwindigkeit fortpflanzt, reicht ins 17. Jahrhundert zurück. Schon Isaac Newton wusste, dass ein Lichtstrahl vom Mond aus bis zur Erde kaum mehr als eine Sekunde benötigt. Und wie wir uns erinnern, sah er in dieser endlichen Geschwindigkeit einen wichtigen Anhaltspunkt dafür, dass es sich bei Licht um eine Ansammlung winziger Korpuskeln handelt.

Die Kenntnis der Lichtgeschwindigkeit war von entscheidender Bedeutung für alle, die die physikalische Beschaffenheit eines Lichtstrahls verstehen wollten. James Clerk Maxwell kam Mitte des 19. Jahrhunderts durch seine Theorie der Elektrizität zu dem Schluss, dass jede elektrische Störung sich mit einer Geschwindigkeit von 300 000 Kilometern in der Sekunde fortpflanzt. Die völlige Übereinstimmung dieser aus rein elektrischen Messungen abgeleiteten Zahl mit der Lichtgeschwindigkeit gab den Anstoß für eine neue, ganz andere Lichttheorie.[3]

Fortan galt das sichtbare Licht nicht mehr als feiner Partikelstrom, sondern als eine von vielen Erscheinungsformen elektromagnetischer Wellen, angesiedelt zwischen ultravioletter und infraroter Strahlung. Die nachfolgenden Entdeckungen der Röntgenstrahlen und der Radiowellen waren wunderbare Beispiele für eine systematische Erweiterung des Wissens. Grundsätzlich Neues wäre nun eigentlich nur noch im Rahmen dieser Wellentheorie zu erwarten gewesen – hätte Einstein Newtons Gedanken nicht plötzlich durch seine Lichtquantenhypothese wiederauferstehen lassen.[4]

Was ist Licht? Im Jahr 1919, bei der Hauptversammlung der Kaiser-Wilhelm-Gesellschaft in Berlin, malte Planck in allen Farben aus, in welche Zwickmühle Einstein die gesamte Forschung gebracht hatte – und gab damit einen Vorgeschmack auf jenes Hin und Her der Ideen, die wilden Zwanzigerjahre, an deren Ende physikalisch kein Stein mehr auf dem anderen stehen sollte.

EIN SCHWARZER FREITAG

Zehn Jahre später, am 28. Juni 1929, fährt in der Wangenheimstraße 21 im Grunewald ein fabrikneuer viertüriger Steyr-Tourenwagen vor. Planck, ein solitärer Denker, hat im Laufe seiner Karriere nur wenige Doktoranden betreut und ihnen ein hohes Maß an Selbstständigkeit abverlangt. Einer von ihnen, der Nobelpreisträger Max von Laue, lässt es sich an diesem Nachmittag nicht nehmen, Planck und dessen Frau Marga mit seinem schmucken Automobil zu Hause abzuholen und zur Festsitzung am Reichstagufer zu chauffieren.[5]

Ob sie den direkten Weg durchs Brandenburger Tor nehmen können, ist angesichts der politischen Begleitumstände fraglich. Denn an diesem Freitag, an dem Planck sein 50. Doktorjubiläum feiert, jährt sich die Unterzeichnung des Versailler Vertrags zum zehnten Male. Paul von Hindenburg, der im Weltkrieg die Oberste Heeresleitung innehatte und seit vier Jahren als Reichspräsident amtiert, hat den 28. Juni zum Gedenktag erklärt.

»Der heutige Tag ist ein Tag der Trauer«, heißt es in dem Aufruf »An das deutsche Volk«. Der Vertrag, den deutsche Friedensunterhändler vor zehn Jahren zu unterzeichnen gezwungen gewesen seien, laste auf allen Schichten und störe das Vertrauen unter den Nationen.[6]

Die Unruhe beginnt nicht weit vom Brandenburger Tor und vom Reichstag entfernt im Vorgarten der Berliner Universität. Dort sammeln sich »an die tausend farbentragende Studenten und ihr gleichgesinnter faschistischer Anhang«.[7] In geschlossenem Zug marschieren sie die Straße Unter den Linden entlang bis zum Kultusministerium, wo es laut einem Zeitungsbericht zum Handgemenge mit der schwach vertretenen Polizei kommt. Nachdem es ihnen gelungen ist, in die Bannmeile einzudringen, drehen die Demonstranten singend und unter Rufen »Deutschland erwache! Nieder mit dem Versailler Vertrag! Weg mit der Kriegsschuldlüge!« ab und kommen später erneut zu einer Kundgebung vor der Universität zusammen.[8]

In Berlin sind Demonstrationen unter freiem Himmel seit Kurzem verboten. Denn die Straßen der Hauptstadt sind noch unsicherer geworden, seit Joseph Goebbels von Hitler zum Gauleiter von Berlin und Brandenburg ernannt worden ist. Goebbels versteht sich darauf, Aufmärsche zu organisieren und die Partei durch Radau in die Schlagzeilen zu bringen. Die Sturmabteilung der NSDAP, die gewalttätige SA, liefert sich in Berlin offene Straßengefechte mit dem kommunistischen Rotfrontkämpferbund. Da Goebbels bei der letzten Reichstagswahl als Abgeordneter in jenes Parlament eingezogen ist, das er selbst verhöhnt und zutiefst verachtet, betreibt er seine Hetze gegen Kommunisten und Juden inzwischen unter dem Schutz der Immunität.

Das Geschehen an der Berliner Universität, deren Rektor Planck vor 15 Jahren war und wo er auch nach seiner Emeritierung immer noch Vorlesungen hält, ist ein Spiegel der Radikalisierung innerhalb der Studentenschaft. Unter den Anhängern des Nationalsozialistischen Studentenbunds ist die Gewaltbereitschaft hoch. Ein Großteil von ihnen ist zugleich in der SA aktiv.[9] Säuberungsaktionen wie die Bücherverbrennung 1933 werden maßgeblich von der Studentenschaft ausgehen.

Albert Einstein sah sich wegen antisemitischen Drohungen schon in der Nachkriegszeit zum Abbruch von Vorlesungen gezwungen. Seit einigen Jahren hält er gar keine Vorlesungen mehr. Ausgesprochen gerne besucht er dagegen die Kolloquien im Physikalischen Institut, welches das universitäre Viertel zur Spree hin abschließt. Dort erwartet man ihn auch an diesem Nachmittag.

Während die Plancks mit dem Auto bis vor das imposante Eingangsportal gefahren werden, kommt Einstein in Begleitung seines Arztes János Plesch. Einstein habe zuvor mit ihm zu Mittag gegessen und sich später kurz an den Schreibtisch gesetzt, um sich auf der Rückseite einer Schusterrechnung ein paar Notizen für seine Ansprache zu machen, wird Plesch später erzählen. Anschließend seien sie zum Physikalischen Institut gegangen, wo der Saal bis auf den letzten Platz gefüllt gewesen sei.[10]

Viele schauen an diesem Nachmittag auf das Lebenswerk jenes Mannes zurück, dessen wissenschaftliche Laufbahn an der Universität München mit einer Doktorarbeit zur Wärmelehre begann. Plancks Forschungen zur Wärmelehre leiteten den Aufschwung der Quantenphysik ein, den er selbst die ganzen Zwanzigerjahre hindurch wie kein anderer gelenkt hat. Im Alter von 71 Jahren ist Planck nach wie vor einer der Wortführer der deutschen Wissenschaft. Als solcher wird er in Kürze das Präsidentenamt der Kaiser-Wilhelm-Gesellschaft übernehmen.

Auch von seinem 50. Doktorjubiläum gibt es nur Fotos von ihm mit steifem Kragen, keins mit herausgestreckter Zunge. Der Nobelpreisträger verkörpert nicht die revolutionäre Seite der Forschung. Plancks Weg sei ein langsames, stetiges, folgerichtiges Fortschreiten unter Respektierung aller sichergestellten Wahrheiten gewesen, heißt es im Gratulationsschreiben der Preußischen Akademie der Wissenschaften, das Erwin Schrödinger verfasst hat und das bei der Feier verlesen wird.

Schrödinger sieht den 30 Jahre älteren Physiker ganz in der Tradition der Aufklärung. Bestes Beispiel dafür sei Plancks größte Entdeckung: das winzige Wirkungsquantum. Planck habe die Einführung des Wirkungsquantums seinerzeit nicht mit Jubel begrüßt. »Ein so gewaltiger Schritt durfte nur für endgültig erklärt werden, wenn alle Versuche, ihn zu vermeiden, fehlschlugen.«[11]

Sie schlugen fehl. Auch die Versuche, Einsteins Lichtquanten zu umgehen, schlugen fehl.

Planck hat seine Ansichten zu Licht und Materie seit den Anfängen der physikalischen Revolution gründlich überdacht. Die klassische Theorie unterscheidet strikt zwischen Wellen und Korpuskeln. Vom neu gewonnen Standpunkt der Quantentheorie aus betrachtet gibt es jedoch weder eine reine Wellenbewegung noch eine reine korpuskulare Bewegung – davon ist auch er inzwischen überzeugt.

»Die Erfahrung hat uns zu der unausweichlichen Folgerung gezwungen, dass nicht nur die Gesetze der Mechanik, sondern sogar der Grundbegriff der Mechanik, der materielle Punkt, nichts Elementares ist, sondern unter Umständen, bei stark gekrümmten Bewegungen, seinen Sinn verliert«, resümiert Planck nach Entdeckung der Materiewellen. Je stärker sich die Bahn eines Elektrons krümme, desto mehr verwische seine Bahn. Und dann ähnelten die Bewegungsvorgänge denen einer stehenden Welle.[12]

Beim Licht scheint es genau umgekehrt zu sein. Für die Fortpflanzung des Lichts gelten die Gesetze elektromagnetischer Wellen. Die sich mit Lichtgeschwindigkeit ausbreitende Strahlungsenergie schrumpft jedoch, mit Plancks Worten gesprochen, bei hohen Frequenzen zusammen und konzentriert sich auf einzelne Raumpunkte, die sich dann ähnlich wie Teilchen bewegen: Einsteins mysteriöse Lichtquanten.[13] Planck sind sie rätselhafter denn je.

ZWEI SEITEN EINER MEDAILLE

Bei der Festsitzung am Reichstagufer verleiht die Deutsche Physikalische Gesellschaft erstmals eine Auszeichnung für besondere Verdienste in der theoretischen Physik: die goldene Max-Planck-Medaille. Sowohl Planck, dessen Relief auf der Medaille zu sehen ist, wird damit geehrt als auch Einstein. Der eine hat sich als Vordenker des jeweils anderen erwiesen. Zunächst überreicht der Vorsitzende der Gesellschaft, Heinrich Konen, dem Jubilar die Medaille, anschließend fällt Planck die angenehme Aufgabe zu, eine zweite an Einstein auszuhändigen, mit dem ihn ein »gleichgerichtetes Streben« in der Quantentheorie verbindet.

In seiner Dankesrede äußert Einstein die Hoffnung, auf dem inzwischen eingeschlagenen Pfad irgendwann zu einem tieferen Verständnis der Wirklichkeit zu gelangen. »Was ich auf dem Quantengebiete fand, sind nur Gelegenheitseinsichten oder gewissermaßen Splitter, die bei fruchtlosen Bemühungen um das große Problem abfielen. Ich bin beschämt, hierfür nun eine so hohe Ehre zu empfangen.«[14]

Mit seinen »Gelegenheitseinsichten« zur Quantenphysik wird Einstein die Welt in den kommenden 100 Jahren ungleich stärker verändern als mit seiner Relativitätstheorie. Während der Planckfeier wirken die Erkenntnisse der beiden Forscher kurzzeitig wie zwei Seiten einer Medaille. Im historischen Rückblick erscheint die Kluft zwischen Plancks Strahlungsformel und Einsteins Lichtquanten riesig.

Die Planck'sche Strahlungsformel beschreibt alle klassischen Lichtquellen. An ihr lässt sich zum Beispiel ablesen, warum Licht, das von der knapp 6000 Grad Celsius heißen Sonne zu uns gelangt, weniger gelblich erscheint als jenes Licht, das ein 3000 Grad Celsius heißer Metallfaden einer klassischen Glühbirne aussendet. Noch rötlicher als das Lampenlicht ist die Strahlung, die ein glimmender Holzscheit emittiert. Auch der menschliche Körper strahlt aufgrund seiner Temperatur Wärme in Form von Licht ab: infrarotes Licht, das man nur mit einer Infrarotkamera sichtbar machen kann.

In all diesen Fällen spricht man von Wärmestrahlung. Planck war es gelungen, das kontinuierliche Lichtspektrum mathematisch zu erfassen. Bei der Herleitung dieser Formel hatte Planck eine winzige Hilfsgröße »h« eingesetzt, jenes Wirkungsquantum, das Einstein dann in seine Lichtquantenhypothese ummünzte.

Einsteins Theorie besagte zunächst nur, dass ultraviolettes Licht seine Energie portionsweise an die Materie abgibt. Später drehte Einstein den Spieß um: Einzelne Atome strahlen Licht in ebensolchen Portionen ab. Sie senden Lichtquanten aus.

Im Unterschied zur Wärmestrahlung umfasst dieses Quantenlicht kein breites Spektrum unterschiedlicher Frequenzen. Es ist einfarbig und kalt und im 21. Jahrhundert zur Grundlage optischer Technologien geworden. Quantenlicht ist uns so vertraut, dass wir es als solches kaum mehr wahrnehmen.

Zum Beispiel das Licht der Leuchtdioden, kurz: LED. Anders als klassische Glühbirnen haben Leuchtdioden keinen Glühdraht. Sie werden nicht heiß, sondern wandeln Energie viel effizienter in Licht um als ihre Vorgänger.

Leuchtdioden bestehen aus Halbleitermaterialien, die Schicht für Schicht so übereinanderliegen, dass zwischen ihnen eine künstlich erzeugte, genau festgelegte energetische Lücke besteht. Beim Anlegen eines Stroms müssen Elektronen diese Energiedifferenz überwinden. Lichtquanten tragen die Energie dann mit sich fort.

Dieses einfarbige Quantenlicht beförderte die Grundlagenforschung enorm, taugte aber ansonsten zunächst nur zur Beleuchtung von Displays digitaler Armbanduhren oder Taschenrechnern. Nach der nobelpreiswürdigen Erfindung blauer Leuchtdioden war die Energielücke groß genug für weitere Anwendungen. Die für die Beleuchtungstechnik wichtigste Neuerung bestand darin, das energiereiche blaue Licht durch eingebrachte Leuchtstoffe in ein Regenbogenspektrum aufzufächern. Denn das menschliche Auge ist an das weiße Tageslicht mit den darin vorhandenen Frequenzen gewöhnt.

Im 21. Jahrhundert haben energiesparende Leuchtdioden die klassische Glühbirne abgelöst. LEDs befinden sich in Wohnzimmerlampen und Büroleuchten, in Straßenlaternen und Autoscheinwerfern. Klagten Lampendesigner anfangs noch über ein fades LED-Licht, bieten ihnen die kleinen, digital steuerbaren Lichtquellen mittlerweile außergewöhnliche gestalterische Freiheiten.

QUANTENLICHT VOM FEINSTEN

Quantenlicht resultiert aus der gezielten Erzeugung von Lichtquanten einer bestimmten Frequenz. Auf welchem Weg man dieses einfarbige Licht hervorbringt und später einsetzt, bleibt der menschlichen Erfindungsgabe überlassen. Schon Leuchtdioden beeindrucken durch ihre Vielfalt. Ein anderes Quantenlicht hat die Fantasie noch viel stärker beflügelt.

»Es ist mir ein prächtiges Licht über die Absorption und Emission der Strahlung aufgegangen«, schrieb Albert Einstein seinem Freund Michele Besso, als er sich nach der Vollendung seiner allgemeinen Relativitätstheorie der Theorie der Atome zuwandte. Einstein hatte erkannt, dass zwei verschiedene physikalische Vorgänge zur Lichtaussendung der Atome beitragen. Dabei ist die spontane Emission von Lichtquanten der dominante Prozess, aber nicht der einzig mögliche.[15]

Noch ehe es dazu kommt, kann ein bereits angeregtes Atom in einem starken Lichtfeld auch zur Abgabe eines zweiten, identischen Lichtquants stimuliert werden, das mit derselben Frequenz in derselben Richtung davonfliegt. Unter normalen Bedingungen ist eine solche stimulierte Emission extrem unwahrscheinlich. Dennoch glückte den Physikern Rudolf Ladenburg und seinem Studenten Hans Kopfermann im Jahr 1928 in Berlin der experimentelle Nachweis der stimulierten Emission.[16]

Wie sich diese »Gelegenheitseinsicht« technisch ausnutzen lässt, entdeckten Forscherinnen und Forscher erst sehr viel später, in den 1960er- und 1970er-Jahren, die eine ungeahnte Vielzahl von Lasertypen hervorbrachten. Die Laserpioniere hatten mit einem Mal freie Wahl zwischen festen, flüssigen und gasförmigen Ausgangssubstanzen für eine Lichtverstärkung. In Labors traten einfarbige, gebündelte, nahezu perfekte Lichtwellen aus Rubinen, Farbstofflösungen oder Kohlendioxidgas aus.

Arthur Schawlow von der Stanford-Universität unkte seinerzeit, jedes Material in einen Laser verwandeln zu können. Zusammen mit dem deutschen Physiker Theodor Hänsch machte der amerikanische Professor die Probe aufs Exempel. Ihr legendärer Versuch mit Wackelpudding umfasste zwölf Geschmacksrichtungen der Marke »Jell-O«.

Leider zeigte die Gelatine, mit Energie vollgepumpt, nicht die gewünschte Wirkung. Die beiden späteren Nobelpreisträger fügten ihr schließlich den laserfreundlichen Farbstoff Fluorescein-Natrium hinzu. Dieser war zwar dem anschließenden Verzehr abträglich – er eignet sich eher für Schaumbäder –, aber einer Veröffentlichung ihrer Ergebnisse im *Journal of Quantum Electronics* durchaus förderlich.[17]

Experimente mit Quantenlicht sind manchmal skurril. Die dabei gewonnenen Einsichten sind aus der modernen Technik jedoch nicht mehr wegzudenken. Miniaturisierte Laser verbergen sich in Laserpointern, CD-Playern und Barcode-Lesegeräten im Supermarkt. Sie sind nicht größer als ein Stecknadelköpfchen.

Im 21. Jahrhundert lassen sich Kurz- oder Weitsichtigkeiten beheben, indem man die Hornhaut des menschlichen Auges mithilfe von Laserlicht bis auf ein Tausendstel eines Millimeters genau abflacht oder ihre Brechkraft erhöht. Andersartiges Laserlicht durchdringt hingegen sowohl die Hornhaut als auch die Linse und bestrahlt die Netzhaut punktgenau, um eine Ausbreitung der gefährlichen Netzhautablösung zu unterbinden. Auch bei Operationen des weitverbreiteten grauen Stars kommen Laser zum Einsatz.

Was Laser bei Augenoperationen und in der Chirurgie im Kleinen leisten, ist bei Schneide- und Schweißanlagen in industriellen Fertigungshallen im großen Maßstab sichtbar. Mal wird die Erhitzung des Materials zum Trennen, mal zum Verbinden von Bauteilen genutzt. Eine kurze, präzise Erhitzung des Werkstoffs mittels Laserpulsen reduziert etwa die Gefahr von späteren Rissen.

Laser sichern zudem die Datenübertragung in Glasfaserleitungen rund um den Globus. Licht ist ein fantastischer Informationsträger. Aufgrund seiner hohen, variablen Frequenz eignet es sich viel besser für die Übertragung von Telefongesprächen oder Videofilmen als der elektrische Strom. Schickt man Laserlicht durch geeignete Glasfasern, wird es erst nach etwa 100 Kilometern – vergleichbar dem Durchqueren einer 100 Kilometer dicken Fensterscheibe – so weit abgeschwächt, dass man die Lichtsignale auffrischen muss.

EINE THEORIE ALS SANFTES RUHEKISSEN

Hinter der technischen Erzeugung des Quantenlichts in all seinen Facetten verbirgt sich freilich nicht nur eine Formel, sondern eine ganze Theorie, die im Laufe der Zwanzigerjahre Gestalt angenommen hat. »Ich bewundere aufs höchste die Leistungen der jungen Physikergeneration, welche unter dem Namen Quantenmechanik zusammengefasst sind, und glaube an den tiefen Wahrheitsgehalt der Theorie«, sagt Einstein während seiner kurzen Ansprache am späten Nachmittag des 28. Juni 1929. »Nur denke ich, dass die Beschränkung auf statistische Gesetze eine vorübergehende sein wird.«[18]

Vor ihm liegt eine Zeitschrift, in der ganz andere Töne laut werden. Sie ist pünktlich zu Plancks Doktorjubiläum gedruckt worden. Auf dem Titelblatt dieser Sonderausgabe des Fachmagazins *Die Naturwissenschaften* prangt die soeben verliehene Max-Planck-Medaille.

Niels Bohr hat sich mit seinem Beitrag für dieses Planckheft schwergetan. »Es wurde allzu lang und nahm so viel Zeit, dass ich im letzten Augenblick aus meinem Artikel alle Physik weglassen und mich an die reine Philosophie halten musste, und das sogar nur in Andeutungen«, schreibt er an Wolfgang Pauli und entschuldigt sich dafür, diesmal nicht von »Komplementarität«, sondern aus sachlichen und pädagogischen Gründen von »Reziprozität« gesprochen zu haben. Nach seiner Segeltour werde er hierzu eine systematische Abhandlung folgen lassen.[19]

Bohr dürfte in Erinnerung geblieben sein, wie sehr Planck in Brüssel mit der Unbestimmtheitsrelation und komplementären Größen haderte. Nach wie vor widerstrebt es Planck, die Kausalität aufzugeben, den wichtigsten Wegweiser, über den die Wissenschaft seiner Meinung nach verfügt. Wenn es sich wirklich als notwendig erweisen sollte, das Prinzip der strengen Kausalität zu opfern, dann wäre damit das Ziel der physikalischen Forschung um ein Erhebliches zurückgesteckt.[20]

Die Zweckmäßigkeit einer kausalen Raum-Zeit-Beschreibung sei nur der Kleinheit des Wirkungsquantums im Vergleich mit den Wirkungen der gewöhnlichen Wahrnehmungen begründet, führt Bohr nun im Jubiläumsheft aus. »Plancks Entdeckung hat uns hier vor eine ähnliche Situation gestellt wie die, welche die Entdeckung der Endlichkeit der Lichtgeschwindigkeit gebracht hatte.« Die scharfe Trennung zwischen Raum und Zeit beruhe ja lediglich auf der Kleinheit der Geschwindigkeiten, mit denen wir im täglichen Leben zu tun haben. Bei der Frage der Kausalität der atomaren Erscheinungen dürfe die Reziprozität der Messergebnisse ebenso wenig vergessen werden wie die Relativität der Beobachtungen bei der Frage der Gleichzeitigkeit.[21]

Wenige Seiten später findet Werner Heisenberg gewohnt deutliche Worte: Der Solvay-Kongress in Brüssel habe außerordentlich zur Klärung der physikalischen Grundlagen der Quantentheorie beigetragen, weil sie den Vertretern verschiedener Forschungsrichtungen die Möglichkeit zur Aussprache gegeben habe. »Er bildet gewissermaßen äußerlich den Abschluss der Quantentheorie, die nunmehr als in sich geschlossene Theorie auf alle Probleme der Probleme der Atomphysik ohne Bedenken angewendet werden kann.«[22]

Heisenberg erklärt die Diskussionen Ende der Zwanzigerjahre für beendet. Auch die grundlegenden Begriffe der Theorie seien inzwischen gefunden. »Dieses Programm wurde durchgeführt in den Arbeiten des Kopenhagener Kreises.«[23]

Heisenberg hat seinen Artikel für das Planckheft während einer Zugfahrt in den Vereinigten Staaten geschrieben. Ihm sei daran gelegen gewesen, den Einfluss Bohrs in den prinzipiellen Fragen der Quantentheorie klar zu schildern, teilt er Pauli von Chicago aus mit.[24]

Bereits bei der Annahme des Physik-Lehrstuhls in Leipzig hatte Heisenberg eine längere Beurlaubung wegen einer geplanten Vortragsreise ausgehandelt. Einige Etappen dieser Grand Tour liegen nun hinter ihm: New York, das bei der nächtlichen Anfahrt mit dem Schiff »wie ein Märchenschloss mit hunderttausend Lichtern hoch in dem schwarzen Nachhimmel« lag, das Getöse der Niagara Fälle, die Hitze des Grand Canyon.[25] Zusammen mit dem Theoretiker Paul Dirac will Heisenberg in Kürze nach Japan übersetzen. Von dort aus soll es dann über Singapur weiter nach Indien gehen.

Nachdem sie in den Zwanzigerjahren vor allem zwischen Göttingen, Berlin, München und Kopenhagen Gestalt angenommen hatte, wandert die Quantenmechanik nun um den Globus. Die Perspektive des »Kopenhagener Kreises« wird rasch Schule machen und sich im weiteren Verlauf des 20. Jahrhunderts in der Fachwelt durchsetzen. Sie behagt keinem der beiden Träger der Planck-Medaille. »Die Heisenberg-Bohrsche Beruhigungsphilosophie – oder Religion? – ist so fein ausgeheckt, dass sie dem Gläubigen einstweilen ein sanftes Ruhekissen liefert«, meint Einstein. »Also lasse man ihn liegen.«[26]

BERLIN IM LICHT

Plancks goldenes Doktorjubiläum klingt mit einer Nachfeier in einem der nahe gelegenen hauptstädtischen Klubs, der »Deutschen Gesellschaft 1914«, aus.[27] Albert Einstein und János Plesch suchen an diesem Abend noch »ein echt münchnerisches Lokal« auf, und zwar in Begleitung des Malers Max Slevogt und des Zahnarztes Josef Grünberg.[28] Die vier kennen sich schon eine ganze Weile.

Der in der Ukraine geborene Josef Grünberg ist der Zahnarzt der drei anderen. Von Einstein wird er »Bolschi« genannt, ein bärtiger Charakterkopf, den Slevogt oft gezeichnet hat. Slevogt und Bolschi bilden seit Jahren eine Künstlergemeinschaft. Sie teilen ihre Vorliebe für Grafiken, experimentieren mit Japanpapier, Seide, Leder, Porzellan und verschiedenen Drucktechniken.[29] In der großen Ausstellung, die die Preußische Akademie der Künste Max Slevogt 1928 widmete, waren einige seiner bis dahin kaum bekannten grafischen Werke zu sehen.

Bolschi wäre einer der ersten Ausstellungsbesucher gewesen, wenn ihn im vergangenen Sommer nicht der Schlag getroffen hätte. Ihr gemeinsamer Freund, der in Budapest geborene János Plesch, war sofort zur Stelle, nahm ihn zwischenzeitlich bei sich zu Hause in der Budapester Straße auf. Die Lähmungserscheinungen der linken Körperhälfte sind weitgehend zurückgegangen, aber ganz erholt hat sich Bolschi noch nicht. Plesch hatte zuvor auch Slevogt »an einer Haarlocke wieder hochgezogen« und Einstein vor dem »Abkratzen« bewahrt, was nicht heißen soll, dass sie den Abend damit verbringen, über ihre diversen Krankheiten zu plaudern.[30] Sie haben andere Themen.

Alle vier verteidigen hartnäckig ihre Muße, in der sie ihre Kreativität ausleben. Einstein, der ehemalige Patentamtsangestellte, dessen Vater Inhaber einer elektrotechnischen Firma war, hat zuletzt zusammen mit einem ungarischen Physiker einen geräuscharmen Kühlschrank entwickelt, der ohne mechanische Pumpe auskommt. Ein Prototyp ist 1928 bei der Leipziger Messe vorgestellt worden. Auf Plesch geht unter anderem eine Apparatur zur klinischen Blutdruckmessung zurück, die kurz vor der Marktreife steht. Bolschi hat eine Absaugkanüle und anderes zahntechnisches Gerät erfunden. Seine besondere Leidenschaft aber gilt einer hydraulischen Presse für ein fotochemisches Druckverfahren. Mehrere große Verlagshäuser interessieren sich dafür. Allen voran jedoch Slevogt, der gerne in Bolschis »Hexenküche« kommt und ihn bei eigenen Lichtexperimenten immer wieder um Rat fragt.[31]

Einstein, Plesch, Grünberg und Slevogt sind Tüftler, die über das Bekannte hinausdenken und etwas bewegen wollen. Sie haben andere Kontinente bereist und Freude an der Begegnung mit dem Fremden. Das unruhige Berlin der Zwanzigerjahre ist die Stadt ihrer Wahl und im Sommer 1929, dem letzten der Ära Stresemann, dem letzten vor der Weltwirtschaftskrise, noch immer ein Globus im Kleinen: international, neugierig und kreativ.

In der abendlichen Spree spiegeln sich auch an diesem »Tag der Trauer« 1000 Lichter des gegenüberliegenden Schiffbauerdamms und der angrenzenden Friedrichstraße. Welche Richtung der kleine bunte Kreis vom Reichstagufer aus einschlägt, wo das »echt münchnerische Lokal« liegt, wissen wir nicht.

»Und zum Spazierengehn, genügt das Sonnenlicht, doch um die Stadt Berlin zu sehn, genügt die Sonne nicht«, heißt es in einem Lied Bertolt Brechts anlässlich der Berliner Lichtwoche.[32] Die Stadt, in der tagtäglich bis zu 1000 neue Stromzähler installiert werden, zeigt sich im Glanz des

Die »Osram-Säule« während der Werbewoche »Berlin im Licht« Ende 1928.

künstlichen Lichts. Nach außen hin wirbt sie mit Plakaten für ihr Nachtleben und ihren Amüsierbetrieb.

Einstein wird ihr von nun an immer häufiger den Rücken kehren. Eine Woche nach der Planckfeier zieht er nach Caputh bei Potsdam. Zusammen mit seiner Frau Elsa mietet er sich dort ein, um den Bau ihrer neuen Sommerresidenz zu beaufsichtigen.

»DER TEUFEL HÄLT MIR NACHTS EIN PRIVATISSIMUM«

Ein halbes Jahr nach der Solvay-Konferenz hatte Einstein einen schweren Kreiskaufkollaps erlitten. »Ich war nah am Abkratzen, das man ja auch nicht ungebührlich hinausschieben soll«, ließ er seinen Freund Michele Besso wissen, nachdem er monatelang in ärztlicher Behandlung bei dem stadtbekannten Herzspezialisten und Prominentenarzt János Plesch und zur Kur an der Ostsee gewesen war.[33]

Am Meer waren seine Lebensgeister allmählich zurückgekehrt. »Was für ein blödsinniges Leben man in der Stadt führt und wie glücklich man in der Stille und Abgeschiedenheit sein kann. Auch für das Denken ist es herrlich.«[34]

Während der Kur hatte er viel über eine Theorie nachgedacht, die sowohl die Gravitation als auch den Elektromagnetismus umspannt. An dieser Vision hatte er trotz häufigen Scheiterns über die gesamten Zwanzigerjahre hinweg festgehalten. Natürlich könne alles ganz falsch sein, aber es müsse versucht werden.[35]

Ende 1928, zurück in Berlin, sah Einstein seinen Traum von einer einheitlichen Feldtheorie in Erfüllung gehen. Noch bevor er sie auf sieben Seiten zusammengefasst und an Planck weitergereicht hatte, wussten Zeitungen in den Vereinigten Staaten bereits, dass er dabei war, so etwas wie eine »Theorie von Allem« zu veröffentlichen. Im außereuropäischen Ausland wurde Einstein inzwischen wie ein Weltweiser gefeiert. Und so glich die Resonanz in den Medien Anfang 1929 noch einmal der vor zehn Jahren nach der Bestätigung der allgemeinen Relativitätstheorie durch britische Forscher.

Einstein wurde der Presserummel rasch zu viel. Noch immer klagte er darüber, wie sehr er sich mit allem zurückhalten müsse: »Die kleinste Unregelmäßigkeit, etwas zu viel reden oder trinken, schon meldet sich der Teufel und hält mir nachts ein Privatissimum, statt mich schlafen zu lassen.«[36]

Der Teufel meldete sich auch in Gestalt von Wolfgang Pauli, der ihn in Berlin besuchte. Pauli war ein großer Bewunderer der Relativitätstheorie, erkannte diese in Einsteins Feldtheorie aber genauso wenig wieder wie die Quantenmechanik. Er kondolierte ihm zu der neuen Theorie und schloss eine Wette mit Einstein ab, dass er selbige bald aufgeben werde.[37] Was dann nach langer Verzögerung tatsächlich eintreten sollte: »Sie haben also recht gehabt, Sie Spitzbube.«[38]

Einstein zog sich nun oft aufs Land zurück. Im März 1929 verbrachte er auch seinen 50. Geburtstag in dem prächtigen Anwesen an der Havel, das János Plesch und seine Familie vor Kurzem erworben hatten, der Villa Lemm, wo Jahrzehnte später einmal Queen Elizabeth II. bei ihren

Berlin-Besuchen wohnen sollte. An diesem idyllischen Ort richtete sich Einstein in einem Pavillon in Wassernähe ein. Er wollte keine große Feier. Während zu Hause in der Haberlandstraße Körbe voller Post eingingen, weilte er bei seinem Arzt, der sich mit besonderer Hingabe und Neugier um seinen berühmtesten Patienten kümmerte.

»Hinter Einsteins Rücken« hatte Plesch den Berliner Oberbürgermeister Gustav Böß wissen lassen, dass Einstein nach einem eigenen Grundstück am Wasser Ausschau hielt.[39] Rechtzeitig zum 50. Geburtstag hatte Böß ein Haus mit einem schönen Grundstück an der Havel gefunden, wo Einstein als Ehrenbürger der Stadt lebenslanges Wohnrecht genießen sollte. Wie sich herausstellte, stand dieses Wohnrecht allerdings schon einer älteren Witwe zu. Daher bot man Einstein wenig später ein Wassergrundstück an der Unterhavel als Ehrengabe an.[40] Selbiges sei jedoch infolge einer »Mücken- und Fliegenplage nicht zu benutzen«, berichtete kurz darauf das *Berliner Tageblatt*.[41]

Sechs Wochen nach dem Geburtstag kam es endlich zu einer ordnungsgemäßen Vorlage für einen Magistratsbeschluss der Stadtverordnetenversammlung.[42] Das nun vorgesehene Wassergrundstück lag bei Caputh in der Nähe von Potsdam. Da die Ehrengabe mittlerweile jedoch zu einer Sache von »politischen Manövern« geworden war, konnte im Stadtparlament keine Einigung erzielt werden. Einstein wurde die Angelegenheit schließlich zu bunt.

»Die Blamage ist vollständig. Einstein verzichtet«, meldete die gut informierte Presse Mitte Mai.[43] Einstein hatte sich mit den potenziellen Verkäufern darauf geeinigt, das Grundstück am Templiner See in Caputh aus eigenen Mitteln zu erwerben und dort zwischen alten Kiefern ein Sommerhaus zu bauen, für das sogar schon fertige Pläne vorlagen: Er wünschte sich ein Holzhaus auf festem Fundament mit großen französischen Fenstern, einer überdachten Terrasse und einer Dachterrasse, die wie das Obergeschoss über eine Außentreppe erreichbar sein sollte. Plötzlich ging alles ganz schnell. Die Baugenehmigung ist kurz vor der Planckfeier erteilt worden.

Einstein im Jahr 1929 – ein Mann mit silbergrauer Mähne, über den Kinder bald sagen werden: »Mutter, er sieht wirklich aus wie ein Löwe!«[44] Der Wissenschaftler ist genauso alt wie die Glühbirne, die ihr goldenes Jubiläum in den Vereinigten Staaten groß feiert. Um dem Erfinder aller Erfinder, Thomas Alva Edison, zu seiner ersten Kohlefaden-Lampe zu gratulieren, nimmt der Schöpfer der Lichtquanten einige Mühen auf sich.

»Heut Abend muss ich Edison direkt nach Amerika anfunken zu seinem Geburtstag, eine Gaudi für die Journalisten. Ich fahre extra nach Berlin«, schreibt Einstein seiner Schwester Maja.[45] Tatsächlich beginnt die Rundfunkübertragung erst nachts um 3 Uhr mitteleuropäischer Zeit.

Nach der Gaudi im Oktober 1929 begibt sich Einstein wieder zurück in sein Refugium in Caputh. Die Sommerresidenz ist mittlerweile fertiggestellt worden und hat seine Ersparnisse aufgezehrt. »In dem neuen Holzhäuschen gefällt mir's großartig trotz der durch dasselbe erzeugten Pleite.« Die Ruhe, die Fernsicht, die Spaziergänge. »Es ist ein Paradies.«[46]

Ein Paradies auch deswegen, weil sich der Pensionär Henry Goldman mit zwei Inhabern der Berliner Handelsgesellschaft zusammengetan hatte, um dem leidenschaftlichen Segler zum Geburtstag ein Boot nach eigenen Wünschen bauen zu lassen. Ein schöneres Geschenk hätte man ihm kaum machen können. »Nun ist das Ding so geplant, dass es den berechtigten Neid aller Götter und Menschen und mein größtes Entzücken erwecken wird«, schrieb Einstein in seinem Dankesbrief.[47]

Das »Ding« ist sieben Meter lang und trotz des großen Segels wendig und leicht steuerbar. Sein »Tümmler« hat eine Kabine aus Mahagoni-Holz mit zwei bequemen Schlafplätzen und einer kleinen Toilette. Auf diesem Jollenkreuzer verbringt der Nichtschwimmer von nun an seine schönsten einsamen Stunden. Er badet im Licht, blinzelt dem Wasser zu, das in den Buchten glitzert und dann wieder bleifarben und still vor ihm liegt.

Abseits von Metropolis sind die Nächte finster. Die Augen gewöhnen sich schnell daran. Sobald die Dämmerung aufzieht, setzt die Aktivität besonderer Sinneszellen an der Rückwand der Netzhaut ein, der Stäbchen. Sie sind äußerst zahlreich – mehr als 100 Millionen pro Auge – und leicht reizbar. Solche Stäbchenzellen registrieren lediglich, ob mehr oder weniger Licht ankommt, ob es heller oder dunkler ist.

Nachts sind alle Katzen grau. Die Schwarz-Weiß-Fotografie der Zwanzigerjahre und Max Slevogts Grafiken aus Bolschis Druckerpresse zeigen uns die Welt in einer unendlichen Modulation von Grauwerten. Slevogts Malerei dagegen ist kein Grautonuniversum. Seine Ölbilder und Aquarelle leben von einer impressionistischen Farbenvielfalt.

Unserer Fähigkeit, ein ganzes Regenbogenspektrum von Farbtönen unterscheiden zu können, verdankt sich drei verschiedenen Typen farbempfindlicher Sinneszellen in der Netzhaut, den Zapfen. Sie werden bei Helligkeit aktiv, sind weniger zahlreich und sensibel für kurze, mittlere oder größere Lichtwellenlängenbereiche, entsprechend den drei Farben Blau, Grün und Rot. Über Nervenfasern werden diese Eindrücke an unser Gehirn weitergeleitet und miteinander verrechnet.

Erstaunlicherweise sind unsere Augen für lichtarme Situationen anders ausgestattet als für die Helligkeit. Tagsüber leben wir in einem optischen Informationsrausch. All die Interferenz- und Beugungseffekte, all die irisierenden Farben, durch die uns die Natur tagsüber auf die Wellennatur des Lichts aufmerksam macht, sind uns nachts verborgen: das Schillern des Perlmutts einer Muschel, des vielschichtigen Panzers eines Prachtkäfers, der Schuppen eines Schmetterlingsflügels.

Beim Sehen in lichtarmen Räumen wird die Reduktion auf einen Typ von Sinneszellen und auf einen Wellenlängenbereich zum Gewinn, weil es in der Dunkelheit darauf ankommt, überhaupt optische Informationen über die Außenwelt zu erlangen. Um den Sehpurpur in einem Stäbchen zu verwandeln, also zu bleichen, genügt bereits ein einzelnes Lichtquant. Jede solche Bleichung ist ein abrupter Vorgang, der dann allerdings wie bei einem Fotomultiplier eine ganze Kaskade von Prozessen nach sich zieht.

Einfallendes Licht wird aber erst dann als solches von uns wahrgenommen, wenn innerhalb kurzer Zeit mehrere Stäbchen gereizt werden. Ansonsten wären wir mit unserer Wahrnehmung den Quantenfluktuationen heillos ausgeliefert. Die Lichtempfindung als solche kommt also nicht schon durch einzelne Stäbchen zustande, sondern durch nachgeschaltete Nervenzellen.[48]

Außerhalb der Städte bevölkert sich der Himmel in klaren Nächten mit dem Funkeln zahlloser Sterne, die trotz ihrer großen Entfernungen mit bloßem Auge erkennbar sind. Das Sehen bei Tage auf Basis dreier verschiedener Rezeptoren schöpft dagegen ein breites Farbspektrum aus. Es scheint so, als hätte sich das Auge im Laufe der Evolution dem Wellen- und Teilchencharakter des Lichts nahezu optimal angepasst.

SPUKHAFTE FERNWIRKUNG

Einstein sucht nach Wegen, Wellen- und Teilchenbild auf der Ebene der Physik zusammenzubringen, aber auf eine andere Weise als die Quantenmechanik. Seine Relativitätstheorie basiert auf wenigen grundlegenden physikalischen Ideen, wohingegen die Quantenmechanik aus der Interpretation eines reichen Beobachtungsmaterials hervorgegangen ist. Einstein behauptet stur, dass man auf dem halbempirischen Weg der Quantenmechanik »nicht in die Tiefe gelangen kann«.[49]

In seinen Sommern in Caputh, den wenigen, die ihm bis zu Hitlers Machtergreifung 1933 bleiben, denkt er viel über einzelne Lichtquanten nach. Bei stillen Ausfahrten mit seinem »dicken Segelboot« narrt ihn das Licht ein ums andere Mal. Von einem seiner raffinierten Gedankenexperimente wird Niels Bohr später erzählen.[50] Es ist Einsteins vermeintlich letzter Versuch, die Heisenberg'schen Unbestimmtheitsrelationen zu widerlegen:

Dazu hat er einen Kasten voller Licht ersonnen, der ein winziges Loch

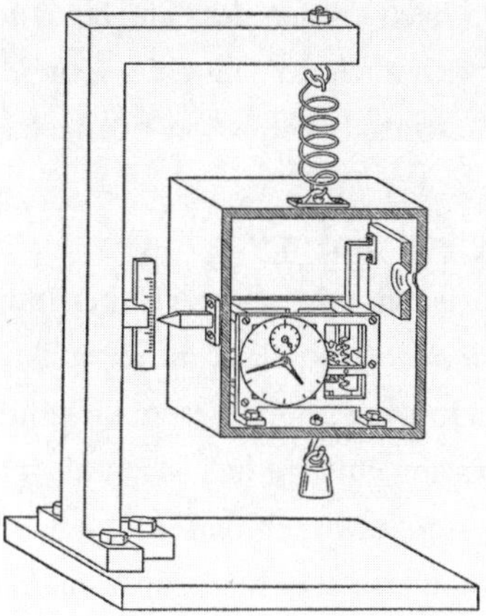

Einsteins »Lichtwaage« nach einer Zeichnung von Niels Bohr.

hat, das mit einem Schieber verschlossen ist. Im Innern des Kastens ist zudem eine Uhr vorgesehen, die mit einer Laboruhr synchronisiert werden kann. Zuerst wiegt man den Kasten. Dann läuft der Countdown:

Zu einem bestimmten Zeitpunkt öffnet sich der Schieber ganz kurz, und ein einzelnes Lichtquant entweicht. Nun wiege man den Kasten ein zweites Mal. Die winzige Differenz bei dieser Wägung gibt Aufschluss über die Energie, die das Lichtquant fortgetragen hat. Auch der Zeitpunkt des Entweichens ist im Prinzip beliebig genau feststellbar, »in striktem Widerspruch zur reziproken Unbestimmtheit von Zeit- und Energiegrößen in der Quantenmechanik«, so Bohr.[51]

Diese neuerliche Infragestellung der Heisenberg'schen Unbestimmtheitsrelationen ist zunächst ein »ziemlicher Schock« für den dänischen Forscher.[52] Erst nach langem Hin und Her findet Bohr einen Fehler in der gedanklichen Kette: Einstein hat seine eigene Theorie unberücksichtigt gelassen.

Laut der allgemeinen Relativitätstheorie beeinflusst das Schwerefeld den Gang einer Uhr. Im 21. Jahrhundert wird man bei Experimenten mit Atomuhren tatsächlich messen können, dass eine Uhr auf dem Schreibtisch geringfügig schneller tickt als eine baugleiche Uhr, die auf dem Boden steht.[53] Hängt man den Kasten also zu einer genauen Wägung an einer Feder auf, so erleidet der Kasten nach Öffnen des Schiebers nicht nur einen Gewichtsverlust, es ändert sich auch der Gang der Uhr. Und zwar in solcher Weise, dass die Unbestimmtheitsrelation unangetastet bleibt.[54]

Für die weitere Entwicklung der Physik wird es sich als Gewinn herausstellen, dass Einstein die Kritik an den Heisenberg'schen Unbestimmtheitsrelationen nun fallen lässt. Stattdessen wechselt er die Perspektive: Er fasst das davonfliegende Lichtquant ins Auge.[55] An diesem Lichtquant kann man, wenn es sich längst vom Kasten entfernt hat, Messungen der einen oder anderen komplementären Größe vornehmen und damit auf den Kasten zurückschließen. Den Kasten ersetzt er bald durch ein Elektron, an dem das Lichtquant gestreut wird, ehe es davonfliegt.[56]

Einsteins hartnäckiges Nachdenken führt ihn auf eine Fernwirkung, die noch seltsamer erscheint als alles bisher Geschilderte. Werfen wir dazu zum Abschluss einen kurzen Blick in das Quantenoptik-Laboratorium von Anton Zeilinger in Wien, wo Einsteins Gedankenexperimente mit verzögerter Wahl an der Schwelle zum 21. Jahrhundert in wirkliche Experimente umgesetzt werden.

Für lange Zeit sei Einstein der einzige Forscher gewesen, der erkannt habe, welch tiefe Veränderungen mit der Quantentheorie verbunden sind, erzählt Zeilinger. »Einstein diskutierte das ganz konkret an einem System mit Lichtquanten, sogenannten verschränkten Photonen. Sie können über große Distanzen voneinander getrennt sein, aber eine Messung an Teilchen A bestimmt augenblicklich den Zustand eines Teilchens B.«[57]

Solche verschränkten Lichtquanten zu erzeugen, ist eine Kunst für sich. Herzstück der Versuchsanordnung in Zeilingers Labor ist ein Kristall aus Beta-Bariumborat. Ein magischer Kristall insofern, als er ganz selten, in etwa einem von einer Milliarden Fällen, ein eingestrahltes ultraviolettes Lichtquant in zwei energieärmere Lichtquanten aufspaltet, die ab sofort miteinander verschränkt sind. Da sie denselben Ursprung haben, teilen diese Quanten-Zwillinge fortan bestimmte Eigenschaften. Führt man an einem Lichtquant eine Messung durch und zwingt es dazu, eine bestimmte Polarisationsrichtung anzunehmen, dann muss das andere Lichtquant im selben Augenblick genau rechtwinklig dazu polarisiert sein, egal wie weit es entfernt ist und obschon keinerlei Verbindung zwischen ihnen besteht.

Solche »spukhaften Fernwirkungen« ließen Einstein einmal mehr an der Quantentheorie verzweifeln. »Das stand im Widerspruch zu seinen eigenen Bildern von Raum und Zeit«, erläutert Zeilinger. »Keine Wirkung sollte von A nach B gelangen können, ohne dass sie den Raum dazwischen in irgendeiner Form zurücklegt. Eine Fernwirkung, die ohne Zeitverzögerung vonstatten geht, hat Einstein Zeit seines Lebens ausgeschlossen.«[58]

Aus Zeilingers zunächst eher philosophisch motivierter Arbeit sind spektakuläre Experimente mit verschränkten Lichtquanten erwachsen. Die Quanten-Zwillinge eignen sich zum Beispiel hervorragend als Schlüssel für eine abhörsichere Datenübertragung. Denn jeder Lauschangriff zerstört die Korrelation der Lichtquanten und verrät den Lauscher sofort.

DAS GEHEIMNISVOLLE

Doch zurück nach Caputh, zurück zu Einstein. Während er dabei ist, die Wissenschaft des Lichts um die mit verschränkten Zuständen einhergehende »spukhafte Fernwirkung« zu bereichern, bringt er zum Ausdruck, dass die Momente des Staunens für ihn die wertvollsten sind:

»Das Schönste, was wir erleben können, ist das Geheimnisvolle. Es ist das Grundgefühl, das an der Wiege von wahrer Kunst und Wissenschaft steht. Wer es nicht kennt und sich nicht mehr wundern, nicht mehr staunen kann, der ist sozusagen tot und sein Auge erloschen.«[59]

Was das Licht betrifft, lebt Einstein mit Widersprüchen und vielen offenen Fragen. Unter anderem hatte er selbst jenen Zufall in die Quantenphysik eingebracht, der ihn seither in Gedanken verfolgt.

Seiner eigenen Theorie nach strahlen Atome Licht auch dann ab, wenn keine anderen Atome in der Nähe sind, wenn sie sich im Vakuum befinden – irgendwann, ohne jeden ersichtlichen Grund, rein zufällig. In einer übergeordneten Theorie, die Elektronen und Photonen umfasst, der Quantenfeldtheorie, lassen sich diese spontanen Emissionen auf die Energieschwankungen des Vakuums zurückführen. Laut Quantenfeldtheorie handelt es sich bei diesen Energieschwankungen um »virtuelle Photonen«. Diese spontan im Vakuum entstehenden, kurzlebigen Quanten können Atome zu ebenso spontanen Lichtemissionen anregen.

Die Quantenfeldtheorie hebt die Physik des Lichts im weiteren Verlauf des 20. Jahrhunderts auf die nächste Stufe der Abstraktion. Schon die energetisch unteilbaren, aber masselosen Lichtquanten fügen sich in keine Teilchenvorstellung. Mit ihren »virtuellen Photonen« strapaziert die moderne Physik das Teilchenbild bis aufs Äußerste. Wenn die Zahl der Lichtquanten derart fluktuiert, ist es dann überhaupt noch möglich, von einzelnen Lichtquanten zu sprechen?

Wo die Theorie die Grenzen des Sagbaren erreicht, meldet sich das Experiment zu Wort. Der französische Physiker Serge Haroche und seine Mitarbeiter haben im 21. Jahrhundert erstmals das Kunststück fertiggebracht, fragile Lichtquanten in Hohlräume einzubringen und unter allen nur erdenklichen Abschirmvorkehrungen darin festzuhalten, ohne sie zu zerstören. In ihrer Photonenfalle überdauern Lichtquanten zwar nur für Bruchteile einer Sekunde. Die Zeit reicht jedoch aus, um jene quantenphysikalische Unbestimmtheit zu studieren, welcher auch die Photonenzahl unterliegt. Haroches zukunftsweisende Experimente bestätigen die Wahrscheinlichkeitsgesetze der Quantentheorie. Von einer festen Anzahl von Lichtquanten kann demnach nur dann die Rede sein, wenn eine Messung erfolgt ist.[60]

Was all dies für unseren Blick zum nächtlichen Sternenhimmel bedeutet?

Licht kann sich im Weltraum beliebig weit ausbreiten, solange es nicht auf Materie trifft. Erreicht das Licht entlegener Sterne unser Auge, dann wirkt es Lichtquant für Lichtquant auf den Sehpurpur in der Netzhaut ein. Dagegen ist es nicht möglich, den »Lebensweg« eines Lichtquants bis zu seinem Geburtsort zurückzuverfolgen, wie der Photonenexperte Harry Paul betont. Lichtquanten besitzen keine Individualität, die dies erlauben würde. Für die Beschreibung der Lichtausbreitung sei man allein auf das Wellenbild angewiesen.[61]

Hier Teilchen, dort Welle – die von Einstein erkannte Doppelnatur des Lichts, Heisenbergs Unbestimmtheitsrelation und Bohrs Konzept komplementärer Größen ergänzen sich 100 Jahre nach den großen Debatten zu einem unverändert rätselhaften Bild. Hinter jedem seiner Pixel verbirgt sich Plancks Wirkungsquantum.

Für Einstein lag im Zauber des Lichts das größte Geheimnis der Physik. Die ganzen 50 Jahre bewusster Grübelei hätten ihn einer Antwort auf die Frage »Was sind Lichtquanten?« nicht näher gebracht, beteuerte er kurz vor seinem Tod. »Heute glaubt zwar jeder Lump, er wisse es, aber er täuscht sich.«[62]

Er selbst hatte das Licht mit seiner Relativitätstheorie so zwischen Raum und Zeit gesetzt, dass die Zeit bei der Bewegung mit dem Licht zum Stillstand kommt. Es gibt dann kein Vorher und kein Nachher. Mit den Worten des mexikanischen Schriftstellers Octavio Paz gesprochen: »Licht ist Zeit, die über sich nachdenkt.«[63]

LICHT AUS: NACH DEM ENDE EINER ÄRA

Max Planck blieb in der Zeit des Nationalsozialismus einer der wichtigsten Repräsentanten der Physik in Deutschland, sein Leitsatz derselbe wie im Ersten Weltkrieg: »Durchhalten und weiterarbeiten.« Zum Ende des Zweiten Weltkriegs musste er miterleben, dass sein Sohn Erwin wegen Beteiligung am Attentat gegen Hitler vom 20. Juli 1944 hingerichtet wurde.

Albert Einstein verließ Berlin noch vor Hitlers Machtergreifung, ließ sich in Princeton nieder und kehrte nie mehr nach Deutschland zurück. Nach der Entdeckung der Kernspaltung in Berlin unterzeichnete er 1939 einen Brief an den amerikanischen Präsidenten mit der Warnung vor dem Bau einer deutschen Atombombe.

Niels Bohr ergriff während der deutschen Besatzung Dänemarks 1943 zusammen mit seiner Familie die Flucht nach Schweden. Unter einem Decknamen reiste er in die Vereinigten Staaten und kurzzeitig als Berater nach Los Alamos, wo ein internationales Forscherteam den Bau einer Atombombe vorantrieb.

Werner Heisenberg erhielt 1933 rückwirkend für das Vorjahr den Physik-Nobelpreis. Nach der Machtübernahme Hitlers blieb er in Deutschland, arbeitete mit am deutschen Atomforschungsprogramm und wurde nach dem Krieg für mehrere Monate im britischen Farm Hall inhaftiert.

Erwin Schrödinger, Max Born, James Franck, schließlich auch Lise Meitner und zahllose andere Forscherinnen und Forscher gingen in der Zeit des Nationalsozialismus ins Exil. Wolfgang Pauli fühlte sich nach Kriegsbeginn selbst in der Schweiz nicht mehr sicher und zog in die Vereinigten Staaten.

DANK

Ich danke meiner Lektorin Annika Domainko und dem Hanser Verlag, die dieses Buch auf den Weg gebracht, gestaltet und die Reise durch die Zwanzigerjahre mit vielen Anregungen begleitet haben, zudem meiner Agentin Barbara Wenner, ohne die die Buchidee nicht gereift wäre. Das wichtigste Fundament dieses Buches bilden die Arbeiten all jener Forscherinnen und Forscher, die die Briefe und Manuskripte Plancks, Einsteins, Bohrs, Heisenbergs, Sommerfelds, Paulis und Schrödingers herausgegeben und kommentiert haben. Unter den Archiven, die mich bei meiner Recherche unterstützt haben, sei an dieser Stelle die Staatsbibliothek zu Berlin wegen meiner mitunter täglichen Anfragen und der Hilfsbereitschaft der Mitarbeiterinnen und Mitarbeiter besonders herausgehoben. Mein herzlicher Dank gilt der Kulturstiftung Schloss Wiepersdorf, die es mir durch ein Literaturstipendium ermöglicht hat, zwischenzeitlich Abstand von der Quantenwelt zu nehmen und dann noch einmal neu zu beginnen. Alle Fehler in diesem Buch sind selbstredend meine.

Berlin, im August 2024
Der Verfasser

ANMERKUNGEN

LICHT AN: DER FOTOEFFEKT

1 Everett, S. 1981, S. 23
2 Frecot, J. 1991, S. 13
3 Beckers, M. & Moortgat, E. 2008, S. 55
4 Ebd., S. 54
5 Byk, S. 1933, S. 53
6 Gert, V. 1978, S. 47
7 Fischer, E. P. 1998
8 Byk, S. 1933, S. 53
9 Schuster, F. 1931, S. 275
10 Byk, S. 1933, S. 53
11 Horvath, Ö. von 1988, S. 52
12 Ferber, C. 1985, S. 277
13 Planck, M. 1920
14 Ebd., S. 22
15 Einstein, A. 1905, S. 133
16 Ebd.
17 Planck, M. 1920, S. 13
18 *Physikalische Zeitschrift* XXII 1921, S. 673 f.
19 Schivelbusch, W. 1992, S. 45 f.
20 Eckert, M. 2013, S. 328
21 Blumenberg, H. 1987 S. 191 f.
22 Richter, F. 2019, S. 4 f.
23 Langewiesche, K. R. 1929, S. 57
24 Kuhlmann, C. 2003, S. 114
25 Langewiesche, K. L. 1929
26 Wolff, S. L. 2020, S. 35 und Beckers, M. & Moortgat, E. 2019
27 Kuhlmann, C. 2003, S. 100
28 Wolff, S. L. 2020, S. 35
29 Speziali, P. 1972, S. 453

TEIL I
LICHT UND MATERIE
(1919–1922)

SCHWARZE STRAHLER

1 *Vossische Zeitung* vom 4. Juli 1919, S. 5
2 *Berliner Tageblatt* vom 4. Juli 1919, S. 7
3 Laue, M. von 1948, S. 5
4 Meitner, L. 1958, S. 408
5 *Berliner Tageblatt* vom 4. Juli 1919, S. 1 f.
6 Planck, M. 1919, S. 548 f.
7 Ebd.
8 Ebd.
9 Glassner, E. & König-Porstner, H. 2012, S. 210
10 Buchsteiner, M. & Strahl, A. 2008, S. 48
11 Glassner, E. & König-Porstner, H. 2012, S. 210
12 Einstein, A. & Infeld, L. 2014, S. 269
13 Renn, J. 2007, S. 46 f.
14 Einstein, A. & Infeld, L. 2014, S. 270
15 Planck, M. 1901b, S. 566
16 *Vossische Zeitung* vom 15. November 1919, S. 2 f.
17 Ebd.
18 *Berliner Tageblatt* vom 15. November 1919, S. 3

19 Pufendorf, A. von 2007, S. 157
20 Kox, A. J. 2008, S. 520
21 Einstein, A. 1913, S. 1077 f.
22 Lummer, O. & Kurlbaum, F. 1901, S. 829 f.
23 Hettner, G. 1922, S. 1036
24 Ebd.
25 Hermann, A. 1969, S. 21
26 Hettner, G. 1922, S. 1036
27 Ebd.
28 Roos, H. & Hermann, A. 2001, S. 67
29 Ebd., S. 29
30 Planck, M. 1901a, S. 555
31 Ebd., S. 556
32 Hermann, A. 1973, S. 35
33 Einstein, A. 1927, S. 546
34 Planck, M. 1901a, S. 555
35 Ebd., S. 561
36 Planck M., 1900, S. 121
37 Hermann, A. 1973, S. 35
38 Planck, M. 1910, S. 764
39 Padova, T. de 2013, S. 67
40 Planck, M. 1920, S. 7
41 Kirsten, C. & Körber, H.-G. 1975, S. 202
42 Albert Einstein Collected Papers 2005, Bd. 9, S. 239
43 Metzler, G. 1996, S. 186
44 *Berliner Tageblatt* vom 15. November 1919, S. 3
45 Metzler, G. 1996, S. 185
46 *Vorwärts* vom 15. November 1919, S. 2
47 Albert Einstein Collected Papers 1998, Bd. 8, S. 663
48 Planck, M. 1922, S. 41
49 Brocke, B. vom 1995, S. 682
50 *Berliner Tageblatt* vom 17. Oktober 1919, S. 4
51 Padova, T. de 2015, S. 120 f.
52 Metzler, G. 1996
53 Ebd., S. 140 f.
54 Schulmann, R. 2012, S. 340
55 Frisé, A. 1983, S. 1080
56 Ebd., S. 1091
57 Ebd., S. 1088
58 The Observatory 1919, S. 394
59 *London Times* vom 7. November 1919, S. 1
60 *New York Times* vom 10. November 1919, S. 1
61 Planck, M. 1919, S. 548 f.
62 Albert Einstein Collected Papers 2005, Bd. 9, S. 258 f.
63 Seelig, C. 1991, S. 327
64 Albert Einstein Collected Papers 2005, Bd. 9, S. 587
65 Ebd., S. 240
66 Buchsteiner, M. & Strahl, A. 2008, S. 51
67 *Berliner Tageblatt* vom 25. Dezember 1919, 4. Beiblatt
68 Grundmann, S. 1998, S. 126
69 Kirsten, C. & Treder, H.-J. 1979, S. 175
70 Ebd., S. 176 f.
71 Ebd.
72 *Vossische Zeitung* vom 30. November 1919, S. 9 f.
73 Born, M. 1969, S. 38 f.
74 Ebd.
75 Albert Einstein Collected Papers 2005, Bd. 9, S. 260
76 Ebd., S. 268
77 Ebd., S. 261

DAS BONZENFREIE KOLLOQUIUM

1 Ebd., S. 612 f.
2 Schulmann, R. 2012, S. 342
3 Ebd., S. 344
4 Born, M. 1969, S. 48
5 Albert Einstein Collected Papers 2005 Bd. 9, S. 15 f.
6 Widmalm, S. 1995, S. 346 f.
7 Planck, M. 1920, S. 22

8 Moore, R. 1970, S. 105
9 Bohn, R. 2010, S. 109
10 Westphal, W. 1960a, S. 794
11 Architekten-Verein zu Berlin 1896, Bd. II, S. 267 f.
12 Paszkowski, W. 1910, S. 77
13 Schüler, H. 1960, S. 816
14 Eckert, M. 2013, S. 316
15 Eckert, M. & Märker, K. 2004, S. 16 f.
16 *Berliner Tageblatt* vom 28.4.1920, S. 3
17 Bohr, N. 1920, S. 423
18 Eckert, M. 2013, S. 315
19 Irzhak, L. I. 2005, S. 366
20 Bohr, N. 1920, S. 423
21 Niels Bohr Collected Works 1972 Bd. 1, S. 529
22 Bohr, N. 1982, S. 112
23 Ebd., S. 111 f.
24 Rutherford, E. 1911, S. 669
25 Rutherford, E. 1914, S. 345
26 Niels Bohr Collected Works 1972 Bd. 1, S. 539
27 Bohr, N. 1982, S. 129 f.
28 Hahn, O. 1968, S. 74
29 Bade, J. N. 2010, S. 215 f.
30 Wehefritz, V. 1999, S. 24
31 Pringsheim, P. 1921, S. IV
32 Bohr, N. 1923, S. 608
33 Ebd.
34 Ebd.
35 Niels Bohr Collected Works 1972 Bd. 1, S. 555
36 Ebd., S. 559
37 Hermann, A. 1969, S. 166
38 Bohr, N. 1920, S. 424
39 Ebd., S. 426
40 Eve, A. S. 1939, S. 221
41 Planck, M. 1920, S. 20
42 Bohr, N. 1920, S. 427
43 Hermann, A. 1969, S. 174
44 Meyenn, K. von 1985, S. 14
45 Meitner, L. 1964, S. 7
46 Ebd.
47 Ebd.
48 Padova, Thomas de 2015
49 Pais, A. 1991, S. 227 f.
50 Meitner, L. 1964, S. 7
51 Albert Einstein Collected Papers 2006 Bd. 10, S. 439
52 *Berliner Tageblatt* vom 27.4.1920, S. 1
53 Albert Einstein Collected Papers 2006 Bd. 10, S. 246
54 Meyenn, K. von 1985, S. 35
55 Einstein, A. 1917a, S. 127
56 Kopfermann, H. & Ladenburg, R. 1928
57 Einstein, A. 1916, S. 321
58 Ebd., S. 322
59 Albert Einstein Collected Papers 1998, Bd. 8, S. 329
60 Lemmerich, J. 2003, S. 56
61 Niels Bohr Collected Works 1976 Bd. 3, S. 634
62 Ebd.
63 Ebd.
64 Albert Einstein Collected Papers 2006 Bd. 10, S. 244
65 Meitner, L. 1964, S. 7

SCHLAGABTAUSCH IN BADEHAUS 8

1 *Berliner Tageblatt* vom 20.7.1920, S. 3
2 Ebd.
3 Weyland, P. 1920, S. 19
4 Ebd., S. 17
5 Ebd., S. 19
6 *Vossische Zeitung* vom 25.8.1920, S. 2
7 Ebd.
8 Eckert, M. & Märker, K. 2004, S. 80
9 *Berliner Tageblatt* vom 25.8.1920, S. 3
10 Eckert, M. & Märker, K. 2004, S. 80
11 Weyland, P. 1920, S. 10
12 Eckert, M. & Märker, K. 2004,

S. 80 sowie Grundmann, S. 1998, S. 154
13 Fest, J. 1976, Bd. 1. S. 186 f.
14 Phelps, R. H. 1968, S. 405
15 Ebd., S. 413
16 *Völkischer Beobachter* vom 11.2.1920, S. 2 f.
17 Albert Einstein Collected Papers 2005 Bd. 9, S. 522
18 *Vossische Zeitung* vom 29.8.1920, 4. Beilage
19 Ebd.
20 *Berliner Tageblatt* vom 26.8.1920, S. 2
21 Eckert, M. & Märker, K. 2004, S. 80 f.
22 *Berliner Tageblatt* vom 27.8.1920, S. 1
23 Ebd.
24 Kleinert, A. & Schönbeck, C. 1978, S. 327
25 Albert Einstein Collected Papers 2006 Bd. 10, S. 404
26 Ebd., S. 389
27 *Berliner Tageblatt* vom 27.8.1920, S. 3
28 Eckert, M. & Märker, K. 2004, S. 81 f.
29 Kirsten, C. & Treder, H.-J. 1979, S. 206 f.
30 Ebd.
31 Witting, A. 1921, S. 191 f.
32 Albert Einstein Collected Papers 2006 Bd. 10, S. 412
33 Kirsten, C. & Treder, H.-J. 1979, S. 207
34 Ebd., S. 206
35 Eckert, M. & Märker, K. 2004, S. 84
36 Born, M. 1969, S. 59
37 Schirrmacher, A. 2010a, S. 233
38 Ebd., S. 234
39 Ebd.
40 Witting, A. 1921, S. 7
41 Ebd., S. 17
42 Schirrmacher, A. 2010a, S. 234
43 Körner, K. 1921, S. 79
44 Forman, P. 2007, S. 36
45 Schirrmacher, A. 2010a, S. 227
46 Ebd., S. 254
47 Ebd., S. 234
48 Forman, P. 2007, S. 42 f.
49 *Vossische Zeitung* vom 29.8.1920, 4. Beilage
50 *Vossische Zeitung* vom 24.9.1920, S. 1
51 *Deutsche Allgemeine Zeitung* vom 25.9.1920, S. 2
52 Ebd.
53 Laue, M. von 1920, S. 662
54 Grebe, L. 1920, S. 665
55 *Berliner Tageblatt* vom 24.9.1920, S. 3
56 Ebd.
57 Schirrmacher, A. 2010a, S. 235
58 Born, M. 1969, S. 67
59 *Berliner Tageblatt* vom 24.9.1920, S. 3
60 Ebd.
61 Ebd.
62 *Physikalische Zeitschrift* Bd. 21, 1920, S. 667
63 *Vossische Zeitung* vom 24.9.1920, S. 1
64 Frank, P. 1979, S. 275
65 *Berliner Tageblatt* vom 26.9.1920, S. 2
66 Grundmann, S. 1998, S. 166
67 Wolff, S. L. 2001, S. 31
68 Ebd., S. 32
69 Hentschel, K. 1990b, S. 279 f. sowie Kleinert, A. 1993, S. 229

»WAS, SO JUNG UND SCHON UNBEKANNT?«

1 Cassidy, D. C. 2001, S. 110
2 Scharf, J.-H. 1982, S. 11
3 Hirsch-Heisenberg, A. M. 2003, S. 27
4 Ebd.
5 *Vossische Zeitung* vom 20.9.1921, S. 3
6 Heisenberg, W. 1971, S. 97
7 Kuhn, T. S. & Heilbron, J. 1962, Sitzung I mit W. Heisenberg
8 Hermann, A. 1976, S. 8
9 Cassidy, D. C. 2001, S. 32 f.
10 Hirsch-Heisenberg, A. M. 2003, S. 20
11 Scharf, J.-H. 1982, S. 11

12 Ebd.
13 Einstein, A. 1917b
14 Hermann, A. 1994, S. 250 f.
15 Heisenberg, W. 1977, S. 111
16 Ebd.
17 Jacobi, M. 2000, S. 232 f.
18 *Die Naturwissenschaften* vom 24.2.1922, S. 184
19 Kuhn, T. S. & Heilbron, J. 1962, Sitzung I mit W. Heisenberg
20 *Vossische Zeitung* vom 20.9.1921, S. 3
21 Hirsch-Heisenberg, A. M. 2003, S. 28
22 Kuhn, T. S. & Heilbron, J. 1962, Sitzung II mit W. Heisenberg
23 Enz, C. P. & Meyenn, K. von 1988, S. 120
24 Kuhn, T. S. & Heilbron, J. 1962, Sitzung I mit W. Heisenberg
25 Sommerfeld, A. 1921, S. 421
26 Forman, A. 1970, S. 237 f.
27 Ebd., S. 249
28 Ebd., S. 259 f.
29 Ebd., S. 261
30 Hirsch-Heisenberg, A. M. 2003, S. 26 f.
31 Ebd.
32 Ebd., S. 27
33 Hermann, A. 1973, S. 9
34 *Physikalische Zeitschrift* XXII, 1921, S. 569 f.
35 Henning, E. 2009, S. 53
36 Wolff, S. L. 2008, S. 53
37 Kuhn, T. S. & Heilbron, J. 1962, Sitzung III mit W. Heisenberg
38 Ebd.
39 Sommerfeld, A. 1919, S. VIII
40 Sommerfeld, A. 1921, S. 412
41 Eckert, M. & Märker, K. 2000, S. 563
42 Sauter, F. 1968, Bd. 3, S. 549 f.
43 Cassidy, D. C. 1979, S. 209 f.
44 *Physikalische Zeitschrift* XXII 1921, S. 549 f.
45 Eckert, M. & Märker, K. 2004, S. 113
46 Heilbron, J. L. 2006, S. 135
47 Kox, A. J. 2008, S. 533
48 Hirsch-Heisenberg, A. M. 2003, S. 29 f.
49 Ebd., S. 30
50 Weyl, H. 1928, S. 111
51 Hirsch-Heisenberg, A. M. 2003, S. 27
52 Schulmann, R. 2012, S. 368
53 Eckert, M. & Märker, K. 2004, S. 103 f.

AUF WIEDERSEHEN IM HILBERT-RAUM

1 *Die Naturwissenschaften*, 10. Jahrgang, Heft 4 1922, S. 70
2 Ebd., S. 69 f.
3 Ebd., S. 72
4 Schirrmacher, A. 2019, S. 27 f.
5 Majer, U. & Sauer, T. 2009, S. 376 f.
6 Blumenthal, O. 1935, S. 406
7 Moore, R. 1970, S. 15
8 Moore, R. 1970, S. 23 f.
9 Röseberg, U. 1985, S. 130
10 Kossel, W. 1916, S. 237
11 Kossel, W. 1923, S. 602
12 Schmidt-Böcking, H. & Templeton, A. & Trageser, W. 2019, S. 108
13 Eckert, M. & Märker, K. 2004, S. 118
14 Mehra, J. & Rechenberg, H. 2001 Bd. 1, S. 345
15 Born, M. 1969, S. 93
16 Kuhn, T. S. & Heilbron, J. 1962, Sitzung mit R. Minkowski
17 Hund, F. 1969, S. 212
18 Blumenthal, O. 1935, S. 400
19 Einstein, A. 1905, S. 3
20 Bohr, N. 1922a, S. 4
21 Ebd.
22 Ebd.
23 Seelig, C. 1952, S. 42
24 Kirsten, C. & Körber, H.-G. 1975, S. 232
25 Bohr, N. 1922a, S. 12
26 Ebd., S. 8

27 Eckert, M. & Märker, K. 2004, S. 111
28 Bohr, N. 1922a, S. 8 f.
29 Lemmerich, J. 2007, S. 75
30 Blum, A. S. & Jähnert, M. 2020, S. 131 f.
31 Bohr, N. 1920, S. 429 f.
32 Hirsch-Heisenberg, A. M. 2003, S. 34
33 Lemmerich, J. 2007, S. 97
34 Achilles, M. 2012, S. 6
35 Hirsch-Heisenberg, A. M. 2003, S. 34
36 Ebd.
37 Ebd.
38 Born, M. 1969, S. 93
39 Ebd., S. 95
40 Cassidy, D. C. 2001, S. 164
41 Bohr, N. 1922a, S. 76
42 Ebd.
43 Ebd.
44 Sommerfeld, A. & Back, E. 1921, S. 913
45 Heisenberg, W. 1929, S. 491
46 Hermann, A. & Meyenn, K. von & Weisskopf, V. F. 1979 Bd. 1, S. 38
47 Ebd., S. 56
48 Bohr, N. 1922a, S. 76 f.
49 Cassidy, D. C. 2001 S. 710
50 Scharf, J.-H. 1982, S. 11
51 Enz, C. P. 2005, S. 28
52 Eckert, M. 2013, S. 341 f.
53 Lemmerich, J. 2007, S. 98

TEIL II WELLEN UND TEILCHEN (1923–1924)

LICHT + LICHT = DUNKELHEIT

1 Albert Einstein Collected Papers 2012, Vol. 13, S. 698
2 Eckert, M. & Märker, K. 2000, S. 108
3 Pais, A. 1982, S. 364
4 Einstein A. & Infeld L. 2014, S. 279
5 Holton, G. 2000b, S. 13
6 Bohr, N. 1923, S. 609
7 Glatzer, R. 2000, S. 363
8 Weizsäcker, C. F. von 1985, S. 311
9 Löffler, G. 2017, S. 51 f.
10 Bohr, N. 1923, S. 624
11 Schilpp, P. A. 1983, S. 17
12 Glatzer, R. 2000, S. 113
13 *Berliner Tageblatt* vom 2.9.1923, 1. Beiblatt
14 Fölsing, A. 1995, S. 617
15 Eckert, M. & Märker, K. 2000, S. 144
16 Compton, A. H. 1923, S. 501
17 Einstein, A. 1924, 1. Beiblatt
18 Hentschel, K. 2017, S. 171
19 Eckert, M. & Märke, K. 2000, S. 152
20 *Berliner Tageblatt* vom 20.4.1924, 1. Beiblatt
21 Albert Einstein Collected Papers 1993, Vol. 5, S. 276
22 Bragg, W. H. 1922, S. 158
23 Young, T. 1807, S. 464
24 Einstein, A. 1905, S. 133
25 Kramers, H. A. & Holst, H. 1923, S. 175
26 Kox, A. J. 2008, S. 547
27 Ebd.
28 Ebd.
29 Taylor, G. I. 1909, S. 114 f.
30 Paul, S. H. 1995, S. 126 f.
31 Stachel, J. 2002, S. 381 f.
32 Born, M. 1926, S. 804
33 Schottky, W. 1921, S. 509
34 Albert Einstein Collected Papers 2012, Vol. 13, S. 75
35 Ebd., S. 203
36 Fölsing, A. 1995, S. 617
37 Albert Einstein Collected Papers 2015, Vol. 14, S. 179

FLUCHT AUS BERLIN

1 *Vossische Zeitung* vom 4.11.1923, Erste Beilage
2 Bisky, J. 2019, S. 465
3 Laue, M. von 1948, S. 5
4 *Vossische Zeitung* vom 6.11.1923, Erste Beilage
5 *Berliner Tageblatt* vom 6.11.1923, S. 3
6 Ebd., S. 1 (Morgenausgabe)
7 *Vossische Zeitung* vom 6.11.1923, Erste Beilage
8 Zahn-Harnack, A. von 1948, S. 165
9 Planck, E. 1923, Nachlass 334, Mappe 8
10 Ebd.
11 Planck, E. 1924, Nachlass 334, Mappe 76
12 Albert Einstein Collected Papers 2015, Vol. 14, S. 230
13 Ebd., S. 230 f.
14 Ebd., S. 230
15 Ebd., S. 254
16 Ebd., S. 231
17 Kox, A. J. 2008, S. 561
18 Brenner, W. 2005, S. 441
19 Grundmann, S. 1998, S. 211
20 Albert Einstein Collected Papers 2012, Vol. 13, S. 269
21 Albert Einstein Collected Papers 2021, Vol. 16, S. 12
22 Gatzke, H. W. 1986, S. 346
23 Albert Einstein Collected Papers 2015, Vol. 14, S. 55
24 Wien W. 1930, S. 47
25 *Vossische Zeitung* vom 31.7.1923, S. 2
26 Wolter, B.-M. 2005, S. 180
27 *Vossische Zeitung* vom 5.11.1923, S. 1
28 Ullrich, V. 1922, S. 191
29 *Vossische Zeitung* vom 9.11.1923, S. 1 (Morgenausgabe)
30 Bohnke-Kollwitz, J. 1989, S. 563
31 Grundmann, S. 1998, S. 186 f.
32 Albert Einstein Collected Papers 2015, Vol. 14, S. 231
33 Van Delft, D. 2006, S. 62
34 Lemmerich, J. 2003, S. 56
35 *Vossische Zeitung* vom 9.11.1923, S. 1
36 Albert Einstein Collected Papers 2015, Vol. 14, S. 227
37 Lemmerich, J. 2003, S. 56
38 Pange, P. de 1968, S. 39
39 Ebd., S. 166
40 Ebd., S. 92
41 George, A. 1955, S. 181
42 Pange, P. de 1975, S. 299
43 Blum, A. S. & Jähnert, M. 2020, S. 133
44 Broglie, L. de 1923a, S. 508
45 Ryutov, D. 2007
46 Wien, W. 1930, S. 133
47 Broglie, L. de 1923a, S. 507
48 Broglie, L. de 1923b, S. 549
49 George, A. 1955, S. 190
50 Ebd.
51 Kox, A. J. 2008, S. 562
52 Ebd., S. 564
53 Albert Einstein Collected Papers 2015, Vol. 14, S. 243
54 Ebd., S. 232
55 Ebd., S. 254

DAS EIS BRICHT

1 Kuhn, T. S. & Heilbron, J. 1963, Sitzung III mit W. Heisenberg
2 Born, M. 1975, S. 292
3 Ebd.
4 Eckert, M. & Märker, K. 2004, S. 135
5 Cassidy, D. C. 2001, S. 33 f.
6 Born, M. 1923, S. 542
7 Born, M. 1975, S. 291
8 Rechenberg, H. 2010, S. 195
9 Ebd.
10 Mann, T. 1923, S. 20
11 Cassidy, D. C. 2001, S. 195

12 Hirsch-Heisenberg, A. M. 2003, S. 56
13 Ebd., S. 62
14 Beyerchen, A. D. 1982, S. 136 f.
15 Hermann, A. & Meyenn, K. von & Weisskopf, V. F. 1979, S. 132
16 Hirsch-Heisenberg, A. M. 2003, S. 65 f.
17 Hermann, A. & Meyenn, K. von & Weisskopf, V. F. 1979, S. 143
18 Hirsch-Heisenberg, A. M. 2003, S. 69
19 Ebd.
20 Ebd., S. 70
21 Heisenberg, W. 1973, S. 54
22 Hirsch-Heisenberg, A. M. 2003, S. 70 f.
23 Rosenfeld, L. & Rüdinger, E. & Aaserud, F. 1984 Bd. 5, S. 487
24 Rheinberger, H.-J. 2012, S. 12
25 Bohr, N., Kramers, H. A. & Slater, J. C. 1924, S. 70
26 Ebd., S. 75
27 Kramers, H. A. & Holst, H. 1923, S. 175
28 Hermann, A. & Meyenn, K. von & Weisskopf, V. F. 1979, S. 146
29 Ebd., S. 149
30 Ebd., S. 143 f.
31 Hirsch-Heisenberg, A. M. 2003, S. 70 f.
32 Heisenberg, W. 1973, S. 55
33 Ebd., S. 54 f.
34 Rosenfeld, L. & Rüdinger, E. & Aaserud, F. 1984 Bd. 5, S. 354

DER REICHE ONKEL AUS AMERIKA

1 Cassidy, D. C. 2001, S. 20
2 Born, M. 1969, S. 111
3 Kuhn, T. S. & Heilbron, J. 1962, Sitzung IV mit M. Born
4 Ebd.
5 Breton Fisher, J. 2010, S. 140
6 Albert Einstein Collected Papers 2015, Vol. 14, S. 401
7 Ebd., S. 386
8 Mendelssohn, P. de 1977, S. 367
9 Albert Einstein Collected Papers 2015, Vol. 14, S. 401
10 Ebd., S. 402
11 Ebd.
12 Born, H. 1956, S. 36
13 Born, M. 1975, S. 278
14 Hermann, A. & Meyenn, K. von & Weisskopf, V. F. 1979 Bd. 1, S. 154
15 Hirsch-Heisenberg, A. M. 2003, S. 74 f.
16 Ebd., S. 74
17 Ebd., S. 76
18 Born, M. 1969, S. 109
19 Hirsch-Heisenberg, A. M. 2003, S. 76
20 Hermann, A. & Meyenn, K. von & Weisskopf, V. F. 1979 Bd. 1, S. 154
21 Fölsing, A. 1995, S. 650 f.
22 Albert Einstein Collected Papers 2015, Vol. 14, S. 389
23 Ebd., S. 393
24 Ebd., S. 389
25 Born, M. 1969, S. 118
26 Pais, A, 2000, S. 427
27 Hermann, A. & Meyenn, K. von & Weisskopf, V. F. 1979 Bd. 1, S. 154
28 Ebd., S. 155
29 Born, M. 1975, S. 272
30 Albert Einstein Collected Papers 2015, Vol. 14, S. 407
31 Pauli, W. 1925a, S. 381
32 Ebd., S. 385
33 Hermann, A. & Meyenn, K. von & Weisskopf, V. F. 1979 Bd. 1, S. 192
34 Ebd., S. 194 f.
35 Pauli, W. 1925b, S. 776
36 Hermann, A. & Meyenn, K. von & Weisskopf, V. F. 1979 Bd. 1, S. 197
37 Enz, C. P. 2005, S. 32
38 Einstein, A. 1925b, S. 18
39 Albert Einstein Collected Papers 2015, Vol. 14, S. 578 f.

40 Einstein, A. 1925a, S. 10 f.
41 Albert Einstein Collected Papers 2015, Vol. 14, S. 443
42 Einstein, A. 1925a, S. 9
43 George, A. 1955, S. 190
44 Blum, A. S. & Jähnert, M. 2020, S. 135
45 Albert Einstein Collected Papers 2015, Vol. 14, S. 608
46 Einstein, A. 1925a, S. 10
47 Ebd.
48 Elsasser, W. 1925, S. 711

TEIL III
QUANTENLICHT UND QUANTENATOM (1925–1929)

MYTHOS HELGOLAND

1 Hermann, A. & Meyenn, K. von & Weisskopf, V. F. 1979 Bd. 1, S. 211
2 Ebd., S. 233
3 Fick, D. & Kant, H. 2009, S. 401
4 Bothe, W. & Geiger, H. 1925, S. 663
5 Rosenfeld, L. & Rüdinger, E. & Aaserud, F. 1984 Bd. 5, S. 360
6 Ebd., S. 351
7 Blum, A. S. & Jähnert, M. 2020, S. 142
8 Bohr, N. 1925, S. 154 f.
9 Rosenfeld, L. & Rüdinger, E. & Aaserud, F. 1984 Bd. 5, S. 311
10 Paz, O. 1980, S. 74
11 Eckert, M. & Märker, K. 2004, S. 177
12 Hermann, A. & Meyenn, K. von & Weisskopf, V. F. 1979 Bd. 1, S. 233
13 Bohr, N. 1925, S. 157
14 Born, M. 1969 S. 120
15 Hirsch-Heisenberg, A. M. 2003, S. 78
16 Ebd., S. 80 f.
17 Hentschel, K. 2002
18 Ornstein, L. & Moll, W. & Burger, H. 1932, S. 95 f.
19 Sauter, F. 1968, Bd. 3, S. 763
20 Sommerfeld, A. & Heisenberg, W. 1922
21 Heisenberg, W. 1925a
22 Kramers, H. A. & Heisenberg, W. 1925, S. 691
23 Cassidy, D. C. 2001, S. 236 f.
24 Rosenfeld, L. & Rüdinger, E. & Aaserud, F. 1984 Bd. 5, S. 358
25 Eckert, M. & Märker, K. 2004, S. 168 f.
26 Jähnert, M. 2016, S. 211 f.
27 Kronig, R. 1925
28 Hermann, A. & Meyenn, K. von & Weisskopf, V. F. 1979 Bd. 1, S. 215
29 Hirsch-Heisenberg, A. M. 2003, S. 90
30 Rechenberg, H. 2010, S. 295
31 Born, M. 1924
32 Born, M. & Jordan, P. 1925a, S. 493
33 ETH-Bibliothek, Hochschularchiv, Hs 1045:132, Werner Heisenberg an Ralph Kronig, 05.06.1925, S. 2 f.
34 Hirsch-Heisenberg, A. M. 2003, S. 91
35 Ebd., S. 91 f.
36 Archiv der Max-Planck-Gesellschaft, Nachlass Werner Heisenberg; Signatur III/93/1753/427, Mappe 3
37 Blum, A. S. & Jähnert, M. et al. 2017, S. 17
38 Hermann, A. & Meyenn, K. von & Weisskopf, V. F. 1979 Bd. 1, S. 215 f.
39 Kisch, E. E. 1963, S. 174 f.
40 Neffe, J. 2005, S. 403
41 Hermann, A. & Meyenn, K. von & Weisskopf, V. F. 1979 Bd. 1, S. 221
42 Ebd., S. 227
43 Ebd., S. 231 f.
44 Born, M. 1969 S. 125
45 Heisenberg, W. 1925c

46 Hermann, A. & Meyenn, K. von & Weisskopf, V. F. 1979 Bd. 1, S. 233 f.
47 Ebd., S. 228
48 Born, M. 1969, S. 121
49 Born, M. & Jordan, P. 1925b, S. 859
50 Courant, R. & Hilbert, D. 1924
51 Reid, C. 1979, S. 134
52 Kuhn, T. S. & Heilbron, J. 1963, Sitzung VIII mit W. Heisenberg
53 Born, M. & Jordan, P. 1925b, S. 871
54 Hermann, A. & Meyenn, K. von & Weisskopf, V. F. 1979 Bd. 1, S. 247
55 Ebd., S. 307
56 Ebd., S. 250
57 Pauli, W. 1926, S. 336 f.
58 Hermann, A. & Meyenn, K. von & Weisskopf, V. F. 1979 Bd. 1, S. 252

DER VORGEZOGENE GIPFEL

1 Albert Einstein Collected Papers 2018, Vol. 15, S. 126
2 Rosenfeld, L. & Rüdinger, E. & Aaserud, F. 1984 Bd. 5, S. 327
3 Ebd.
4 Ebd., S. 507
5 Uhlenbeck, G. & Goudsmit, S. 1925, S. 954
6 Rosenfeld, L. & Rüdinger, E. & Aaserud, F. 1984 Bd. 5, S. 234
7 Hermann, A. 1968, S. 118
8 Boer, J. de 1986, S. 338
9 Rosenfeld, L. & Rüdinger, E. & Aaserud, F. 1984 Bd. 5, S. 234
10 Goudsmit, S. 1965, S. 451
11 Meyenn, K. von 2011, S. 448
12 Rosenfeld, L. & Rüdinger, E. & Aaserud, F. 1984 Bd. 5, S. 497
13 Planck, M. 1926, S. 258
14 Ebd.
15 Ebd.
16 Ebd.
17 Ebd., S. 259
18 Albert Einstein Collected Papers 2018, Vol. 15, S. 123
19 Albert Einstein Collected Papers 2012, Bd. 13, S. 188
20 Rosenfeld, L. & Rüdinger, E. & Aaserud, F. 1984 Bd. 5, S. 497
21 Bohr, N. 1926, S. 4
22 Planck, M. 1926, S. 259
23 Paul, H. 1995, S. 60 f. und 81 f.
24 Hermann, A. & Meyenn, K. von & Weisskopf, V. F. 1979 Bd. 1, S. 164
25 Rosenfeld, L. & Rüdinger, E. & Aaserud, F. 1984 Bd. 5, S. 497
26 Blumenberg, H. 1987, S. 193
27 Meyenn, K. von 2011, S. 320 f.
28 Rosenfeld, L. & Rüdinger, E. & Aaserud, F. 1984 Bd. 5, S. 497
29 Ebd., S. 499
30 Ebd., S. 329
31 Albert Einstein Collected Papers 2018, Vol. 15, S. 235
32 Rosenfeld, L. & Rüdinger, E. & Aaserud, F. 1984 Bd. 5, S. 329
33 Hermann, A. & Meyenn, K. von & Weisskopf, V. F. 1979 Bd. 1, S. 262
34 Ebd., S. 266
35 Ebd., S. 275

TANZ AUF DEM ATOM

1 Arndt, J. 2004, S. 134
2 Szatmari, E. 1927, S. 78
3 Jähner, H. 2022, S. 232
4 Reinthal, A. & Kamzelak, R. S. & Ott, U. 2007, S. 27
5 Leonard, R. L. 1921, S. 122

6 Ebd., S. 120
7 Speziali, P. 1972, S. 215 f.
8 Albert Einstein Collected Papers 2018, Vol. 15, S. 199 f.
9 Born, M. 1969, S. 127
10 Schulmann, R. 2012, S. 423
11 Planck, M. 1926, S. 260
12 Bloch, F. 1976, S. 23
13 Ebd.
14 Schrödinger, E. 1926b, S. 497
15 Ebd.
16 Neurath, O. 1981, S. 184
17 Kuhn, T. S. & Heilbron, J. 1963, Sitzung mit A. Schrödinger
18 Ebd.
19 Meyenn, K. von 2011, S. 164
20 Schrödinger, E. 1926a
21 Schrödinger, E. 1926b, S. 514 f.
22 Przibram, K. 1963, S. 3
23 Ebd., S. 21 f.
24 Albert Einstein Collected Papers 2018, Vol. 15, S. 442
25 Fölsing, A. 1995, S. 661 f.
26 Wien, W. 1930, S. 72
27 Hermann, A. & Meyenn, K. von & Weisskopf, V. F. 1979 Bd. 1, S. 315 f.
28 Ebd., S. 317
29 Meyenn, K. von 2011, S. 220
30 Schrödinger, E. 1926c, S. 735
31 Hermann, A. & Meyenn, K. von & Weisskopf, V. F. 1979 Bd. 1, S. 328
32 Hossenfelder, S. 2018
33 Hirsch-Heisenberg, A. M. 2003, S. 48
34 Ebd., S. 47
35 Gossart, E. 2008, S. 48
36 Ebd., S. 46 f.
37 Ebd., S. 51
38 *Vossische Zeitung* vom 29.4.1926, S. 3
39 Hirsch-Heisenberg, A. M. 2003, S. 102
40 Heisenberg, W. 1926, S. 990
41 Ebd.
42 Albert Einstein Collected Papers 2018, Vol. 15, S. 430
43 Kox, A. J. 2008, S. 604
44 Albert Einstein Collected Papers 2018, Vol. 15, S. 347
45 Ebd., S. 210
46 Hermann, A. & Meyenn, K. von & Weisskopf, V. F. 1979 Bd. 1, S. 260
47 Ebd.
48 Meyenn, K. von 2011, S. 217
49 Speziali, P. 1972, S. 215
50 Ebd., S. 197
51 Ebd.
52 Meyenn, K. von 2011, S. 317
53 Wien, W. 1930, S. 73
54 Einstein, A. 1926, S. 300 f.
55 Fölsing, A. 1984, S. 73 f.
56 Zankl, H. 2003, S. 31
57 Ebd.
58 Eckert, M. 1993, S. 98
59 Hirsch-Heisenberg, A. M. 2003, S. 102
60 Ebd., S. 103
61 Kox, A. J. 2008, S. 602
62 Meyenn, K. von 2011, S. 250 f.
63 Ebd., S. 248
64 Schrödinger, E. 1926e, S. 139
65 Padova, T. de 2021, S. 336 f.
66 Schrödinger, E. 1926e, S. 118
67 Albert Einstein Collected Papers 2018, Vol. 15, S. 505
68 Schrödinger, E. 1926e, S. 135
69 Ebd., S. 353
70 Bird, K. & Sherwin, M. J. 2009, S. 73 f.
71 Born, M. 1975, S. 312
72 Ebd., S. 312 f.
73 Born, M. & Jordan, P. 1925b, S. 858
74 Meyenn, K. von 2011, S. 404
75 Born, M. 1926a, S. 864
76 Ebd.
77 Ebd., S. 866
78 Born, M. 1926, S. 804
79 Ebd.
80 Born, M. 1926a, S. 866
81 Born, M. 1926, S. 804

82 Hermann, A. & Meyenn, K. von & Weisskopf, V. F. 1979 Bd. 1, S. 338
83 Meyenn, K. von 2011, S. 347 f.
84 Albert Einstein Collected Papers 2018, Vol. 15, S. 647 f.
85 Born, M. 1969, S. 129 f.
86 Ebd.
87 Schulmann, R. 2012, S. 427
88 Ebd.

DIE UNBESTIMMTHEIT DER WELT

1 Hirsch-Heisenberg, A. M. 2003, S. 34
2 Ebd., S. 104
3 Heisenberg, W. 1926a, S. 518
4 Heisenberg, W. 1951, S. 52 f.
5 Hermann, A. & Meyenn, K. von & Weisskopf, V. F. 1979 Bd. 1, S. 337 f.
6 Kuhn, T. S. & Heilbron, J. 1963, Sitzung VIII mit W. Heisenberg
7 Heisenberg, W. 1951, S. 53
8 Born, M. 1927, S. 241
9 Ebd.
10 Born, M. 1975, S. 319
11 Hermann, A. & Meyenn, K. von & Weisskopf, V. F. 1979 Bd. 1, S. 338
12 Ebd., S. 348
13 Heisenberg, W. 1926b, S. 991 f.
14 Schrödinger, E. 1926 f, S. 664 f.
15 Bohr, N. 1928a, S. 255
16 Meyenn, K. von 2011, S. 320 f.
17 Ebd.
18 Ebd.
19 Ebd., S. 321
20 Ebd., S. 323 f.
21 Hermann, A. & Meyenn, K. von & Weisskopf, V. F. 1979 Bd. 1, S. 349
22 Ebd., S. 342 f.
23 Ebd., S. 349
24 Eckert, M. & Märker, K. 2004, S. 261
25 Hermann, A. & Meyenn, K. von & Weisskopf, V. F. 1979 Bd. 1, S. 348
26 Ebd., S. 347
27 Eisner, W. 2001, S. 78
28 Hermann, A. & Meyenn, K. von & Weisskopf, V. F. 1979 Bd. 1, S. 349
29 Ebd., S. 344
30 Ebd., S. 350
31 Ebd.
32 Eisner, W. 2001, S. 75 f.
33 Weizsäcker, C. F. von 1992, S. 775
34 Kragh, H. 1990, S. 37 f.
35 Rechenberg, H. 2010, S. 541
36 Pais, A. 1998, S. 38
37 Meyenn, K. von 2011, S. 324
38 Rechenberg, H. 2010, S. 555
39 Hermann, A. & Meyenn, K. von & Weisskopf, V. F. 1979 Bd. 1, S. 354 f.
40 Hirsch-Heisenberg, A. M. 2003, S. 112
41 Ebd., S. 114
42 Ebd., S. 112
43 Ebd., S. 119
44 Heisenberg, W. 1927b, S. 196
45 Kuhn, T. S. & Heilbron, J. 1963, Sitzung VIII mit W. Heisenberg
46 Ebd.
47 Heisenberg, W. 1960, S. 36
48 Kuhn, T. S. & Heilbron, J. 1963, Sitzung VIII mit W. Heisenberg
49 Nietzsche, F. 1883, S. 15
50 Hermann, A. & Meyenn, K. von & Weisskopf, V. F. 1979 Bd. 1, S. 374
51 Ebd., S. 376
52 Ebd.
53 Ebd., S. 378
54 Ludyk, G. 2018, S. 41 f.
55 Hermann, A. & Meyenn, K. von & Weisskopf, V. F. 1979 Bd. 1, S. 377 f.
56 Heisenberg W. 1927b, S. 181
57 Zeilinger, A. 2007, S. 86
58 Heisenberg W. 1927b, S. 197
59 Heisenberg W. 1927a, S. 83

60 Albert Einstein Collected Papers 2018, Vol. 15, S. 804 f.
61 Ebd., S. 806
62 Heisenberg W. 1927b, S. 196
63 Ebd.
64 Hermann, A. & Meyenn, K. von & Weisskopf, V. F. 1979 Bd. 1, S. 394
65 Ebd., S. 395
66 Hirsch-Heisenberg, A. M. 2003, S. 121
67 Ebd.
68 Albert Einstein Collected Papers 2018, Vol. 15, S. 824
69 Hermann, A. & Meyenn, K. von & Weisskopf, V. F. 1979 Bd. 1, S. 395
70 Kuhn, T. S. & Heilbron, J. 1963, Sitzung VIII mit W. Heisenberg
71 Hirsch-Heisenberg, A. M. 2003, S. 122

BABYLON BRÜSSEL

1 Vierhaus, R. & Brocke, B. vom 1990, S. 529
2 Albert Einstein Collected Papers 2018, Vol. 15, S. 301
3 Vierhaus, R. & Brocke, B. vom 1990, S. 529
4 Albert Einstein Collected Papers 2018, Vol. 15, S. 308
5 Grundmann, S. 1998, S. 293
6 Ebd., S. 66
7 Meyenn, K. von 2011, S. 430, 435
8 Blom, P. 2014, S. 345 f.
9 Linguerri, S. 2023, S. 83
10 Fölsing, A. 1995, S. 668
11 Kox, A. J. 2008, S. 648
12 Albert Einstein Collected Papers 2021, Vol. 16, S. 184 und Bacciagaluppi, G. & Valentini, A. 2009, S. 18
13 Lambert, F. J. 2018, S. 61
14 Ebd. S. 62
15 Schulmann, R. 2012, S. 430
16 Kox, A. J. 2008, S. 651 f.
17 Albert Einstein Collected Papers 2021, Vol. 16, S. 133 f.
18 Albert Einstein Collected Papers 2018, Vol. 15, S. 575
19 Albert Einstein Collected Papers 2021, Vol. 16, S. 134
20 Compton, A. H. & Simon, A. H. 1925, S. 289 f.
21 Bacciagaluppi, G. & Valentini, A. 2009, S. 302
22 Ebd., S. 328
23 Ebd., S. 328 f.
24 Ebd., S. 337 und Schrödinger, E. 1927, S. 257 f.
25 Wentzel, G. 1926, S. 574
26 Weiner C. 1968, Sitzung Nr. 2
27 Bacciagaluppi, G. & Valentini, A. 2009, S. 323
28 Kragh, H. 2014, S. 7 f.
29 Ebd. und Hentschel, K. 2017, S. 46 f.
30 Lawrence, E. O. & Beams, J. W. 1927a, S. 207 f.
31 Lawrence, E. O. & Beams, J. W. 1927b, S. 903 f.
32 Zeilinger, A. & Weihs, G. et al. 2005, S. 231
33 Paul, H. 1995, S. 64 f.
34 Ebd., S. 72
35 Hentschel, K. 2017, S. 162 f.
36 Bacciagaluppi, G. & Valentini, A. 2009, S. 302
37 Lewis, G. N. 1926a, S. 236 f. sowie Lewis, G. N. 1926b, S. 874 f.
38 Planck, M. 1927, S. 531
39 Wentzel, G. 1924, S. 193 f.
40 Lewis, G. N. 1926b, S. 874
41 Bacciagaluppi, G. & Valentini, A. 2009, S. 494 f.

42 Schulmann, R. 2012, S. 450
43 Rosenfeld, L. & Rüdinger, E. & Aaserud, F. 1985, Bd. 6, S. 415 f.
44 Bohr, N. 1985, S. 44
45 Ebd.
46 Bohr, N. 1928a, S. 247
47 Hannak, J. 1970, S. 3
48 Bohr, N. 1985, S. 42
49 Ebd.
50 Ebd., S. 47
51 Ebd., S. 45
52 Heisenberg, W. 1925c, S. 889
53 Bohr, N. 1928a, S. 246 f.
54 Rosenfeld, L. & Rüdinger, E. & Aaserud, F. 1985, Bd. 6, S. 416
55 Ebd.
56 Heisenberg W., 1973, S. 68 f.
57 Zeilinger, A. 2000, S. 69
58 Englert, B.-G. & Scully, M. O. & Walther, H. 1995, S. 50
59 Bacciagaluppi, G. & Valentini, A. 2009, S. 395 f.
60 Beth, R. A. 1936, S. 115 f.
61 Bacciagaluppi, G. & Valentini, A. 2009, S. 394
62 Ebd., S. 398
63 Ebd., S. 402 f.
64 Kox, A. J. 2008, S. 651
65 Hirsch-Heisenberg, A. M. 2003, S. 126
66 Bohr, N. 1928a, S. 245
67 Ebd.
68 Bacciagaluppi, G. & Valentini, A. 2009, S. 488 f.
69 Rosenfeld, L. & Rüdinger, E. & Aaserud, F. 1985, Bd. 6, S. 415
70 Bacciagaluppi, G. & Valentini, A. 2009, S. 489 f.
71 Ebd., S. 442 f.
72 Ebd., S. 490 f.
73 Bohr, N. 1928b, S. 579 f.
74 Bacciagaluppi, G. & Valentini, A. 2009, S. 490 f.
75 Kox, A. J. 2008, S. 649
76 Albert Einstein Collected Papers 2018, Vol. 15, S. 810 f.
77 Ebd., S. 815
78 Belousek, D. W. 1996, S. 438
79 Eckert, M. & Märker, K. 2004, S. 272
80 Hermann, A. & Meyenn, K. von & Weisskopf, V. F. 1979 Bd. 1, S. 378
81 Bacciagaluppi, G. & Valentini, A. 2009, S. XV
82 Ebd., S. 494
83 Hirsch-Heisenberg, A. M. 2003, S. 126
84 Born, M. 1969, S. 280 f.
85 Hermann, A. & Meyenn, K. von & Weisskopf, V. F. 1979 Bd. 1, S. 411
86 Ebd., S. 405
87 Bacciagaluppi, G. & Valentini, A. 2009, S. 441
88 Kiefer, C. 2008, S. 115

DER LANGE WEG ZUM QUANTENLICHT

1 Kundera, M. 1996, S. 124
2 Ebd. S. 126
3 Planck, M. 1920, S. 9 f.
4 Ebd. S. 16
5 Lemmerich, J. 2020, S. 197
6 *Berliner Tageblatt* vom 28.6.1929, S. 1
7 *Berliner Tageblatt* vom 29.6.1929, S. 1
8 Ebd.
9 Kater, M. H. 1975, S. 187
10 Plesch, J. 1949, S. 143
11 Schrödinger, E. 1929, S. 431 f.
12 Planck, M. 1927, S. 529
13 Ebd. S. 529 f.
14 Einstein, A. 1929, S. 248
15 Albert Einstein Collected Papers 1998, Bd. 8, S. 329
16 Kopfermann, H. & Ladenburg, R. 1928

17 Hänsch, T. & Pernier, M. & Schawlow, A. 1971, S. 45 f.
18 Einstein, A. 1929, S. 248
19 Hermann, A. & Meyenn, K. von & Weisskopf, V. F. 1979 Bd. 1, S. 509
20 Planck, M. 1958, S. 202
21 Bohr, N. 1929, S. 485
22 Heisenberg. W. 1929, S. 495
23 Ebd. 494
24 Hermann, A. & Meyenn, K. von & Weisskopf, V. F. 1979 Bd. 1, S. 515
25 Hirsch-Heisenberg, A. M. 2003, S. 146 f.
26 Meyenn, K. von 2011, S. 459
27 Lemmerich, J. 2020, S. 191
28 Plesch, J. 1949, S. 144
29 Feulner, K. & Wolf, E. 2021
30 Ebd. S. 151
31 Ebd. S. 50 f.
32 Binder, B. 2008, S. 35
33 Speziali, P. 1972, S. 241
34 Albert Einstein Collected Papers 2021, Vol. 16, S. 410
35 Speziali, P. 1972, S. 197
36 Schulmann, R. 2012, S. 476
37 Hermann, A. & Meyenn, K. von & Weisskopf, V. F. 1979 Bd. 1, S. 527
38 Fölsing, A. 1995, S. 689
39 Plesch, J. 1949, S. 154
40 *Berliner Tageblatt* vom 17.4.1929, Erstes Beiblatt
41 *Berliner Tageblatt* vom 22.4.1929, S. 6
42 Kirsten, C. & Treder, H.-J. 1979, S. 221
43 *Berliner Tageblatt* vom 14.5.1929, Erstes Beiblatt
44 Sayen, J. 1985, S. 69
45 Albert Einstein Collected Papers 2024, Vol. 17, S. 225
46 Ebd.
47 Albert Einstein Collected Papers 2021, Vol. 16, S. 664
48 Campenhausen, C. von 1993, S. 140 f.
49 Hermann, A. & Meyenn, K. von & Weisskopf, V. F. 1979 Bd. 1, S. 528
50 Bohr, N. 1985, S. 52 f.
51 Ebd. S. 53
52 Rosenfeld, L. 1968, S. 232
53 Chou, T. C.W. et al. 2010, S. 1630 f.
54 Bohr, N. 1985, S. 53 f.
55 Einstein, A. 1932, S. 23
56 Held, C. 1998, S. 90 und Mehra, J & Rechenberg, H. 2001 Bd. 6, S. 717 f.
57 Padova, T. de, 2000, S. 29
58 Ebd.
59 Seelig, C. 1991, S. 13 f.
60 Haroche, S. 2022, S. 382 f.
61 Paul, H. 1995, S. 248
62 Speziali, P. 1972, S. 453
63 Paz, O. 2004, S. 147

LITERATURVERZEICHNIS

Wer tiefer in die Thematik dieses Buchs eintauchen möchte, dem seien folgende Titel besonders empfohlen: »Einsteins Schleier« von Anton Zeilinger (eine Einführung in die moderne Quantenphysik), »Photonen« von Harry Paul (eine Zusammenschau von Experimenten rund um Lichtquanten), »Licht« von Serge Haroche (experimentelle Forschung mit Lichtquanten im 21. Jahrhundert), »Lichtquanten« von Klaus Hentschel (umfassende Begriffs- und Ideengeschichte der Photonen).

Abragam, A., Louis Victor Pierre Raymond de Broglie, in: Biographical Memoirs of Fellows of the Royal Society, Bd. 34, Cambridge (1988)

Achilles, M., Göttinger Geschichten für das Erste Physikalische Institut, Berlin (2012)

Architekten-Verein zu Berlin & Vereinigung Berliner Architekten, Berlin und seine Bauten, Bd. II, Berlin (1896)

Arndt, J., Unter Kitschverdacht: »Just a Gigolo«. Ein europäischer Schlager im Herzen des Jazz, in: Kerschbaumer, F. & Kolleritsch, E. & Krieger, F. (Hrsg.), Jazzforschung/Jazz Research, Bd. 36, Graz (2004)

Bacciagaluppi, G. & Valentini, A., Quantum theory at the crossroads. Reconsidering the 1927 Solvay Conference, Cambridge (2009)

Bade, J. N., »Eine beispiellose Trennung«: Der Hintergrund zu Thomas Manns Briefen an Peter Pringsheim 1915 bis 1917, in: Thomas Mann Jahrbuch, Vol. 23, Frankfurt am Main (2010)

Baier, B., Der Leipziger Krystallpalast, Leipzig (2019)

Beck, L. F., Max Planck und die Max-Planck-Gesellschaft, Berlin (2009)

Beckers, M. & Moortgat, E., Die Riess. Fotografisches Atelier und Salon in Berlin 1918–1932, Berlin (2008)

Beckers, M. & Moortgat, E., Yva – Else Simon, in: Wir waren Nachbarn, Ausstellung im Rathaus Schöneberg, Berlin (2019)

Belousek, D. W., Einstein's 1927 unpublished hidden-variable theory: Its background, context and significance, in: Studies in History and Philosophy of Modern Physics, Bd. 27 (1996)

Berger, J., Das Kunstwerk. Über das Lesen von Bildern, Berlin (2017)

Beth, R. A., Mechanical detection and measurement of the angular momentum of light, in: Physical Review Bd. 50, Nr. 2, New York (1936)

Beyerchen, A. D., Wissenschaftler unter Hitler. Physiker im Dritten Reich, Frankfurt am Main (1982)

Binder, B., Stadt im Licht: Künstliche Beleuchtung in der Diskussion, in: Nentwig, F. (Hrsg.), Berlin im Licht, Berlin (2008)
Bird, K. & Sherwin, J., J. Robert Oppenheimer, Berlin (2009)
Bisky, J., Berlin. Biographie einer großen Stadt, Berlin (2019)
Bloch, F., Heisenberg and the early days of quantum mechanics, in: Physics Today, Nr. 12/1976, New York (1982)
Blom, P., Die zerrissenen Jahre 1918–1938, München (2014)
Blum, A. S. & Jähnert, M. et al., Translation as heuristics: Heisenberg's turn to matrix mechanics, in: Studies in History and Philosophy of Modern Physics, Bd. 60 (2017)
Blum, A. S. & Jähnert, M., The birth of quantum mechanics from the spirit if radiation theory, in: Studies in History and Philosophy of Science, Bd. 91 (2020)
Blumenberg, H., Die Sorge geht über den Fluss, Frankfurt am Main (1987)
Blumenthal, O., Lebensgeschichte, in: David Hilbert. Gesammelte Abhandlungen, Bd. 3, Berlin (1935)
Boer, J. de (Hrsg.), The lesson of quantum theory. Niels Bohr Centenary Symposium, Oct. 3–7, 1985, Amsterdam (1986)
Bohn, R., Dänische Geschichte, München (2010)
Bohnke-Kollwitz, J. (Hrsg.), Käthe Kollwitz. Die Tagebücher, Berlin (1989)
Bohr, N., Über die Serienspektra der Elemente, in: Deutsche Physikalische Gesellschaft (Hrsg.), Zeitschrift für Physik, Bd. 2, Heft 5, Berlin (1920)
Bohr, N., Sieben Vorträge in Göttingen über den Bau der Atome vom 12. bis 22. Juni 1922, in: Nachlass Max Born, Staatsbibliothek zu Berlin, Nr. 1819, Berlin (1922a)
Bohr, N., Drei Aufsätze über Spektren und Atombau, Braunschweig (1922b)
Bohr, N., Über den Bau der Atome. Vortrag in Stockholm anlässlich der Entgegennahme des Nobelpreises für Physik 1922, in: Die Naturwissenschaften, Bd. 11., Heft 27, Berlin (1923)
Bohr, N., Kramers, H. A. & Slater, J. C., Über die Quantentheorie der Strahlung, in: Zeitschrift für Physik, Bd. 24, Heft 1, Berlin (1924)
Bohr, N., Über die Wirkung von Atomen bei Stößen, in: Zeitschrift für Physik, Bd. 34, Heft 1, Berlin (1925)
Bohr, N., Atomtheorie und Mechanik, in: Die Naturwissenschaften, Bd. 14, Heft 1, Berlin (1926)
Bohr, N., Das Quantenpostulat und die neuere Entwicklung der Atomistik, in: Die Naturwissenschaften, Bd. 16, Heft 15, Berlin (1928a)
Bohr, N., The quantum postulate and the recent development of atomic theory, in: Supplement to Nature, Bd. 121, Nr. 3050, Berlin (1928b)
Bohr, N., Wirkungsquantum und Naturbeschreibung, in: Die Naturwissenschaften, Bd. 17, Heft 26, Berlin (1929)
Bohr, N., Atomphysik und menschliche Erkenntnis. Aufsätze und Vorträge aus den Jahren 1930 bis 1961, Braunschweig (1985)
Born, H., Albert Einstein ganz privat, in: Seelig, C., Helle Zeit – Dunkle Zeit, Zürich (1956)
Born, M., Quantentheorie und Störungsrechnung, in: Die Naturwissenschaften, Bd. 11, Heft 27, Berlin (1923)

Born, M., Über Quantenmechanik, in: Zeitschrift für Physik, Bd. 26, Heft 1, Berlin (1924)
Born, M. & Jordan, P., Zur Quantentheorie aperiodischer Vorgänge, in: Zeitschrift für Physik, Bd. 33, Heft 1, Berlin (1925a)
Born, M. & Jordan, P., Zur Quantenmechanik, in: Zeitschrift für Physik, Bd. 34, Heft 1, Berlin (1925b)
Born, M., Heisenberg, W. & Jordan, P., Zur Quantenmechanik II, in: Zeitschrift für Physik, Bd. 35, Heft 1, Berlin (1926)
Born, M., Zur Quantenmechanik der Stoßvorgänge (Vorläufige Mitteilung), in: Zeitschrift für Physik, Bd. 37, Heft 12, Berlin (1926a)
Born, M., Quantenmechanik der Stoßvorgänge, in: Zeitschrift für Physik, Bd. 38, Heft 11, Berlin (1926b)
Born, M., Quantenmechanik und Statistik, in: Die Naturwissenschaften, Bd. 15, Heft 10, Berlin (1927)
Born, M., Albert Einstein, Hedwig und Max Born. Briefwechsel 1916–1955, München (1969)
Born, M., Mein Leben, München (1975)
Born, M., Physik im Wandel meiner Zeit, Braunschweig (1983)
Born, M., Die Relativitätstheorie Einsteins, Heidelberg (2003)
Bothe, W. & Geiger, H., Über das Wesen des Comptoneffekts; ein experimenteller Beitrag zur Theorie der Strahlung, in: Zeitschrift für Physik, Bd. 32, Heft 1, Berlin (1925)
Bragg, W. H., Electrons and Ether Waves, in: Scientific Monthly, Bd. 14, Nr. 2, New York (1922)
Brenner, W., Walther Rathenau. Deutscher und Jude, München (2005)
Breton Fisher, J., When money was in fashion, New York (2010)
Brocke, B. vom, »Wissenschaft und Militarismus«, Darmstadt (1985)
Broglie, L. de, Ondes et quanta, in: Comptes Rendus de l'Académie des sciences hebdomadaires, Nr. 177, Paris (1923a)
Broglie, L. de, Quanta de lumière, diffraction et interférence, in: Comptes Rendus de l'Académie des sciences hebdomadaires, Nr. 177, Paris (1923b)
Buchsteiner, M. & Strahl, A., Zwischen Monarchie und Moderne: die 500-Jahrfeier der Universität Rostock 1919, Rostock (2008)
Byk, S., Zur Entwicklung der modernen Photographie, in: Gebrauchsphotographie, Jahrgang 1933, Heft 5, Halle (1933)
Campenhausen, C. von, Die Sinne des Menschen. Einführung in die Psychophysik der Wahrnehmung, Stuttgart (1993)
Cassidy, D. C., Heisenberg's First Core Model of the Atom: The Formation of a Professional Style, in: Historical Studies in the Physical Sciences, 1979, Vol.10, Princeton (1979)
Cassidy, D. C., Werner Heisenberg. Leben und Werk, Heidelberg (2001)
Castagnetti G. et al, Einstein in Berlin. Wissenschaft zwischen Grundlagenkrise und Politik, Berlin (1994)
Chou, T. C. W. et al., Optical Clocks and Relativity, in: Science 329, New York (2010)
Compton, A. H., A quantum theory of the scattering of x-rays by light elements, in: Physical Review, Bd. 21, Nr. 5, New York (1923)

Compton, A. H. & Simon, A. H., Directed quanta of scattered x-rays, in: Physical Review, Bd. 26, Nr. 3, New York (1925)
Courant, R. & Hilbert, D., Methoden der Mathematischen Physik, Berlin (1924)
Eckert, M., Die Atomphysiker, Braunschweig (1993)
Eckert, M. & Märker, K. (Hrsg.), Arnold Sommerfeld. Wissenschaftlicher Briefwechsel, Bd. 1: 1892–1918, München (2000)
Eckert, M. & Märker, K. (Hrsg.), Arnold Sommerfeld. Wissenschaftlicher Briefwechsel, Bd. 2: 1919–1951, München (2004)
Eckert, M., Arnold Sommerfeld. Atomphysiker und Kulturbote 1868–1951. Eine Biografie, Göttingen (2013)
Eilenberger, W., Zeit der Zauberer. Das große Jahrzehnt der Philosophie 1919–1929, Stuttgart (2019)
Einstein, A., Folgerungen aus den Capillaritätserscheinungen, in: Annalen der Physik, Vierte Folge, Bd. 4, Leipzig (1901)
Einstein, A., Über einen die Erzeugung und Verwandlung des Lichtes betreffenden heuristischen Gesichtspunkt, in: Annalen der Physik, Vierte Folge, Bd. 17, Leipzig (1905)
Einstein, A., Max Planck als Forscher, in: Die Naturwissenschaften, Bd. 1, Heft 45, Berlin (1913)
Einstein, A., Strahlungs-Emission und -Absorption nach der Quantentheorie, in: Verhandlungen der Deutschen Physikalischen Gesellschaft im Jahre 1916, Jahrgang 18, Nr. 13/14, Braunschweig (1916)
Einstein, A., Zur Quantentheorie der Strahlung, in: Physikalische Zeitschrift, Jahrgang 18, Leipzig (1917a)
Einstein, A., Über die spezielle und die allgemeine Relativitätstheorie. Gemeinverständlich, Braunschweig (1917b)
Einstein, A., Geometrie und Erfahrung, in: Sitzungsberichte der Preußischen Akademie der Wissenschaften, Berlin (1921a)
Einstein, A., Wie ich Zionist wurde, in: Jüdische Rundschau 49, 21. Juni 1921, Berlin (1921b)
Einstein, A., Quantentheorie des einatomigen idealen Gases, in: Sitzungsberichte der Preußischen Akademie der Wissenschaften, Berlin (1924)
Einstein, A., Quantentheorie des einatomigen idealen Gases. Zweite Abhandlung, in: Sitzungsberichte der Preußischen Akademie der Wissenschaften, Berlin (1925a)
Einstein, A., Zur Quantentheorie des idealen Gases, in: Sitzungsberichte der Preußischen Akademie der Wissenschaften, Berlin (1925b)
Einstein, A., Vorschlag zu einem die Natur des elementaren Strahlungs-Prozesses betreffenden Experiment, in: Die Naturwissenschaften, Bd. 14, Heft 14, Berlin (1926)
Einstein, A., Ansprache beim 50. Doktorjubiläum von Max Planck, in: Forschungen und Fortschritte, Bd. 5, Nr. 21, Berlin (1929)
Einstein, A., Über die Unbestimmtheitsrelation, in: Zeitschrift für Angewandte Chemie, Bd. 45, Nr. 1, Berlin (1932)
Einstein, A., How I created the theory of relativity, in: Physics Today, Nr. 8/1982, New York (1982)

Einstein, A., Über die spezielle und allgemeine Relativitätstheorie, Braunschweig (1992)
Einstein A. & Infeld L., Die Evolution der Physik, Köln (2014)
Eisner, W., Der Kopenhagener Geist, in: Physikalische Blätter, Jahrgang 57, Heft 6, Weinheim (2001)
Elsasser, W., Bemerkungen zur Quantenmechanik freier Elektronen, in: Die Naturwissenschaften, Bd. 13., Heft 33, Berlin (1925)
Englert, B.-G. & Scully, M. O. & Walther, H., Komplementarität und Welle-Teilchen-Dualismus, in: Spektrum der Wissenschaft, Jahrgang 1995, Heft 2, Heidelberg (1995)
Enz, C. P. & Meyenn, K. von (Hrsg.), Wolfgang Pauli. Das Gewissen der Physik, Braunschweig (1988)
Enz, C. P., »Pauli hat gesagt«. Eine Biografie des Nobelpreisträgers Wolfgang Pauli 1900–1958, Zürich (2005)
Ernst, S., Lise Meitner an Otto Hahn. Briefe aus den Jahren 1912 bis 1924, Stuttgart (1992)
Eve, A. S., Rutherford. Being the Life and Letters of the Rt Hon. Lord Rutherford, O. M., Cambridge (1939)
Everett, S., Das war Berlin, Herrsching (1981)
Ferber, C. (Hrsg.), Berliner Illustrierte Zeitung. Zeitbild, Chronik, Moritat für jedermann 1892–1945, Berlin (1985)
Fest, J., Hitler. Eine Biographie, Frankfurt am Main (1976)
Feulner, K. & Wolf, E., Hexenküche: Max Slevogts druckgrafische Experimente, Dresden (2021)
Fick, D. & Kant, H., Walther Bothe's contributions to the understanding of the wave-particle duality of light, in: Studies in History and Philosophy of Modern Physics, Bd. 40 (2009)
Fischer, E. P., Byk Gulden. Forschergeist und Unternehmertum, München (1998)
Fischer, E. P., Der Physiker. Max Planck und das Zerfallen der Welt, München (2007)
Fischer, E. P., Niels Bohr. Physiker und Philosoph des Atomzeitalters, München (2012)
Fölsing, A., Der Mogelfaktor, Hamburg (1984)
Fölsing, A., Albert Einstein, Frankfurt am Main (1995)
Forman, P., Alfred Landé and the Anomalous Zeeman Effect, 1919–1921, in: Historical Studies in the Physical Sciences, Bd. 2, Philadelphia (1970)
Forman, P., Historiographic Doubts, in: Science, Vol. 172, Nr. 3984, New York (1971)
Forman, P., Die Naturforscherversammlung in Nauheim im September 1920, in: Hoffmann, D. & Walker M. (Hrsg.), Physiker zwischen Autonomie und Anpassung, Weinheim (2007)
Franck, J., Niels Bohrs Persönlichkeit, in: Die Naturwissenschaften, Bd. 50, Nr. 9, Berlin (1963)
Frank, P., Einstein. Sein Leben und seine Zeit, Braunschweig (1949/1979)
Frecot, J. (Hrsg.), Marta Astfalck-Vietz. Photographien 1922–1935, Berlin (1991)
Frisé, A. (Hrsg.), Musil, R., Essays und Reden, Kritik, Hamburg (1983)
Fürst, A., Emil Rathenau. Der Mann und sein Werk, Berlin (1915)
Gatzke, H. W., Europa und der Völkerbund, in: Mann, G. (Hrsg.), Propyläen Weltgeschichte, Bd. 9, Berlin (1986)

Gehrke, E., Kritik der Relativitätstheorie, Berlin (1924a)
Gehrke, E., Die Massensuggestion der Relativitätstheorie, Berlin (1924b)
George, A. (Hrsg.), Louis de Broglie und die Physiker, Hamburg (1955)
Gert, V., Ich bin eine Hexe, München (1978)
Glassner, E. & König-Porstner, H. (Hrsg.), Moritz Schlick. Rostock, Kiel. Wien – Aufsätze, Beiträge, Rezensionen 1919–1925, Wien (2012)
Glatzer, R., Berlin zur Weimarer Zeit. Panorama einer Metropole 1919–1933, Berlin (2000)
Goenner, H., Einstein in Berlin, München (2005)
Goethe, J. W. von, Schriften zur Kunst und Literatur, Bd. 12, München (1981a)
Goethe, J. W. von, Naturwissenschaftliche Schriften, Bd. 14, München (1981b)
Gossart, E., Berlin wird Weltstadt. Lichtreklame als Medium der urbanen Selbstinszenierung, in: Nentwig, F. (Hrsg.), Berlin im Licht, Berlin (2008)
Goudsmit, S., Die Entdeckung des Elektronenspins, in: Physikalische Blätter, Jahrgang 21, Heft 10, Weinheim (1965)
Grebe, L., Über die Gravitationsverschiebung der Fraunhoferschen Linien, in: Physikalische Zeitschrift, Bd. 21, Leipzig (1920)
Greenspan, N., Max Born. Baumeister der Quantenwelt, Heidelberg (2006)
Grundmann, S., Einsteins Akte, Berlin (1998)
Grüning, M., Ein Haus für Albert Einstein. Erinnerungen, Briefe, Dokumente, Berlin (1990)
Hahn, O., Mein Leben, München (1968)
Hannak, J., Emanuel Lasker. Biographie eines Schachweltmeisters, Berlin (1970)
Hänsch, T. & Pernier, M. & Schawlow, A., Laser action of dyes in gelatin, in: IEEE Journal of Quantum Electronic, Bd. 7, Heft 1, New York (1971)
Haroche, S., Licht. Eine Geschichte, München (2022)
Heilbron, J. L., Max Planck, Stuttgart (2006)
Heisenberg, W., Über eine Anwendung des Korrespondenzprinzips auf die Frage nach der Polarisation des Fluoreszenzlichtes, in: Zeitschrift für Physik, Bd. 31, Heft 1, Berlin (1925a)
Heisenberg, W., Zur Quantentheorie der Multiplettstruktur und der anomalen Zeemaneffekte, in: Zeitschrift für Physik, Bd. 32, Heft 1, Berlin (1925b)
Heisenberg, W., Über quantentheoretische Umdeutung kinematischer und mechanischer Beziehungen, in: Zeitschrift für Physik, Bd. 33, Heft 1, Berlin (1925c)
Heisenberg, W., Über die Spektra von Atomsystemen mit zwei Elektronen, in: Zeitschrift für Physik, Bd. 39, Heft 1, Berlin (1926a)
Heisenberg, W., Quantenmechanik, in: Die Naturwissenschaften, Bd. 14, Heft 45, Berlin (1926b)
Heisenberg, W., Über die Grundprinzipien der Quantenmechanik, in: Forschungen und Fortschritte, Bd. 3, Nr. 11, Berlin (1927a)
Heisenberg, W., Über den anschaulichen Inhalt der quantentheoretischen Kinematik und Mechanik, in: Zeitschrift für Physik, Bd. 43, Heft 1, Berlin (1927b)
Heisenberg, W., Die Entwicklung der Quantentheorie 1918–1928, in: Die Naturwissenschaften, Bd. 17, Heft 26, Berlin (1929)

Heisenberg, W., Die Rolle der Unbestimmtheitsrelation der der modernen Physik, in: Monatshefte für Mathematik und Physik, Bd. XXXVIII, Nr. 2, Leipzig (1931)

Heisenberg, W., Wandlungen in den Grundlagen der Naturwissenschaften, Stuttgart (1949)

Heisenberg, W., 50 Jahre Quantentheorie, in: Die Naturwissenschaften, Bd. 38, Heft 3, Berlin (1951)

Heisenberg, W., Erinnerungen an die Zeit der Entwicklung der Quantenmechanik, in: Fierz, M. & Weisskopf, V. F. (Hrsg.), Theoretical physics in the twentieth century. A memorial volume to Wolfgang Pauli, New York (1960)

Heisenberg, W., Der Teil und das Ganze, München (1969)

Heisenberg, W., Die Bedeutung des Schönen in den exakten Naturwissenschaften, in: Physikalische Blätter, Jahrgang 1971, Heft 3, Weinheim (1971)

Heisenberg, W., Schritte über Grenzen. Gesammelte Reden und Aufsätze, München (1973)

Heisenberg, W., Traditionen in der Wissenschaft. Reden und Aufsätze, München (1977)

Held, C., Die Bohr-Einstein-Debatte, Paderborn (1998)

Henning, E., Max Planck im »Dritten Reich«, in: Beck, L. F., Max Planck und die Max-Planck-Gesellschaft, Berlin (2009)

Hentschel, K., Interpretationen und Fehlinterpretationen der speziellen und der allgemeinen Relativitätstheorie durch Zeitgenossen Albert Einsteins, Basel (1990a)

Hentschel, K., A Postscript on Einstein and the FBI, in: Isis, Bd. 81, Nr. 2, Chicago (1990b)

Hentschel, K., Mapping the spectrum: techniques of visual representation in research and teaching, Oxford (2002)

Hentschel, K., Lichtquanten. Die Geschichte des komplexen Konzepts und mentalen Modells von Photonen, Berlin (2017)

Hermann, A. (Hrsg.), Albert Einstein/Arnold Sommerfeld. Briefwechsel, Stuttgart (1968)

Hermann, A., Frühgeschichte der Quantentheorie (1899–1913), Mosbach (1969)

Hermann, A., Planck, Hamburg (1973)

Hermann, A., Heisenberg, Hamburg (1976)

Hermann, A. & Meyenn, K. von & Weisskopf, V. F., Wolfgang Pauli. Wissenschaftlicher Briefwechsel mit Bohr, Einstein, Heisenberg u. a., Bd. I: 1919–1929, New York (1979)

Hermann, A., Einstein – Der Weltweise und sein Jahrhundert, München (1994)

Hettner, G., Die Bedeutung von Rubens Arbeiten für die Plancksche Strahlungsformel, in: Die Naturwissenschaften, Bd. 10, Berlin (1922)

Highfield, R. & Carter, P., Die geheimen Leben des Albert Einstein, Berlin (1994)

Hilbert, D., Mathematische Probleme, in: Nachrichten von der Königl. Gesellschaft der Wissenschaften zu Göttingen. Mathematisch-physikalische Klasse aus dem Jahre 1900, Göttingen (1900)

Hirsch-Heisenberg, A. M. (Hrsg.), Werner Heisenberg. Liebe Eltern! Briefe aus kritischer Zeit 1918–1945, München (2003)

Hoffmann, D., Einsteins Berlin. Auf den Spuren eines Genies, Weinheim (2006)

Hoffmann, D., Max Planck. Die Entstehung der modernen Physik, München (2008)

Holton, G., Wissenschaft und Anti-Wissenschaft, Wien (2000a)

Holton, G., Millikans's struggle with theory, in: Europhysics news, Bd. 31, Nr. 3, Les Ulis Cedex (2000b)

Horvath, Ö. von, Jugend ohne Gott, Frankfurt am Main (1988)

Hossenfelder, S., »Das hässliche Universum«. Warum unsere Suche nach Schönheit die Physik in die Sackgasse führt, Frankfurt am Main (2018)

Hund, F., Höhepunkte der Göttinger Physik II, in: Physikalische Blätter, Jahrgang 25, Heft 5, Mosbach (1969)

Hürter, T., Das Zeitalter der Unschärfe: Die glänzenden und die dunklen Jahre der Physik (1895–1945), Stuttgart (2021)

Irzhak, L. I., Christian Bohr. On the Occasion of the 150th Anniversary of His Birth, in: Human Physiology, Bd. 31, Nr. 3, Moskau (2005)

Jähner, H., Höhenrausch. Das kurze Leben zwischen den Kriegen, Berlin (2022)

Jähnert, M., Practicing the Correspondence Principle in the Old Quantum Theory, Berlin (2016)

Kater, M. H., Studentenschaft und Rechtsradikalismus in Deutschland 1918–1933, Hamburg (1975)

Kennefick, D., No Shadow of a Doubt. The 1919 Eclipse That confirmed Einstein's Theory of Relativity, Princeton (2019)

Kiefer, C., Der Quantenkosmos. Von der zeitlosen Welt zum expandierenden Universum, Frankfurt am Main (2008)

Kirsten, C. & Körber, H.-G., Physiker über Physiker. Wahlvorschläge zur Aufnahme von Physikern in die Berliner Akademie 1870 bis 1929 von Hermann v. Helmholtz bis Erwin Schrödinger, Berlin (1975)

Kirsten, C. & Treder, H.-J., Albert Einstein in Berlin (1913–1933), Darstellungen und Dokumente, Berlin (1979)

Kisch, E. E., Der rasende Reporter. Klassische Reportagen, Gütersloh (1963)

Kisch, E. E., Zwischen Bettlern und Bohème, Berlin (2018)

Kleinert, A. & Schönbeck, C., Lenard und Einstein: Ihr Briefwechsel und ihr Verhältnis vor der Nauheimer Diskussion 1920, in: Gesnerus Bd. 35, Heft 3–4, Zürich (1978)

Kleinert, A. (Hrsg.), Johannes Stark. Erinnerungen eines deutschen Naturforschers, Mannheim (1987)

Kleinert, A., Paul Weyland, der Berliner Einstein-Töter, in: Albrecht, H. (Hrsg.), Naturwissenschaft und Technik der Geschichte, Stuttgart (1993)

Leonard, R. L., Jazz – Shimmy – Steinach & Co, in: Koebner, F. W. (Hrsg.), Jazz und Shimmy, Brevier der neuesten Tänze, Berlin (1921)

Köhler, H., Berlin in der Weimarer Republik, in: Geschichte Berlins, Bd. II, Berlin (2002)

Kopfermann, H. & Ladenburg, R., Untersuchungen über die anomale Dispersion angeregter Gase, in: Zeitschrift für Physik, Bd. 48, Heft 1/2, Berlin (1928)

Körner, K., Die 86. Versammlung der Gesellschaft Deutscher Naturforscher und Ärzte in Bad Nauheim, in: Zeitschrift für mathematische und naturwissenschaftlichen Unterricht, Heft 52., Jahrgang 1921, Leipzig (1921)

Kossel, W., Über Molekülbildung als Frage des Atombaus, in: Annalen der Physik, Vierte Folge, Bd. 49, Leipzig (1916)

Kossel, W., Die Beziehungen der Bohrschen Atomtheorie zur Deutung chemischer Vorgänge, in: Die Naturwissenschaften, Bd. 11., Heft 27, Berlin (1923)

Kox, A. J. (Hrsg.), The scientific correspondence of H. A. Lorentz, Bd. 1, New York (2008)
Kragh, H., Dirac. A Scientific Biography, Cambridge (1990)
Kragh, H., Photon: New light on an old name, online: https://arxiv.org/pdf/1401.0293 (2014)
Kramers, H. A. & Heisenberg, W., Über die Streuung von Strahlung durch Atome, in: Zeitschrift für Physik, Bd. 31, Heft 1, Berlin (1925)
Kramers, H. A. & Holst, H., The atom and the Bohr theory of its structure, London (1923)
Kronig, R., Über die Intensität der Mehrfachlinien und ihrer Zeemankomponenten, in: Zeitschrift für Physik, Bd. 31, Heft 1, Berlin (1925)
Kubli, F., Louis de Broglie und die Entdeckung der Materiewellen, in: Archive for History of Exact Sciences, Bd. 7, Nr. 1, New York (1970)
Kuhlmann, C., Bewegter Körper – Mechanischer Apparat. Zur medialen Verschränkung von Tanz und Fotografie in den 1920er Jahren an den Beispielen von Charlotte Rudolph, Suse Byk und Lotte Jacobi, Frankfurt am Main (2003)
Kuhn, T. S. & Heilbron, J. et al., Interviews mit Zeitzeugen im Rahmen des Projekts »Sources for History of Quantum Physics«, College Park (1962–64)
Kumar, M., Quanten. Einstein, Bohr und die große Debatte über das Wesen des Wirklichen, Berlin (2009)
Kundera, M., Verratene Vermächtnisse, Frankfurt am Main (1996)
Ladenburg, R. & Reiche, F., Absorption, Zerstreuung und Dispersion in der Bohrschen Atomtheorie, in: Die Naturwissenschaften, Bd. 11., Heft 27, Berlin (1923)
Lambert, F. J., The 1927 Solvay meeting: Einstein's third »witches' sabbath« in Brussels, in: Il nuovo saggiatore, Bd. 34, Nr. 5–6, Bologna (2018)
Landé, A., Die absoluten Intervalle der optischen Dubletts und Tripletts, in: Zeitschrift für Physik, Bd. 25, Heft 1, Berlin (1924)
Langenbrinck, J., Die Feindschaft in der Berliner Polizei gegen »Ostjuden« und das Scheunenviertelpogrom 1923, in: Siegemund, A. & Wildt, M. (Hrsg.), Gedächtnis aus den Quellen. Zur jüdischen Geschichte Berlins, Leipzig (2021)
Langewiesche, K. L., Menschen der Zeit, Königstein (1929)
Laue, M. von, Theoretisches über neuere optische Beobachtungen zur Relativitätstheorie, in: Physikalische Zeitschrift, Bd. 21, Leipzig (1920)
Laue, M. von, Max Planck, in: Die Naturwissenschaften, Bd. 35, Heft 1, Berlin (1948)
Laue, M. von, Gesammelte Schriften und Vorträge, Braunschweig (1961)
Lawrence, E. O. & Beams, J. W., On the nature of light, in: Proceedings of the National Academy of Sciences, Bd. 13, Nr. 4, Washington (1927a)
Lawrence, E. O. & Beams, J. W., The instantaneity of the photo-electric effect, in: Physical Review, Bd. 29, Nr. 6, New York (1927b)
Lemmerich, J., Lise Meitner zum 125. Geburtstag, Ausstellungskatalog der Staatsbibliothek zu Berlin, Berlin (2003)
Lemmerich, J., Aufrecht im Sturm der Zeit. Der Physiker James Franck 1882–1964, Berlin (2007)
Lemmerich, J., Max von Laue – Furchtlos und treu. Eine Biographie des Nobelpreisträgers für Physik, Rangsdorf (2020)
Lewis, G. N., Light waves and light corpuscles, in: Nature, Bd. 117, Nr. 2937, London (1926a)

Lewis, G. N., The conservation of photons, in: Nature, Bd. 118, Nr. 2981, London (1926b)
Linguerri, S., Albert Einstein E L'Italia, in: in: Il nuovo saggiatore, Bd. 39, Nr. 1–2, Bologna (2023)
Löffler, G., Gut präpariert, in: Physik Journal, Bd. 16, Nr. 3, Weinheim (2017)
Longerich, P., Außer Kontrolle. Deutschland 1923, Wien (2022)
Ludyk, G., Quantenmechanik nur mit Matrizen, Berlin (2018)
Lummer, O. & Kurlbaum, F., Der elektrisch geglühte »schwarze« Körper, in: Annalen der Physik, Vierte Folge, Bd. 5, Leipzig (1901)
Majer, U. & Sauer, T., David Hilbert's Lectures on the Foundations of Physics 1915–1927, Berlin (2009)
Mann, T., Von deutscher Republik, Berlin (1923)
Mehra, J. & Rechenberg, H., The Historical Development of Quantum Theory, New York (2001)
Meitner, L., Max Planck als Mensch, in: Die Naturwissenschaften, Bd. 45, Heft 17, Berlin (1958)
Meitner, L., Looking back, in: Bulletin of the Atomic Scientists, Heft 11, Chicago (1964)
Mendelssohn, P. de (Hrsg.), Thomas Mann, Tagebücher 1933–1934, Frankfurt am Main (1977)
Metzler, G., »Welch ein deutscher Sieg!« Die Nobelpreise von 1919 im Spannungsfeld von Wissenschaft, Politik und Gesellschaft, in: Vierteljahreshefte für Zeitgeschichte, Jahrgang 44, Heft 2, München (1996)
Meyenn, K. von (Hrsg.), Niels Bohr (1885–1962). Der Kopenhagener Geist in der Physik, Braunschweig (1985)
Meyenn, K. von (Hrsg.), Eine Entdeckung von außergewöhnlicher Tragweite. Schrödingers Briefwechsel zur Wellenmechanik und zum Katzenparadoxon, Bd. 1, München (2011)
Moore, R., Niels Bohr: Ein Mann und sein Werk verändern die Welt, München (1970)
Moszkowski, A., Einstein. Einblicke in seine Gedankenwelt, Berlin (1921)
Mothes, C. & Bartmann, D. (Hrsg.), Tanz auf dem Vulkan. Das Berlin der Zwanziger Jahre im Spiegel der Künste, Berlin (2015)
Neffe, J., Einstein, Hamburg (2005)
Neurath, O., Anti-Spengler, in: Haller, R. & Rutte. H. (Hrsg.), Otto Neurath, Gesammelte methodologische und philosophische Schriften, Bd. 1, Wien (1981)
Niedbalski, J., Vergnügungsparks, in: Morat, D., Weltstadtvergnügen. Berlin 1880–1930, Berlin (2016)
Nietzsche, F., Also sprach Zarathustra, Chemnitz (1883)
Oexle, O. G., Hahn, Heisenberg und die anderen, in: Ergebnisse 9: Vorabdrucke aus dem Forschungsprogramm »Geschichte der Kaiser-Wilhelm-Gesellschaft im Nationalsozialismus, Berlin (2003)
Ornstein, L. & Moll, W. & Burger, H., Objektive Spektralphotometrie, Braunschweig (1932)
Padova, T. de, Ein Quäntchen Licht macht Daten abhörsicher, in: Tagesspiegel vom 12.12.2000, Berlin (2000)
Padova, T. de, Das Weltgeheimnis. Kepler, Galilei und die Vermessung des Himmels, München (2009)

Padova, T. de, Schlau nach acht. Wissen für den Feierabend, München (2010)
Padova, T. de, Leibniz, Newton und die Erfindung der Zeit, München (2013)
Padova, T. de, Allein gegen die Schwerkraft. Einstein 1914–1918, München (2015)
Padova, T. de, Alles wird Zahl. Wie sich die Mathematik in der Renaissance neu erfand, München (2021)
Pais, A., How Einstein got the nobel prize, in: American Scientist, Bd. 79, Nr. 4, Minneapolis (1982)
Pais, A., Inward bound. Of matter and forces in the physical world, Oxford (1988)
Pais, A., Niels Bohr's Times, Oxford (1991)
Pais, A. et al., Paul Dirac: The man and his work, Cambridge (1998)
Pais, A., Raffiniert ist der Herrgott … Albert Einstein. Eine wissenschaftliche Biographie, Heidelberg (2000)
Pange, P. de, Alte Schösser, neue Zeit. Eine Jugend zur Jahrhundertwende, Wien (1968)
Pange, P. de, Comment j'ai vu 1900, Paris (1975)
Paszkoswki, W., Berlin in Wissenschaft und Kunst: ein akademisches Auskunftsbuch nebst Angaben über akademische Berufe, Berlin (1910)
Paul, H., Photonen. Eine Einführung in die Quantenoptik, Stuttgart (1995)
Pauli, W., Über den Einfluss der Geschwindigkeitsabhängigkeit der Elektronenmasse auf den Zeemaneffekt, in: Zeitschrift für Physik, Bd. 31, Heft 1, Berlin (1925a)
Pauli, W., Über den Zusammenhang des Abschlusses der Elektronengruppen im Atom mit der Komplexstruktur der Spektren, in: Zeitschrift für Physik, Bd. 31, Heft 1, Berlin (1925b)
Pauli, W., Über das Wasserstoffspektrum vom Standpunkt der neuen Quantenmechanik, in: Zeitschrift für Physik, Bd. 36, Heft 5, Berlin (1926)
Paz, O., Essays 2, Frankfurt am Main (1980)
Paz, O., Obra poética II. (1969–1998), Mexico (2004)
Peierls, R., Where Pauli made his »wrong« remark, in: Physics Today, Nr. 12/1992, New York (1992)
Phelps, R. H., Hitlers »grundlegende« Rede über den Antisemitismus, in: Vierteljahreshefte für Zeitgeschichte, Jahrgang 16, Heft 4, München (1968)
Piper, E., Nacht über Europa. Kulturgeschichte des Ersten Weltkriegs, Berlin (2013)
Planck, E., Staatsbibliothek zu Berlin, Nachlass 334
Planck, M., Über irreversible Strahlungsvorgänge, in: Annalen der Physik, Vierte Folge, Bd. 1, Leipzig (1900)
Planck, M., Über das Gesetz der Energieverteilung im Normalspectrum, in: Annalen der Physik, Vierte Folge, Bd. 4, Leipzig (1901a)
Planck, M., Über die Elementarquanta der Materie und der Elektricität, in: Annalen der Physik, Vierte Folge, Bd. 4, Leipzig (1901b)
Planck, M., Zur Theorie der Wärmestrahlung, in: Annalen der Physik, Vierte Folge, Bd. 31, Leipzig (1910)
Planck, M., Eröffnungsansprache in der öffentlichen Sitzung zur Feier des Leibniz-Jahrestages am 3. Juli 1919, in: Sitzungsberichte der Preußischen Akademie der Wissenschaften, Berlin (1919)

Planck, M., Das Wesen des Lichts, Berlin (1920)
Planck, M., Nobelpreisrede, in: Nobelstiftelsen Stockholm, Les Prix Nobel en 1919–1920, Stockholm (1922)
Planck, M., Die Bohrsche Atomtheorie, in: Die Naturwissenschaften, Bd. 11., Heft 27, Berlin (1923)
Planck, M., Vom Relativen zum Absoluten, in: Die Naturwissenschaften, Bd. 13, Heft 3, Berlin (1925)
Planck, M., Physikalische Gesetzlichkeit im Lichte neuerer Forschung, Leipzig (1926)
Planck, M., Die physikalische Realität der Lichtquanten, in: Die Naturwissenschaften, Bd. 15, Heft 26, Berlin (1927)
Planck, M., Vorträge und Reden, Braunschweig (1958)
Plesch, J., János. Ein Arzt erzählt sein Leben, München (1949)
Pringsheim, P., Fluoreszenz und Phosphoreszenz im Lichte der neueren Atomtheorie, Berlin (1921)
Przibram, K. (Hrsg.), Schrödinger, Planck, Einstein, Lorentz – Briefe zur Wellenmechanik, Wien (1963)
Pufendorf, A. von, Die Plancks. Eine Familie zwischen Patriotismus und Widerstand, Berlin (2007)
Rechenberg, H., Werner Heisenberg – Die Sprache der Atome, Bd. 1, Heidelberg (2010)
Reid, C., Richard Courant 1888–1972. Der Mathematiker als Zeitgenosse, Berlin (1979)
Reinbothe, R., Deutsch als internationale Wissenschaftssprache und der Boykott nach dem Ersten Weltkrieg, Frankfurt am Main (2006)
Reinthal, A. & Kamzelak, R. S. & Ott, U., Harry Graf Kessler, Das Tagebuch 1880–1937, Siebter Band: 1919–1923, Stuttgart (2007)
Renn, J., Castagnetti, G. & Damerow, P., Albert Einstein: Alte und neue Kontexte in Berlin, in: Kocka, J. (Hrsg.), Die Königlich Preußische Akademie der Wissenschaften zu Berlin im Kaiserreich, Berlin (1999)
Renn, J. (Hrsg.), Albert Einstein – Ingenieur des Universums. Hundert Autoren für Einstein, Berlin (2005a)
Renn, J. (Hrsg.), Einstein's Annalen Papers, The complete collection 1901–1922, Weinheim (2005b)
Renn, J., Boltzmann und das Ende des mechanistischen Weltbildes, Wien (2007)
Rheinberger, H.-J., Experiment, Forschung, Kunst, in: Dramaturgie, Jahrgang 2012, Bd. 2, Berlin (2012)
Richter, R., Die Weltstadt im Licht. Berliner Nachtfotografien von Martin Höhlig aus den Jahren 1925 bis 1932, Quedlinburg (2019)
Richter, S., Die Kämpfe innerhalb der Physik in Deutschland nach dem Ersten Weltkrieg, in: Sudhoffs Archiv, Bd. 57, Nr. 2, Stuttgart (1973)
Rife, P., Lise Meitner. Ein Leben für die Wissenschaft, Hildesheim (1992)
Roos, H. & Hermann, A., Max Planck. Vorträge. Reden. Erinnerungen, Heidelberg (2001)
Röseberg, U., Niels Bohr. Leben und Werk eines Atomphysikers, Stuttgart (1985)
Rosenfeld, L., Some concluding remarks and reminiscences, in: Proceedings of the 14th Solvay Conference on Physics held in Brussels 1967, London (1968)

Rosenfeld, L. & Rüdinger, E. & Aaserud, F., Niels Bohr Collected Works, Vols. 1–10, Amsterdam (1972–1999)
Rovelli, C., Helgoland. Wie die Quantentheorie unsere Welt verändert, Hamburg (2021)
Rutherford, E., The scattering of α and β Particles by Matter and the Structure of the Atom, Philosophical Magazine, Vol. 21, London (1911)
Rutherford, E., The Structure of the Atom, Scientia, Vol. 16, Bologna (1914)
Ryutov, D., Using plasma physics to weigh the photon, in: Plasma Physics and Controlled Fusion, Bd. 49, Nr. 12B (2007)
Sauter, F. (Hrsg.), Arnold Sommerfeld. Gesammelte Schriften, Braunschweig (1968)
Sayen, J., Einstein in America, New York (1985)
Scharf, J.-H. (Hrsg.), In memoriam Werner Heisenberg aus Anlass seines 80. Geburtstages, Nova Acta Leopoldina Nr. 248, Bd. 55, Halle (1982)
Schilpp, P. A., Albert Einstein als Philosoph und Naturforscher, Braunschweig (1979)
Schirrmacher, A. (Hrsg.), Philipp Lenard: Erinnerungen eines Naturforschers. Kritische annotierte Ausgabe des Originaltyposkriptes von 1931/1943, Heidelberg (2010a)
Schirrmacher, A., Theoretiker zwischen mathematischer und experimenteller Physik – zu Max Plancks Stil physikalischen Argumentierens, in: Hoffmann, D. (Hrsg.), Max Planck und die moderne Physik, Heidelberg (2010b)
Schirrmacher, A., Establishing Quantum Physics in Göttingen, Berlin (2019)
Schivelbusch, W., Licht Schein und Wahn, Berlin (1992)
Schmidt-Böcking, H. & Templeton, A. & Trageser, W. (Hrsg.), Otto Sterns gesammelte Briefe, Bd. 2, Berlin (2019)
Schönbeck, C., Albert Einstein und Philipp Lenard. Antipoden in Physik und Zeitgeschichte, in: Schriften der Mathematisch-naturwissenschaftlichen Klasse der Heidelberger Akademie der Wissenschaften, Nr. 8, Heidelberg (2000)
Schottky, W., Das Kausalproblem, in: Die Naturwissenschaften, Bd. 9, Berlin (1921)
Schrödinger, E., Quantisierung als Eigenwertproblem, in: Annalen der Physik, Vierte Folge, Bd. 79, Leipzig (1926a)
Schrödinger, E., Quantisierung als Eigenwertproblem (Zweite Mitteilung), in: Annalen der Physik, Vierte Folge, Bd. 79, Leipzig (1926b)
Schrödinger, E., Über das Verhältnis der Heisenberg-Born-Jordanschen Quantenmechanik zu der meinen, in: Annalen der Physik, Vierte Folge, Bd. 79, Leipzig (1926c)
Schrödinger, E., Quantisierung als Eigenwertproblem (Dritte Mitteilung), in: Annalen der Physik, Vierte Folge, Bd. 80, Leipzig (1926d)
Schrödinger, E., Quantisierung als Eigenwertproblem (Vierte Mitteilung), in: Annalen der Physik, Vierte Folge, Bd. 81, Leipzig (1926e)
Schrödinger, E., Der stetige Übergang von der Mikro- zur Makromechanik, in: Die Naturwissenschaften, Bd. 14, Heft 28, Berlin (1926 f)
Schrödinger, E., Über den Comptoneffekt, in: Annalen der Physik, Vierte Folge, Bd. 82, Leipzig (1927)
Schrödinger, E. (Verfasser), Adresse der Preußischen Akademie der Wissenschaften an Hrn. Max Planck zum fünfzigjährigen Doktorjubiläum am 28. Juni 1929, in: Sitzungsberichte der Preußischen Akademie der Wissenschaften, Berlin (1929)

Schüler, H., Erinnerungen eines Spektroskopikers an die Friedrichs-Wilhelms-Universität zu Berlin, in: Leussink, H. (Hrsg.), Studium Berlinense, Berlin (1960)
Schulmann, R., Seelenverwandte. Der Briefwechsel zwischen Albert Einstein und Heinrich Zangger (1910–1947), Zürich (2012)
Schuster, F., »Marie Kundt – 40jähriges Dienstjubiläum«, in: Reveta. Verbandszeitschrift der Technischen Assistentinnen Deutschlands, XI. Jahrgang, Heft 9, Berlin (1931)
Seelig, C., Albert Einstein und die Schweiz, Zürich (1952)
Seelig, C., Albert Einstein. Leben und Werk eines Genies unserer Zeit, Zürich (1960)
Seelig, C., Albert Einstein. Mein Weltbild, Frankfurt am Main (1991)
Sloterdijk, P., Du musst Dein Leben ändern, Frankfurt am Main (2009)
Smolin, L., Quantenwelt. Wie wir zu Ende denken, was mit Einstein begonnen hat, München (2019)
Sommerfeld, A., Atombau und Spektrallinien, Braunschweig (1919, 1921)
Sommerfeld, A. & Back, E., Fünfundzwanzig Jahre Zeemaneffekt, in: Die Naturwissenschaften, Bd. 9, Heft 45, Berlin (1921)
Sommerfeld, A. & Heisenberg, W., Die Intensität der Mehrfachlinien und ihrer Zeemankomponenten, in: Zeitschrift für Physik, Bd. 11, Heft 1, Berlin (1922)
Speziali, P. (Hrsg.), Albert Einstein – Michele Besso. Correspondance 1903–1955, Paris (1972)
Stachel, J., Schulmann, R. et al., The Collected Papers of Albert Einstein, Vols. 1–16, Princeton (1987–2021)
Stachel, J., Einstein from B to Z, Boston (2002)
Stern, F., Das feine Schweigen, München (1999)
Szatmari, E., Das Buch von Berlin. Was nicht im Baedeker steht, München (1927)
Taylor, G. I., Interference fringes with feeble light, in: Proceedings of the Cambridge Philosophical Society, Bd. 15, Cambridge (1909)
The Observatory, Joint Eclipse meeting of the Royal Society and the Royal Astronomical Society, Bd. 42, London (1919)
Trageser, W., Der Stern-Gerlach-Versuch. Genese, Entwicklung und Rekonstruktion eines grundlegenden Experimentes der Quantentheorie 1916 bis 1925, Berlin (2022)
Uhlenbeck, G. & Goudsmit, S., Ersetzung der Hypothese vom unmechanischen Zwang durch eine Forderung bezüglich des inneren Verhaltens jedes einzelnen Elektrons, in: Die Naturwissenschaften, Bd. 13, Heft 47, Berlin (1925)
Ullrich, V., Deutschland 1923. Das Jahr am Abgrund, München (2022)
Van Delft, D., Einstein in Leiden, in: Physics Today, Bd. 59, Nr. 4, College Park (2006)
Vierhaus, R. & Brocke, B. vom (Hrsg.), Forschung im Spannungsfeld von Politik und Gesellschaft. Geschichte und Struktur der Kaiser-Wilhelm-/Max-Planck-Gesellschaft, Stuttgart (1990)
Wazeck, M., Einsteins Gegner, Frankfurt am Main (2009)
Wehefritz, V., Gefangener zweier Welten. Prof. Dr. Peter Pringsheim (1881–1963), Dortmund (1999)
Weiner, C., Interview mit Betty Compton im Rahmen des Projekts »Sources for History of Quantum Physics«, Princeton (1968)

Weizsäcker, C. F. von, Niels Bohr, in: Physikalische Blätter, Jahrgang 41, Heft 9, Weinheim (1985)

Weizsäcker, C. F. von, Zeit und Wissen, München (1992)

Wentzel, G., Zur Quantenoptik, in: Zeitschrift für Physik, Bd. 22, Heft 1, Berlin (1924)

Wentzel, G., Zur Theorie des photoelektrischen Effekts, in: Zeitschrift für Physik, Bd. 40, Heft 8, Berlin (1926)

Werner, P. & Irmscher, A. (Hrsg.), Fritz Haber. Briefe an Richard Willstätter 1910–1934, Berlin (1995)

Westphal, W., Aus der großen Zeit der Berliner Physik, in: Leussink, H. (Hrsg.), Studium Berlinense, Berlin (1960a)

Westphal, W., Das bonzenfreie Kolloquium, Physikalische Blätter, Jahrgang 16, Heft 10, Mosbach (1960b)

Weyl, H., Raum-Zeit-Materie, Berlin (1918)

Weyland, P., Betrachtungen über Einsteins Relativitätstheorie und die Art ihrer Einführung, in: Schriften aus dem Verlag der Arbeitsgemeinschaft deutscher Naturforscher zur Erhaltung reiner Wissenschaft e. V., Heft 2, Berlin (1920)

Widmalm, S., Science and neutrality: The Nobel prizes of 1919 and the scientific internationalism in Sweden, in: Minerva, Bd. 33, Heft 4, Alphen aan den Rijn (1995)

Wien, W., Aus dem Leben und Wirken eines Physikers, Leipzig (1930)

Winkler, H. A., Weimar 1918–1933, München (1993)

Witting, A. (Hrsg.), Verhandlungen der Gesellschaft Deutscher Naturforscher und Ärzte: 86. Versammlung zu Bad Nauheim vom 19. bis 25. September 1920, Leipzig (1921)

Witting, A. (Hrsg.), Verhandlungen der Gesellschaft Deutscher Naturforscher und Ärzte: 87. Versammlung zu Leipzig. Hundertjahrfeier vom 17. bis 24. September 1922, Leipzig (1923)

Wolff, S. L., Physiker im Krieg der Geister, München (2001)

Wolff, S. L., Kontrovers, aber kooperativ. Max Planck und Wilhelm Wien – eine Zusammenarbeit über Gegensätze hinweg, in: Physik Journal, Bd. 7, Nr. 3, Weinheim (2008)

Wolff, S. L., Alfred Byk (1878–1942), in: Physik Journal, Bd. 19, Nr. 11, Weinheim (2020)

Wolter, B.-M. (Hrsg.), Seid herzlich gegrüßt, Euer A. Einstein, Berlin (2005)

Young, T., A course of lectures on natural philosophy and the mechanical arts, Bd. 1, London (1807)

Zahn-Harnack, A. von, Erinnerungen an Max Planck, in: Physikalische Blätter, Bd. 4, Nr. 4 Weinheim (1948)

Zankl, H., Fälscher, Schwindler, Scharlatane, Weinheim (2003)

Zeilinger, A., Wo ist die Grenze der Quantenwelt, in: Physikalische Blätter, Bd. 56, Nr. 3 Weinheim (2000)

Zeilinger, A., Einsteins Schleier. Die neue Welt der Quantenphysik, München (2003)

Zeilinger, A. & Weihs, G. et al., Happy centenary, photon, in: Nature, Bd. 433, Nr. 7023, London (2005)

Zeilinger, A., Einsteins Spuk. Teleportation und weitere Mysterien der Quantenphysik, München (2007)

BILDNACHWEIS

S. 13: Einstein-Porträt auf der Titelseite der Berliner Illustrirten Zeitung, Fotografin Suse Byk, © ullstein bild

S. 15: Sonnenfinsternis, © Pixabay

S. 26: Porträt von Max Planck, Fotografin Suse Byk, in: *Menschen der Zeit*, Karl Robert Langewiesche Verlag, Königstein im Taunus & Leipzig, 1929, S. 57

S. 31: Großes Schauspielhaus Berlin, © Architekturmuseum der TU Berlin, Inv.-Nr. F 1605

S. 32: Palast am Zoo, © akg-images / Peter Weiss

S. 62: Kapp-Putsch, Berlin, Bundesarchiv, Fotograf Otto Haeckel, Wikimedia Commons

S. 78: Bonzenfreies Kolloquium Gruppenfoto: VI. Abt., Rep. 1, Meitner, Lise III/3, © Archiv der Max-Planck-Gesellschaft, Berlin

S. 90: Hannah Höch, Schnitt mit dem Küchenmesser Dada durch die letzte Weimarer Bierbauchkulturepoche Deutschlands, 1919 © VG Bild-Kunst, Bonn 2024

S. 112: Der junge Heisenberg mit Familie zum Ende des Ersten Weltkriegs: VI. Abt., Rep. 1, Heisenberg, Werner III/54, © Archiv der Max-Planck-Gesellschaft, Berlin

S. 142: Heisenberg 1926, Fotograf Friedrich Hund, Wikimedia Commons

S. 144: Der junge Wolfgang Pauli, © Cern, Genf

S. 160: »Die Preiskletterei der Straßenbahn« Herrmann Abeking, 1921

S. 164, 255, 334, 338, 353, 383: Grafiken entnommen aus: Paul Arthur Schilpp, *Einstein als Philosoph und Naturforscher,* Kohlhammer Verlag, 1955

S. 173: Schlange vor Berliner Lebensmittelgeschäft 1923, Bundesarchiv, Wikimedia Commons

S. 211: Der Einsteinturm in Potsdam in einer Skizze des Architekten Erich Mendelsohn, bpk / Kunstbibliothek, SMB / Dietmar Katz

S. 245: »Helgoland« von Arthur Segal, 1923, Wikimedia Commons

S. 253: Einstein und Bohr 1925 in Leiden, Wikimedia Commons

S. 266: Josephine Baker 1926 beim Charleston in Berlin, Wikimedia Commons

S. 294: Heisenberg 1927, Wikimedia Commons

S. 322: Die Solvay-Konferenz 1927, Bildarchiv ETH Zürich, Wikimedia Commons

S. 377: Die »Osram-Säule« 1928, Fotografie aus der Serie »Berlin im Licht«, Fotograf Martin Höhlig, Stadtmuseum Berlin

REGISTER